"十三五"高等学校数字媒体类专业系列教材

数字媒体技术导论

（第二版）

许志强　李海东　梁劲松◎主　编
章　兵　马　茜　刘佳奇◎副主编

中国铁道出版社有限公司
CHINA RAILWAY PUBLISHING HOUSE CO., LTD.

内容简介

本书由六大部分组成，包括基础理论篇、采集制作篇、内容管理篇、传输集成篇、传播呈现篇，以及综合应用篇。本书以数字媒体元素为主线，深入、系统地介绍了数字媒体技术原理与数字媒体技术应用，为读者全面而深刻地认识数字媒体搭建了合理、科学的理论架构。

本书适合作为高等院校数字媒体技术、数字媒体艺术、数字媒体传播、网络新媒体等相关专业师生的教材，也可作为广大读者认识和学习数字媒体知识的入门及提高参考书，还适用于数字媒体产业领域中从事数字媒体产品创作与开发的工程技术人员学习参考。

图书在版编目（CIP）数据

数字媒体技术导论/许志强，李海东，梁劲松主编. —2版. —北京：中国铁道出版社有限公司，2020.4（2024.7 重印）
“十三五”高等学校数字媒体类专业系列教材
ISBN 978-7-113-26615-8

Ⅰ.①数… Ⅱ.①许… ②李… ③梁… Ⅲ.①数字技术-多媒体技术-高等学校-教材 Ⅳ.①TP37

中国版本图书馆CIP数据核字（2020）第021362号

书　　名：数字媒体技术导论
作　　者：许志强　李海东　梁劲松

策　　划：王占清　　**编辑部电话：**（010）63549508
责任编辑：王占清　徐盼欣
封面设计：刘　颖
责任校对：张玉华
责任印制：樊启鹏

出版发行：中国铁道出版社有限公司（100054，北京市西城区右安门西街8号）
网　　址：https://www.tdpress.com/51eds/
印　　刷：河北宝昌佳彩印刷有限公司
版　　次：2015年11月第1版　2020年4月第2版　2024年7月第5次印刷
开　　本：787 mm×1 092 mm　1/16　**印张：**22.75　**字数：**556千
书　　号：ISBN 978-7-113-26615-8
定　　价：76.00元

编委会

主　编：许志强　李海东　梁劲松

副主编：章　兵　马　茜　刘佳奇

参　编：别君华　龙继祥　张珂南

　　　　甘　瑞　邱嘉懿　王潇筱

前言

数字媒体令人眼花缭乱的发展变化，不仅改变了人们的生活形态，也影响着人们的思维方式甚至价值理念。从数字媒体的概念问世，业界和学界对于数字媒体的讨论和研究就持续地进行着。今天，几乎所有的高等学校传媒院（系）都开设了数字技术与艺术结合的数字媒体相关课程。数字媒体发展的关键在于变，有形态之变，有影响之变，更有丰富生动的案例如雨后春笋般涌现。

《数字媒体技术导论》出版 4 年以来，数字媒体应用、计算机网络技术又产生了很多新进展，因此，我们组织编写了《数字媒体技术导论》（第二版）。新版本保留了第一版中数字媒体技术的基础内容，增加了未来网络进展情况、人机交互技术及应用、影响媒介的技术创新、媒体融合和全媒体、智能媒体、媒体智能化变革等多章，因此本书超过 50% 是新增内容。同时，考虑到长期使用本教材的读者的用书习惯，本书编写格式与第一版一致，即每章开始有本章导读、学习目标、知识要点和难点，每章末尾附有思考题和知识点速查。

本书由许志强、李海东、梁劲松任主编，由章兵、马茜、刘佳奇任副主编，别君华、龙继祥、张珂南、甘瑞、邱嘉懿、王潇筱参编。具体编写分工如下：许志强负责全书的框架、协调、统稿、审阅并撰写前言，别君华编写第 1 章，梁劲松编写第 2、8、13 章，甘瑞编写第 3 章，张珂南编写第 4 章，刘佳奇编写第 5 章，马茜、章兵编写第 6、7 章，李海东、龙继祥编写第 9、10、11、12、15 章，梁劲松、王潇筱编写第 13 章，许志强、邱嘉懿编写第 14、16、17、18 章。

在本书的编写过程中，得到了中国传媒大学、四川传媒学院的大力支持和帮助，在此表示感谢。此外，在编写的过程中，我们参考了不少学界同仁的研究成果。对此，编者十分感激，除了在注释中明确标注之外，还有一些引述文字和参考见解没有一一详细标注，敬请谅解。

此外，本书在编写过程中，延用了许志强、邱学军、刘彤、李海东、王雪梅等于 2015 年编写的《数字媒体技术导论》的部分内容。

由于编者水平有限，书中难免有不足之处，恳请广大读者批评指正。

编　者

2019 年 10 月

目录

基础理论篇

第 1 章

艺术家和计算机

本章导读

本章共分 6 节，内容包括引言，新媒体、新自由度和新领域，技术和艺术的互动历程，艺术对技术的影响，技术对艺术的影响，以及引入数字媒体。

本章从艺术家和计算机之间的联系与发展入手，深入剖析数字媒体发展历程中所总结出的新媒体、新自由和新领域的现状与发展，然后从技术和艺术的互动历程、艺术对技术的影响、技术对艺术的影响方面进行全面、客观的分析，说明了艺术与技术一体化的高度结合及重要意义，最后将数字媒体引入本章，高度肯定数字媒体技术在我国政治、经济、文化等发展领域所做出的贡献及重要地位。

学习目标

◆了解计算机在艺术家创作过程中的作用及影响；

◆了解新媒体的内容及发展；

◆了解数字媒体新自由度的内容及意义；

◆了解数字媒体技术所涉及的新领域；

◆掌握新媒体、新自由度及新领域结合及发展的方式和意义；

◆理解艺术家和技术相互影响作用的意义；

◆理解艺术和科技相互影响作用的意义；

◆熟悉数字媒体在我国发展中的重要作用。

知识要点和难点

1. 要点

艺术和技术的概念，技术和艺术的联系与发展，数字媒体在发展中的重要意义及影响。

2. 难点

数字媒体中艺术和技术的结合，新媒体、新自由度、新领域方面的理解和运用。

1.1 引　言

随着社会的发展、技术的进步和艺术的发展，人类的物质需求和精神需求日趋增长，以前的唯技术和唯艺术已经越来越不能满足人类的需求。技术和艺术一体化可以从技术层面弥补艺术的不适用和天马行空，也可以从艺术层面弥补技术的机械和呆板。技术和艺术的结合既是时代发展的需要，又是社会进步的表现。

纵观人类文明史，艺术家和艺术家的作品都深受自然科学知识和人文知识的影响。如数学的理论在极限和无限、几何形体、透视、对称、投影几何、比例、视幻觉、黄金分割点、图案和花样，以及在现代社会广泛被运用而且从未停止变革的计算机领域，不论是横向拓展还是纵向延伸，都具有非常深远的影响。有些艺术作品如果没有艺术家深厚的艺术素养和严谨的科学精神是无法达到最终效果的，也正如透视与比例在古希腊艺术中的体现，特别是菲狄亚斯在雕塑作品中运用科学技术和艺术达到极致完美的效果。

在科技日新月异的今天，艺术家们正在探索一种新的艺术形式和媒介，那就是人类智慧文明的代表产物——计算机。如今的计算机已经不单单是科学家、技术人员共同协作设计制造的产物，还必须是和艺术家的审美情趣、艺术鉴赏、视觉表现所紧密结合的技术和艺术一体化的产物。一位完整且出色的计算机艺术家应该既具备熟练的计算机操作技能又具备较高的艺术素养。

这对于当代科技的多重化发展及要求对艺术家提出了更高的要求。包括虚拟场景的制作、虚拟人物的制作、动画制作、3D 技术的应用等在内的一系列设计制作，对于早期的科学家和艺术家来说，不仅需要时间的大量消耗，更需要人力、物力、财力方面的大量投入。图 1-1 展示了艺术和科技结合的效果。

■ 图 1-1　数字媒体：艺术和科技的结合

不需要搭建一砖一瓦，不需要真的制造一草一木，所有的场景、人物、动画等，只需要动一动鼠标，就达到了逼真、完美的效果。正是看到了计算机与艺术家结合后事半功倍的效果，影视制作、动画制作、工程师、建筑师和其他设计者在他们的创作中毫不犹豫地接受和运用计算机。

计算机和艺术、艺术家一体化的原因分为内因和外因。从内部因素来说，这些要素是相互影响、相互融合的，也是相互渗透、相互促进的；而从外部发展环境来说，社会尤其是经济的发展更需要技术和艺术一体化。在当代，技术和艺术一体化表现在各行各业，如影视、摄影、雕塑、绘画、书法、虚拟成像、3D 打印（见图 1-2）、3D 动画制作、多媒体制作等。这样的结合是必然的，也必然对计算机研发和艺术家的艺术升华提出了更高的要求，而且总体发展趋势是向上的。

本书从计算机和艺术、艺术家关系的历史考察开始，分析计算机和艺术的融合，从而得出计算机和艺术一体化是在技术和艺术的发展中交替进行的，技术需要艺术，艺术也需要技术。针对这样的高度结合，本书从数字媒体技术的具体应用及操作入手，以最前沿的数字媒体技术理论为指导答疑解惑。

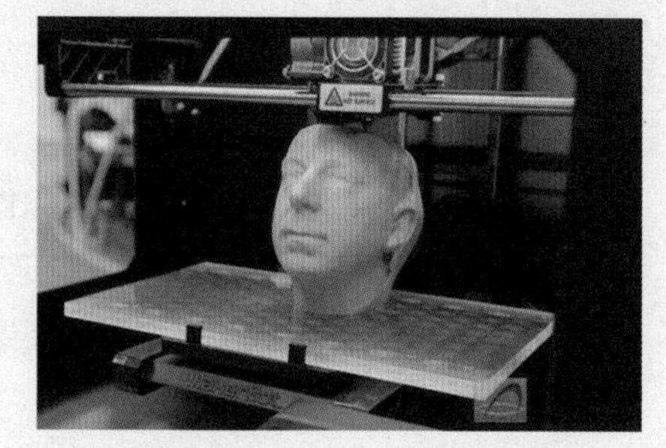

■ 图 1-2　3D 打印

分析当代科技和艺术一体化及其动因和影响，旨在实现当代技术和艺术一体化。只有实现技术和艺术一体化，才能更好地把具体的方式方法和文化现象有机结合，才能更好地把人们的物质需求和精神需求相结合；也只有实现技术和艺术一体化，才能更好地提高人类的精神生活质量，更好地实现高技术和高情感的平衡，更好地体现技术和艺术的价值。

1.2　新媒体、新自由度和新领域

作为传统媒体，广播、电视、电影、报纸、杂志等都曾经在信息、文化传播中占据了主流传播的重要地位。这些传统的传播途径随着科学技术的不断进步，衍生出了新的媒体形态，这一类媒体形态就称为“新媒体”。

新媒体包括手机媒体、移动电视媒体、电子报刊杂志、触摸媒体、互联网媒体、全息投影等。与传统媒体相比较，新媒体传播速度更快，传播途径更便捷、更多样化，传播方式更自由灵活，传播过程更具有开放性，互动性也更强。正是因为新媒体具备了众多传统媒体所不具备的优势，才能在当代的信息传播和交流中占据首要地位，并且深入到社会各个领域及阶层，影响了人类学习、工作和生活的方方面面。在信息传播的新浪潮中，新媒体成为数字媒体技术中新型传播方式的生力军，并影响和引领了全新的传播模式。

这样的新型模式开拓了多种方式的新媒体技术，比如智能手机的迅速普及，因为智能手机的广泛使用和技术手段的不断升级，改变了现代人相互交流和信息传递的方式。先进的技术不仅让人们的交流更方便、快捷，更主要的是只需要通过手机，人们就可以连接更广阔的天地，还能够获得以前不能体验到的智能化服务。智能手机如同其他新媒体产品一样，已经成为人们生活中的重要部分。

尤其值得关注的是，新媒体对当代社会的影响也是多方面的，获取信息的途径更加开放化，信息来源更加多样化，操作使用的方式更加自由化，而且信息的数量及种类更加广泛。这在深度和广度上为使用者提供了更广阔、更自由的天地，也日渐成为人们探寻知识、进行学习和生活的重要来源。

新媒体给现代社会提供的是一个广阔的、便捷的、开放的求知平台，换言之，这是一个具有高度自由度的平台，人们能够在这个平台上获取最新鲜的知识，也可以利用新媒体与外界进行交流沟通，而且新媒体平台中的获取方式更立体、更透明，是现代社会包容性更强、科技含量更高而且自由性更大的高质量平台。尤其是大学生，在新媒体时代，通过智能手机、网络媒体、虚拟化操作等方式，不仅能够大大缩短获取知识的时间与距离，而且能够通过虚拟技术体验到曾经无法实现的实践性教学。

现代社会每产生一种新媒体，都会给现代社会中人们的生活带来新的变革，并不断掀起技术创新的浪潮。随着科学技术的迅速发展，网络 +、新媒体 +、虚拟 + 等多种方式的新媒体结合更多、更快速地充斥于人们工作、生活的方方面面。市场决定了各个行业发展的需求和发展前景，每一种科技的产生和发展都是适应当前市场经济发展的需要而出现的。

我国在新媒体产业方面起步较晚，但是发展速度并不慢，而且因为市场需求大，因此具有非常广阔的发展空间，也促使更多行业和领域向数字化过渡。新媒体技术应用的范围已经从影视、娱乐、文化等扩展到商业、管理、教育、政治等领域。

新媒体辅助教学是当前新媒体应用完善和广泛的方式。以数字媒体技术为核心的教学辅助工具和教学信息传播结合课堂教学、书本教学、师生教学等，更是达到了事半功倍的效果，让学习知识不再枯燥单一，让视觉、听觉、触觉等达到了全面、综合的感受。这样多元的新型教育提高了教学效率，更拓展了师生在新媒体平台中的眼界，延伸了专业的潜能。

更值得一提的是，新媒体应用过程不会受到环境、时间的影响，因为它便利、快捷的优势，再结合互联网的互动性和参与性，吸引人们投入更多的兴趣，并达到信息传播的最优化效果。用新媒体这种方式将抽象、虚拟、高新的问题更直观地展示出来，也更利于体验者接受和应用。

影视媒体技术中对于新媒体的应用也是非常广泛的，从传统的胶片拍摄形式变革发展到数字化技术进行的虚拟摄影、虚拟场景制作、数字化后期处理、数字化编辑、数字化放映以及动画影像压缩等，整个影视剧拍摄、制作、放映过程都突破了物理形态，以数字媒体的方式得到实现，再通过互联网媒体、智能手机、数字影院等途径以最饱满、高科技的质感来进入市场，这是新媒体应用和传播最直接也是最高效的结合，所带来的市场回报也是最具优势的。

在电子商务领域，新媒体从市场角度出发，更贴合市场发展的脉络，用更人性化的方式在商务中展示产品、文化、企业理念，更展示了人文气息。数字媒体技术大力地推动了数字商务的进程，加强了人机交互的频率。将虚拟技术应用到商品展示中，比如当下流行的新媒体购物平台，展示的商品利用 3D 立体虚拟的方式，让顾客近距离、全方位，甚至是虚拟试穿、虚拟使用，这样的购物方式完全颠覆了传统实体店购物的枯燥、烦琐，真正做到了为消费者提供感同身受、轻松购物的人性化服务；而且对于商家，能够缩减成本，提高效率，提升产品价值，这样的高回报也是商家乐见的。新媒体与电子商务在今后市场发展中相互促进是必然趋势。

新媒体的数字技术让信息传播更迅捷、更自由。新媒体的自由度包容性强、传播范围广，促使更多的行业与领域加强了与新媒体的合作，不断磨合、加速的连锁反应不仅将更优质的产品和服务带给消费者，而且推动了市场对技术要求的高标准和不断创新，一个良性循环的市场效应由此产生。

1.3 技术和艺术的互动历程

庄子在《天地篇》中说："能有所艺者，技也。"[①]《周礼·冬官·考工记》中说："天有时，地有气，材有美，工有巧，合此四者，然后可以为良。"[②]说明在我国古代"技"不是独立的，"艺"也不是独立的，技艺是相通的。在古代，技术与艺术在某些领域是互相融合的，在宋应星的《天工开物》、李诫的《营造法式》等上面都有体现，如图1-3和图1-4所示。

■图1-3　《天工开物》

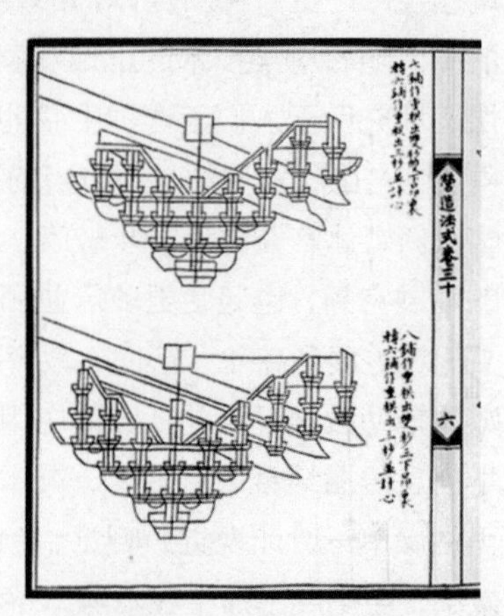
■图1-4　《营造法式》

中国近代以来，尤其20世纪60年代开始，技术和艺术一体化理论探索开始具有一定的广度和深度。值得介绍的是李泽厚的观点，他认为："前进的社会目的形成了对象和规律的形式，也就是说，善成了真的形式，人们直接看到的是善和目的性。飞机、大桥是为人民服务的，但它所以能建成，却又是符合规律性的，这就是技术美的本质。"[③]

当代以来，随着新媒体艺术的发展，各项技术元素的体现越来越被人们所接受，比如网络技术、多媒体技术、虚拟技术等，人们试图在先进的表现活动和技巧之后，让欣赏者体验到完美的心灵的艺术和美的艺术。如山东电影制片厂孙墨龙在《论电视剧摄影技术与艺术的融合》一文中提出："摄影是个技术与艺术高度结合的行当，每一种艺术追求最终都要落实到技术把握中来。"[④]衡阳师范学院邓政在《数字技术与设计艺术的和谐发展》一文中提出："数字化条件下的设计艺术，使现实与虚幻、主观和客观达到了空前的'和谐'。"[⑤]哈尔滨师范大学曹天慧在《艺术与技术的新统一》一文中提出："现代社会一片繁荣，传统的工艺技术正在博物馆展出，现代设计已经完全融入现代技术。"[⑥]技术和艺术一体化问题也在各项技术活动和艺术活动中被人们所专注。

国外，技术和艺术一体化研究理论出现于西方工业革命以后，但是在早期的西方技术美学思

① 孙通海．庄子[M]．北京：中华书局，2007.
② 陈戍国．周礼·仪记·礼记[M]．长沙：岳麓书社，1989.
③ 李泽厚．技术美学与工业设计丛刊[M]．天津：南开大学出版社，1986.
④ 孙墨龙．论电视剧摄影技术与艺术的结合[J]．现代视听，2010（S2）：74.
⑤ 邓政．数字技术与设计艺术的和谐发展[J]．衡阳师范学院学报，2008（4）：163-165.
⑥ 曹天慧．艺术与技术的新统一[J]．艺术研究，2006（1）：38-39.

想史中也有一定的体现。法国美学家德尼·于斯曼说过："人们在西方思想的早期源流中，就能发现工业美学的萌芽。"[①]希腊文"Techne"一词就意为"技艺""技艺相通"，很早就在国外的美术思想史上有相关的揭示。

从 18 世纪中叶开始，随着技术的发展和革新，技术革命带来了一系列的科学革命、产业革命，技术的发展在各个方面起到的作用也对技术的要求越来越高，技术已经远远不止体现于满足人类的基本需求。由于人们对"美"的追求不断变化，人们越来越发现，只有技术和艺术的紧密结合，才会给后人留下技艺精美的瑰宝。因此，在近现代西方的技术革命中，技术和艺术逐渐在世界范围内有了探讨和研究，近代的培根、休谟等都有关于建筑美、人工制品的观点，都涉及技术和美学的观点，也是早期技术和艺术一体化的体现。杜夫海纳曾经指出："美是在一种与对象有时是更为智力性的、有时是更加肉体性的接触中，给我们显示的就是在这样的经验之中，技术对象才能为我们审美化。"[②]

20 世纪 60 年代中期，技术和艺术的结合体现得更加明显了。技术家越来越认识到技术中美的重要性，而美学家也越来越认识到技术的审美价值。在纽约现代艺术博物馆举办的"装配艺术展"中，展出了大量关于运用技术性的作品，完美地体现了技术和艺术一体化。

当代，技术和艺术一体化更加紧密，技术离不开艺术，艺术也离不开技术。在技术进一步满足人类的物质需求、反映现实生活和客观世界的时候，艺术的发展也进一步体现了艺术满足了人类的精神需求，因此技术和艺术一体化问题进一步得到了关注。正如竹内敏雄所指出的："一般意义上的技术同人类历史一道自古以来就存在着，古代的手工艺也好，现代的工程技术也好，都包括在内。只是它们之间，功能的效率相差悬殊，而只是随着那一种产品都符合各自的目的，并伴随着那种程度的美的效果。那么，在它的技术美的结构上就没有本质的差异。"[③]当代，技术和艺术一体化表现得淋漓尽致。

1.4 艺术对技术的影响

舍普在其《技术帝国》一书中提到："设备、技术和工艺占据了我们的生活：电话、汽车、录音机、电器……我们的世界基本上变成了人造世界，实际上对今天的人来说人造的才是真正自然的。"[④]这段话深刻地反映出科技改变了人类的生活，体现并反映了自然的艺术表现，因此，艺术和科技关系的内涵其实就是当代技术的艺术化和艺术的技术化的体现。

艺术思维促进了科技发展创造，任何技术在现实社会的发展中都不是永恒的，都是易消失、容易改进的，再先进的技术，在人类充分运用后都被人类不断地改进，如电视、电影从黑白到彩色，从无声到有声，最后发展到今天多姿多彩的影视。只有艺术思维，才能促进技术不断地去创造和发展。

首先，艺术思维有利于技术创新。《周易·系辞上》曰："形而上者谓之道，形而下者谓之器，

① 于斯曼 . 美学 [M]. 栾栋，关宝艳，译 . 北京：商务印书馆，1992.
② 杜夫海纳 . 美学与哲学 [M]. 孙非，译 . 北京：中国社会科学出版社，1985.
③ 陈望衡 . 艺术设计美学 [M]. 武汉：武汉大学出版社，2000.
④ 舍普 . 技术帝国 [M]. 北京：三联书店，1999.

化而载之谓之变，推而行之谓之通，举而措之天下之民谓之事业。”[①]这里的“道”就应该是超越各种物质形态的抽象思维。作为艺术思维，应该比科技更具有创新性。比如核雕，《核舟记》中就深刻地反映了核雕的魅力。《核舟记》是明代作家魏学洢撰写的一篇文章，生动地描述了一件精巧绝伦的微雕工艺品，其内容表现的是苏东坡泛舟赤壁，该篇文章热情赞扬了我国明代的民间工艺匠人的雕刻艺术和才能，表现了作者对王叔远精湛工艺的赞美。首先用核桃壳来做雕塑就是一个了不起的艺术创新思维，要在核桃壳上作出生动的作品更是科技艺术化的淋漓体现。因此，艺术思维是有利于科技创新的。

其次，艺术思维增强科技的艺术元素。科技的发展和艺术的发展是相辅相成的，科技的艺术化表现其实就说明了科技需要艺术来衬托，艺术思维有效地弥补了科技的缺陷，而艺术的永恒和固定也弥补和解决了科技的不完美和被淘汰。艺术思维是一种任何科技都需要的思维形式，科技需要艺术思维来创新技术的缺陷。

艺术形式丰富了对科技的普及。纵观历史长河，艺术形式是丰富多样的，每个人身上都有不同的艺术细胞，所不同的在于艺术家们有效地利用了自身的艺术细胞，将其丰富地呈现出来，并被人类所接受。因此，丰富多样的艺术形式也在不同程度上对科技手段和方式进行了普及。科技的艺术化表现是艺术形式在科技上的全面表现和有机结合。

艺术形式包括内形式和外形式。所谓内形式，是指内容的内部结构和联系；外形式表现在艺术形象所借以传达的物质手段所构成的外在形态。艺术形式从结构、体裁、艺术语言和表现手法上都极大地丰富了科技，技术的发展也需要艺术形式多样化。

当代，科技需要日臻完善，艺术形式的多样性无疑丰富了对科技的普及，使科技更大程度地发挥了自身的作用，科技的艺术化体现也越加明显。作为永远都不只是一种形式的艺术，在高科技迅猛发展的当代，科技的艺术化尤为重要。

艺术发展对科技发展起推动作用，从科技发展中可以看出，技术的发展实质是一个不断完善、不断反复修改的过程，科技的发展需要在理论联系实践中不断加强。在人类社会发展过程中，科技在不断进步，技术为人类所创造，也在不断地为人类的生产和生活服务，当技术水平达到一定程度的时候，艺术的发展就对科技的发展起到了推动的作用。

艺术是人类发挥主观能动性的结果，艺术的表现力、生命力和创作能力都是人类主观能动性发挥的结果，技术到最后的竞争都是艺术表现力的竞争。艺术的发展推动了技术的完善和进步，艺术的发展也弥补了技术的不足。在当代，发展技术的同时，艺术发展起到的推动力作用是不可忽视的。

艺术表现的对科技有反馈作用。“人类早期的造物活动是满足最基本的使用功能需求而创造物品，先有技术性的创造活动，在其实用性的活动中逐渐建立起自身的审美意识，然后才有了审美的精神领域的艺术活动。”[②]这段话的意思是，当科技的创造性活动和实用性活动出来的时候，紧接着就出现了艺术的审美的精神的活动，而艺术的这种审美的精神的活动又对科技的实用性活动起到了反馈的作用。

艺术表现对科技进步有反馈作用。艺术的终极目标是提升人的精神境界，塑造人的美好心灵。在任何一个时代，美好的、向上的、积极的力量都是人类为了摆脱阴暗、蒙昧的永恒追求。艺

① 郭彧 . 周易 [M]. 北京：中华书局，2006.
② 李立新 . 本是同根生：谈技术与艺术的关系 [J]. 苏州大学学报，2002（10）.

术的表现除了能够满足人类日益增长的精神需求以外，更应该满足人类心理上崇高的诉求。在当代，健康、绿色、环保、积极的艺术表现是促进科技的进步发展的。因此，艺术表现对科技进步有反馈作用。

艺术表现对科技改进有反馈作用。科技在不断的发展也在不断改进，到了当代，尤其商业市场上，竞争激烈程度已经到了白热化的程度，各商家在激烈的商业大潮中要想占到一席之位，除了技术不断改进以外，艺术的表现也是不可少的。好的艺术创作、艺术表现和艺术灵感可以促使商家对技术进行改进，技术需要艺术表现来弥补自身的不足。

艺术表现对科技完善有反馈作用。科技在不断的改进中完善，艺术的表现能力促使了科技进一步完善，同样，艺术的表现也对科技完善起到反馈作用。艺术作品具有探索心灵的力量，随着艺术市场艺术资源的不断开发和深度开发及审美领域的不断扩大和深化，艺术表现进一步体现出对科技完善的反馈作用。

黑格尔（见图 1-5）说："艺术并不是一种单纯的娱乐、效用或游戏勾当，而是要把精神从有限世界的内容和形式的束缚中解放出来，要使绝对真理显现和寄托于感性现象，总之，要展现真理。"[①]科技作品在追求技术完美和技术娴熟的同时，艺术性也是科技作品应该追求和关注的目标。

■ 图 1-5　黑格尔

单纯的科技作品只是片面地去追求技术的实用和物质性，没有从人类的灵活性和灵感性上考虑，是不完美的；艺术性注入技术作品中，为科技作品增添了灵动的魅力，为科技作品重新阐释了新的境地。

1.5　技术对艺术的影响

现代科技迅猛发展，不仅渗透到人们的工作、生活、休闲、娱乐之中，而且极大地推动了艺术领域的变迁。现代科学技术扩大了艺术领域的范围，为艺术提供了新的物质技术手段，促进了艺术表现手段的多样化和新艺术门类的诞生，也为艺术创造了广阔的环境，艺术观念和审美理念也随着新科技手段的多样化而更加多元。

首先，现代科学技术为艺术提供了新的物质技术手段，促进了新的艺术形式和艺术种类的诞生。随着新技术的发展，现代生活中最有活力的艺术种类——电视艺术和电影艺术诞生了。1895 年，法国的卢米埃尔兄弟用"活动摄影机"拍摄了一系列纪实影像，标志着电影艺术的诞生；1936 年 11 月 2 日，英国广播公司正式播出电视节目，人们普遍将这一天视作电视以及电视艺术的诞生日。此后，随着技术手段的革新，电视、电影完成了从无声到有声、从黑白到彩色的升级之旅。

进入人工智能时代后，电视又开始进入智能化旅程，乐视 TV、超级电视 x60、微鲸智能语音电视 2.0、酷开 u3b 都是前沿的智能电视，它们都能运行网络系统，实现内容端和视频平台连接，共享丰富的节目数据。用户可以根据需求连接、卸载第三方平台。智能电视的发明解放了双手，遥控器不再是人与电视沟通的必需之物。电视通过人工智能传感器接收、分析、理解用户指令，用户直接与智能电视"对话"，通过语音控制电视换台、改变音量，相较普通家电互动性更强。

① 黑格尔 . 美学：第三卷下 [M]. 朱光潜，译 . 北京：商务印书馆，1982.

并且，智能电视能结合算法了解用户兴趣需求和收视倾向，并结合深度学习掌握用户使用习惯，依此推荐个性化内容。新技术为电视艺术带来了新的表现手段，重构了电视节目生产—消费流程，为观众带来了更友好的人机互动感受。电影艺术也从未停止跟随技术手段更新而更新的步伐，3D 电影、沉浸式电影、4D 电影、VR 电影，一次次更新了电影艺术形式，为影迷们带来前所未有的感官体验。

其次，现代科学技术为艺术提供了新的创作环境，为艺术提供了广阔的发展空间。摄影、电视、电影的普及以及光学、电学、声学技术的迅速发展推动 20 世纪 60 年代以来的人类社会进入一个以影像为主导的视觉社会文化之中。德波认为："生活本身展现为景观的庞大堆聚。直接存在的一切直接转化为一个表象。"[①]海德格尔在《世界图像的时代》中提出"世界的图像化"这一判断，他认为在现代社会世界，平面的、去深度的图像替代了有深度的、理性的文字，成为世界显影的新介质。在《摄影小史》中，沃尔特·本雅明提出摄影术的发明推动了影像时代的到来，影像与现代生活的审美、娱乐因素纠缠在一起，塑造了现代生活的外观。虽然理论家们对于现代社会占主导地位的视觉文化的表述多含有批判意味，但这也从侧面反映了视觉文化为现代生活、现代审美、现代娱乐以及现代艺术的创作空间带来的巨大变化。正是因为人们视觉艺术接受习惯的养成，视觉艺术才获得了丰厚的生存土壤和生长动力，新的技术发展阶段才形成了更加多样的视觉艺术表现形式。

进入新媒体技术时期后，出现了几个明显的视觉艺术高峰期。相较于传统视觉文化，新媒体阶段的视觉艺术参与门槛低，参与人员广泛，内容更加平民化、生活化，充满互动性。如果说 2016 年是"直播元年"，2017 年是"短视频元年"，那么 2018 年则可以称为"Vlog（Video blog，视频博客）元年"。以 2018 年最为风靡的 Vlog 为例，Vlogger 喜欢记录生活中的点滴，一天中吃了什么美食、见过什么人、到过什么场合都是视频日志偏好记录的内容。Vlog 可以视作日常生活类直播的变体，相较于对吃饭、睡觉等私人日常生活的直播，视频日志往往制作更加精良，几乎每个 Vlog 都会涉及一个主题，包含更精致的策划、拍摄和后期剪辑。受众对视觉类媒介产品的消费热情只增不减，这是由视觉本文性质与受众社会心理共同决定的。一方面，便捷的移动设备和充足的网络带宽支持图片、视频的即时拍摄与存储、分享；另一方面，从媒介性质角度来看，视觉文本是再现性的，它压缩了受众逻辑理性介入的空间，平铺直叙的视觉话语符合身体感官系统所偏向的形象思维，因此，相较于文字视觉文本更具亲和性。再者，人们处于高速流动的"液态世界"之中，同样偏向流动而非凝固的视觉文本更加符合"液态社会"中受众即时化、碎片化、日常化、娱乐化的内容消费需求。

再次，科学技术对艺术的影响表现在科学领域的重大发现对艺术观念和美学观念的影响。以摄影术为例，摄影术的诞生冲击了自文艺复兴以来以再现为准的绘画观念，艺术家们开始向外扩展来拓宽绘画艺术的生命力。从再现到表现这一观念的革新首先体现在印象派画家的创作对象中，他们开始走出室内，向室外寻找绘画空间的变革。印象派画家们注重表现自然光下景物瞬间变化的效果，因此丰富色彩的变幻开始用于表现艺术家内心的审美感受。不论是马奈、雷诺阿、莫奈、修拉，还是后印象派时期的塞尚、梵高、高更，都纷纷打破了因循守旧的古典主义和

① 德波．景观社会 [M]. 张新木，译．南京：南京大学出版社，2007.

虚构臆造的浪漫主义的藩篱，推动了绘画观念的变革。

进入当代社会，信息技术呈指数级增长，带动了一场包括新材料、新能源、自动化技术、海洋技术、航空航天技术在内的高新技术革命，这场技术革命中的重要技术以高度的知识聚合性为特征，并且信息技术、生物技术，人工智能、神经科学和纳米技术这类尖端前沿技术、行业的相互交叉，使过去坚硬的行业壁垒具有流动性。当前时代的技术流动性和社会流动性决定了未来将既不是“信息时代”“生物时代”，也不是“纳米时代”“神经元时代”，而是所有这些时代的混合体。今天信息时代最前沿，人与人、人与物、物与物正在跨界连接、融合并进一步交互，技术在虚拟 / 现实、机器 / 人类、身体 / 意识、被动 / 交互、硬件 / 软件几组主要概念的对立融合中正走向无中心、无边缘整体流动的有机世界。新技术组合带来了关于跨界的、去中心的、融合的新美学观念，进一步将后现代艺术思潮的解构主义、去中心、强调主体性丧失的倾向推向极端。

1.6 引入数字媒体

当代艺术作品的创作中，数字媒体技术类型的创作占据了非常重要的地位。随着技术水平的提升和艺术作品需求的增大，市场需要大量具有此类充分利用高科技技术成分的产品。

尽管在新媒体的运用中，数字技术还需要深入研究、不断实践论证，而且在某些领域还需要在安全性和稳定性方面继续关注与改进，但已经不能阻挡数字媒体技术在现代社会中的发展进程。人类意识到了科技改变生产力、改变生活方式的重要原则，充分利用数字技术的成果，满足现代社会文化、经济、政治进程中精神文化和物质文化的巨大需求。随着数字技术的迅猛发展，艺术会不断渗透到技术的变革中，技术也越来越需要艺术价值的提升，这仿佛是数字媒体时代技术和艺术高度结合、相互影响的全方位立体构架桥梁。

在全球经济高速发展形势下，数字媒体技术的水平成为各国关注和大力推动的内容。我国出于在政治、经济、文化战略中的前瞻性，已经意识到新媒体数字化领域的重要性，数字媒体进入了全面发展时期。

数字摄影摄像、虚拟场景、虚拟动画、触摸多媒体、3D 打印、数字音乐等，这些数字媒体产业不仅有广阔的前景，更是推动了我国科学技术的创新和发展，也成为我国现阶段实现经济增长的核心力量。数字媒体产业的发展也调动了我国产业优化结构的积极性，将我国传统行业和新兴行业的优势发挥到最大化。国家科技部制订了“863 计划”，旨在提高我国自主创新能力，坚持战略性、前沿性和前瞻性，以前沿技术研究发展为重点，统筹部署高技术的集成应用和产业化示范，充分发挥高技术引领未来发展的先导作用，并相继在北京、上海、成都等地成立“国家数字媒体技术产业化基地”。2016 年，随着国家重点研发计划的出台，“863 计划”结束了自己的历史使命。

人们生活水平的提高不仅是综合国力的体现，更反映了高品质生活质量的追求，当前繁荣的文化市场正是数字媒体发展的大好时机。数字媒体在各行各业的广泛应用提升了社会对数字媒体的认可度，并且接受了数字媒体对各行业新型方式的改变与发展，这种推动是良性的，更促进了数字媒体与各行业之间的契合，以及技术为市场、为客户、为社会全方位服务的责任感和使命感。

综上所述， 数字媒体一定会以最直接、最高速的形式深入社会各个行业，而多角度、全方位的结合更是对各个行业潜力的无限挖掘。我们也拭目以待未来中国社会的发展历程中数字媒体技术所迸发出的巨大潜能。

思考题

1-1 新媒体的“新”体现在哪些方面？

1-2 新媒体的新自由度体现在哪些方面？

1-3 新媒体的新领域涉及哪些方面？

1-4 新媒体技术带来了艺术观念哪些方面的变革？

1-5 为什么要将艺术与技术高度结合实现全面一体化？

1-6 我国为什么重视数字媒体领域方面的建设与发展？

知识点速查

◆计算机（Computer）：一种能够按照事先存储的程序，自动、高速地进行大量数值计算和各种信息处理的现代化智能电子设备。随着科技的发展，一些新型计算机有生物计算机、光子计算机、量子计算机等。1954 年 5 月 24 日，晶体管电子计算机诞生。1969 年 10 月 29 日，通过 ARPANET，首次实现了两台计算机的互联。计算机发明者是约翰·冯·诺依曼。计算机是 20 世纪最先进的科学技术发明之一，对人类的生产活动和社会活动产生了极其重要的影响，并以强大的生命力飞速发展。

◆艺术家（Artist）：指具有较高的审美能力和娴熟的创造技巧并从事艺术创作劳动而有一定成就的艺术工作者。艺术家既包括在艺术领域、影视领域以艺术创作为专门职业的人，也包括在自己职业之外从事艺术创作的人。

◆数字媒体：指以二进制数的形式记录、处理、传播、获取过程的信息载体，包括数字化的文字、图形、图像、声音、视频影像和动画等感觉媒体，表示这些感觉媒体的表示媒体（编码）等，以及存储、传输、显示逻辑媒体的实物媒体。通常意义下所称的数字媒体常常指感觉媒体，是以信息科学和数字技术为主导，以大众传播理论为依据，以现代艺术为指导，将信息传播技术应用到文化、艺术、商业、教育和管理等领域的科学和艺术高度融合的综合交叉学科。数字媒体包括图像、文字、音频、视频等各种形式，以及传播形式和传播内容中采用数字化，即信息的采集、存取、加工和分发的数字化过程。

◆新媒体：新的技术支撑体系下出现的媒体形态，如数字杂志、数字报纸、数字广播、手机短信、移动电视、网络、桌面视窗、数字电视、数字电影、触摸媒体等。相对于报刊、户外、广播、电视四大传统意义上的媒体，新媒体被称为“第五媒体”。较之于传统媒体，新媒体有它自己的特点。对此，吴征认为：“相对于旧媒体，新媒体的第一个特点是它的消解力量——消解传统媒体（电视、广播、报纸、通信）之间的边界，消解国家与国家之间、社群之间、产业之间、信息发送者与信息接收者之间的边界，等等。”2013 年 6 月 25 日，中国社会科学院新闻与传播研究所、社会科学文献出版社在北京联合发布了新媒体蓝皮书《中国新媒体发展报告（2013）》。

◆新媒体技术带来的艺术观念变革：今天信息时代最前沿，人与人、人与物、物与物正在跨界连接、融合并进一步交互，技术在虚拟 / 现实、机器 / 人类、身体 / 意识、被动 / 交互、硬件 / 软件几组主要概念的对立融合中正走向无中心无边缘整体流动的有机世界。新技术组合带来了关于跨界的、去中心的、融合的新美学观念，进一步将后现代艺术思潮的解构主义、去中心、强调主体性丧失的倾向推向极端。

◆ 863 计划：1986 年，面对世界高技术蓬勃发展、国际竞争日趋激烈的严峻挑战，在充分论证的基础上，党中央、国务院果断决策，于 1986 年 11 月启动实施了“国家高技术研究发展计划（简称 863 计划）”，旨在提高我国自主创新能力，坚持战略性、前沿性和前瞻性，以前沿技术研究发展为重点，统筹部署高技术的集成应用和产业化示范，充分发挥高技术引领未来发展的先导作用。2016 年，随着国家重点研发计划的出台，863 计划结束了自己的历史使命。

采集制作篇

第 2 章 数字媒体技术概述

本章导读

本章共分 3 节，内容包括数字媒体的基本概念、数字媒体技术的研究领域及发展趋势，以及数字媒体的应用领域。

本章从媒体及其特性的视角入手，首先分析了数字媒体具有的显著特征、分类及传播模式；其次概述了数字媒体技术所涉及的研究领域，包括数字媒体技术的概念、分类和内容产业的现状，提出了数字媒体技术和数字媒体产业的发展趋势；最后分析了数字媒体技术的多个应用领域，对数字游戏、数字动漫、数字学习、数字出版、数字电视、数字电影、手机媒体、数字广播、互联网电视、3D 打印、汽车媒体、全息影像等应用进行了专题分析。

学习目标

- 了解数字媒体的特性及概念；
- 了解数字媒体技术的研究领域；
- 掌握技术的发展及其对数字媒体的影响；
- 掌握数字媒体、媒体技术等相关概念；
- 了解数字媒体技术的发展趋势；
- 理解数字游戏、数字电影、全息影像等的基本应用以及互联网电视发展的内涵。

知识要点和难点

1. 要点

数字媒体的特性及概念，数字媒体技术的研究领域及发展趋势。

2. 难点

技术的发展及其对数字媒体的影响，数字媒体应用领域的战略思考。

2.1 数字媒体的基本概念

媒体（Media）一词来源于拉丁语 Medius，音译为媒介，意为两者之间。媒体是指传播信息的媒介，是指人们用来传递信息的工具、渠道、载体、中介物或技术手段，也可以把媒体看作实现信息从信息源传递到受信者的一切技术手段。媒体有两层含义：一是承载信息的物体，如电视、广播、报纸具备了接受者（受众），被称为“大众媒体”（Mass Media），而互联网等借助新兴的电子通信技术的媒介被称为“电子媒体”；二是指存储、呈现、处理、传递信息的实体，如电视台、报社、门户网站、互联网内容平台等。

2.1.1 媒体的概念

1. 媒介、媒体和大众传播

“媒”是“女”字旁，《诗・卫风・氓》中有“匪我愆期，子无良媒”；古语中又讲天上无云不下雨，地上无媒不成婚，可见，很早之前，“媒”主要是在男女婚嫁中起传情达意的中介作用。

人类文明向来与媒体的发展有着密不可分的渊源，从远古时代的“结绳记事”“占卦卜筮”到后来的“鱼雁传书”“烽火报捷”，再到印刷术的发明、现代科学技术的进步，人类文明一直与媒体的变革更新相互衔接、互为因果。这里所提到的“媒体”概念，一般是指承载艺术信息的综合性媒体，是集文字、图形、静像、动像、声音、语言等多种形态媒体为一身的综合体。概言之，“媒体”是指人类制造、存储、传输和接收各类语言、符号、声音、图像和其他各类信息的物质和非物质载体的总称。

此外，“媒体”也指现代社会生活中各种面向大众的公共信息传播体系及运作机构。如各类报纸、刊物、广播、电视、互联网、移动互联网等，以及生产经营这些信息载体的报社、杂志社、通讯社、电台、电视台、广播公司、网站经营商、运营商等，对这一层面上所说的“媒体”，有时又称之为“大众媒体”。一般来说，大众媒体包括两个部分：一是承载信息的“物”，二是生产、经营、发行这种“物”的“人”之集合体。

2. “媒体”定义在“融合”中重塑

2014 年被称为中国的移动互联网元年。截至 2018 年 12 月，我国网民规模达 8.29 亿，普及率达 59.6%，较 2017 年底提升 3.8 个百分点，全年新增网民 5 653 万。截至 2018 年 12 月，我国手机网民规模达 8.17 亿，网民通过手机接入互联网的比例高达 98.6%，全年新增手机网民 6 433 万[①]。移动社交软件成为网民手机必备工具，近一半的用户每日使用移动社交应用三次以上，80% 以上的用户每天用移动社交应用的时长在 1 小时以上。从接收信息的方式看，个性化的新闻推送、朋友圈的转发内容已经成为人们重要的信息获取渠道。国务院总理李克强在作 2015 年政府工作报告时首次提出要制定“互联网 +”行动计划[②]。这其实不是一个简单的 + 号，这是一个重新定义的时代。

媒体的核心竞争力在哪里？媒体存在的理由在哪里？媒体存在的边界是什么？如果说媒体人

---

① 中国互联网络信息中心 . 第 43 次中国互联网络发展状况统计报告 [R/OL].（2019-2-28）[2019-5-7]. http: //www.cac.gov.cn/2019-02/28/c_1124175677.htm.

② “互联网 +”首现政府工作报告　将对我国产生深远影响 [EB/OL]. http://www.xinhuanet.com/politics/2015lh/2015-03/06/c_127552839.htm.

还要捍卫自己的职业尊严，延续这个行业的生命，可能只剩下三样东西：观点与思想、调查与真相、解读与互动。观点与思想，是指要用团队化、协作化的方式，即用现代的生产方式，生产真正的有价值的东西；调查与真相，是指在众声喧哗、信息泛滥的时候，能够用扎实的调查，用事实、数据把真相告诉大家；解读与互动，是指中央媒体或行业媒体能把一个政策解读清楚，指出这个政策可能带来的影响，让政策的承受者与政策的制定者、执行者进行互动。

未来媒体的核心竞争力变得越来越清晰。时代需要重新定义媒体，而融合为媒体发展提供了可能性。融合是有不同层次的，可概括为三个关键词。第一个关键词是“打通”。打通媒体内部的内容生产，打通媒体内部的运营管理，最关键的是打通媒体与用户的连接，使媒体能精准地接触到用户的需求，把握用户的习惯。第二个关键词是“整合”。不仅整合媒体内部的资源，更重要的是整合行业资源，不同的媒体之间应该有深度的信息交流、资源整合，共同运作、信息分发。第三个关键词是“提升”。融合的最终目的是媒体与用户深度融合，以及媒体行业与其他产业深度融合，因为只有做到这两个深度融合，媒体才能够大幅地提升其生产效率、社会效益和影响力，才能真正变成习近平总书记所要求的新型主流媒体和新型媒体集团[①]。

2.1.2 媒体的特性

媒体的分类有很多种，为了更好地比较它们之间不同的特性，将其分为四大类，即报纸、广播、电视、网络。其他的诸如杂志、手机媒体的特性都可以从中延伸。不同媒体的市场占比如图 2-1 所示。不同媒体的特点及比较如图 2-2 所示。

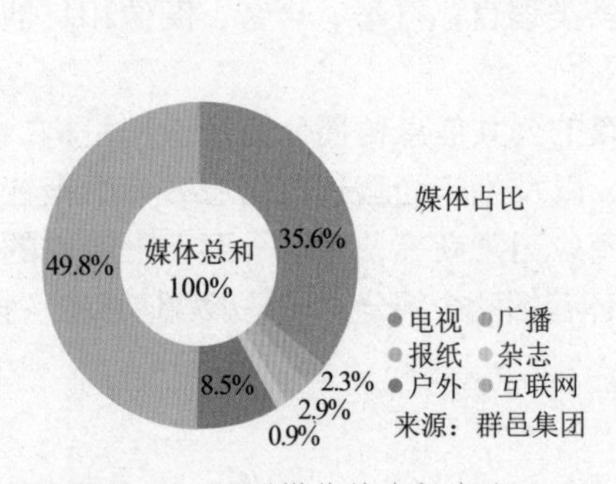

■ 图 2-1　不同媒体的市场占比

媒体	优势	局限性
互联网	受众关注和花费时间上升快速 形式灵活多样 成本灵活控制 承载内容、表现形式丰富，互动性 效果可测量性	媒体网络环境内日益纷杂，噪声渐大 受众关注点呈分散化趋势
电视	覆盖范围广泛 视觉表现力强	成本高（制作成本，媒体投放成本） 合作灵活度差
广播	居中的到达率 在一定时间和空间内的媒体独占性 价格低廉	有限的创意表现形式
报纸	到达率高	合作灵活度差
手机	用户数量大 个性化，私人化 互动性，形式灵活多样	在承载品牌形象传达方面的限制
户外	覆盖范围广泛 形式多样化 可承载的创意表现形式，内容多样化	受区域性限制比较大 资源有限性、独占性
电影院	受众集中度高 媒体环境干扰度小，广告的冲击力强	受众到达率较低 成本高
杂志	居中的到达率，优质内容，兴趣平台聚合体，目前具有一定的内容独占性	投放成本较高 合作灵活度不大

■ 图 2-2　不同媒体的特点及比较

1. 报纸

报纸是四类媒体中最古老的一种，其以印刷术为科技基础，以纸张为载体。它主要有以下几大优点：

①易保存，有利于流传后世；

②携带方便，可随时随地接收信息；

③信息容量大，选择方便。

然而，随着科学技术的进步以及人类传播事业的发展，在报纸之后出现了广播、电视和网络等媒体，和这些大众媒体相比，报纸存在一些局限性和弱点，如对读者的文化素质和识字率有一定的要求；与电视的声形并茂相比，略逊一筹；时效性偏弱，传播不够广泛；和网络相比，互动

---

① 叶蓁蓁 . 重新定义媒体：站在全面融合的时代 [EB/OL][2019-5-7].http: //media.people.com.cn/n1/2016/0217/c40606-28130651.html.

性不够强，等等。

2. 广播

作为 20 世纪最伟大的发明之一，广播改变了全球人类的生存环境、生活方式、价值观念和文化体验，对社会的政治、经济、文化、公共事务等各方面都产生了深远的影响。其主要有以下几大优点：

①广播传播范围广，传播速度快，穿透能力强；
②多语种广播，针对性强；
③成本低；
④接收方便。

随着新型媒体的出现，广播逐渐暴露出了一些缺点：只有声音传播；信息传播转瞬即逝；表现手法不如电视吸引人。

3. 电视

电视是现代所有媒体中最家庭化的媒体。其主要有以下几大优点：

①信息传播及时；
②传播画面直观易懂，形象生动；
③传播覆盖面广，受众不受文化层次限制；
④互动性强，观众可参与到节目中来。

电视诉诸人的听觉和视觉，富有感染力，能引起高度注意，触及面广，到达率高。其主要缺点在于成本高、干扰多，信息转瞬即逝，选择性、针对性较差。

4. 网络

网络与传统的三大媒体相比，主要有以下几大优点：

①多种传播符号组合，表现形式丰富；
②信息丰富，资源共享；
③网上信息可随时更新，时效性强；
④实现信息双向传播，建立传受平等的新型传播模式；
⑤信息选取由“推”到“拉”，便于搜索查询；
⑥网上信息以超链接的方式发布，信息之间关联性高；
⑦通信方式迅捷便利。

但是，网络媒体仍有自己的一些缺点：网上传播目前还缺乏法律规范，导致色情、暴力等不当信息的泛滥，利用网络散布不实信息、谣言等，危害个体或公众的正当利益还时有发生；网上知识产权的保护是一个亟待解决的问题；由于网络传播中，受众占主动，所以需要受众的主动选择，网络媒体才有市场。

2.1.3　数字媒体及其特性

媒介技术的进步对社会发展起着重要的推动作用。因此，数字媒体的发展将以传播者为中心转向以受众为中心，数字媒体将成为集公共传播、信息、服务、文化娱乐、交流互动于一体的多媒体信息终端。

1. 数字媒体概念

数字媒体是指以二进制数的形式记录、处理、传播、获取过程的信息载体，这些载体包括数字化的文字、图形、图像、声音、视频影像和动画等感觉媒体，表示这些感觉媒体的表示媒体（编码），以及存储、传输、显示逻辑媒体的实物媒体。

各种数字媒体形态正在迅速发展，同时也各自面临种种发展瓶颈。中国拥有最大的互联网用户群体，中国社交网站（SNS）用户已经超过1.5亿，约1/3的网民都在使用SNS。各大主流互联网媒体纷纷向社交化转型，众多SNS新平台和产品竞相登场。视频网站和社交媒体成为数字媒体发展的新方向。数字技术与数字媒体的关系如图2-3所示。

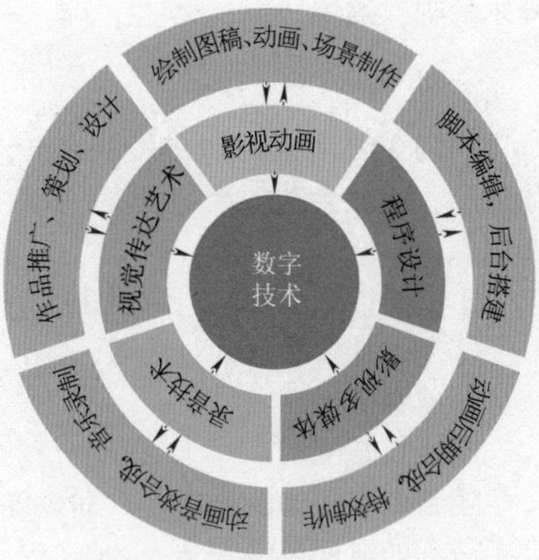

■图2-3　数字技术与数字媒体的关系

2. 数字媒体特性

数字媒体不是传统的艺术类型，它是指基于计算机数字软件平台创作而产生的一种媒体艺术样式。它采用数字方法、技术工具，运用各种数字符号将载体进行传播，然后复制，成为一种新型的技术方法、艺术表现形式和传播过程，是与大众化相融合的新兴艺术形式。

数字媒体的表现形式有很多种，比如数字电视、数字图像、数字动画、数字游戏、数字电影等。数字媒体的载体是计算机和互联网技术，通过利用计算机数字平台的艺术创作会更加得心应手。数字媒体的特性有以下几个方面：

（1）数字化的语言表达方式

数字媒体艺术的技术基础是数字技术。“数字技术”随着计算机的诞生而诞生，它可以借助一定的硬件设施将各种信息（包括图形、文字、声音、图像等）转化为二进制数字0和1，以使计算机识别并进行计算、修饰、存储、传递、还原等的媒体技术。

（2）多样化的表现方式

数字媒体能被无限复制和传播，其采用统一的工具、语言技术，巧妙地运用数字类型的传播载体，使得其多样化的表现性体现得淋漓尽致。

（3）高效化的制作过程

数字媒体作品使用数字化的创作语言，可以让作者方便地进行修改，并且“所见即所得”，对其内容可以进行无限次地修饰和还原，奠定了其制作高效化的特点。

（4）大众化的艺术表现形式

探究数字媒体作品的本质内容，归根结底是隶属于大众文化的。在这个电子化信息化的时代，数字媒体作品的传播散布到现代社会的每一个角落，计算机和互联网等新媒体技术无所不在，其发展很大程度上依赖大众的审美趣味，需要满足大众的审美需要和娱乐需求，因此艺术大众化已经成为事实[①]。

2.1.4 数字媒体的分类

按时间属性划分，数字媒体可分成静止媒体（Still Media）和连续媒体（Continues Media）。静止媒体是指内容不会随着时间而变化的数字媒体，如文本和图片；连续媒体是指内容随着时间而变化的数字媒体，如音频、视频、虚拟图像等。

---

① 周婷婷．当代数字媒体的表现特性[J]. 中小企业管理与科技（中旬刊），2014（10）：231-232.

按来源属性划分，数字媒体可分成自然媒体（Natural Media）和合成媒体（Synthetic Media）。自然媒体是指客观世界存在的景物、声音等，经过专门的设备进行数字化和编码处理之后得到的数字媒体，比如数码照相机拍摄的照片、数字摄像机拍摄的影像、MP3 数字音乐、数字电影电视等；合成媒体是指以计算机为工具，采用特定符号、语言或算法表示的，由计算机生成（合成）的文本、音乐、语音、图像和动画等，比如用 3D 制作软件制作出来的动画角色。

按组成元素划分，数字媒体可分成单一媒体（Single Media）和多媒体（Multimedia）。单一媒体是指单一信息载体组成的载体；多媒体是指多种信息载体的表现形式和传递方式。

简单来讲，数字媒体是由数字技术支持的信息传输载体，其表现形式更复杂，更具视觉冲击力，更具有互动特性。

2.1.5 数字媒体传播模式

传统媒体的传播模式比较单一，大多是一对多的广播模式；数字媒体以计算机及其网络为核心，延伸到多点互动的多播、点播、组播等多种模式。下面从传播类型和传播要素及其关系，以及传播要素的多少具体分析数字媒体的传播模式。

1. 从传播类型看数字媒体的传播模式

数字媒体用于传播不同的内容就可以形成相应的传播模式，如数字媒体在教育领域的应用，就有基于课堂讲授型的多媒体教学模式、个别辅导学习模式、讨论学习模式、探索学习模式等教育传播模式；数字媒体在不同区域的应用，相应的也会形成其传播模式，如 Internet 的发展将全世界联系在一起，形成了地球村，使得全球传播得以快速实现。

从传播规模来看，数字媒体传播模式呈现多样化的态势。第一，自我传播模式，是指人的内向交流，是每一个人本身的自我信息沟通，比如浏览网页、使用搜索引擎等。第二，人际传播模式，狭义上是指个人与个人之间面对面的信息交流，比如 QQ 聊天、微信交流、E-mail 沟通等。第三，群体传播模式，是指人们在“群体”范围内进行的信息交流活动，比如 BBS、网络社区等非实时和实时讨论，以及网络会议等形式。第四，大众传播模式，是指传播组织通过现代化的传播媒介——报纸、广播、电视、电影、杂志、图书等，对极广泛的受众所进行的信息传播活动，比如综合性网站、视频点播、数字书报刊、数字广播、数字电视、数字电影等。

2. 从传播要素及其关系看数字媒体的传播模式

通常认为传播过程包括 5 个基本要素：传播者、信息、媒体、接收者和效果。

首先，从传播要素的关系看数字媒体的传播模式，大致有以下几种：

（1）面对面（Face-to-Face，F2F）模式

面对面是人类最早的传播模式，是运用最广泛的，也是任何媒体所追求的。数字媒体传播中面对面模式可分为以下几种：点对点型，指传播者和受传者面对面，如双向视频会议系统等；端到端型，指受传者和受传者面对面，如视频直播室的聊天室、讨论区等；伙伴对伙伴型，指传播者和传播者面对面，如在网页上互相链接网站是一种明显的不同传播者借助各自优势、互通信息、扩大传播影响的行为。

（2）受传者对媒体（Receiver-to-Media，R2M）模式

受传者对媒体模式是一种拉（Pull）的模式，受众主动通过媒体获取信息，如用户利用 RSS 阅读器订阅自己感兴趣的新闻。

（3）媒体对受传者（Media-to-Receiver，M2R）模式

媒体对受传者模式是一种推（Push）的模式，媒体通过一定技术自动向受众推送信息，如用

户登录 QQ 时自动弹出的新闻列表。

3. 从传播要素的多少看数字媒体的传播模式

从传播要素的多少看数字媒体的传播模式，有以下几种：

①一对一（One-to-One，O2O）模式：指传播者和受传者一对一，如 E-mail、网络聊天。

②一对多（One-to-All，O2A）模式：指一个传播者对多个受传者，如 FTP 服务、博客。

③多对一（All-to-One，A2O）模式：指多个传播者对一个受传者，如维基百科。

④多对多（All-to-All，A2A）模式：指多个传播者对多个受传者，如 BBS[①]。

2.2 数字媒体技术的研究领域及发展趋势

随着科学技术和网络技术的不断发展，数字媒体艺术得到了广泛运用，电影、电视、动漫、音乐等都离不开数字媒体艺术。在数字化时代已经到来的今天，数字媒体艺术的发展影响着人们生活的方方面面。数字媒体产业链如图 2-4 所示。

2.2.1 数字媒体内容产业

数字媒体艺术产业被认为是 21 世纪知识经济的黄金产业之一。近年来，世界各国特别是发达国家纷纷掀起数字艺术热潮，数字产业迅速发展。

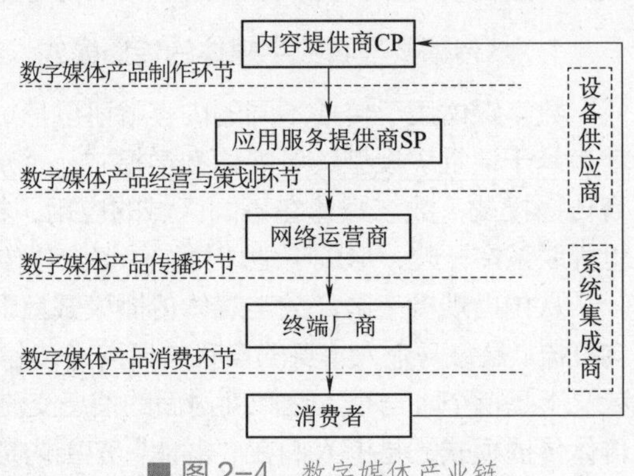

■图 2-4 数字媒体产业链

在美国，数字媒体艺术产业已经成为核心产业之一，数字媒体产业占国民收入的 4%，总值超过 4 000 亿美元。时代华纳、迪士尼等 50 家媒体娱乐公司占据着西方数字媒体产业 95% 的市场。美国数字媒体产业不但规模巨大，而且具有完整的产业链，分工明确。如洛杉矶依托好莱坞，以电影艺术为中心大力发展数字媒体艺术产业。

在英国，数字媒体产业成为重要产业，每年产值占英国 GDP 的 8%。完善的融资机制是英国数字媒体产业可持续发展的重要保证。在英国政府支持下，使银行贷款和私人基金成为英国数字媒体产业融资的主渠道，为数字媒体产业的发展提供了重要融资来源。

在日本，媒体艺术、电子游戏、动漫卡通等文化产业早已经领先全球，其市场规模达到 1 200 亿美元以上，成为日本的支柱产业之一。

韩国的数码艺术产业特别是游戏产业创下了极好的业绩。在韩国，数字内容产业已经超过汽车产业成为第一大产业。

在我国，国家相关部门高度重视和支持数字媒体技术及产业的发展，从创建产业基地到扶持关键技术研发，都投入了大量的人力、物力和财力。上海、北京、长沙、成都等城市相继成立的数字媒体产业发展基地，为数字媒体技术发展提供了优质的发展空间。“十三五”期间，国家将高端软件和新兴信息服务产业作为重点发展方向和主要任务，推进网络信息服务体系变革转型和信息服务的普及，利用信息技术发展数字内容产业，提升文化创意产业，促进了信息化与工业化的深度融合。我国现在已形成以影像、动画、网络、互动多媒体、数字设计等为主体形式，以数

① 杨亚萍 . 数字媒体及其传播模式研究 [J]. 甘肃科技，2009，25（11）：54-57.

字化媒介为载体的产业链。数字媒体艺术产业已经成为北京、上海、江苏、浙江和东南沿海城市新的经济增长点和支柱产业[①]。

2.2.2　数字媒体技术的概念

在“多媒体技术”被广泛应用的今天，“数字媒体技术”悄然进入了人们的视野。随着用户应用需求的提高，用户对多媒体信息处理的要求从简单的存储上升为识别、检索，深入加工声音、图像、时间序列信号和视频等复杂数据类型。由于这些媒体的表示在计算机系统中以大量数据形式存在，所以数据的高效表示和压缩技术成为多媒体系统的关键技术。

早期的计算机系统采用模拟方式表示声音和图像信息。这种方式使用连续量的信号来表示媒体信息，但存在着明显的缺点：第一，易出故障，常产生噪声和信号丢失；第二，模拟信号不适合数字计算机加工处理。

数字化技术的实现使这些问题迎刃而解。用数字化方式，对声音、文字、图形、图像、视频等媒体进行处理，能够去掉信号数据的冗余性，满足了用户对媒体信息海量存储、快速处理的要求。随着技术的发展，媒体信息处理的“集成性”特点已经逐渐被“数字化”特点所取代。多媒体的“集成性”特点使“多”已经不再是难点，处理技术的“数字化”则更体现了多媒体技术的核心。

2.2.3　数字媒体技术的应用分类

数字媒体技术的应用范围非常广泛，主要涉及下面几大类：

1. 文本与文本处理

文字是一种书面语言，由一系列称为字符的书写符号构成。文字信息在计算机中使用文本表示。文本是基于特定字符集成的、具有上下文相关性的一个字符流，每个字符均使用二进制编码表示。文本是计算机中最常见的一种数字媒体，其在计算机中的处理过程包括文本准备、文本编辑、文本处理、文本存储与传输、文本展现等，根据应用场合的不同，各个处理环节的内容和要求可能有很大的差别。

2. 图像与图形

计算机中的数字图像按其生成方法可以分成两大类：第一类图像，是指从现实世界中通过扫描仪、数码照相机等设备获取的图像，也称取样图像、点阵图像或位图图像；第二类图形，是指使用计算机制作或合成的图像，也称矢量图形。使用计算机对数字图像进行去噪、增强、复制、分割、提取特征、压缩、存储、检索等操作处理，称为数字图像处理。

3. 数字声音

声音是传递信息的一种重要媒体，也是计算机信息处理的主要对象之一，在多媒体技术中起着重要的作用。计算机处理、存储和传输声音的前提是将声音信息数字化。数字声音是一种连续媒体，数据量大，对存储和传输的要求比较高。

4. 数字视频

视频是指内容随时间变化的一个图像序列，也称活动图像或运动图像。常见的视频有电视和

① 胡燕．中国数字媒体艺术产业发展策略研究 [J]. 南京财经大学学报，2014（4）：101-104.

计算机动画。电视能传输和再现真实世界的图像和声音，是当代最有影响力的信息传输工具之一。计算机动画是计算机制作的图像序列，是一种计算机合成的视频。与传统的模拟视频相比，数字视频具有很多优点，如复制和传输时不会造成质量下降，容易进行编辑和修改，有利于传输，可节省频率资源等[①]。

2.2.4 数字媒体技术发展趋势

我国数字媒体技术尚处于发展阶段，但我国有着优秀的传统文化和传统艺术，数字媒体艺术将会汲取更多优秀的传统元素。通过视觉、听觉、触觉等方面的互动与结合，数字媒体艺术的内涵会更加丰富，数字媒体技术与传统艺术的结合也将会更加完美。IT和TV产业的整合能够满足受众不同需求，在为受众提供个性化的信息、体验、服务的同时，还能够提供专业的指导和建议，方便网上事务处理，增强网上交易安全性，方便自我学习，这对于科技发展和社会经济发展来说具有重大意义。所以，IT和TV产业的深化整合也是未来数字媒体技术发展的主要趋势之一[②]。

目前数字媒体技术在以下行业得到广泛的应用，预示着未来的发展趋势。

1. 在影视广告领域中的应用

传统大众广告媒介（比如LED看板、灯箱广告牌、公交车车体等）的传播形式是立体平面上静止的单向传播，依托数字媒体，让广告内容“动”起来，营造最佳视觉效果，才能加深人们对某种产品的印象，影视广告的多样性、动态性、艺术性和分众化正好能够满足受众需求。影视广告的剪辑、制作与数字媒体技术的应用是密不可分的，比如数码技术的应用使得影视广告后期制作更加高效，高清技术的应用使影视广告的视觉效果更佳。可以说，数字媒体技术直接刺激并带动了影视广告的创新，增强了其艺术表现力和整体实效性。

2. 在大众娱乐领域中的应用

数字媒体技术在大众娱乐领域中的应用使得作为聊天、视频、娱乐工具的微信和QQ等成为人们生活所需，通过这些工具，人们能够实现远程沟通。但是，人与人之间面对面交流的机会减少，会导致沟通能力的降低，所以，数字娱乐必须适度。

3. 在电子商务领域中的应用

电子商务的兴起带来了网上购物潮，人们足不出户就能享受到数字媒体技术带来的便利。通过数字媒体技术能够构建一个网上虚拟购物场景，以三维展示方式展示产品，同时消费者在虚拟的商场内可以对自己想买的商品进行浏览、挑选、试用等，这样的网站往往更能吸引住消费者眼球，更能满足消费者的个性化需求。数字媒体技术还能与网上银行协调使用，极大方便了消费者。电子商务与数字媒体技术相结合，必然会影响人们的生活和工作习惯。

4. 在教学领域中的应用

当前，多媒体教学手段在教育领域中已经得到广泛应用，它促使着教育模式、教学内容、教学观念以及学生学习方式的改变，对教育的影响是非常巨大的。一方面，将数字媒体技术应用于现代教学中，促使着教材多媒体化、资源全球化、教学个性化、学习自主化、活动合作化、管理自动化、环境虚拟化；另一方面，它改变着传统教学模式，打破了传统教学中一对一的教学方式，增强了教学环节的互动性和趣味性，学生能够主动融入学习，有利于形成良好的学习氛围。

---

① 董建成.医学信息学概论[M].北京：人民卫生出版社，2010.

② 徐娜.数字媒体技术的运用与发展趋势研究[J].黑龙江科技信息，2014（26）：197.

2.3 数字媒体的应用领域

数字媒体包括用数字化技术生成、制作、管理、传播、运营和消费的文化内容产品及服务，具有高增值、强辐射、低消耗、广就业、软渗透的属性。由于数字媒体产业的发展在某种程度上体现了一个国家或地区在信息服务、传统产业升级换代及前沿信息技术研究和集成创新方面的实力和产业水平，因此数字媒体在世界各地得到了政府的高度重视，各主要国家或地区纷纷制定了支持数字媒体发展的相关政策和发展规划。数字媒体产业链漫长，数字媒体所涉及的技术包罗万象。下面介绍数字媒体在部分领域的应用。

2.3.1 数字游戏

1. 数字游戏简述

数字游戏是所有以数字技术为手段，在数字设备上运行的各种游戏的总称。在西方，数字游戏作为一种新媒体，已成为继绘画、雕刻、建筑、音乐、诗歌（文学）、舞蹈、戏剧、影视艺术之后的“第九艺术”。

2. 数字游戏的特点及发展趋势

①数字游戏具备文化、商业和意识形态三重性质，是当代流行文化的重要表征之一。数字游戏从一种新的科技进步的象征和休闲娱乐产品逐渐被人们认可和接受，并因集合多种艺术形式于一身而正式跻身艺术殿堂。数字游戏兼具文化、商业和意识形态三重性质。在数字游戏的虚拟世界中，剧情、人物、画面、音乐、场景等都能体现出一种文化特质，甚至能引领时尚文化。

②数字游戏拓展社会文化创造和艺术鉴赏活动，促进文化繁荣和艺术普及。数字游戏作为高新技术与内容产业、创意产业的结合物，已经引起当代新媒体艺术与文化的大跨度融合。数字游戏艺术把图像、声音、互动和操作等元素整合起来，开启了新的文化创造和艺术鉴赏活动。数字游戏以可视可听可感的虚拟互动体验传达着丰富的文化信息。在数字游戏的消费过程中，不仅有创作者与消费者之间的交流，而且有消费者对游戏操作的反馈与意义符号的接受与解码，其间必然存在着文化的熏陶和不同文化间的碰撞。

③数字游戏丰富视觉文化形态，形成游戏产品和消费者之间双向互动的文化空间。当代社会的视觉文化是指依托各种视觉技术，以图像为基本表意符号，并通过大众媒介进行传播的一种通过直观感知并以消费为导向来生产快感和意义的视像文化形态。数字游戏作为一种集视觉效果、音乐音效、对话剧情和互动操作于一体的复合型艺术形式，往往以最新的数字技术为支撑，以视觉效果来吸引眼球。一方面，数字游戏开创了人们娱乐消费的新时代，为大众带来前所未有的游戏娱乐体验；另一方面，数字游戏成为以生产快感和意义为主旨的一种视觉文化形态，其普及不断丰富着视觉文化形态。

④数字游戏既是对传统民族文化的冲击和挑战，又是民族文化走向世界的机遇和平台。数字游戏已成为文化产业中一股重要力量。但是，大众对数字游戏产品的态度充满矛盾。一方面，人们通过消费数字游戏使自己从紧张的情绪和压力中解放出来，在虚拟的游戏空间中获得满足和快感；另一方面，人们担心由于过渡沉浸而成为数字游戏的奴隶，走上成瘾的道路。这种矛盾放大到社会文化领域就会出现另一个矛盾冲突：数字游戏产品一方面丰富了社会文化生活，另一方面

可能会对民族文化造成一定的冲击[①]。

2.3.2 数字动漫

1. 数字动漫简述

动漫是动画和漫画的缩略称谓。数字动漫是动漫在数字时代的新产物，它突破了传统的动漫制作方法与传播渠道，通过手机、网络、数字电视等新型平台向观众进行展示。

动漫产业以“创意”为核心，以动画、漫画为表现形式，包含动漫图书、报刊、电影、电视、音像制品、舞台剧和基于现代信息传播技术手段的动漫新品种等动漫直接产品的开发、生产、出版、播出、演出和销售，以及与动漫形象有关的服装、玩具、电子游戏等衍生产品的生产和经营。

2. 数字动漫的特点及发展趋势

（1）数字动漫的特点

动漫产业具有消费群体广，市场需求大，产品生命周期长，高成本，高投入，高附加值，国际化程度高等特点。当代动漫产业是一个高技术含量的产业，它的研发与生产需要投入大量的技术设备与高素质技术与艺术创意人才。从产业属性的视角，国内将动漫产业划分为产业核心层、产业外围层和相关产业层三个层次。动漫产业核心层由动漫内容产品构成，外围与相关层则是基于动漫形象的庞大衍生产品集群。动漫产业在以产品形象为基础、版权管理为核心、各得利益为动力的前提下，产业链各环节间有明确的分工合作模式。

（2）数字动漫产业发展趋势

①从目标受众方面来说，动漫的目标受众从少儿向大众拓展。动漫目标受众包括青少年和成人。对于动漫生产公司来说，要充分考虑到这一趋势，准确把握市场变化及动态，在动漫的创作内容方面要考虑到“大众”的需求，而不仅仅局限于少儿。

②从动漫的制作和生产模式方面来说，国际合作已经成为一种较为流行的方式。在许多国家，动漫公司联合制作及生产动漫已经成为一种流行方式。受此影响，欧洲、日本和北美的动漫公司更倾向于和中国以及印度的动漫公司合作。

③新科技对数字动漫产业产生了深远影响，包括文化产品和服务的新型态，也促使了动漫产业链的重新整合。互联网的发展，使得动漫产品的播出渠道多样化。比如新媒体动漫表现引人注目。在我国，2017 全年新上线动漫超过 600 部，最高月播放量达到 61.7 亿次。

我国动漫产业在国家一系列动漫产业政策的扶植下取得了不错的成绩。2015 年《西游记之大圣归来》拿下 9.56 亿元票房，成为动漫电影发展的一个里程碑；2016 年《大鱼海棠》取得 5.66 亿元票房。同时也应该看到，国内动漫产品从制作质量、策划、后期产品开发“大”而不“强”，高端人才不足，制约了国内动漫产业的发展。

2.3.3 数字学习

1. 数字学习简述

E-learning 的 E 的是 Electronic，即电子化，一般把 E-learning 译为数字学习。数字学习的起源可回溯到早期的远距教学。数字学习由远距教学发展而来，函授远距课程在早期是以文字为

① 梁维科，李军锋 . 文化视阈下的数字游戏艺术 [J]. 齐鲁师范学院学报，2014，29（1）：119-123.

媒介，随着媒体的发展，出现了以声音和视听科技为媒介的广播教学、电视教学，逐步发展到目前以计算机、网络作为教育传播媒介。

数字学习利用各种数字媒介与网际网络等信息科技，来担任学习者和教学者的媒合工具，以有效促进教学者的知识传播与学习者的知识吸收，达成无时差、无所不在的教育学习或训练环境。

2. 数字学习的特点及发展趋势

（1）数字学习的特点

在学习模式上，数字学习作为世纪性的学习模式分水岭，无论是从教育方式的变迁、学习过程的模式，还是教材的媒介以及人与人之间的互动，相较于工业时代皆有显著的差异性。Heppel 提出农业时代、工业时代及信息时代的教育特色，包括以下要点：

①农业时代：一对一的学习模式；学习地点在家庭或小区；学习重点以地方性需求为主。

②工业时代：输入—输出式的学习；经济规模式的教育方式；学习重点以产品为导向；有监督员及标准查看学习结果。

③信息时代：小规模合作式学习；学习重点以过程为导向；指导式、组织式的趋动。

（2）数字学习的发展趋势

①数字学习若要成为新的学习典范（Learning Paradigm），则要具备以下几项重要目标：

- 数字学习的最终目标是转型为以学习为中心的社群，而此目标可借由以学习为中心的科技来达成；
- 要转型为以学习为中心的科技，需先具有转型的教师发展；
- 转型的教师发展需伴随着机构的改变；
- 课程管理系统是使机构改变的驱动力。

②数字学习的标准化。数字学习具有不受时空限制，资源可以共享、再用，系统开放，协作多样等优势，因而受到越来越多的重视，发展十分迅速。同时，数字学习发展到现在，历经计算机和网络科技的变迁，也产生了很多问题，其中最为突出的是各厂家、各时代间产品与信息的互通性问题。不同的教学系统有各自所识别的教学资源的格式，有各自的数据传输和通信协议，也有各自的学习者模型和学习过程记录方式，这些各家专属的规格形成了资源共享和教育发展的阻碍。2001 年起，美国 ADL 计划（Advanced Distributed Learning Initiative，ADL）和全球学习联盟（Instructional Management System Global Learning Consortium，IMS）等机构大力倡导采用数字学习标准和规范。国际上随着数字学习标准需求的提出，并形成雏形的先期规范（Specification）的组织中，以 IMS 最为重要；ADL 偏重于现有数字学习规范与标准的整合与测试；国际电气和电子工程师协会（the Institute of Electrical and Electronics Engineers，IEEE）负责美国数字学习标准的制定工作；国际标准化组织（International Organization for Standardization，ISO）负责国际数字学习标准的制定工作，这 4 个单位可说是全球最重要的数字学习标准制定组织[①]。

2.3.4 数字出版

1. 数字出版简述

经过多年的发展，数字出版大致经历了数字化、碎片化和体系化三个发展阶段。数字化阶段赋予了传统出版物新生命，使得传统书报刊以崭新的媒介、强大的功能、丰富的内容进行更为广

① 谭秋浩 . 数字学习及其标准化浅析 [J]. 科教文汇（下旬刊），2015（7）：32-33.

泛的传播，其代表性产品形态是数字图书、数字期刊和数字报纸；碎片化阶段打破了结构化的“书”的形态，新闻出版企业能够面向特定的用户提供个性化、定制化、条目化的知识解决方案，其代表性作品形态是数据库产品和原创网络文学；体系化阶段以知识体系为内在逻辑主线，把所有数字化、碎片化的知识片段串联起来，运用语义标引技术和云计算技术，进行知识数据的智能整理，实现知识发现的预期效果，为实现知识图谱和大数据知识服务提供了可能，并有可能催生出数据出版这一智慧化的出版新业态。

2. 数字出版的特点及发展趋势

（1）数字出版的特点

数字出版体系化发展阶段以知识体系为逻辑内核，这意味着，数字出版产业链的4个环节——内容提供、技术支持、市场运营和衍生服务，均围绕着知识体系的嵌入、融入、延伸而展开。数字产品的研发需要围绕知识元的建设与应用、知识层级体系建立、知识交叉关联规则确立等方面来组织文字、图片、音频、视频等知识素材；数字出版技术的应用，需要以实现知识发现、知识自动成长和知识服务为最终目标；数字出版的市场运营，需要针对不同领域的目标用户，从知识体系出发，提供个性化、定制化、交互式的知识服务。在知识体系研发方面，2014年法律出版社率先研发出国内第一套法律专业知识体系——中国审判知识体系，将民事、刑事和行政三大审判领域的2 987个知识点进行了系统梳理和总结，并在此基础上研制出了以审判知识体系为核心的中国法官知识库产品。

数字出版的体系化发展阶段以知识服务为最终产品（服务）形态。知识服务具备用户驱动服务模式产生、问题导向出发提供知识解决方案、直联直供直销的即时响应方案、综合运用多种高新技术、注重知识增值服务等特征。

数字出版的体系化发展阶段，是以大数据、云计算、语义分析、移动互联网等高新技术为支撑的阶段。语义标引技术是数字出版体系化发展阶段的标志性技术，云计算技术是知识服务开展的关键性技术，大数据平台是知识服务外化的最佳表现形式，移动互联网技术的应用最容易产生弯道超车的跨越式发展效果。

（2）数字出版的发展趋势

“十一五”期间，我国数字出版的产品形态基本显现，为了数字出版产业健康发展，中国政府部门加大了对数字出版业的支持与立法的力度，经过“十二五”“十三五”期间的发展，数字出版已经成为新闻出版业的战略性新兴产业和出版业发展的主要方向，也是国民经济和社会信息化的重要组成部分，大力发展数字出版产业，已成为中国实现向新闻出版强国迈进的重要战略任务。同时，数字出版产业相关基地纷纷设立和行业协会联盟的成立加强了社会对数字出版知识产权的保护，加快了数字出版行业标准的建设进程，数字出版业的发展已是大势所趋。

2.3.5 数字电视

1. 数字电视简述

数字电视是指从演播室到发射、传输、接收的所有环节都是使用数字电视信号或对该系统所有的信号传播都是通过由0、1数字串所构成的二进制数字流来传播的电视类型，与模拟电视相对。其信号损失小，接收效果好。

2. 数字电视的特点及发展趋势

（1）高清和超高清数字电视技术

高清电视（HDTV）是一种新的电视业务，国际电联给出的定义："高清晰度电视应是一个透明系统，一个正常视力的观众在距该系统显示屏高度的三倍距离上所看到的图像质量应具有观看原始景物或表演时所得到的印象。"HDTV 的水平和垂直清晰度是常规电视的两倍左右，配有多路环绕立体声。HDTV 从电视节目的采集、制作到电视节目的传输，以及到用户终端的接收全部实现数字化，有较高的清晰度，分辨率最高可达 1 920×1 080 像素，帧率高达 60 fps，屏幕宽高比为 16∶9，若使用大屏幕显示则有亲临影院的感觉。由于运用了数字技术，其信号抗噪能力大大加强。在声音系统上，HDTV 支持杜比 5.1 声道传送，带给人 Hi-Fi 级别的听觉享受。

超高清电视（UltraHigh Definition Television，UHDTV）是高清电视的下一代技术。国际电信联盟（ITU）发布了"超高清电视 UHDTV"标准的建议，将屏幕的物理分辨率达到 3 840×2 160 像素（4K×2K）及以上的电视称为超高清电视。它的宽、高为高清电视的各 2 倍，面积为高清电视的 4 倍，是数字电视技术发展的一个重要方向。

（2）网络电视

网络电视是指以互联网为载体向受众传输信息。网络电视和传统电视比起来，其拥有的内容更加丰富多样，其终端设备往往是一部机顶盒或 PC，只需要这些设备便能够观看网络电视，受众也可以按照自己的需求来任意点播想要观看的电视节目。网络电视的互动特性给传统电视带来了很大的影响，加之近年来网络技术突飞猛进的发展，网络电视节目的质量越来越高，清晰度也逐渐提升。互联网技术与数字电视技术的发展必然会推动网络电视朝着更高的方向发展。

（3）卫星直播电视技术

卫星直播电视技术是指利用卫星进行信号转播的电视节目。卫星技术的发展让通信卫星的转发器功能逐渐增强，卫星转发器具备超大的功率，能够有效地处理数字电视信号从发送到接收的所有传输作业。卫星直播技术的一大优势在于其拥有不可比拟的覆盖范围，能够实现全球范围的数字信号传输。不但如此，卫星直播电视的收看也不需要非常复杂的设备，受众只需要利用天线就可以接收到优质的卫星电视节目[①]。

2.3.6　数字电影

1. 数字电影简述

电影诞生 100 多年来，随着数字技术的出现和普及，从电影的前期拍摄技术、后期制作技术再到发行、放映技术，都朝着数字化方向转变和过渡，相应的电影的制作手法、发行方式、放映模式以及管理模式都将发生改变。

2. 数字电影的特点及发展趋势

（1）数字电影的特点

传统的电影拍摄技术使用的是胶片感光成像的胶片摄影机，后来使用的是数字成像技术的数字摄影机。数字摄影机有以下优势：

①数字摄影机可以通过外接的高分辨监视器观看到将被记录的画面，所见即所得，任何改动都可以第一时间反映到监视器里，辅助设备还能帮助摄影师对画面质量进行判断，将各种误操作

① 曹英男．数字电视技术的发展及其应用 [J]. 电子制作，2015（2）：161.

带来的损失降低到最小。

②数字摄影机没有复杂的机械系统、存储系统，体积小，轻便紧凑，采用模块化的设计，拆卸运输都很方便。随着技术的发展，数字摄影机的体积会更小，稳定性也会更好。

③数字摄影机可以同时记录画面和声音，使拍摄变得更简单。

④数字摄影机采用数据存储，可以长时间拍摄。数据存储分为硬盘和存储卡存储，相比胶片拍摄，不需要携带很多胶片，拍摄完后也不必急着送去洗印。

⑤数字摄影机即使在光线极暗的情况下，仍然能够保证拍摄出高质量的画面，对运动画面的控制也让人刮目相看，将来主要是向轻便化、小型化、低噪声、自动化方向发展。

（2）数字电影的发展趋势

①数字放映技术不断革新，带来影院的票房出现了显著增长。影片通过数字投影仪放映时，完全没有颗粒，都有三维的质量。

②数字电影制作方式的革新。IMAX 3D 技术使 IMAX 影像质量优秀，但是最早它的运作比较复杂而且成本也不低，体积庞大，使得早期的 3D 片播放的时长也受到限制。直到 20 世纪 90 年代后期，以《珠穆朗玛峰》《幻想曲 2000》为代表的影视创下高票房记录，宣告了 IMAX 影视大规模娱乐化的到来 [①]。

2.3.7 手机媒体

1. 手机媒体简述

手机媒体是以手机为视听终端、手机上网为平台的个性化信息传播载体，它是以分众为传播目标，以定向为传播效果，以互动为传播应用的大众传播媒介，被公认为继报刊、广播、电视、互联网之后的“第五媒体”。

2. 手机媒体的特点及发展趋势

（1）手机媒体的特点

手机媒体的基本特征是数字化，最大的优势是携带和使用方便。手机媒体作为网络媒体的延伸，具有网络媒体互动性强、信息获取快、传播快、更新快、跨地域传播等特性。手机媒体还具有以下优势：高度的移动性与便携性，信息传播的即时性、互动性，受众资源极其丰富，多媒体传播，私密性、整合性、同步和异步传播有机统一，传播者和受众高度融合等。

从传播角度看，手机媒体拥有以下独特优势：高度的便携性，跨越地域和计算机终端的限制，拥有声音和震动的提示，几乎做到了与新闻同步；接收方式由静态向动态演变，用户自主地位得到提高，可以自主选择和发布信息；信息的即时互动或暂时延宕得以自主实现，实现了人际传播与大众传播的完美结合。

相较于传统媒体，手机媒体具备以下特点：第一，体积小，分量轻，便于携带；第二，易于使用，无须学习就能掌握它的操作方法；第三，它像计算机一样具有应用的可延展性；第四，它仍然在不断进步，各项技术还有很大提升空间；第五，它的产品层次丰富，价格多样，几乎每个人都可以拥有一部自己能消费得起的手机；第六，一对一的传播，信息传达的有效性；第七，传播形式的多元化。

（2）手机媒体的发展趋势

当前手机媒体已经成为人际传播的主流和大众传播不可或缺的组成部分，突破了传统媒体的

① 普晓敏．浅谈数字电影的技术构成 [J]. 品牌，2015（1）：191.

局限性，但同时，它本身也有很多问题需要深度思考和积极探索。

①手机硬件平台空间有限；

②缺乏专业媒体从业人员；

③手机广告业配套服务亟需解决。

手机媒体人性化传播的特点代表着未来新媒体的发展方向。随着 4G 和 5G 技术的普及，手机电视、手机报纸、手机搜索、手机游戏等新功能将出现更加繁荣的市场。但是，新媒体的发展也面临着很多问题和矛盾，手机本身的局限和无线互联网的逐步发展限制了新功能的普及和应用。另外，手机垃圾信息的泛滥让人们反感至极；手机著作权问题让商家伤透了脑筋；手机偷拍使个人隐私时刻处在易遭侵犯的环境之中。这些问题和矛盾都阻碍着手机媒体的管理与发展。

2.3.8　数字广播

1. 数字广播简述

数字广播技术是广播事业转型发展的必然，是将音频和视频等信号进行数字化处理，并在数字化状态下进行编辑处理存储播出的一种技术。数字化广播与传统的广播不同，其数字信号和数据传输是通过地面发射装置进行的。数字广播已经进入多媒体时代，人们只需通过各种移动终端就可以接收到数字广播。与传统广播技术相比，数字广播技术使广播效果更好、内容更丰富、稳定性更强、听众体验更舒适。

2. 数字广播的特点及发展趋势

（1）数字广播的特点

目前，广播作为信息传播途径在我国应用还是比较广泛的。随着新媒体的崛起，传统广播的生存压力凸显，传统广播急需革新技术手段实现广播数字化。相对与传统广播而言，数字广播技术具有多方面的优点：首先，数字广播技术使得音频广播数字化，让广播内容品质升级，能够提供专业级别的音质效果，在兼具音质的同时，数字化广播稳定性也得到大幅提升，无论设备是固定还是移动，都能接收到清晰的信号，几乎没有干扰；其次，数字广播技术使得调幅广播数字化在全球发展迅猛，世界上很多广播事业单位努力推行数字广播技术，数字调幅相比传统模式，可以减少能耗降低污染，抗干扰能力很强，信号传输稳定性良好。

另外，数字广播技术的发展出现了数字多媒体广播，它不仅可以传送音频，而且可以传送图像数据等，使广播在本质上发生飞跃，无论广播听众在什么时间和什么地点，只要是在信号范围之内，都可以接收到数字多媒体广播。例如，数字卫星广播就是数字广播技术发展的实例，通过同步卫星、数字接收装置和地面控制系统组成了数字卫星广播网。数字卫星广播覆盖面积极大，最为重要的是，数字卫星广播成本较低，可以产生巨大的经济利益，这给传统广播带来了颠覆性的改变。

（2）数字广播的发展趋势

随着数字广播技术的蓬勃发展，数字化技术被引入与广播相关的各个方面。数字化音频广播源于德国，采用数字音频系统标准。具体而言，该项技术在数字技术的基础上通过对音频进行数字编码、调制和压缩等处理，然后将该音频进行传播。

数字调幅广播技术是数字广播技术的又一个成果。调幅广播历史久远，标准统一，是一项全球性的广播技术。数字调幅技术于 20 世纪 90 年代在德国开始研究试验，并成立了相关的评估方案小组，最终确定了数字调幅技术的可行性与重要性，并开始全球推广。相比传统调幅方式，数字调幅技术所产生的信号更加稳定，不易受到电磁干扰，安全可靠。

我国在20世纪90年代开始将数字广播技术由DAB过渡到了DMB，并对其展开了测试与研究，确定了数字多媒体广播的可行性，并开始进行全国推广。例如，目前公交车上安装的数字多媒体广播系统，可以为乘客在路途中提供广播信息，方便了民众接收信息。此外，数字卫星广播也得到推广应用，其信号覆盖范围是其他广播模式不能相提并论的①。

2.3.9 互联网电视

1. 互联网电视简述

互联网电视是电视技术和网络技术结合的产物，既具备传统电视直观性强、信息传达丰富等特点，又具备网络交互性、多元化、内容海量的特性，更好地满足了用户的个性化需求。随着我国电信网、广播电视网、互联网“三网融合”进程的不断推进，以及移动互联网用户的迅猛增长，中国互联网电视蓬勃发展，一场“客厅革命”正在悄然兴起。互联网电视的功能示范如图 2-5 所示。

■图 2-5 互联网电视的功能示范

2. 互联网电视的特点及发展趋势

（1）互联网电视的特点

①拥有家庭“电影博物馆”。看电影已经成为都市人休闲娱乐的重要方式，互联网电视使用户在家里就可以体验电影院的震撼视听效果。互联网电视连上网线，就能够直接下载网上高清大片，速度丝毫不亚于计算机的下载速度。随着网上不断出现的海量高清大片，借助互联网电视，犹如连接了一座“电影博物馆”。

②家庭互联。互联网电视的互联功能，能够让电视与计算机组成一个内部家庭局域网，省去了通过 U 盘转接的麻烦，电视可以自动搜索，查找计算机中的照片、电影、音乐、视频。

③在线自动升级。互联网上的新技术、新应用飞速发展、层出不穷，互联网电视具有开放升级系统，可以自动实现软件升级。在日后应用环境成熟时，互联网电视会帮助用户实现在线网络游戏、在线音乐欣赏、适时天气查询、适时股票查询、新闻快报等更加丰富和实用的功能。

（2）我国互联网电视的发展趋势

①“电视机生产商 + 运营商”合作模式。目前国内互联网电视对播出平台及内容来源的集成有着严格要求，一台电视机只能植入一家集成商的客户端，并且必须由获得 OTT TV 播控业务牌照的集成服务商提供，而一般家电厂家不得涉足播控平台。当前我国互联网电视牌照有 7 张，分别是 CNTV、百视通、华数、南方传媒、湖南广电、中央人民广播电台、中国国际广播电台。电视机生产商想进军互联网电视领域，必须与运营商合作，这也成为最典型的模式。例如，TCL 与华数、夏普与百视通合作等，传统的电视厂家通过这种合作，建立应用商店及电子商务的业务模式，实现终端商以自身为主导的互联网电视平台。

②“电视机生产商 + 互联网企业”合作模式。彩电业与互联网业深度融合之势必不可挡。电视机生产商与互联网企业合作，一方面使得电视终端能够通过新的电商渠道出货，降低对原有渠道的依赖，集成更多的电子商务及网络支付功能；另一方面使互联网企业将电商搭载到客厅屏幕

① 李晓盟 . 关于数字广播技术的应用现状与发展研究 [J]. 无线互联科技，2015（1）：183-184.

媒介上，获得更多的广告收益。

③“内容 + 平台 + 应用 + 终端”垂直整合模式。对于内容供应商而言，借助自身丰富的内容资源，逐步进军电视终端已成为趋势。与传统电视相比，内容供应商打造的电视终端不再依赖于硬件盈利，而是拥有多重盈利模式，包括硬件收入、付费内容收入、广告收入及应用分成收入等，通过自有品牌电商销售模式省去营销成本、渠道成本和不合理的品牌溢价，全流程直达用户，这使得其定价更为灵活，加上自有的海量用户，优势大大凸显。

④电视台独立运营模式。芒果 TV 是该模式的典型代表，它是湖南卫视新媒体平台金鹰网旗下的网络电视台。湖南广电获第 5 张全国互联网电视牌照，湖南电视台开始独立运作互联网电视。2013 年 4 月，湖南卫视、华为终端及京东商城三方联合推出一款高清互联网电视播放器——芒果派 M210。2014 年 8 月，芒果 TV 携手 TCL 推出“TCL 芒果 TV+”双品牌互联网电视机，这是国内互联网电视牌照方与终端商合作推出的第一款联名电视机。芒果互联网电视是湖南卫视出品节目的唯一互联网电视播出平台，从牌照商、内容商进入终端和渠道，成为中国版的 HULU[①]。

2.3.10　3D 打印

1. 3D 打印简述

未来学家里夫金提出互联网、绿色电力和 3D 打印技术影响“第三次工业革命”。3D 打印技术以数字化、智能化等多种特点，被誉为“第三次工业革命”的主要标志。3D 打印又称增材制造，产生于 20 世纪 80 年代末，最早源自美国军方的“快速成型”技术。3D 打印通过计算机辅助设计完成一系列数字切片，然后将切片信息传送到 3D 打印机，通过逐层扫描、堆叠，最后生成实物。3D 打印可以制造的东西很多，如产品模型、航天航空、医疗机械、艺术设计、电子产品等。作为一项集光学工程、计算机技术、控制技术、材料科学、机械设计为一体的技术，3D 打印可以极大地释放人们的创造力。

2. 3D 打印的特点及发展趋势

（1）在生物医学领域

2018 年 8 月，美国明尼苏达大学研究人员开发出一种新的多细胞神经组织工程方法，利用 3D 打印设备制造出生物工程脊髓。研究人员称，该技术有朝一日或可帮助长期遭受脊髓损伤困扰的患者恢复某些功能。世界各地 3D 打印器官的案例还有很多。由于人体构造和病理存在特殊化和差异化，生物 3D 打印可以对症下药，提高病患康复率。

2018 年 12 月 3 日，一台名为 Organaut 的突破性 3D 打印装置，被执行“58 号远征”（Expedition 58）任务的“联盟 MS-11”飞船送往国际空间站。打印机由 Invitro 的子公司“3D 生物打印解决方案”（3D Bioprinting Solutions）公司建造。Invitro 随后收到了从国际空间站传回的一组照片，通过这些照片可以看到老鼠甲状腺是如何被打印出来的。

（2）在设计领域

美国国家航空航天局（NASA）2015 年 4 月 21 日报道，NASA 工程人员正通过利用增材制造技术制造首个全尺寸铜合金火箭发动机零件以节约成本。NASA 空间技术任务部负责人表示，这是航空航天领域 3D 打印技术应用的新里程碑。

2016 年 4 月 19 日，中科院重庆绿色智能技术研究院 3D 打印技术研究中心对外宣布，经过该院和中科院空间应用中心两年多的努力，并完成抛物线失重飞行试验，国内首台空间在轨 3D 打

① 施宏 . 中国互联网电视发展模式研究 [J]. 科技传播，2015，7（2）：143-144.

印机宣告研制成功。这台 3D 打印机可打印最大零部件尺寸达 200 mm × 130 mm，它可以帮助宇航员在失重环境下自制所需的零件，大幅提高空间站实验的灵活性，减少空间站备品备件的种类与数量和运营成本，降低空间站对地面补给的依赖性。

（3）在饮食领域

3D 打印甚至还可以打出食物，如巧克力、比萨、糖果、鸡蛋、意大利面等。只要准备一堆原材料，无须烹饪，就能享受一顿美食。这种集“技术、食物、艺术和设计”于一身的生活，让人充满遐想。可以想象，在未来的生活中，如果开发 3D 打印相关的 App，就能随时随地打印，满足人们的需求。甚至会出现 3D 打印机的 4S 店，做到售后一条龙服务 [①]。

2.3.11 汽车媒体

1. 汽车媒体简述

汽车媒体是指通过汽车车机、智能手机等硬件产品，满足车主和乘员在行车过程和间隙这一特定场景中的信息获取需求的媒介。由于车载媒介信息要保证行车过程中的安全，避免对视觉注意力的干扰，因此车载媒介大多是以声音为传播媒介。车载音乐和调频广播是历史悠久的车载媒介形式，移动音频是近年来发展迅猛的车载媒介形式。未来汽车的数字架构如图 2-6 所示。

■ 图 2-6　未来汽车的数字架构

汽车媒体主要包括以下三类：

①车载音乐。在收听方式上，通过广播的音乐节目、插 U 盘或光盘等传统媒介载体形式的音乐收听方式依然是最受欢迎的渠道，用户占比都在 50% 以上，借助智能手机无线或有线连接车机的方式也在用户中逐步普及。

②调频广播。为及时获得准确的路况信息，地市级广播电台和省级直辖市广播电台受到车载媒介用户的青睐，成为收听最多的广播电台类型。

③车载移动音频。在收听方式上，通过蓝牙无线连接、车载 FM 发射器接收信号以及数据线有线连接等是比较重要的车载移动音频收听方式。但其弊端在于无法迅速地进行相关操作，如选择节目内容等。

2. 汽车媒体的特点及发展趋势

（1）汽车媒体的特点

①潜在用户中知晓率高，收听意愿强。由于内容上极高的重合度和媒介形态上的相似性，传统广播较高的用户普及率为汽车媒体的发展奠定了良好的用户收听基础。

②用户的节目推荐和交流意愿更高。占比更高的节目推荐行为和主播交流互动行为，体现了现有移动音频用户对节目的认可与喜爱，也是汽车媒体发展潜力的重要体现。

③互动行为更加丰富多样。除了传统的互动交流渠道，如微信、QQ 群聊以及微信公众号留言评论外，汽车媒体 App 的留言评论功能及打赏功能等创造了更多的互动可能性。

④广告传播效果更优。用户对汽车媒体的广告接受度高于传统广播用户，更具商业营销价值。

① 张海洋 . 与科技赛跑：3D 打印 [J]. 艺术科技，2015，28（5）：223+166.

⑤在诸多层面优势明显。由于广播具有地域时间的限制，在节目制作上更加考虑本地因素，汽车媒体可以安排更加灵活的收听时间，节目个性化程度更高，内容更加丰富多样。

（2）汽车媒体的发展趋势

①移动音频成为更多用户的车载媒介选择。在技术层面，越来越多的主流车型配备了手机投屏服务或预装移动音频 App，操作体验越来越便捷，突破了传统调频广播在时间和空间上的限制，能够将音频节目分发到更多的人群中。在内容层面，垂直细分的音频节目能够满足不同人群多样个性内容的需求，提升用户对节目的忠诚度和认同度，展现节目的价值。

②泛用型手机投屏服务进一步普及。越来越多主流车型的车机支持泛用型手机投屏服务，从而强化车机与智能手机的协作，延伸用户的媒介使用行为及习惯，使其收听行为在汽车场景和其他场景下更加连贯。避免用户在行车中直接使用智能手机所引发的潜在安全风险。

③语音输入操作的交互方式进一步发展。随着语音助理智能程度的提升和汽车操作相关功能的开发，语音输入操作的交互方式使用户体验更友好[①]。

2.3.12　全息影像

1. 全息影像简述

全息影像是利用干涉和衍射原理来记录并再现物体真实的三维图像的技术。全息影像采用激光作为照明光源，并将光源发出的光分为两束，一束直接射向感光片，另一束经被摄物的反射后再射向感光片。两束光在感光片上叠加产生干涉，最后利用数字图像基本原理再现的全息图进行进一步处理，去除数字干扰，得到清晰的全息影像。

2. 全息影像的特点及发展趋势

（1）全息影像的特点

全息影像技术是计算机技术、全息技术和电子成像技术结合的产物。它通过电子元件记录全息图，省略了图像的后期化学处理，节省了大量时间，实现了对图像的实时处理。同时，其可以通过计算机对数字图像进行定量分析，通过计算得到图像的强度和相位分布，并且模拟多个全息图的叠加等操作。

全息影像是真正的三维立体影像，用户不需要佩戴带立体眼镜或其他任何的辅助设备，就可以在不同的角度裸眼观看影像。其基本机理是利用光波干涉法同时记录物光波的振幅与相位。由于全息再现光波保留了原有物光波的全部振幅与相位的信息，故再现物与原物有着完全相同的三维特性。

与普通的影像技术相比，全息影像技术记录了更多的信息，因此容量比普通照片信息量大得多（百倍甚至千倍以上）。全息影像的显示则是通过光源照射在全息图上，这束光源的频率和传输方向与参考光束完全一样，就可以再现物体的立体图像。观众从不同角度看，就可以看到物体的多个侧面，只不过看得见摸不到，因为记录的只是影像。

普通的影像是二维平面采样，而全息影像则是多角度的影像，并且将这些照片叠加。为了实现立体“叠加”，需要利用光的干涉原理，用单一的光线（常用投影机）进行照射，使物体反射的光分裂（分光技术）成多束相干光，将这些相干光叠加就能实现立体影像。

全息影像需要比普通影像多处理 100 倍以上的信息量，对拍摄以及处理和传输平台都提出了

① 艾瑞研究院 . 2017 年中国车载媒介场景白皮书 [R/OL]. http: //report.iresearch.cn/report_pdf.aspx?id=2969. [2019-5-11].

很高的要求。因此，最早的全息影像技术仅用于处理静态的照片，随着技术的发展和计算机运算速度的不断提升，处理和传输动态全息影像已经得以实现。

（2）全息影像的发展趋势

全息学的原理适用于各种形式的波动，如X射线、微波、声波、电子波等。目前最常用的光源是投影机，其光源亮度相对稳定，且具有放大影像的作用，作为全息展示非常实用。

光学全息术可望在立体电影、电视、展览、显微术、干涉度量学、投影光刻、军事侦察监视、水下探测、金属内部探测，保存珍贵的历史文物、艺术品，信息存储、遥感，研究和记录物理状态变化极快的瞬时现象、瞬时过程（如爆炸和燃烧）等各个方面获得广泛应用。

①日常生活。在一些信用卡和纸币上，就运用了全彩全息影像技术制作出在聚酯软胶片上的“彩虹”全息影像，主要用来实现防伪目的。

②军事领域。科学家研发出了红外、微波和超声全息技术，这些全息技术在军事侦察和监视上有重要意义。在一些战斗机上配备此种设备，能给出目标的立体形象，这对于及时识别飞机、舰艇等有很大作用。

③光学领域。全息影像不仅记录了物体上的反光强度，而且记录了位相信息。因此，一张全息影像即使只剩下一小部分，依然可以重现全部景物。这对于博物馆、图书馆等保存藏品图片等非常方便。

另外，由于全息影像技术能够记录物体本身的全部信息，存储容量足够大，因此，作为存储的载体，全息存储技术也可以应用于图书馆、学校等机构的文档资料保存。

与传统的3D显示技术相比，全息影像技术无须戴专门的偏光眼镜，不仅给观众带来了方便，同时也降低了成本。而且，立体显示方式能够将展品以多视角的方式介绍给观众，更加直观。

④其他领域。可见光在大气或水中传播时衰减很快，在不良的气候下甚至无法进行工作，全息照相的方法从光学领域推广到其他领域，如微波全息、超声全息等得到很大发展，即用相干的红外线、微波及超声波拍摄全息照片，然后用可见光再现物象，这种全息技术与普通全息技术的原理相同，已成功地应用于工业医疗、无损探伤等方面。地震波、电子波、X射线等方面的全息也正在深入研究中。

全息技术不仅可制作出惟妙惟肖的立体三维图片，美化人们的生活，还可将其用于证券、商品防伪、商品广告、促销、艺术图片、展览、图书插图与美术装潢、包装、室内装潢、医学、刑侦、物证照相与鉴别、建筑三维成像、科研、教学、信息交流、人像三维摄影及三维立体影视等众多领域，近年来还发展成为宽幅全息包装材料而得到了广泛应用。

思考题

2-1　什么是媒体？简述媒体的分类及特性。

2-2　什么是数字媒体？简述数字媒体的特性和分类。

2-3　什么是数字媒体技术？简述数字媒体技术的发展趋势。

2-4　简述数字游戏及其特点。

2-5　简述数字动漫和数字学习的特点及发展趋势。

2-6　简述数字出版发展的几个阶段。

2-7　简述数字电影技术的优势。

2-8　简述手机媒体及其特点。

2-9　简述数字广播技术的特点。

2-10　简述我国互联网电视的发展模式。

2-11　简述 3D 打印及其应用领域，并举例说明。

2-12　简述汽车媒体的特点及发展趋势。

2-13　什么是全息影像技术？简述全息影像的特点。

知识点速查

◆媒介有两种含义：第一种是指具备承载信息传递功能的物质，第二种是指从事信息的采集、加工制作和传播的社会组织。

◆数字游戏是所有以数字技术为手段、在数字设备上运行的各种游戏的总称。

◆数字动漫是动画和漫画的简称，是动漫在数字时代的新产物，它突破了传统的动漫制作方法与传播渠道，以手机、网络、数字电视等新型平台向观众进行展示。

◆ E-learning 一般译为数字学习，是利用各种数字媒介和网际网络等信息科技，来担任学习者和教学者的媒合工具。

◆数字出版大致经历了数字化、碎片化和体系化三个发展阶段。

◆数字电视是从演播室到发射、传输、接收的所有环节都使用数字电视信号来传播的电视类型。

◆网络电视是指以互联网为载体向受众传输信息。

◆数字电影是指从电影的前期拍摄技术、后期制作技术再到发行、放映技术使用数字方式的电影类型。

◆手机媒体是以手机为视听终端、手机上网为平台的个性化信息传播载体，它是以分众为传播目标、以定向为传播效果、以互动为传播应用的大众传播媒介。

◆数字广播是将音频和视频等信号进行数字化处理，并在数字化状态下进行编辑、处理、存储、播出的一种技术。

◆互联网电视是电视技术和网络技术结合的产物，既具备传统电视直观性强、信息传达丰富等特点，称具备网络交互性、多元化、内容海量的特性。

◆ 3D 打印又称增材制造，它通过计算机辅助设计完成一系列数字切片，然后将切片信息传送到 3D 打印机上，通过逐层扫描、堆叠，最后生成实物。

◆汽车媒体是指通过汽车车机、智能手机等硬件产品，满足车主和乘员在行车过程和间隙这一特定场景中的信息获取需求的媒介。

◆全息影像是利用干涉和衍射原理来记录并再现物体真实的三维图像的技术。

第3章 数字图像处理技术

本章导读

本章共分6节，内容包括数字图像处理基础知识、数字图像颜色模型、数字图像的基本属性及种类、数字图像获取技术、数字图像创意设计和编辑技术，以及数字图像处理应用领域。

本章从数字图像处理技术的发展与变化的视角入手，首先对数字图像的基本特点进行分析，然后重点学习讨论数字图像的基本颜色模型及基本属性和种类，再次对与数字图像的获取技术及编辑技术进行整理，并通过实例和具体应用来学习提升数字图像处理技术。

学习目标

◆了解数字图像处理技术的基本概念和基本属性；

◆了解数字图像颜色模型和种类；

◆掌握数字图像获取技术；

◆理解数字图像的创意设计和编辑技术。

知识要点和难点

1. 要点

数字图像处理技术的基本属性及概念，数字图像创意设计及编辑技术。

2. 难点

数字图像获取技术，数字图像颜色模型。

3.1 数字图像处理基础知识

图像是人类视觉的基础。“图像”一词来自西方艺术史译著，通常指image、icon、picture和它们的衍生词，也指人对视觉感知的物质再现。“图”是物体反射或透射光的分布，“像”是人的视觉系统所接受的图在人脑中形成的印象或认识。随着社会的进步和科技的发展，目前越来越多的图像以数字形式展现及存储，因而“图像”一词也泛指“数字图像”，本章主要探讨的也是数字图像。

3.1.1　图像的物理特性

图像是客观和主观的产物。图像可以由光学设备获得，如照相机、镜子、望远镜等；也可人为创造，如手工绘画等，所以照片、绘画、地图、心电图等都是图像。图像反映在人的大脑，记录或保存在纸质媒介、胶片等对光信号敏感的介质上。图像在当下可指所有具有视觉效果的画面。图像案例如图 3-1 所示。

数字图像，又称数码图像或数位图像，是将模拟图像数字化、以像素为基本元素、以数字方式存储和处理的图像。将图像在空间上离散，量化存储每一个离散位置的信息，就可以得到最简单的数字图像。这种数字图像一般数据量很大，需要采用图像压缩技术以便更有效地存储。数字图像示意如图 3-2 所示。

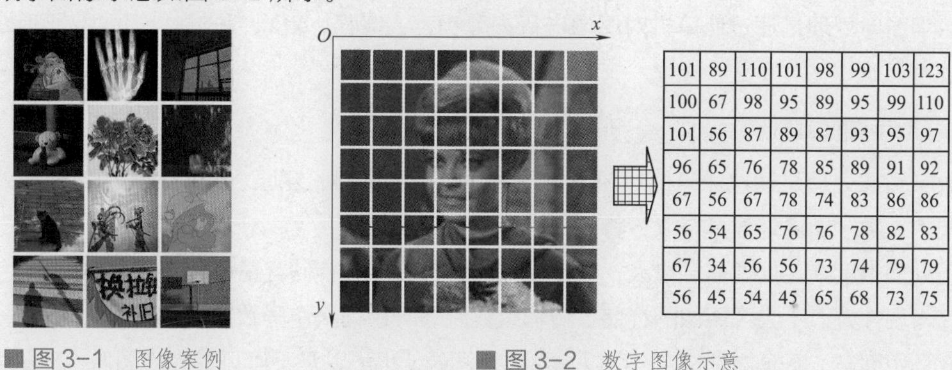

101	89	110	101	98	99	103	123
100	67	98	95	89	95	99	110
101	56	87	89	87	93	95	97
96	65	76	78	85	89	91	92
67	56	67	78	74	83	86	86
56	54	65	76	76	78	82	83
67	34	56	56	73	74	79	79
56	45	54	45	65	68	73	75

■ 图 3-1　图像案例　　■ 图 3-2　数字图像示意

3.1.2　人类视觉原理

人眼所看到的物体，是由于受到自然光的照射或者物体所反射的光，让人眼感知辨别它的形状、颜色、明暗等存在，这就是视觉。

光是由不同波长的电磁波混合在一起组成的，人类的眼睛只能感知波长为 380~780 nm 的光。可见光波长分布图如图 3-3 所示。

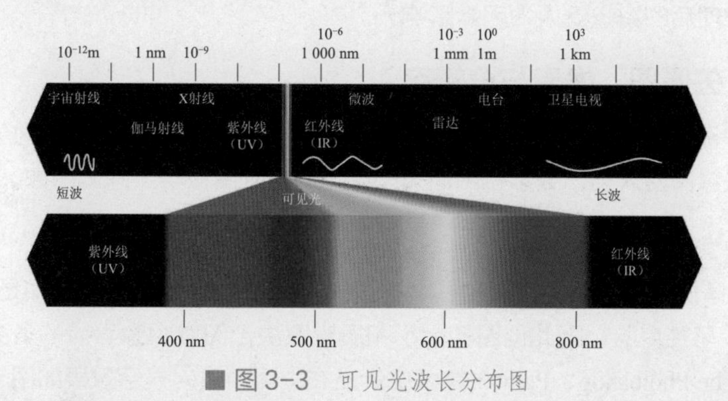

■ 图 3-3　可见光波长分布图

不同颜色可以反射出明暗不同的光线，这些光线透过角膜、晶状体、玻璃体的折射，在视网膜上显出景物的倒像。视网膜上的感光细胞（圆锥和杆状细胞）受光的刺激后，经过一系列的物理化学变化，转换成神经冲动，由视神经传入大脑层的视觉中枢，然后人就能看见物体了，经过大脑皮层的综合分析，产生视觉，人就看清了景物（正立的立体像）。视网膜成像如图 3-4 所示。

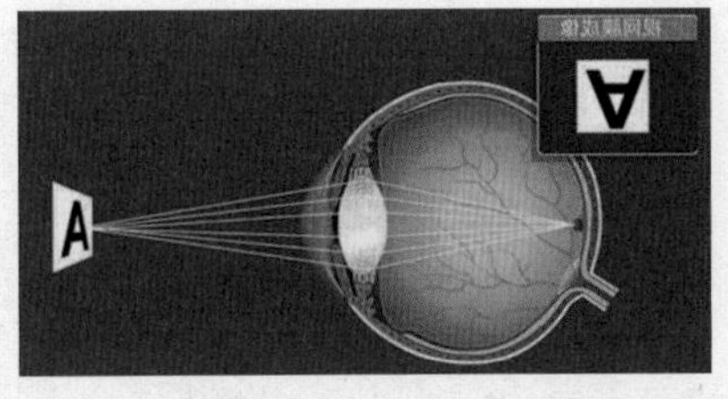

■图 3-4　视网膜成像

3.1.3　数字图像处理的定义及特点

1. 数字图像处理的定义

数字图像处理（Digital Image Processing）又称计算机图像处理，它是指将图像信号转换成数字信号并利用计算机对其进行处理的过程。数字图像处理的产生和迅速发展主要受三个因素的影响：一是计算机的发展；二是数学的发展（特别是离散数学理论的创立和完善）；三是广泛的农牧业、林业、环境、军事、工业和医学等方面应用需求的增长。

数字图像处理是通过计算机对图像进行去除噪声、增强、复原、分割、提取特征等处理的方法和技术。

2. 数字图像处理特点

数字图像处理是通过计算机对图像进行去除噪声、增强、复原、分割、提取特征等处理的方法和技术。数字图像处理具有以下特点：

①处理精度高。处理信息量大，对计算机的计算速度、存储容量等要求高。

②再现性好。不会因图像的存储、传输或复制等一系列操作导致图像质量退化。

③适用面宽。图像信息源广，可以是可见光图像，也可以是不可见的光谱图像（X 射线图像、超声波图像等），图像的数字处理方法适用于任何一种图像。

④灵活性高。图像处理大体上可分为图像的像质改善、图像分析和图像重建三大部分，每部分均包含丰富的内容。图像处理不仅能完成线性运算，而且能实现非线性处理。

⑤占用频带较宽。与语言信息相比，占用的频带要大几个数量级。

⑥数字图像中各个像素不是独立的，其相关性大。

⑦数字图像处理后的图像受人为因素影响大。

3.1.4　位图、矢量图、像素与分辨率

在计算机中，图像是以数字方式来记录、处理和保存的。计算机图像分为位图（又称点阵图或栅格图像）和矢量图两大类，数字化图像类型分为向量式图像与点阵式图像。

1. 位图

位图，也称点阵图、栅格图像、像素图，它是由像素（Pixel）组成的。位图是基于方形像素点，这些像素点像是“马赛克”，因此位图的大小和质量取决于图像中像素点的多少。制作基于位图的软件主要有 Adobe Photoshop、Painter 等。像素点在位图中放大显示效果如图 3-5 所示。

位图的原图像和放大图像对比如图 3-6 所示。

■图 3-5　像素点在位图中放大显示效果

（a）原图像

（b）放大的局部图像

■图 3-6　位图原图像和放大图像对比

位图图像具有以下特点：

①图像清晰细腻，形象逼真。位图能够记录每一个像素点的数据信息，可以精确地记录丰富的亮度变化、色彩和层次变化，图像清晰细腻，具有生动的细节和逼真的效果。

②容易产生锯齿，降低画面清晰度。位图是由像素组成的，改变图像大小尺寸时，像素点的总数没有改变，而像素点之间的距离增大，导致尺寸增大后图片清晰度降低，色彩饱和度损失并产生锯齿。

③文件所占的空间大。由于位图在保存文件时，需要记录每一个像素的位置和色彩，造成文件所占空间大。

④可以直接存储为标准的图像文件格式，容易在不同的软件之间进行交换。

2. 矢量图

矢量图，也称向量图或绘图图像，是由线条和图块组成的。将矢量图放大或缩小后，图像仍然保持原来的清晰度，且色彩不失真。矢量图最适合表现细节的图形。矢量图的原图像和放大图像对比如图 3-7 所示。

矢量图在计算机内部表示成一系列的数值，而不是像素点。矢量文件中的图像元素称为对象。每个对象都是一个自成一体的实体，具有颜色、形状、轮廓、大小和屏幕位置等属性，多次移动和改变其属性不会影响图像中的原有的清晰度和弯曲度。

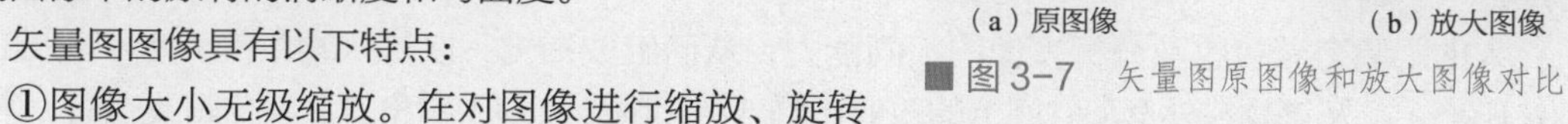

（a）原图像　　（b）放大图像

■图 3-7　矢量图原图像和放大图像对比

矢量图图像具有以下特点：

①图像大小无级缩放。在对图像进行缩放、旋转或者变形操作时，图像仍具有很高的显示和印刷质量，且不会产生锯齿模糊效果。

②矢量图的轮廓形状更容易修改和控制，但对于单独的图像，其在色彩变化上的实现没有位图方便。

③文件小。图像是由线条和图块信息组成的，矢量图形与分辨率和图像大小无关，只与图像复杂程度有关，所以图像所占储存空间小。

④可高分辨率印刷。矢量图形与分辨率无关，可以放大到任意尺寸，而且不会丢失细节或降低清晰度。因此，矢量图形文件可在任何输出设备上以高分辨率打印输出。

⑤支持矢量格式的应用程序没有支持位图的应用程序多，很多矢量图形都需要专门的程序才能打开浏览和编辑。

3. 像素与分辨率

像素是组成位图图像的最基本元素。每一个像素都有自己的位置，并记载着图像的颜色信息，一个图像包含的像素越多，颜色信息越丰富，图像的效果也就越好，但文件也会随之增大。

分辨率是用于描述图像文件的信息量，指单位长度内包含的像素点的数量，它的单位通常采用“像素 / 英寸”表示，简称 ppi。如 72 ppi 表示该图像每英寸包含 72 个像素点，即每平方英寸含有 72 × 72 个像素。

分辨率决定了位图细节的精细程度，通常情况下，分辨率越高，包含的像素越多图像也就越清晰。不同分辨率的比较如图 3-8 所示。

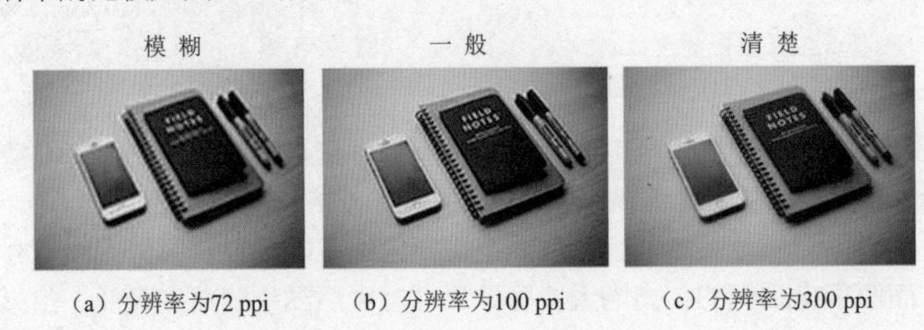

（a）分辨率为72 ppi　（b）分辨率为100 ppi　（c）分辨率为300 ppi

■ 图 3-8　不同分辨率的比较

像素和分辨率是密不可分的，它们的组合方式决定了图像的数据量。在打印时，图像分辨率越高包含像素越高，可以重现细节更多和颜色过渡效果更细微，使用太低分辨率会导致图像粗糙，在排版打印时图片会变得模糊。虽然分辨率越高，图像的质量越好，但是高分辨率会增加占用的存储空间，只有根据图像的用途设置适合的分辨率才能取得最佳的使用效果。

3.2 数字图像颜色模型

颜色模型是指某个三维颜色空间中的一个可见光子集，它包含某个色彩域的所有色彩。一般而言，任何一个色彩域都是可见光的子集，任何一个颜色模型都无法包含所有的可见光。常见的颜色模型有 RGB、CIECMY/CMYK、HSB 等。

3.2.1 视觉系统对颜色的感知

人的眼睛有着接收及分析视像的不同能力，从而组成知觉，以辨认物象的外貌和所处的空间（距离），及该物在外形和空间上的改变。脑部将眼睛接收到的物象信息，分解成空间、色彩、形状及动态 4 类主要数据，就可以辨认外物和对外物做出及时和适当的反应。

当有光线时，人眼睛能辨别物象本体的明暗。物象有了明暗的对比，眼睛便能产生视觉的空间深度，看到对象的立体程度。同时，眼睛能识别形状，有助人们辨认物体的形态。此外，人眼能看到色彩，称为颜色视觉或色觉。这些视觉的能力是探察与辨别外界数据、建立视觉感知的源头。

3.2.2 RGB 颜色模型

最典型、最常用的面向硬件设备的彩色模型是三基色模型，即 RGB 颜色模型。R 代表红色，G 代表绿色，B 代表蓝色，它是所有显示屏、投影等设备的彩色模式。电视、计算机、手机、数码照相机和彩色扫描仪都是根据 RGB 颜色模型工作的，可以提供全屏幕的 24 bit 的颜色范围，即真彩色显示。

根据三基色原理，用基色光单位来表示光的量。RGB 颜色模型建立在笛卡儿坐标系统中，其中三个坐标轴分别代表 R、G、B。RGB 颜色模型是一个立方体，原点对应黑色，离原点最远的顶点对应白色。白光是基于 RGB 光的叠加，即红光加绿光加蓝光得到白光。RGB 颜色模型如图 3-9 所示。

图 3-9 中任意色光 F 都可以用 R、G、B 三色不同分量的相加混合而成：F=r[R]+g[G]+b[B]。当三基色分量都为 0（最弱）时混合为黑色光；当三基色分量都为 k（最强）时混合为白色光。任一颜色 F 是这个立方体坐标中的一点，调整三色系数 r、g、b 中的任一系数都会改变 F 的坐标值，也即改变了 F 的色值。RGB 颜色模型采用物理三基色表示，因而物理意义很清楚，适合彩色显像管工作，并不适合人的视觉特点。

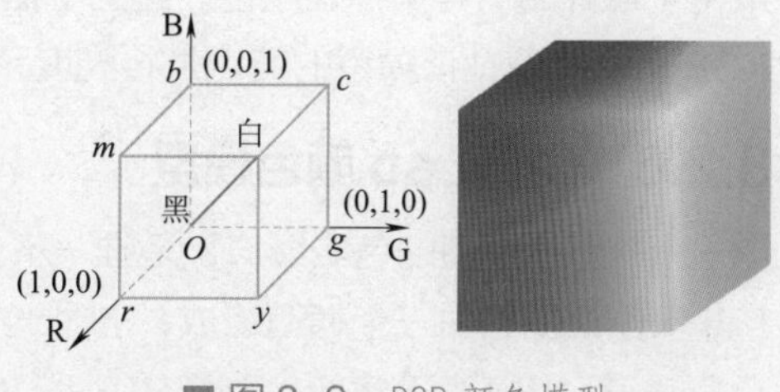

■ 图 3-9　RGB 颜色模型

就编辑图像而言，RGB 颜色模型是屏幕显示的最佳模式，但许多色彩无法被打印出来，会损失一部分亮度，比较鲜艳的色彩有可能会失真。因此，如果打印全彩色图像，应先将 RGB 颜色模型的图像转换成 CMYK 颜色模型的图像，然后再进行打印。

3.2.3　CMYK 颜色模型

CMYK 代表印刷图像时所用的印刷四色，分别是青色、品红色、黄色、黑色，CMYK 颜色模型是打印机唯一认可的彩色模式。CMYK 颜色模型虽然能解决色彩方面的不足，但是运算速度很慢，这是因为 Photoshop 必须将 CMYK 转变成屏幕的 RGB 色彩值。所以，建议在 RGB 颜色模型下工作，当准备将图像打印输出时，再转换为 CMYK 颜色模型。RGB 与 CMYK 颜色比较如图 3-10 所示。

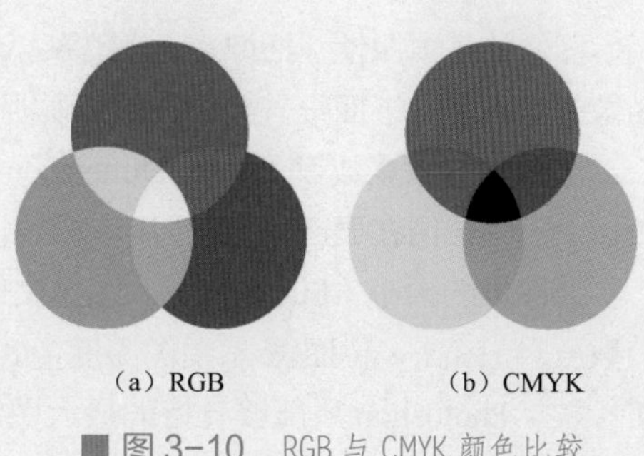

（a）RGB　　（b）CMYK

■ 图 3-10　RGB 与 CMYK 颜色比较

3.2.4　HSB 颜色模型

HSB 颜色模型是色彩的另一种表现形式。在 HSB 颜色模型中，H（Hue）表示色相，S（Saturation）表示饱和度，B（Brightness）表示明度。HSB 颜色模型对应的媒介是人眼。

人们对色彩的感知，首先是色相（即红橙黄绿蓝靛紫等），然后是它的深浅度。HSB 颜色模型把色彩分为色相、饱和度、明度三个因素，将人脑中的“深浅”概念扩展为饱和度（S）和明度（B）。所谓饱和度是指色彩浓度，饱和度高色彩较艳丽，饱和度低色彩就接近灰色。明度也称亮度，亮度高色彩明亮，亮度低色彩暗淡，亮度最高得到纯白，最低得到纯黑。色相环示意图如图 3-11 所示。

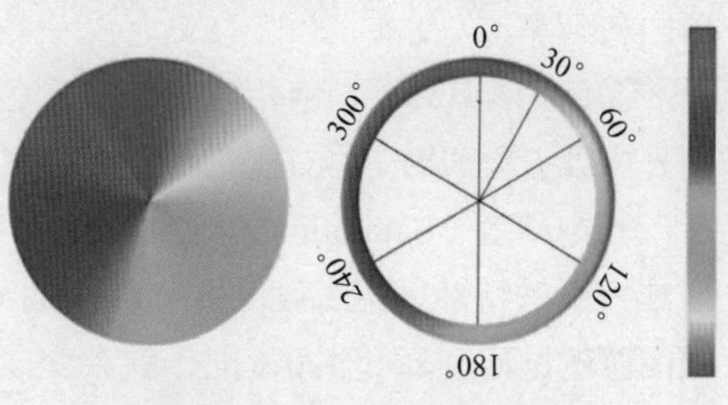

■ 图 3-11　色相环示意图

3.2.5　YUV 颜色模型

颜色空间是一个三维坐标系统，每一种颜色由一个点表示。在 RGB 颜色空间中，红、绿、蓝是基本元素。RGB 格式是显示器通常使用的格式。在 YUV 空间中，每一个颜色有一个亮度信号 Y，以及两个色度信号 U 和 V。亮度信号是强度的感觉，它和色度信号分开，这样强度就可以在不影响颜色的情况下改变。YUV 格式通常用于电视传输标准 PAL 制。

YUV 使用 RGB 的信息，从全彩色图像中产生一个黑白图像，然后提取出三个主要的颜色变成两个额外的信号来描述颜色。这三个信号组合可以产生一个全彩色图像。YUV 颜色模型来源于 RGB 颜色模型，该模型的特点是将亮度和色度分离开，从而适合于图像处理领域。

3.2.6 CIE Lab 颜色模型

Lab 颜色模型的色域最广，是唯一不依赖于设备的颜色模式。Lab 颜色模型是由三个通道组成，一个通道是亮度 L，另外两个是色彩通道，用 a 和 b 表示。a 通道包括的颜色是从深绿色到灰色再到红色；b 通道则是从亮蓝色到灰色再到黄色。因此，色彩混合后将产生明亮的色彩。Lab 颜色模型如图 3-12 所示。

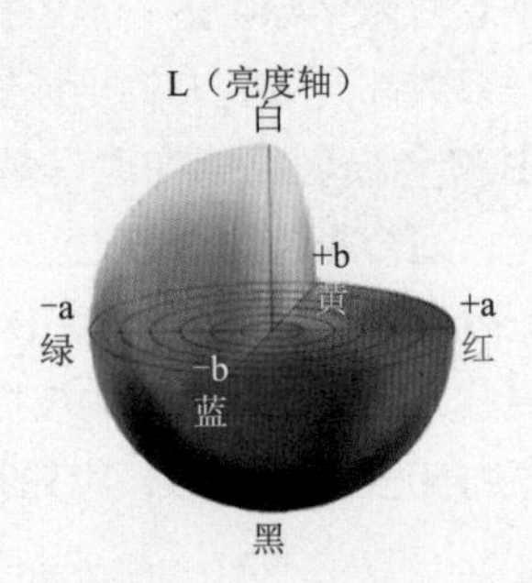

■ 图 3-12　Lab 颜色模型

3.3 数字图像的基本属性及种类

图像的基本属性包括像素、分辨率、大小、颜色、位深、色调、色相、饱和度、亮度、色彩通道、图像的层次等。下面一一介绍，重点说明分辨率和位深。

①图像的像素数目（Pixel Dimensions）。它是指在位图图像的宽度和高度方向上含有的像素数目。一幅图像在显示器上的显示效果由像素数目和显示器的设置共同决定。

②图像的大小（File Size）。图像文件的大小一般以字节（byte）来度量，其计算公式为：字节数 =（位图高 × 位图宽 × 图像深度）/8。从计算公式可以看出，图像文件的大小与像素数目直接相关。Photoshop 所能够支持的最大图像文件是 2 GB，最大的像素数目是 30 000 × 30 000，这就对图像的大小和图像的分辨率产生了一定的限制。

③图像颜色（Image Color）。图像颜色是指一幅图像中所具有的最多的颜色种类，通过图像处理软件，可以很容易地改变三原色的比例，混合成任意一种颜色。

④色调（Tone）。色调是各种图像色彩模式下图像的原色的明暗度。色调范围为 0 ~ 255，总共包括 256 种色调。例如，灰度模式的就是将白色到黑色间连续划分为 256 个色调，即由白到灰，再由灰到黑。

⑤色相（Hue）。色相就是色彩颜色，对色相的调整也就是在多种颜色之间的变化。例如，白光由红、橙、黄、绿、蓝、靛、紫 7 色组成，每一种颜色即代表一种色相。

⑥饱和度（Saturation）。饱和度是指图像颜色的深度，它表明了色彩的纯度，取决于物体反射或投射的特性。饱和度的取值范围通常为 0%（饱和度最低）~ 100%（饱和度最高）。当将一幅图像的饱和度降低到 0% 时，就会变成为一个灰色的图像。

⑦亮度（Brightness）。亮度是指图像色彩的明暗程度，是人眼对物本明暗强度的感觉，取值为 0% ~ 100%。

⑧图像的色彩通道。图像三原色按不同的比例进行混合可以产生许多种颜色，保存每一种原色信息以及对其进行调整处理所提供的方式或途径就是相应颜色的色彩通道。CMYK 图像有青色、品红色、黄色、黑色 4 种颜色的通道和一个 CMYK 通道。

⑨图像的层次。为便捷有效地处理图像素材，通常将它们置于不同的层中，每个图层均具有相同的像素、通道数及格式，利用图像处理软件，可对每层单独处理，而不影响其他层的图像内容。

3.3.1　分辨率

分辨率包括显示分辨率与图像分辨率两类。显示分辨率（屏幕分辨率）是指显示器所能显示的像素数量。由于屏幕上的点、线和面都是由像素组成的，显示器可显示的像素越多，画面就越精细，所以分辨率是个非常重要的性能指标。显示分辨率一定的情况下，显示屏越小图像越清晰；反之，显示屏大小固定时，显示分辨率越高图像越清晰。图像分辨率是指每英寸图像内像素点数量，分辨率的单位为ppi（pixels per inch）。

分辨率决定了位图图像细节的精细程度。通常情况下，图像的分辨率越高，所包含的像素就越多，图像就越清晰，印刷的质量也就越好。同时，它也会增加文件占用的存储空间。

分辨率和图像的像素有直接关系。一张分辨率为640×480像素的图像，它有307 200个像素，也就是常说的30万像素。而一张分辨率为1 600×1 200像素的图片，它的像素就有192万。分辨率的两个数字表示的是图片在长和宽上的像素点数。

在平面设计中，图像的分辨率以ppi来度量，它和图像的宽、高尺寸一起决定了图像文件的大小及图像质量。比如，一幅图像宽8英寸、高6英寸，分辨率为100 ppi，如果保持图像文件的大小不变，也就是总的像素数不变，将分辨率降为50 ppi，在宽高比不变的情况下，图像的宽将变为16英寸、高将变为12英寸。打印输出变化前后的这两幅图，我们会发现后者的幅面是前者的4倍，而且图像质量下降了许多。对于计算机的显示系统来说，一幅图像的ppi值是没有意义的，起作用的是这幅图像所包含的总的像素数，也就是前面所讲的显示分辨率。显示分辨率同时也表示了图像显示时的宽高尺寸。

需要注意的是，在不同的场合对图像分辨率的叫法不同。除图像分辨率外，也可以称为图像大小、图像尺寸、像素尺寸和记录分辨率等。在这里，“大小”和“尺寸”一词的含义具有双重性，既可以指像素的多少（数量大小），也可以指画面的尺寸（边长或面积的大小），因此很容易引起误解。在同一显示分辨率的情况下，分辨率越高的图像像素点越多，图像的尺寸和面积也越大，所以往往会用图像大小和图像尺寸来表示图像的分辨率。

3.3.2　颜色深度

颜色深度是指存储每个像素所用的位数，用来度量图像的分辨率。像素深度决定彩色图像的每个像素可能有的颜色数，或者确定灰度图像的每个像素可能有的灰度级数。

颜色深度简单说就是最多支持多少种颜色。一般用“位”来描述。“位”（bit）是计算机存储器里的最小单元，用来记录每一个像素颜色的值。图形的色彩越丰富，“位”的值就会越大。每一个像素在计算机中所使用的这种位数就是“位深度”。在记录数字图形的颜色时，计算机实际上是用每个像素需要的位深度来表示的。

黑白二色的图形是数字图形中最简单的一种，只有黑、白两种颜色，也就是说它的每个像素只有1位颜色，位深度是1，用2的一次幂来表示；4位颜色的图，位深度是4，用2的4次幂表示，有16种颜色。8位颜色的图，位深度就是8，用2的8次幂表示，含有256种颜色。24位颜色称为真彩色，位深度是 24，能组合成 2 的 24 次幂种颜色，即 16 777 216 种颜色。当用 24 位来记录颜色时，实际上是将红、绿、蓝三基色各以 2 的 8 次幂来组合颜色，形成一千六百多万种颜色。颜色深度与空间的关系如表 3-1 所示。

表 3-1　颜色深度与空间的关系

色 彩 深 度	表达颜色数	色 彩 模 式
1 位	2（黑白）	位图
8 位	256（2^8）	索引颜色
16 位	65 536（2^{16}）	灰度、16 位通道
24 位	16 777 216（2^{24}）	RGB
32 位		CMYK、RGB
48 位		RGB、16 位通道

虽然颜色深度越大能显示的颜色数越多，但并不意味着高深度的图像转换为低深度（如 24 位深度转为 8 位深度）就一定会丢失颜色信息，因为 24 位深度中的所有颜色都能用 8 位深度来表示，只是 8 位深度不能一次性表达所有 24 位深度色而已（8 位能表示 256 种颜色，这 256 色可以是 24 位深度中的任意 256 色）。

3.3.3　图像的大小及种类

1. 图像大小

图像大小的长度与宽度有的是以像素为单位，有的是以厘米为单位。像素与分辨率像素是数码影像最基本的单位，每个像素就是一个小点，而不同颜色的点（像素）聚集起来就变成一幅图片。数码照相机经常以像素作为等级分类依据，不少人认为像素点的数量就是 CCD 光敏单元上的感光点的数量，其实这种说法并不完全正确，目前不少厂商通过特殊技术，可以在相同感光点的 CCD 光敏单元下产生分辨率更高的数码照片。

图片分辨率越高，所需像素越多。比如：分辨率 640 × 480 像素的图片，大概需要 31 万像素，2 084 × 1 536 像素的图片，则需要高达 320 万像素。图片分辨率和输出时的成像大小及放大比例有关，分辨率越高，成像尺寸越大，放大比例越高。

总像素数是指 CCD 含有的总像素数。不过，由于 CCD 边缘照不到光线，因此有一部分拍摄时用不上。从总像素数中减去这部分像素就是有效像素数 。

2. 图像种类

（1）基于色彩特征的索引技术

色彩是物体表面的一种视觉特性，每种物体都有其特有的色彩特征。如人们说到绿色往往是和树木或草原相关，谈到蓝色往往是和大海或蓝天相关。同一类物体往往有着相似的色彩特征，因此可以根据色彩特征来区分物体。用色彩特征进行图像分类可以追溯到 Swain 和 Ballard 提出的色彩直方图的方法。由于色彩直方图具有简单且随图像的大小、旋转变化不敏感等特点，得到了研究人员的广泛关注。目前几乎所有基于内容分类的图像数据库系统都把色彩分类方法作为分类的一个重要手段，并提出了许多改进方法，归纳起来主要可以分为两类：全局色彩特征索引和局部色彩特征索引。局部色彩特征分析如图 3-13 所示。

■ 图 3-13 局部色彩特征分析

（2）基于纹理的图像分类技术

纹理特征也是图像的重要特征之一，其本质是刻画像素的邻域灰度空间分布规律。由于它在模式识别和计算机视觉等领域已经取得了丰富的研究成果，因此可以借用到图像分类中。

20 世纪 70 年代早期，Haralick 等提出纹理特征的灰度共生矩阵表示法（Eo-occurrence Matrix Representation），这个方法提取的是纹理的灰度级空间相关性（Gray Level Spatial Dependence），它首先基于像素之间的距离和方向建立灰度共生矩阵，再由这个矩阵提取有意义的统计量作为纹理特征向量。基于一项人眼对纹理的视觉感知的心理研究，Tamuar 等提出可以模拟纹理视觉模型的 6 个纹理属性，分别是粒度、对比度、方向性、线型、均匀性和粗糙度。

20 世纪 90 年代初期，小波变换的理论结构建立起来之后，许多研究者开始研究如何用小波变换表示纹理特征。Smiht 和 Chang 利用从小波子带中提取的统计量（平均值和方差）作为纹理特征。这个算法在 112 幅 Brodatz 纹理图像中达到了 90% 的准确率。为了利用中间带的特征，Chang 和 Kuo 开发出一种树状结构的小波变化来进一步提高分类的准确性。还有一些研究者将小波变换和其他变换结合起来以得到更好的性能，如 Thygaarajna 等结合小波变换和共生矩阵，以兼顾基于统计的和基于变换的纹理分析算法的优点。

（3）基于形状的图像分类技术

形状是图像的重要可视化内容之一。在二维图像空间中，形状通常被认为是一条封闭的轮廓曲线所包围的区域，所以对形状的描述涉及对轮廓边界的描述以及对这个边界所包围区域的描述。目前的基于形状分类方法大多围绕着形状的轮廓特征和区域特征建立图像索引。关于对形状轮廓特征的描述主要有直线段描述、样条拟合曲线、傅里叶描述以及高斯参数曲线等。Photoshop 中有很多形状展示。Photoshop 中的自定义形状如图 3-14 所示。

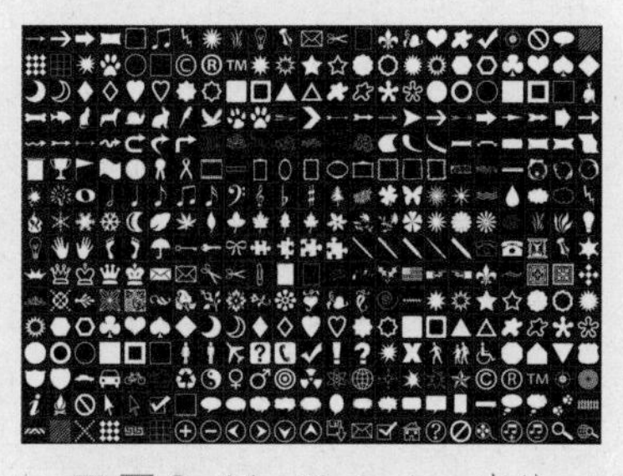
■ 图 3-14 Photoshop 中的自定义形状

实际上更常用的方法是采用区域特征和边界特征相结合来进行形状的相似分类。如 Eakins 等提出一组重画规则并对形状轮廓用线段和圆弧进行简化表达，然后定义形状的邻接族和形族两种分族函数对形状进行分类。邻接分族主要采用形状的边界信息，而形状形族主要采用形状区域信息。在形状进行匹配时，除了每个族中形状差异外，还比较每个族中质心和周长的差异，以及整个形状的位置特征矢量的差异，查询判别距离是这些差异的加权。

（4）基于空间关系的图像分类技术

在图像信息系统中，依据图像中对象及对象间的空间位置关系来区别图像库中的不同图像是一种非常重要的方法。因此，如何存储图像对象及其中对象位置关系以方便图像的分类，是图像数据库系统设计的一个重要问题。利用图像中对象间的空间关系来区别图像，符合人们识别图像的习惯，所以许多研究人员从图像中对象空间位置关系出发，着手对基于对象空间位置关系的分类方法进行了研究。

3.4 数字图像获取技术

图像获取是指图像的数字化过程，包括扫描、采样和量化。图像获取设备包括 5 个组成部分：采样孔、扫描机构、光传感器、量化器和输出存储器。

关键技术：采样——成像技术；量化——模数转换技术。

图像获取设备分类取决于 CCD 的规格，包括黑白摄像机、彩色摄像机、扫描仪、数码照相机等，以及其他的专用设备，如显微摄像设备、红外摄像机、高速摄像机、胶片扫描器等。此外，遥感卫星、激光雷达等设备提供其他类型的数字图像。部分数字图像获取设备如图 3-15 所示。

（a）扫描仪　（b）高清摄像机　（c）高速摄像机　（d）雷达

■图 3-15　部分数字图像获取设备

信息化的基础是信息化技术的顺利运用，而技术运用的基础是把信息数字化。数字化的先进性表现在以下方面。一旦数字化，就能够用计算机处理信息，做许多以前人工不能做的工作。比如图书、情报和信息，如果以纸张为载体，再次加工的难度很大，而经过数字化，就能够进行计算机检索、查询、分析、处理等。信息的数字化，使得图书、情报和信息的使用、存储和利用效率成几何倍数增长。专利文献数字化开始于 20 世纪 80 年代。当时欧洲专利局（EPO）、日本特许厅（JPO）及美国专利商标局（USPTO）合作开展了名为 BACON 的各国专利文献电子化的庞大计划。BACON（Backfile Conversion）意为过档文献的转换，该项目将 1920—1987 年出版的、除苏联外的专利合作条约（PCT）全部过档文献由纸件向电子文档转换，并制成 BNS 全文数据库。

3.4.1 位图获取技术

位图可以用画图程序获得、用荧光屏上直接抓取、用扫描仪或视频图像抓取设备从照片等抓取。

位图图像（Bitmap）亦称为点阵图像或绘制图像，是由像素组成的。这些像素可以进行不同的排列和染色以构成图样。当放大位图时，可以看见赖以构成整个图像的无数单个方块。扩大位图尺寸的效果是增大单个像素，从而使线条和形状显得参差不齐。然而，如果从稍远的位置观看它，位图图像的颜色和形状又显得是连续的。常用的位图处理软件是 Photoshop。

点阵图像是与分辨率有关的，即在一定面积的图像上包含有固定数量的像素。因此，如果在屏幕上以较大的倍数放大显示图像，或以过低的分辨率打印，位图图像会出现锯齿边缘。

位图的文件类型很多，如 *.bmp、*.pcx、*.gif、*.jpg、*.tif、*.psd、*.pcd、*.cpt 等。

1. BMP（Bitmap）

BMP 是一种与设备无关的图像文件格式，它是 Windows 系统推荐使用的一种格式，随着 Windows 的普及，BMP 的应用越来越广泛。

这种格式的特点是包含的图像信息较丰富，几乎不进行压缩，但由此导致了占用磁盘空间过大的缺点。所以，目前 BMP 在单机上比较流行。

2. JPG（Joint Photographic Experts Group）

JPG 文件扩展名为 . jpg 或 . jpeg，是最常用的图像文件格式。这是一种有损压缩格式，能够将图像压缩在很小的存储空间，图像中重复或不重要的信息会被丢失，因此容易造成图像数据的损伤。

3. GIF（Graphics Interchange Format）

GIF 文件格式是由 CompuServe 公司在 1987 年 6 月为了制定彩色图像传输协议而开发的，它支持 64 000 像素的图像，256 种颜色的调色板，单个文件中的多重图像，按行扫描的迅速解码，有效地压缩以及硬件无关性。

GIF 格式的特点是压缩比高，磁盘空间占用较少，所以这种图像格式迅速得到了广泛的应用。最初的 GIF 只是简单地用来存储单幅静止图像，后来随着技术发展，可以同时存储若干幅静止图像进而形成连续的动画，使之成为当时支持 2D 动画为数不多的格式之一（称为 GIF89a）。目前 Internet 上大量采用的彩色动画文件多为这种格式的文件。

4. TIFF（Tag Image File Format）

Alaus 和 Microsoft 公司为扫描仪和桌上出版系统研制开发了较为通用的图像文件格式 TIFF，TIFF 一出现就得到广泛的应用。

TIFF 最初是出于跨平台存储扫描图像的需要而设计的。它的特点是图像格式复杂、存储信息多。正因为它存储的图像细微层次的信息非常多，图像的质量也得以提高，故而非常有利于原稿的复制。

5. TGA（Tagged Graphics）

TGA 图像文件格式是美国 Truevision 公司为其显示卡开发的一种图像文件格式，文件扩展名为 .tga，已被国际上的图形图像工业所接受。TGA 的结构比较简单，属于一种图形图像数据的通用格式，在多媒体领域有很大影响，是计算机生成图像向电视转换的一种首选格式。TGA 图像格式最大的特点是可以做出不规则形状的图形、图像文件。

6. PNG（Portable Network Graphics）

PNG 原名称为“可移植性网络图像”，是用于网络的最新图像文件格式。PNG 能够提供长度比 GIF 小 30％的无损压缩图像文件。它同时提供 24 位和 48 位真彩色图像支持以及其他诸多技术支持。

由于 PNG 非常新，所以目前并不是所有的程序都可以用它来存储图像文件。

7. PSD（Photoshop Document）

PSD 是著名的 Adobe 公司的图像处理软件 Photoshop 的专用格式。PSD 其实是 Photoshop 进行平面设计的一张“草稿图”，它里面包含有各种图层、通道、遮罩等多种设计的样稿，以便于下次打开文件时可以修改上一次的设计。在 Photoshop 所支持的各种图像格式中，PSD 的存取速度比其他格式快很多，功能也很强大。多种图像文件格式如图 3-16 所示。

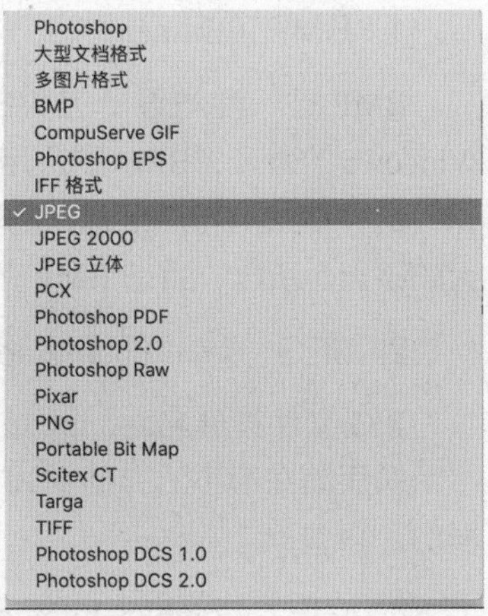

Photoshop
大型文档格式
多图片格式
BMP
CompuServe GIF
Photoshop EPS
IFF 格式
✓ JPEG
JPEG 2000
JPEG 立体
PCX
Photoshop PDF
Photoshop 2.0
Photoshop Raw
Pixar
PNG
Portable Bit Map
Scitex CT
Targa
TIFF
Photoshop DCS 1.0
Photoshop DCS 2.0

■ 图 3-16　图像文件格式

3.4.2　矢量图获取技术

矢量图是利用数学公式将图形中的元素以点、直线、曲线等方式加以存储。用公式表示的直线和曲线称为矢量对象，组成矢量图中各个图元的点称为矢量图的顶点。

矢量图也称面向对象的图像或绘图图像，在数学上定义为一系列由线连接的点。Adobe Illustrator、CorelDRAW、AutoCAD 等软件是以矢量图形为基础进行创作的。矢量文件中的图形元素称为对象。每个对象都是一个自成一体的实体，具有颜色、形状、轮廓、大小和屏幕位置等属性。

矢量图形与分辨率无关，可以将它缩放到任意大小和以任意分辨率在输出设备上打印出来，都不会影响清晰度。因此，矢量图形是文字（尤其是小字）和线条图形（比如徽标）的最佳选择。

矢量图形格式也很多，如 Adobe Illustrator 的 *.ai、*.eps 和 SVG，AutoCAD 的 *.dwg 和 dxf，CorelDRAW 的 *.cdr，Windows 标准图元文件 *.wmf 和增强型图元文件 *.emf 等。

矢量图形编辑工具有 AutoCAD、CorelDRAW、Illustrator、Freehand 等。

较为易用的软件是 CorelDRAW，它带有一个附加程序 CorelTrace，在 CorelDRAW 中导入位图后，选中位图，单击工具栏中的“描绘位图”按钮（也可用菜单操作），它会自动启动以上程序并将图形转成矢量图，若是单一的图形则效果不错。如果是用 Adobe 系列的软件，也可以在 Photoshop 中将图的各部分选区选出来保存成路径，将路径导入 Illustrator 等软件中作为矢量图处理了。但这样的路径不一定精确，可能需要一些细节调整。

位图与矢量图比较如表 3-2 所示。

表 3-2　位图与矢量图比较

图像类型	组　成	优　点	缺　点	常用制作工具
位图	像素	只要有足够多的不同色彩的像素，就可以制作出色彩丰富的图像，逼真地表现自然界的景象	缩放和旋转容易失真，同时文件容量较大	Photoshop、画图等
矢量图	数学向矢量	文件容量较小，在进行放大、缩小或旋转等操作时图像不会失真	不易制作色彩变化太多的图像	Flash、CorelDRAW 等

3.5　数字图像创意设计和编辑技术

数字图像处理是指将图像信号转换成数字信号并利用计算机对其进行处理的过程。图像处理最早出现于 20 世纪 50 年代，当时的电子计算机已经发展到一定水平，人们开始利用计算机来处理图形和图像信息。数字图像处理作为一门学科大约形成于 20 世纪 60 年代初期。早期图像处理的目的是改善图像的质量，以改善人的视觉效果。图像处理中，输入的是质量低的图像，输出的是改善质量后的图像。

随着计算机技术的发展，数字图像处理技术与多学科、多行业深入融合，极大地改变了人们的生活。数字图像处理技术与人工智能结合，在人脸的检测与定位、人脸图像的预处理、人脸特征提取、分类识别等方面，改善机器视觉算法，提高人脸识别技术的准确度。在电影电视、游戏行业运用数字图像处理技术制作的影像特效，这些数码元素的创意设计极大地丰富了视觉效果。

3.5.1 数字图像处理技术的相关概念

1. 数字图像处理

数字图像处理（Digital Image Processing）是指用计算机对图像进行分析，以达到所需结果的技术，也称影像处理。

数字图像是指用工业照相机、摄像机、扫描仪等设备经过拍摄得到的一个大的二维数组，该数组的元素称为像素，其值称为灰度值。

2. 数字图像处理的主要技术

数字图像处理的主要技术包括图像变换技术、图像增强和复原技术、图像平滑技术、边缘锐化技术、图像分割技术、图像编码压缩技术、图像描述技术和图像识别（分类）技术等。

（1）图像变换技术

由于图像阵列很大，直接在空间域中进行处理计算量很大。因此，往往采用各种图像变换的方法，如傅里叶变换、沃尔什变换、离散余弦变换等间接处理技术，将空间域的处理转换为变换域处理，不仅可减少计算量，而且可获得更有效的处理（如傅里叶变换可在频域中进行数字滤波处理）。目前新兴研究的小波变换在时域和频域中都具有良好的局部化特性，它在图像处理中也有着广泛而有效的应用。

（2）图像增强和复原技术

图像增强和复原技术的目的是提高图像的质量，如去除噪声，提高图像的清晰度等。图像增强不考虑图像降质的原因，突出图像中所感兴趣的部分。如强化图像高频分量，可使图像中物体轮廓清晰，细节明显；强化低频分量可减少图像中噪声影响。图像复原要求对图像降质的原因有一定的了解，一般讲应根据降质过程建立“降质模型”，再采用某种滤波方法，恢复或重建原来的图像。

（3）图像平滑技术

图像平滑技术是压制、弱化或消除图像中的细节、突变、边缘和噪声，就是使图像平滑化。图像平滑是对图像作低通滤波，可在空间域或频率域中实现。图像平滑往往使图像中的边界、轮廓变得模糊。

（4）边缘锐化技术

图像锐化（Image Sharpening）是补偿图像的轮廓，增强图像的边缘及灰度跳变的部分，使图像变得清晰。它分为空间域处理和频域处理两类。图像锐化是为了突出图像上地物的边缘、轮廓，或某些线性目标要素的特征。这种滤波方法提高了地物边缘与周围像元之间的反差，因此也称边缘增强[①]。

（5）图像分割技术

图像分割技术是数字图像处理中的关键技术之一。图像分割是将图像中有意义的特征部分提取出来，其有意义的特征有图像中的边缘、区域等，这是进一步进行图像识别、分析和理解的基础。虽然目前已研究出不少边缘提取、区域分割的方法，但还没有一种普遍适用于各种图像的有效方法。因此，对图像分割的研究还在不断深入之中，是目前图像处理中研究的热点之一。

（6）图像编码压缩技术

图像编码压缩技术可减少描述图像的数据量（即比特数），以便节省图像传输、处理时间和减少所占用的存储器容量。压缩可以在不失真的前提下获得，也可以在允许的失真条件下进行。编码是压缩技术中最重要的方法，它在图像处理技术中是发展最早且比较成熟的技术。

（7）图像描述技术

图像描述是图像识别和理解的必要前提。作为最简单的二值图像可采用其几何特性描述物体的特性，一般图像的描述方法采用二维形状描述，它有边界描述和区域描述两类方法。对于特殊的纹理图像可采用二维纹理特征描述。随着图像处理研究的深入发展，已经开始进行三维物体描述的研究，提出了体积描述、表面描述、广义圆柱体描述等方法。

（8）图像识别（分类）技术

图像识别（分类）属于模式识别的范畴，其主要内容是图像经过某些预处理（增强、复原、压缩）后，进行图像分割和特征提取，从而进行判决分类。图像分类常采用经典的模式识别方法，有统计模式分类和句法（结构）模式分类，近年来新发展起来的模糊模式识别和人工神经网络模式分类在图像识别中也越来越受到重视。

3.5.2 数字图像处理软件介绍

数字图像处理软件是用于处理图像信息的各种应用软件的总称。

1. Adobe Photoshop

Adobe Photoshop 是由 Adobe Systems 开发和发行的图像处理软件。Photoshop 主要处理以像素所构成的数字图像。使用其众多的编修与绘图工具，可以有效地进行图片编辑工作。Photoshop 有很多功能，在图像、图形、文字、视频、出版等各方面都有涉及。

2003 年，Adobe Photoshop 8 被更名为 Adobe Photoshop CS。2013 年 7 月，Adobe 公司推出了 Photoshop CC，自此，Photoshop CS6 作为 Adobe CS 系列的最后一个版本被 CC 系列取代。

Adobe 支持 Windows 操作系统、安卓系统与 Mac OS，但 Linux 操作系统用户可以通过使用 Wine 来运行 Photoshop。

2. Adobe Illustrator

Adobe Illustrator 是一种应用于出版、多媒体和在线图像的工业标准矢量插画的软件。Adobe Illustrator 广泛应用于印刷出版、海报书籍排版、专业插画、多媒体图像处理和互联网页面的制作等，也可以为线稿提供较高的精度和控制。

① 张安定 . 遥感原理与应用题解 [M]. 北京：科学出版社，2016.

3. CorelDRAW

CorelDRAW 是加拿大 Corel 公司出品的矢量图形制作工具软件，提供矢量动画、页面设计、网站制作、位图编辑和网页动画等多种功能。

该图像软件包含两个绘图应用程序：一个用于矢量图及页面设计；一个用于图像编辑。通过 CorelDRAW 的全方位的设计及网页功能可以融合到用户现有的设计方案中，灵活性十足。

该软件更为专业设计师及绘图爱好者提供简报、彩页、手册、产品包装、标识、网页等。该软件提供的智慧型绘图工具以及新的动态向导可以充分降低用户的操作难度，允许用户更加容易精确地创建物体的尺寸和位置，减少点击步骤，节省设计时间。

4. Lightroom

Lightroom 是一款重要的后期制作工具，面向数码摄影、图形设计等专业人士和高端用户，支持各种 RAW 图像，主要用于数码照片的浏览、编辑、整理、打印等。

Lightroom 与 Photoshop 有很多相通之处，但定位不同，并且 Photoshop 上的很多功能，如选择工具、照片瑕疵修正工具、多文件合成工具、文字工具和滤镜等 Lightroom 并没有提供。

同时，Windows 版的 Lightroom 也失去了 Mac OS X 版的一些功能，如幻灯片背景音乐、照相机和存储卡监测功能、HTML 格式幻灯片创建工具等。Adobe 收购丹麦数码相片软件公司 Pixmantec ApS 后，获得了后者面向数码摄像的 RawShooter 软件，其工作流程管理、处理技术等都已经被整合到 Windows 版的 Lightroom 中。

5. ACDSee

ACDSee 是目前非常流行的看图工具之一。它提供了良好的操作界面，简单人性化的操作方式，优质的快速图形解码方式，支持丰富的图形格式，强大的图形文件管理功能等。ACDSee 是使用最为广泛的看图工具软件之一，大多数计算机爱好者都使用它来浏览图片。它的特点是支持性强，它能打开包括 ICO、PNG、XBM 在内的 20 余种图像格式，并且能够高品质地快速显示它们，甚至近年在互联网上十分流行的动画图像档案都可以利用 ACDSee 来浏览。与其他图像浏览器比较，ACDSee 打开图像档案的速度相对较快。

3.5.3 数字图像处理编辑方法

在图像处理软件 Adobe Photoshop 中的绘图模式下，使用形状或钢笔工具时，可以使用三种不同的模式进行绘制。在选定形状或钢笔工具时，可通过选择选项栏中的图标来选取一种模式。

1. 形状图层

在单独的图层中创建形状。可以使用形状工具或钢笔工具来创建形状图层。因为可以方便地移动、对齐、分布形状图层以及调整其大小，所以形状图层非常适于为 Web 页创建图形。可以选择在一个图层上绘制多个形状。形状图层包含定义形状颜色的填充图层以及定义形状轮廓的链接矢量蒙版。形状轮廓是路径，它出现在“路径”面板中。

2. 路径

在当前图层中绘制一个工作路径后，即可使用它来创建选区、创建矢量蒙版，或者使用颜色填充和描边以创建栅格图形（与使用绘画工具非常类似）。除非存储工作路径，否则它是一个临时路径。路径出现在“路径”面板中。

3. 填充像素

直接在图层上绘制，与绘画工具的功能非常类似。在此模式中工作时，创建的是栅格图像，而不是矢量图形。可以像处理任何栅格图像一样处理绘制的形状。在此模式中只能使用形状工具。

【实例分析 3-1：独特的有趣的文字印刷壁纸】

步骤 1：创建背景

首先在 Adobe Photoshop 中建立一个大小为 1 920×1 200 像素的空白文档，填充背景颜色 #242424。复制背景图层，命名为“颗粒层”。然后应用“滤镜”→“艺术”→“胶片颗粒”。胶片颗粒的参数设置如图 3-17 所示。

步骤 2：创建灯光

创建一个新图层，命名为“灯光”，然后选择黑色到白色的径向渐变工具。灯光层渐变效果如图 3-18 所示。

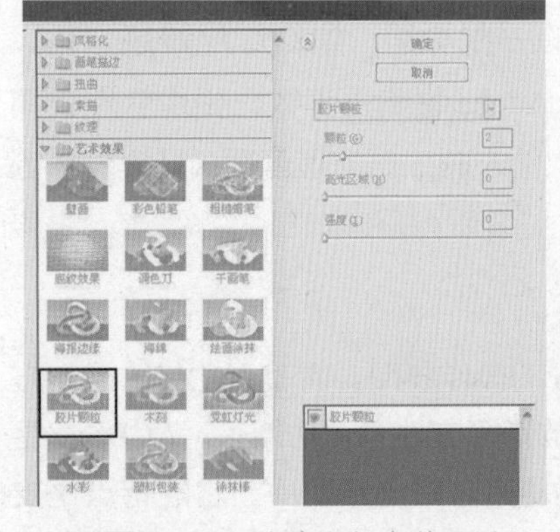

■ 图 3-17　胶片颗粒参数设置

■ 图 3-18　灯光层渐变效果

步骤 3：创建主文字

创建一个新图层，输入文本。此处选择平滑模式 75 点的大小，字体是 bebas。颜色自定。命名图层为 MAGIC。MAGIC 图层效果如图 3-19 所示。

步骤 4：添加背景文字

降低文字的不透明度为 15% 左右。创建一个新图层组（“图层”→“新建”→“组”），并将其命名为“字体”。在组里建立一个新的文本图层，并开始输入文字。尝试使用不同的字体和大小。尽量避免词与词之间空隙太大。英文字母图层效果如图 3-20 所示。

■ 图 3-19　MAGIC 图层效果

■ 图 3-20　英文字母图层效果

步骤 5：创建剪切蒙版效果

当复制完“字体”组后（“层”→“复制组”）合并它（按【Ctrl＋E】组合键）。将未合并的“字体”组隐藏。找到主文本层（本例是 MAGIC），按住【Ctrl】键单击缩略图层，加载其选区。然后单击合并的“字体”图层，按【Ctrl＋J】组合键。剪切蒙版效果如图 3-21 所示。①

步骤 6：创建背景文本效果

使合并的“字体”图层再次可见，应用图层样式。图层样式参数设置如图 3-22 所示。

■ 图 3-21　剪切蒙版效果

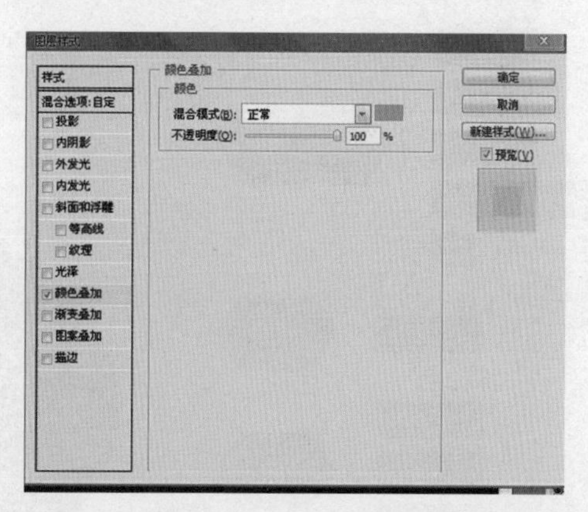

■ 图 3-22　图层样式

步骤 7：创建动感模糊效果

复制合并的“字体”图层，并把它放在原始合并“字体”层的下方。然后应用“滤镜”→“模糊”→“动感模糊”。动感模糊效果如图 3-23 所示。

可以加一句自己喜欢的话。添加英文语句，透明度设置为 15%，如图 3-24 所示。

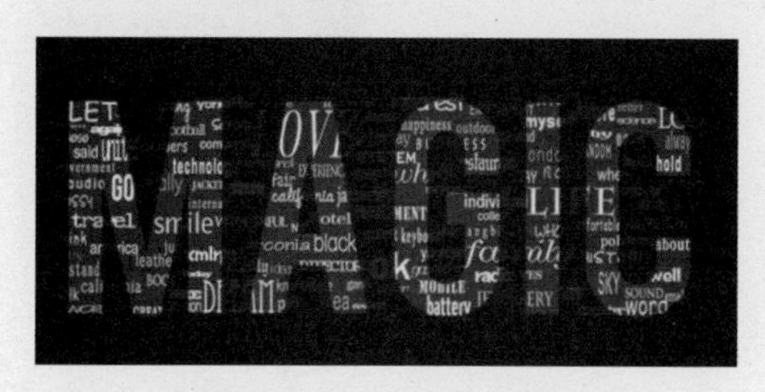

■ 图 3-23　动感模糊效果

■ 图 3-24　添加英文语句

步骤 8：创建灯光

新建一个图层“灯光”，选择“图像”→“应用图像”命令，然后选择“滤镜”→“渲染”→“光照效果”命令。最终效果如图 3-25 所示。

■ 图 3-25　最终效果

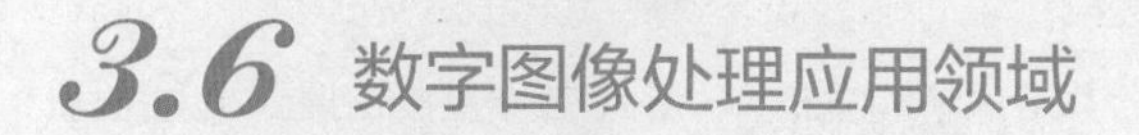

3.6 数字图像处理应用领域

图像是人类获取和交换信息的主要来源，因此，数字图像处理的应用领域必然涉及人类生活

① 张安定 . 遥感原理与应用题解 [M]. 北京：科学出版社，2016.

和工作的方方面面。随着人类活动范围的不断扩大，数字图像处理的应用领域也将随之不断扩大。数字图像处理应用领域如图 3-26 所示。

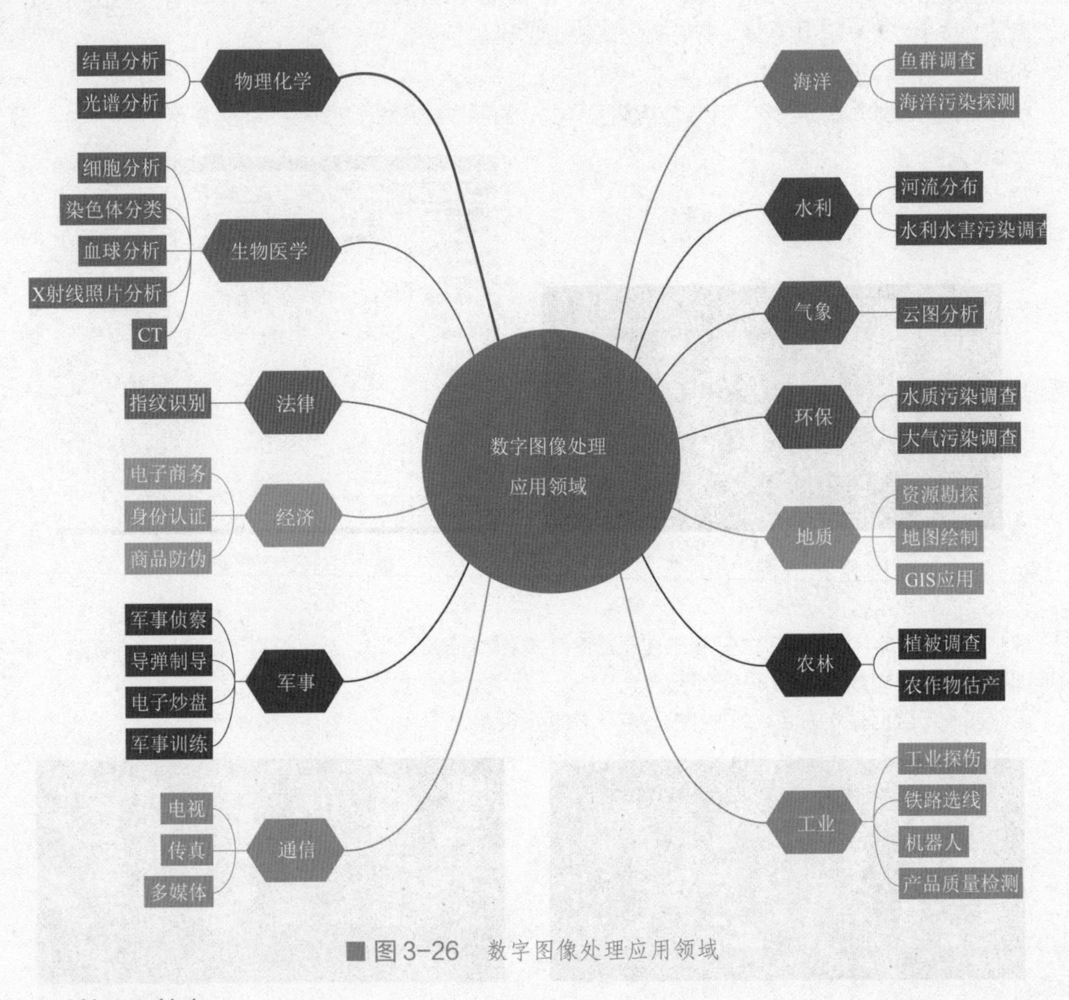

■图 3-26　数字图像处理应用领域

1. 航天和航空

数字图像处理技术在航天和航空技术方面的应用，除了对月球、火星照片的处理之外，另一方面是在飞机遥感和卫星遥感技术中。许多国家派出侦察飞机对地球上有兴趣的地区进行大量的空中摄影。对由此得来的照片进行处理分析，使用配备有高级计算机的图像处理系统来判读分析，既节省人力，又加快了速度，还可以从照片中提取人工所不能发现的大量有用信息。

【实例分析 3-2：黑洞照片及资源调查和灾害检测】

北京时间 2018 年 4 月 10 日 21 点整，天文学家召开全球新闻发布会，宣布首次直接拍摄到黑洞的照片。为了得到这张照片，天文学家动用了遍布全球的 8 个毫米 / 亚毫米波射电望远镜，组成了一个所谓的“事件视界望远镜”（Event Horizon Telescope，EHT）。从 2017 年 4 月 5 日起，这 8 座射电望远镜连续进行了数天的联合观测，随后又经过两年的数据分析才让我们一睹黑洞的真容。这些图像无论是在成像、存储、传输过程中，还是在判读分析中，都采用很多数字图像处理的方法。人类首次直接拍摄到的黑洞照片如

图3-27所示。

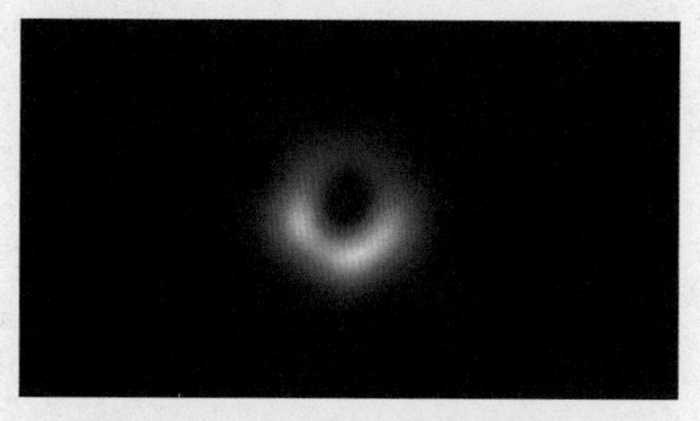

■图3-27 人类首次直接拍摄到的黑洞照片

从20世纪60年代末以来，美国及一些国际组织发射了资源遥感卫星（如LANDSAT系列）和天空实验室（如SKYLAB），由于成像条件受飞行器位置、姿态、环境条件等影响，图像质量不是很高。因此，以如此昂贵的代价进行简单直观的判读来获取图像是不合算的，必须采用数字图像处理技术。

现在世界各国都在利用陆地卫星所获取的图像进行资源调查（如森林调查、海洋泥沙和渔业调查、水资源调查等）、灾害检测（如病虫害检测、水火检测、环境污染检测等），资源勘察（如石油勘查、矿产量探测、大型工程地理位置勘探分析等）、农业规划（如土壤营养、水分和农作物生长、产量的估算等）、城市规划（如地质结构、水源及环境分析等）。我国陆续开展了以上诸方面的一些实际应用，并获得了良好的效果。在气象预报和对太空其他星球研究方面，数字图像处理技术也发挥了相当大的作用。

2. 生物医学工程

数字图像处理在生物医学工程方面的应用十分广泛，而且很有成效。除了CT技术之外，还有对医用显微图像的处理分析，如红细胞、白细胞分类，染色体分析，癌细胞识别等。此外，在X光肺部图像增晰、超声波图像处理、心电图分析、立体定向放射治疗等医学诊断方面都广泛地应用了图像处理技术。超声波图像如图3-28所示。

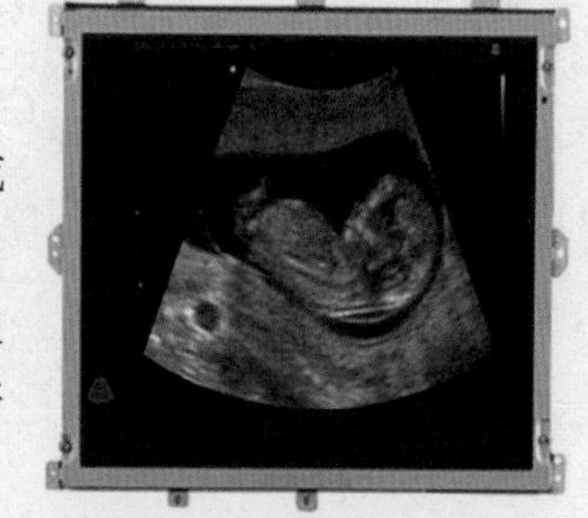

■图3-28 超声波图像

3. 通信工程

当前通信的主要发展方向是声音、文字、图像和数据结合的多媒体通信。具体地讲是将电话、电视和计算机以三网合一的方式在数字通信网上传输。其中以图像通信最为复杂和困难。因图像的数据量十分巨大，如传送彩色电视信号的速率达100 Mbit/s以上。要将这样高速率的数据实时传送出去，必须采用编码技术来压缩信息的比特量。一定意义上讲，编码压缩是这些技术成败的关键。除了已应用较广泛的熵编码、DPCM编码、变换编码外，国内外正在大力开发研究新的编码方法，如分行编码、自适应网络编码、小波变换图像压缩编码等。

4. 工业和工程技术

在工业和工程技术领域，数字图像处理应用于以下方面：对自动装配线中检测零件的质量，并对零件进行分类；印制电路板疵病检查；弹性力学照片的应力分析；流体力学图片的阻力和升力分析；邮政信件的自动分拣；在一些有毒、放射性环境内识别工件及物体的形状和排列状态；先进的设计和制造技术中采用工业视觉等。值得一提的是，数字图像处理还应用在研制具备视觉、听觉和触觉功能的智能机器人上，目前已在工业生产中的喷漆、焊接、装配中得到有效的利用。

5. 军事和公安

在军事和公安领域，数字图像处理和识别主要应用于以下方面：导弹的精确末制导；各种侦察照片的判读；具有图像传输、存储和显示的军事自动化指挥系统；飞机、坦克和军舰模拟训练系统等；公安业务图片的判读分析；指纹识别；人脸鉴别；不完整图片的复原；交通监控、事故分析等。目前已投入运行的高速公路不停车自动收费系统中的车辆和车牌的自动识别都是数字图像处理技术成功应用的例子。

6. 文化艺术

在文化艺术领域，目前数字图像处理应用于以下方面：电视画面的数字编辑；动画的制作；电子图像游戏；纺织工艺品设计；服装设计与制作；发型设计；文物资料照片的复制和修复；运动员动作分析和评分等。现在已逐渐形成一门新的艺术——计算机美术。

7. 机器人视觉

机器视觉作为智能机器人的重要感觉器官，数字图像处理主要进行三维景物理解和识别，是目前处于研究之中的开放课题。机器视觉主要用于军事侦察，危险环境的自主机器人，邮政、医院和家庭服务的智能机器人，装配线工件识别、定位，太空机器人的自动操作等方面。

8. 其他

在视频和多媒体系统中，数字图像处理广泛应用于图像处理、变换、合成，多媒体系统中静止图像和动态图像的采集、压缩、处理、存储和传输等。在科学可视化方面，数字图像处理和图形学紧密结合，形成了科学研究各个领域新型的研究工具。在电子商务中，数字图像处理技术也大有可为，如身份认证、产品防伪、水印技术等。

思考题

3-1 什么是数字图像？

3-2 简述人眼的视觉特性。

3-3 简述数字图像处理的定义及特点。

3-4 简述位图的定义及特点。

3-5 简述矢量图的定义及特点。

3-6 什么是像素？

3-7 什么是分辨率？

3-8 简述 RGB 颜色模型。

3-9 简述图像的基本属性。

3-10 简述图像大小的定义及种类。

3-11 简述位图的文件类型。

3-12 常用的图像处理软件有哪些？

3-13 简述图像处理编辑的步骤。

3-14 简述数字图像处理的应用领域。

知识点速查

◆计算机中的图像可以分为位图和矢量图两种类型。比如，Photoshop 和 Adobe Illustrator 分别是典型的处理位图和矢量图的软件。

◆位图也称点阵图、栅格图像、像素图，它是由像素（Pixel）组成的，在 Photoshop 中处理图像时，编辑的就是像素。

◆矢量图也称向量图，是缩放不失真的图像格式。

◆像素是组成位图图像的基本元素。每一个像素都有自己的位置，并记载着图像的颜色信息，一个图像包含的像素越多，颜色信息越丰富，图像的效果也就越好，但文件也会随之增大。

◆颜色深度是指存储每个像素所用的位数，它也是用来度量图像的分辨率。

◆图像处理（Image Processing）是用计算机对图像进行分析，以达到所需结果的技术，又称影像处理。图像处理一般指数字图像处理。数字图像是指用工业照相机、摄像机、扫描仪等设备经过拍摄得到的一个大的二维数组，该数组的元素称为像素，其值称为灰度值。图像处理技术一般包括图像压缩，增强和复原，匹配、描述和识别三部分。

◆ Adobe Photoshop 是由 Adobe Systems 开发和发行的图像处理软件。Photoshop 主要处理以像素所构成的数字图像。使用其众多的编修与绘图工具，可以有效地进行图片编辑工作。Photoshop 提供很多功能，在图像、图形、文字、视频、出版等各方面都有涉及。

第4章 数字音频技术

本章导读

本章共分为5节，内容包括数字音频基础知识、数字音频（处理）设备及其特性、音频数字化、数字音频的编辑技术，以及数字音频应用领域。

本章从声音的产生、传播和记录入手，首先介绍了人耳的听觉特性，以及以调音台为核心的数字音频设备及其特点；其次分析了数字音频的概念、音频数字化的过程及相关的重要参数，并介绍了常用的音频处理软件、数字音频文件格式及接口；再次从声音剪辑的思维特点探讨了数字音频编辑的方法；最后阐述并总结了数字音频在语音识别和音频检索方面的广泛应用。

学习目标

- 了解声音是如何产生和传播的；
- 了解声音如何被记录下来的；
- 了解记录声音的设备和还音设备；
- 理解音频数字化的过程、数字设备与模拟设备的区别；
- 掌握数字音频的基本编辑；
- 了解数字音频技术的应用。

知识要点和难点

1. 要点

声音的产生与传播，声音的记录和还原。

2. 难点

音频的数字化，音频的数字化过程，数字音频的基本编辑。

4.1 数字音频基础知识

声音是人对于声波这种物理量的感官体现。想要弄懂数字音频的基础知识，要先了解声波的物理特性，结合人耳的听觉特性和心理反应，从而进一步了解声音的特性。

4.1.1 声音的物理特性

1. 声波的传播特性

以音叉的振动来举例：当音叉振动产生声波时，会在介质点的平衡位置附近做往复运动，带动音叉周围的空气振动（声波是由物体振动产生的），当振动在一定的频率和强度范围内时，人耳就可以听到声音。纵波与横波示意图如图 4-1 所示。

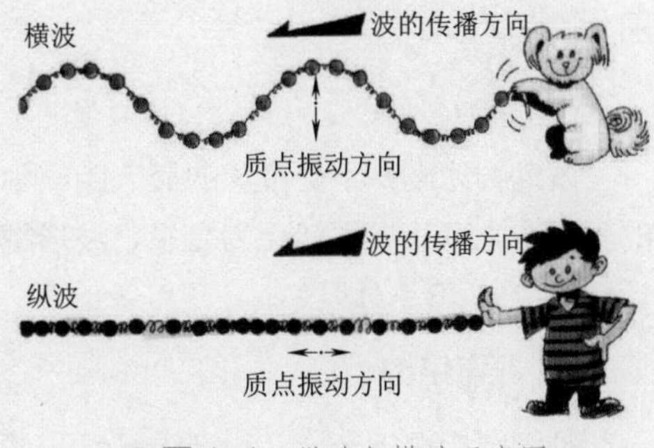

图 4-1　纵波与横波示意图

振动发生的物体称为声源（如音叉），有声波传播的空间称为声场。当声源在空气中发声时，介质中振动着的质点的位移会作用到相邻质点，使后者也产生振动。物理学中把声源振动在介质（空气或其他物质）中的传播称为声波。声波在 15 ℃时，大约以 340 m/s 的速度由声源向外传播。气体中的声波属于纵波，即波的前进方向与介质点的振动方向在一条直线上。横波是介质点的振动方向与波的前进方向是垂直的。在固体中传播时，可以同时有纵波及横波。

2. 声速

声速是描述声音传播速度的物理量，大小等于声音在单位时间内传播的距离。通常以 c 表示，单位是 m/s。

物理学中声音的传播需要介质，并且声音在不同的介质中的传播速度是不同的。以下是一些声音在不同的介质中的传播速度：

真空：0 m/s（也就是不能传播）　　空气（15 ℃）：340 m/s

空气（25 ℃）：346 m/s　　软木：500 m/s

煤油（25 ℃）：1 324 m/s　　蒸馏水（25 ℃）：1 497 m/s

海水（25 ℃）：1 531 m/s　　水（常温）：1 500 m/s

铜（棒）：3 750 m/s　　大理石：3 810 m/s

铝（棒）：5 000 m/s　　铁（棒）：5 200 m/s

3. 频率

频率是单位时间内完成周期性变化的次数，单位是 Hz（赫兹）。人耳听觉的频率范围约为 20 Hz ~ 20 kHz，超出这个范围就不为人们所察觉。低于 20 Hz 为次声波，高于 20 kHz 为超声波。声音的频率越高，则声音的音调越高；声音的频率越低，则声音的音调越低。

可听的频率范围可分为以下几个阶段：

低频：20 ~ 200 Hz；

中频：200 Hz ~ 5 kHz；

高频：5 ~ 20 kHz。

有时中频还可以进一步分为：

中低频：200 Hz ~ 1 kHz；

中高频：1 ~ 5 kHz。

4. 波长

波长是指波在一个振动周期内传播的距离，即波峰到波峰（或者波谷到波谷）的距离。波长示意图如图 4-2 所示。

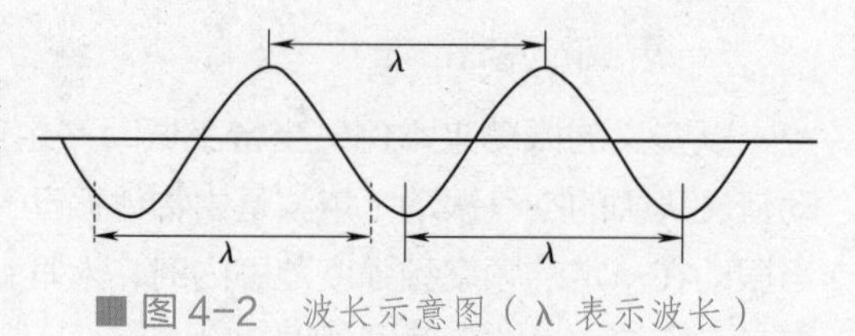

■ 图 4-2　波长示意图（λ 表示波长）

5. 振幅

振动物体离开平衡位置的最大距离称为振动的振幅。振幅描述了物体振动幅度的大小和振动的强弱。人耳将振幅转化为音量。波形越高，音量越大；波形越低，音量越小。振幅在声波中的计量单位为 dB（分贝）。

6. 频谱结构

频谱结构决定音色。声音的基频和谐波的数目以及它们之间的相互关系称为频谱结构。频谱就是频率的分布曲线，复杂的振荡可以分解为振幅不同和频率不同的谐振荡，这些谐振荡的幅值按照频率排列的图形称为频谱。它将对信号的研究带来更直观的认识。

7. 包络

包络就是随机过程中的振幅随着时间变化的曲线。

【实例分析 4-1：录音棚的声学装修】

结合声音的特性和声音传播的特点，好的声音是需要频响平直、响度适中的。多数音乐都是在录音棚中进行录制的。在录音棚的装修设计中，要充分考虑声学装修，需要参考声音的特性和声音的传播特点。

录音棚声学设计中首先需要隔音。把外界声音隔绝，才能录到干净的声音。录音棚的墙体会很厚，而且中空，就是为了阻挡声音通过墙体的震动传播进来。其次是吸音。录音棚通常会很大很空，但在录音过程中，通常不能录到很大的混响，所以就需要有专门的吸音材料来进行吸音。再次是声音的扩散。录音棚中不能出现驻波，所以录音棚的墙面是不能出现平行面的。隔音、吸音和声音的扩散这三个方面，都是充分考虑了声音传播的特性。

4.1.2　人耳的听觉特性

1. 掩蔽效应

一种频率的声音阻碍听觉系统感受另一种频率的声音的现象称为掩蔽效应。前者称为掩蔽声音，后者称为被掩蔽声音。掩蔽可分成频域掩蔽和时域掩蔽。

在声音的整个频率中，如果某一个频率段的声音比较强，则人就对其他频率段的声音不敏感了。应用此原理，人们发明了 MP3 等压缩的数字音乐格式，在这些格式的文件里，只突出记录了人耳较为敏感的中频段声音，而对于较高和较低的频率的声音则简略记录，从而大大压缩了所需的存储空间。在人们欣赏音乐时，如果设备对高频响应得比较好，则会使人感到低频响应不好，反之亦然。

【实例分析 4-2：掩蔽效应在现场的应用】

可以从模拟酒吧聊天状态来体验掩蔽效应。酒吧里的环境通常是吵闹的。所以在酒吧里，人们需要提高自己说话的响度和音调才能让对方听清，这就是掩蔽效应。这种说话的状态和在安静的卧室里的说话状态是完全不同的。让一个人在安静的卧室里戴着耳机听摇滚乐，然后和另外一个没有听音乐的人交流，结果是戴耳机的人说话声音会让没戴耳机的人感到震耳欲聋，而没戴耳机的人说话声音会让戴耳机的人听不到。

在拍酒吧场景的戏时，同期录音中不能有酒吧的音乐、人群的嘈杂声和灯光等设备的噪声，在现场一定是非常安静的，等到后期再将这些环境声加进去。那么现场演员会因为环境不同而出现语调语气不一样，这时让演员戴着耳机听很大声音的摇滚乐，然后去对戏，就可以找到真实酒吧环境中说话的感觉。实拍时，把耳机去掉，保持刚才说话的状态，就可以了。利用这样的技巧，可以轻而易举地解决没有环境但需要有状态的问题。

2．双耳效应

双耳效应是人们依靠双耳间的音量差、时间差和距离差判别声音方位的效应。主要用于对声音的定位。

3．哈斯效应

哈斯（Haas）通过实验表明：两个同声源的声波若到达听者的时间差在 5~35 ms 以内，则人无法区分两个声源，给人以方位听感的只是前导声（超前的声源），滞后声好像并不存在；若时间差在 35~50 ms，则人耳开始感知滞后声源的存在，但听感辨别的方位仍是前导声源；若时间差大于 50 ms，则人耳能分辨出前导声与滞后声源的方位，即通常所说的回声。

双声源的不同延时给人耳的听感反应称为哈斯效应。这种效应有助于建立立体声的听音环境。根据哈斯效应原理，可以校正扩声系统。

4．鸡尾酒会效应

鸡尾酒会效应是指人的听力选择能力，是一种主观感受，一种心理现象，即注意力集中在某一个人的谈话可以忽略其他人的谈话。例如，当和朋友在某个喧闹场所谈话时，尽管周边的噪声很大，但还是可以听到朋友说的内容；在远处突然有人叫自己的名字时，会马上听到；在周围交谈的话题是自己感兴趣的话题时，就可以下意识地注意周围的谈话而忽略其他声音。

【实例分析 4-3：拍摄过程中避免鸡尾酒会效应】

鸡尾酒会效应在生活中给予人们很多帮助，但在拍摄影片时，它又会给人们带来很大的麻烦。例如，在一个相对不是特别安静的环境下拍戏时，拍的时候感觉台词非常清晰，电平量足够大，但回放时却发现，周围的环境噪声非常大，导致台词清晰度下降甚至听不清，信噪比非常低。这个现象就是人耳的鸡尾酒会效应造成的，在拍摄的过程中，注意力都集中在台词上，感觉台词的响度是足够的。但在后期制作时，是以一个整体的角度去听判这个声音，于是就发现之前没有听到的现场噪声了。人的大脑是有主观感受的，但话筒、录音机是客观记录的设备，它们不能进行选择性的记录，所以，在拍片的时候，不仅要注意台词，还要注意周围的环境声对台词的影响，从整体来审听声音的质量，避免在拍摄中产生的鸡尾酒会效应对影片声音质量的影响。

5. 多普勒效应

当发声源与听者之间发生相对运动时，听者所感受到的频率改变的现象称为多普勒效应。

【实例分析 4-4：生活中的多普勒效应】

在马路上听到救护车或警车鸣笛呼啸而过时，会发现声音分为前后两段。前半段随着距离自己越来越近，警笛声的响度会越来越大，音调会越来越高；在经过自己的时候，音调瞬间变低，然后随着远去，警笛声越来越小，音量越来越小。这就是典型的多普勒效应。

4.2 数字音频（处理）设备及其特性

数字音频处理设备是指具有音频处理能力的数字设备。在数字音频处理之前，首先需要一些特定的设备将声能转化为电能，并将其数字化。这些特定的设备有自己的特性，同时所有的数字音频设备也有一些共同的设备特征。

4.2.1 设备普遍特性参数

1. 动态范围及动态余量

动态范围是用来描述某一段音频或者某一台设备能够处理的最大信号与最小信号的差值。其中，最大信号值是指设备的失真允许值，即信号在失真前的最大值；最小信号值是指设备在静态时的本底噪声值。

通常，一台音频设备动态范围决定着它能够通过的最大音量的信号与最小音量的信号的范围。比如动态范围下限越低，越能够录到小音量的声音，如针落地的声音；上限越高，越能录到大音量的声音，如原子弹爆炸。

动态余量是指正常信号电平与失真电平之间用分贝来表示的电平差。与动态范围类似，动态余量越大，就能通过高峰值电平的信号，而不致将信号削波，则信号不失真。这对与类似“打火机声音”这样典型的拥有高峰值低响度的音频信号的声音尤其有用。

动态余量与动态范围不同之处在于，动态范围是指系统的静态时本底噪声值与失真允许值之间的空间范围，而动态余量是指信号与失真允许值之间的空间范围。动态范围是某个设备或某套系统固有的参数，而动态余量则可以根据经验或协定随时更改。

2. 频率响应

频率响应用于描述某一设备对相同能量的音频信号在不同频率上的不同灵敏度。很多设备说明书上会用“频率响应图”来描述设备的频率响应特性。

3. 信噪比

信噪比是指信号与噪声的比值。信噪比越大，得到的信号质量越好。在录音中应该尽量得到高信噪比的信号。通过话筒离声源更近的方式，可以得到更高的信噪比。

【实例分析 4-5：如何提高信噪比】

在影视同期录音中，环境常常比较嘈杂，如果想要把台词录清晰就需要提高信噪比。在设备、环境等硬件条件无法改变的前提下，通过让话筒离声源更近的方式，可以获得更高的信噪比，遵循平方反比定律。

例如，在录制发生在学校食堂的一场戏时，一般整个环境噪声是平均而恒定的，话筒放在任何位置，拾到的环境声能量都是一致的。但是对于想要的声音信号来说，话筒离声源越近，能量越大。比如，话筒距离演员的嘴 4 m 的时候，得到的信号与噪声的能量一样，信噪比是 1/1；如果把话筒距离缩短一半，变成 2 m，信号加倍变成 2，噪声不变，信噪比是 2/1；如果再缩短至 1 m，信噪比就变成 4/1；距离为 50 cm 时，性噪比变 8/1；距离为 25 cm 时，性噪比变 16/1。所以，只要将话筒离声源更近一点，得到的信噪比就会更高。

4．失真

如果输入的音频信号过高，超过了设备所能承载的电平量，就会出现“削波失真”，会听到类似于砂砾般的或者咔嗒般的声音，是因为信号的波峰被削去以后成为平顶形的波形。失真的音频无法再被还原，所以我们在录制的时候一定要检测电平量，以免失真。

4.2.2　话筒

1．话筒的概述

话筒是一种将声能转化为电能的换能装置。空气的波动引起话筒振膜的振动，然后振膜带动线圈切割磁感线，将振动转化为电信号通过线缆传导出去。

2．话筒的种类

录音用话筒根据把声音变为电信号的转换方式，可分为常见两大类：动圈式话筒和电容式话筒。它们采用不同类型的振膜，导致录制声音的特性也不一样。

动圈式话筒的结构使它适合录制大声级的冲击性声音，它的振膜比电容式话筒的振膜振动的稍慢，导致它对高频声音不是特别灵敏。动圈式话筒不需要外部供电。

电容式话筒的振膜通常不能长时间承受大声级的声音，在可控情况下，拾取的原始声音更真实、细腻并能延伸至高频，在录制中使用的最为广泛。电容式话筒需要供电，其供电方式为幻象供电，即电源由信号线携带供给，但不影响信号传送。大多数幻象供电为 48 V，有些话筒幻象供电是 12 V。在使用前，需参考话筒的使用手册，以免损坏话筒。

3．话筒的指向性类型

话筒的指向性是指声音入射角与灵敏度的关系特性。话筒指向性示意图如图 4-3 所示。

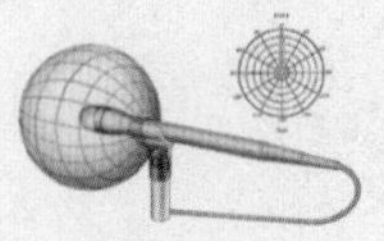

（a）全指向性

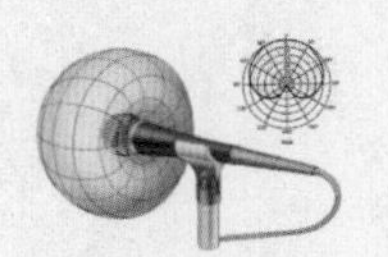

（b）心形指向性

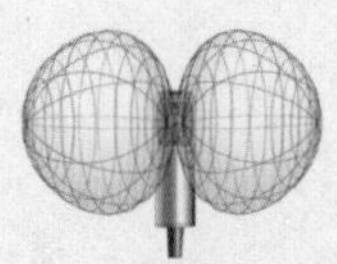

（c）8字形指向性

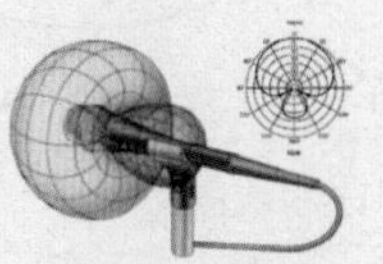

（d）超心形指向性

■ 图 4-3　话筒指向性示意图

话筒按指向性划分，可分为下面几类：

（1）全指向性话筒

全指向性话筒又称无指向性话筒。这种类型可以拾取到来自话筒周围 360° 的声音，对于来自不同角度的声音，其灵敏度是基本相同的。常见于需要收录整个环境的声音，或是声源在移动时，希望能保持良好收音的情况。全指向性话筒的缺点在于容易收到四周环境的噪声。

（2）心形指向性话筒

心形指向性话筒是一种单一指向性话筒，主要拾取来自话筒前方的声音，同时排除了部分来自侧面和所有来自话筒后面的声音。多数手持式话筒都是心形指向性话筒，比如舞台用话筒和卡拉 OK 用话筒。

（3）8 字形指向性话筒

8 字形指向性话筒又称双指向性话筒。这是一个双重的心形指向性，主要拾取来自话筒前方和后方的声音，抵消了大部分来自 90° 侧面的声音。8 字形指向性话筒是很多立体声以及环绕立体声录音制式的组成元素。由于 8 字形指向性话筒侧面的灵敏度极低，在室内多轨录音中使用也能够有效减少来自附近其他乐器的声音。

（4）超心形指向性话筒

相比于心形指向性话筒，超心形指向性话筒排除了更多来自话筒侧面方向和所有来自后面的声音。超心形指向性话筒比较多用在室内的多轨录音中，减少来自附近其他乐器的声音；也常用于现场扩声中，降低了声音反馈啸叫的风险。

【实例分析 4-6：Boom Library Assault Weapons 枪声实录使用话筒分析①】

2014 年 Boom Library 公司出品的 Assault Weapons SFX Library（突击步枪音效库）使用了 60 多只话筒来对 25 种武器进行录制，包括直接粘附在枪手和武器上的和设置在枪手周围的各种话筒。The Assault Weapons Construction Kit 精选了 18 轨录音信号来进行制作。话筒具体位置示意图如图 4-4 和图 4-5 所示。

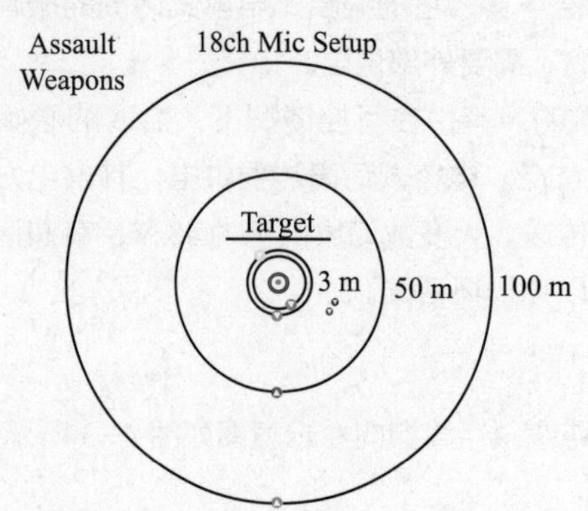

■图 4-4 话筒具体位置示意图

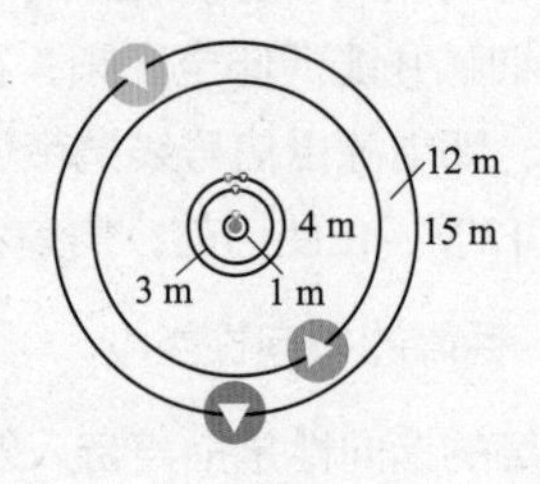

■图 4-5 话筒具体位置示意图（中央部分放大）

18 路话筒详细设置如下：

DPA 4062，全指向性微型话筒，粘附在武器上；

2x Sennheiser MKH 416，用途广泛的枪式话筒，放置在前方离枪手 1 m 处，双单声道；

① SounDoer. 枪声录制实例 Boom Library Assault Weapons 图文及视频详解 [DB/OL].（2014-6-17）. http://107cine.com/stream/ 51287/.

2x Heil P30，心形指向动圈话筒，放置在前方离枪手 3 m 处，AB 制；
2x Sennheiser MKH 8040，心形指向电容话筒，放置在前方离枪手 4 m 处，AB 制；
2x Microtech Gefell M300，心形指向微型电容话筒，放置在前方离枪手 4 m 处，大 AB 制；
2x Schoeps CCM，心形指向微型电容话筒，放置在右后方离枪手 12 m 处，MS 制；
2x Neumann RSM 191，立体声话筒套装，放置在左前方离枪手 15 m 处，MS 制；
Sennheiser MKH 416，放置在后方离枪手 15 m 处，单声道；
2x Sennheiser MKH 418，立体声话筒套装，放置在后方离枪手 50 m 处，MS 制；
2x AKG C414，AKG 多指向性电容话筒，放置在后方离枪手 100 m 处，MS 制。

这些不同型号、距离以及不同方向的话筒，就是在利用不同的话筒的特性来录制不同的音色部分。比如全指向性 DPA 4062 话筒粘附在武器上，可以得到最近最实的武器机械结构的声音；Sennheiser MKH 418 放置在后方离枪手 50 m 处，得到更多回声；等等。在后期中还要再次将其进行混音。

4．话筒的其他参数

（1）频率响应

频率响应是指话筒能够再现的最高和最低的声音频率范围。每只话筒因为使用的材料和形状的差异以及其他因素导致其对于声音频率的响应不同。根据经验，话筒能够接收声音的频谱越宽，再现的声音就越精确。

（2）阻抗

话筒阻抗是指话筒在 1 kHz 时的有效输出电阻。阻抗为 150 ~ 600 Ω 的话筒为低阻话筒；1 000 ~ 4 000 Ω 的话筒为中阻话筒；高于 25 kΩ 的话筒为高阻话筒。通常使用的是低阻话筒，这样可以用较长的话筒线，而不致拾取交流声或失真的高频成分。

（3）最大声压级

声压级（SPL）是一种对声音强度的计量。如果话筒的最大声压级指标为 125 dB SPL，那么当乐器发出超过 125 dB SPL 的声音到达话筒时，话筒将出现失真。通常认为话筒的最大声压级指标为 120 dB SPL 时属良好，135 dB SPL 时为很好，而 150 dB SPL 时为极好。动圈话筒不易失真，一些电容话筒可以勉强达到较好的指标。为了防止在话筒电路内失真，有些话筒设有音量衰减开关。

（4）灵敏度

话筒的灵敏度指标是指在一定声压级下所能产生多少输出电压。当有两只话筒在同等大小的音量下，高灵敏度的话筒要比低灵敏度的话筒输出更强的信号。

（5）本底噪声

本底噪声也称等效噪声电平，是话筒本身产生的电噪声或咝咝声，噪声产生的输出电压与信号源产生的输出电压甚至可以相等。由于动圈话筒没有有源的电子部件来产生噪声，所以具有很低的本底噪声。大多数动圈话筒的指标一览中没有本底噪声指标。

5．常用话筒的型号与应用

（1）立体声话筒

立体声话筒使用的立体声拾音技术主要有三种：两只话筒间隔摆放、XY 制和 MS 制。间隔摆放技术是使两只话筒相隔一定距离，立体声的感觉来自两只话筒形成的时间差和强度差。XY 制拾音技术是将两支话筒以一定角度对置，这个角度为 90° ~ 135° ，这是一种最基础、使用最广泛的立体声拾音技术。MS 制立体声录音技术更先进、更复杂，这种制式使用一只心形指向性话筒直接指向声源从而提供了 M 声道，此外还有一支 8 字形指向性的话筒与中间话筒垂直放置来提供 S 声道。一个矩阵解码器被用来使两个声道（M+S/M-S）的声音产生立体效果。

（2）枪式话筒

枪式话筒（也称吊杆式话筒）专门为拾取来自话筒前方的声音而设计，并对来自话筒两侧和后方声音有屏蔽作用。电影或电视里大部分对话都是用枪式话筒拾取的。

例如，Sennheiser MKH 416 是电影电视制作领域枪式话筒的行业标准。这种话筒可以完美录制单声道音效，它的拾音类型使它可以很大程度上摒除来自话筒两侧和后面的噪声。

（3）人声话筒

人声话筒是为了录制人声而设计的，特点是配备有大振膜，它们为近距离拾音的人声提供了平滑、平衡的音质。

例如，Shure SM58 是在录音棚、演出现场录制人声的行业标准。尽管在声音设计工作中它不被推荐使用，但是它可以录制用于需要通过滤波器处理，从而模仿对讲机和民用收音机的人声。

（4）领夹式话筒

领夹式话筒可以暴露或隐藏起来。通常这种话筒使用无线系统，可以通过电缆连接到调音台。

例如，Tram TR-50 是电影和电视剧制作中领夹式话筒的行业标准。它的频率响应在 8 kHz 有所提升，用以补偿话筒隐藏在衣物和戏服下所带来的音色损失，其拾音类型使得它也可以被固定在话筒架上或车内使用。

4.2.3 调音台

录音棚的心脏就是调音台。它是接入所有信号端口的控制中心，可以混合或组合，可加入效果、均衡和进行立体声声像定位，然后把信号分配到录音机和监听音箱上去。

1. 调音台的分类

现在使用的调音台多种多样，虽然它们的基本功能大致相同，但根据用途及所采用技术的不同，它们之间存在着一定差异，从而出现多种类型调音台。

由于分类标准的不同，通常采用下列几种分类方式：

①按节目种类可分为音乐调音台和语言调音台；

②按使用情况可分为便携式调音台和固定式调音台；

③按输出方式可分为单声道、双声道立体声、四声道立体声及多声道调音台；

④按信号处理方式可分为模拟式调音台和数字式调音台。

除此之外还有另一种特殊的调音台：软件调音台（虚拟调音台），这是一种只能在计算机显示屏上见到的仿真调音台。

2. 调音台的基本功能

①放大。将微弱的低电平传声器信号和高电平线路输入信号经放大调整到合适的电平上，将容易互相干扰的信号隔离开来以免互相串扰，补偿由于分配开关及衰减网络带来的损耗，给提示耳机外接声处理设备及对讲系统提供合适的电平信号。

②为每个通道设置可控均衡器。补偿输入信号的缺陷，获得某种特殊的效果，对于不需要的

信号进行有选择的衰减，信号重放时提供最大限度的保真。

③通道或母线分配。它可以提供用以使任一输入信号任意分配到指定的输出母线上的开关设施。

④声音监听。它是用来对每一声道上的信号进行音质主观评价的手段。根据需要设置监听机组和音箱。

⑤视觉监视。它是调音师对声音信号进行客观评价的手段，一般通过 VU 表、峰值表和相关仪表来完成对信号的音量、峰值电平和信号间相互相位的监视。此外还设置了一些简单的指示器来完成对信号状态及通路控制状态的指示。在大型自动化的调音台中，一般配有监视器来对以上所提的参量进行显示。

⑥电平调节。每个声道上的电平调节器可以对声道上的信号电平进行连续调整，以便能够在混合输出母线上建立一个相对平衡的信号。

⑦提供测试信号。它主要进行各种测试和故障检查，如在录音之前检查各个声道，检查每个声道的频响等。

⑧跳线功能。调音台上的电气关键接点都通过连接件接到跳线板上，跳线盘是各种关键接点的集合。跳线盘的插孔可以将常用的设备接入通路中，如接入测试仪器；在不断开调音台的内部连接的情况下，将周边设备接入通路中；通过将插头插入，可以将信号跳入跳出，增加了调音台的灵活性，提升了调音台的现有功能。

3. 数字调音台

调音台在音频系统中起着核心作用，它具有多路输入，每路的声信号可以单独进行处理，例如，可放大；提供高音、中音、低音方面的音质补偿，给输入的声音增加韵味；对该路声源做空间定位等。还可以进行各种声音的混合，混合比例可调。拥有多种输出（包括左右立体声输出、编辑输出、混合单声输出、监听输出、录音输出以及各种辅助输出等）。

与模拟调音台比，数字调音台最大的优势在于操作的便捷，以下面的数字调音台 Digital Mixer X32 Compat 为例，如图 4-6 所示。其只有 16 路通道，16 个推子，但可以分层控制，当切换到第二层时，这 16 路推子可分别控制 17 ~ 32 路的信号，切换到第三层和第四层，分别控制 AUX 的发送。面板左上边部分是音效调整旋钮，选中 32 路通道中任一轨，通过音效调整旋钮来调整该通道的音色。模拟调音台 Yamaha/MGP32X 如图 4-7 所示。同样是 32 路调音台，其每路通道都配有话放、效果器、AUX 发送、效果发送等旋钮，这样就会增加调音台的面积和重量，操作距离也会变得很大。

■图 4-6　Digital Mixer X32 Compact 数字调音台

■图 4-7　Yamaha/MGP32X 模拟调音台

4.2.4 音频信号处理器

1. 均衡器

在多声道录音中使用最多的信号处理设备之一就是频率均衡器。所谓均衡是指某一频段上信号的声能与其他频段上的信号声能相比发生了相对的变化，这种相对变化的大小就称为均衡量。均衡（EQ）可以改善真实性，可以使迟钝的鼓声变得清脆，使软弱无力的电吉他声变得犀利。EQ 也能使某一声轨的声音变得更自然。

每一种乐器的声音或人声都会产生很宽广的频率成分，通常称为频谱。频谱中有基波频率和谐波成分，如果提升或衰减频谱中的某些频率成分，就会改变所录得声音的音质，升高或降低某段频率范围的电平，可以调节声音的低音、高音和中音，也就是说，改变了频率响应，从而导致人耳对声音频谱结构的听觉感受——音色发生了改变。这便是通过均衡器改变音色的基本原理。

2. 压缩器

压缩器是常用的振幅处理设备，压缩器处理的对象是声频信号的动态范围。声源的动态范围是指在某一指定时间内，声源产生的最大声压级（SPL_{max}）与最小声压级（SPL_{min}）之差。表达式为动态范围 $DR=SPL_{max}-SPL_{min}$。压缩器对信号的动态范围进行压缩处理，使信号能满足记录和发送设备对动态范围的要求。

从某种意义上讲，压缩器是一个单位增益的自动电平控制器。当压缩器检测电路要处理的信号超过了预定的电平值之后，压缩器增益就下降；反之，当检测的信号低于预定的电平值，增益将恢复到单位增益或保持单位增益不变。所以压缩器的增益值将随着信号的电平变化而变化。压缩器中有 4 个重要的概念，分别是阈值、压缩比、启动时间和释放时间，下面分别进行介绍[①]。

①阈值（Threshold）。它决定压缩器在多大输入电平时才起作用的参数。如果输入信号的电平高于门限阈值，那么压控放大器的增益将会明显减小，输入信号的动态范围被压缩；如果输入信号的电平小于门限阈值，那么压缩器不会对输入信号作压缩处理。

②压缩比（Ratio）。压缩比是指输入信号分贝数与输出信号分贝数之比，其大小决定了对输入信号的压缩程度，如果它为 1：1 时，对信号没有进行任何压缩；当压缩比为 4：1 时，则每增加 4 dB 的输入信号，输出信号才增加 1 dB。

③启动时间（Attack Time）。当输入信号超过阈值后，从不压缩状态进入压缩状态所需要的时间。如果启动时间长，输入信号超过阈值后要等一会才进入压缩状态，致使压缩器有可能不能压到音头或能量最强的部分；如果启动时间很短，输入信号一达到门限阈值就立即进入压缩状态。

④释放时间（Release Time）。释放时间是当输入信号小于阈值后，从压缩状态恢复到不压缩状态所需的时间。如果压缩器的释放时间过长，输入信号低于阈值后要等一会儿才恢复到压缩状态。

3. 混响器

混响效果是把房间声响、环境或空间等的感觉加入乐器声和人声之中。在一间房间内的自然混响是一连串复杂的声反射的结果，这些反射声使原声保持一些时间后再渐渐消失或衰减。这些

① 李佳 . FL Studio 11 音乐制作从入门到精通 [M]. 北京：清华大学出版社，2015.

反射声能使人感知到是在大型的或是在具有硬表面的室内发出的声音。已有的人工模拟混响装置有4种，分别为声学混响室、板混响器、弹簧混响器及数字式混响器。随着数字信号处理技术在声频领域中的广泛应用，目前在演播室中采用的混响器基本上都是数字电子混响器。

①混响器的作用：利用混响器使声音更加丰满、使声音更具临场感和空间感、塑造声源的空间定位。

②混响时间：混响时间为混响电平衰减到原始电平60 dB之下时所需的时间。房间越大、越空旷，混响时间越长；相反，房间越小，吸声材料越多，混响时间越小。

③早期反射声：在发出混响声之前，用一个短暂的延时来模仿在真实房间内混响开始之前的那种延时。早期反射声的时间越长，房间的声响越大。

4.2.5 记录设备

录音机将话筒传送的电信号收集起来，并存储在硬盘等媒介中。近年来，存储媒介发生了很大变化，但工作原理大体相似。

数字录音机采用快闪存储器（Flash卡或Flash IC）作为存储媒介代替模拟录音机的磁带，由于取消了运动部件，从而消除了机械噪声，提高了工作可靠性。语音信号经数字压缩处理，可以WAV的文件格式方便地进行存储、检索，将相关信息通过LCD显示屏显示出来，并可通过若干方式传输到计算机上，进行保存或进一步处理。依赖先进的数字技术，数字录音机具备很多模拟录音机所无法想象的功能，扩展了录音机的应用范围。相较于模拟录音机，数字录音机体积小巧、操作方便。便携式数字录音机罗兰（Roland）R-26和模拟录音机分别如图4-8和图4-9所示。

■ 图4-8　便携式数字录音机罗兰（Roland）R-26

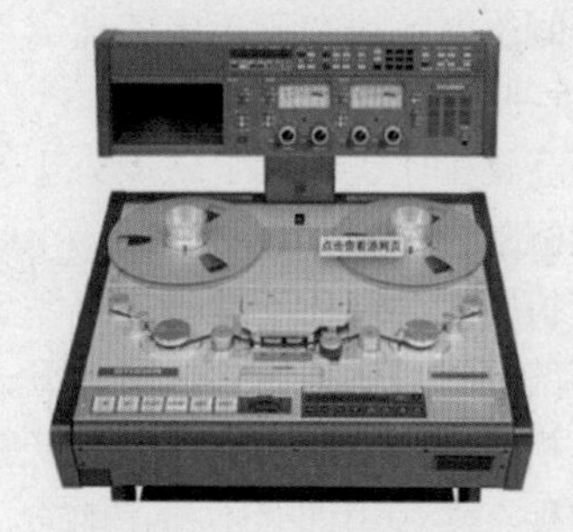

■ 图4-9　模拟录音机

便携式数字录音机罗兰（Roland）R-26内置两种类型的立体声话筒，外加一对XLR/TRS两用输入接口用来连接外接话筒，以及一个用于连接供电话筒的输入口。可以同时使用内置话筒（指向性和全向性）与外接话筒，支持6通道同时录音（3个立体声通道），带有用于微调的输入电平旋钮，既能记录下重要的演讲、展示等，又能捕捉到周围的细节。

使用便携式数字录音机时需注意，线路电平会比话筒电平大一些，将话筒信号通过独立的信号放大器放大到有用的信号水平是很有必要的，这种放大器称为前置放大器，它由录音机上的增益微调旋钮控制。便携式现场录音机最重要的就是话筒前置放大器的质量。数字录音机还提供多种可选的采样频率和比特深度。一台双轨录音机可以同时录制两个声道的音频信号，不要认为两个声道就是左声道和右声道，它们是两个没有关联的声道。

4.2.6 还音设备

还音设备指监听耳机与监听音箱。

1. 监听音箱

监听音箱是指专门设计的具有平坦频响的专业音响。通常扬声器是指家用级音箱，虽然回放的声音听起来不错，但并不适用专业音频制作。专用监听音箱与家用音响的区别在于精确度，回放声音的精确度至关重要。所有的专业监听音箱都具备 20 Hz ~ 20 kHz 甚至更高的平坦频率响应范围。

监听音箱分为两大类：有源监听音箱和无源监听音箱。有源监听音箱在每个箱体内置有一个用于推动扬声器的功率放大器。在使用有源监听音箱时，需要匹配每个音箱的输出电平以确保回放声音的立体声平衡。这可以通过每个监听箱体背后的旋钮实现。无源监听音箱没有内置功率放大器，因此需要另配功放。

2. 监听耳机

（1）监听耳机的优点

监听耳机与监听音箱相比，具有如下优点：

①成本相对较低；

②不会受到房间声学的染色；

③在不同环境之下听到的音质是相同的；

④可以方便地进行实况监听；

⑤易于听到在混音时的细小变化；

⑥没有房间反射，瞬态响应更敏捷。

（2）监听耳机的缺点

其与监听音箱相比也有如下缺点：

①长时间佩戴会感到不舒服；

②廉价耳机有的会音质不准确；

③耳机不能通过身体来体验低音音符；

④由于耳机结构内的压力变化使得低频响应会有变化；

⑤声音出现在头颅里面而不是正前方；

⑥用耳机很难判断立体声的空间分布。

4.2.7 音频接口

在计算机的输入 / 输出端，声卡上的音频接口成为外部音频信号进入计算机以及计算机内部的音频信号输出到外围设备的桥梁。

主要的音频接口有二芯接口、莲花接口、三芯接口、卡农接口和香蕉插头。

1. 二芯接口

二芯接口（TS）分为大二芯和小二芯。插头尖为火线（热端），插头套为地线（冷端）。二芯接口如图 4-10 所示。

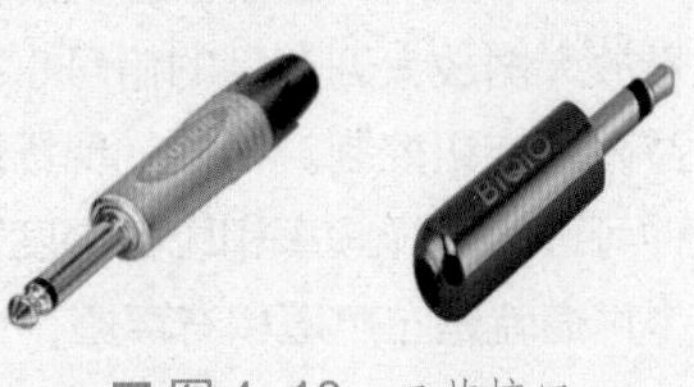

■图 4-10 二芯接口

2. 莲花接口

莲花接口（RAC）的名字来源于美国无线电公司。这种接口被普遍应用于家用级音频与视频市场。莲花接口只有两个连接端，因此它是非平衡的。接头为热端，套端为接地端。莲花接口如图 4-11 所示。

3. 三芯接口

三芯接口（TRS）也分为大三芯和小三芯。大三芯、小三芯在外观上与大二芯、小二芯十分相似，但是它的结构是尖、环、套（T、R、S）。三芯接口如图 4-12 所示。

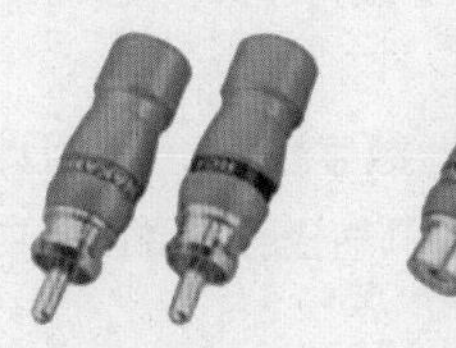
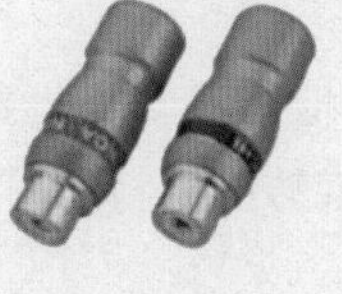

■ 图 4-11　莲花接口

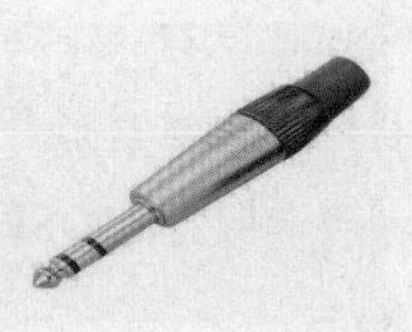

■ 图 4-12　三芯接口

4. 卡农接口

卡农接口（XLR）主要用来连接话筒。由于自身带有锁定装置，因此卡农接口在连接上是最为牢固的。卡农接口有三个针脚，分别是地端（地线）（标记为 1）、热端（火线）（标记为 2）和冷端（零线）（标记为 3）。其中带针脚的称为公头，用于输出信号；带针孔的称为母头，用于接收信号。卡农接口如图 4-13 所示。

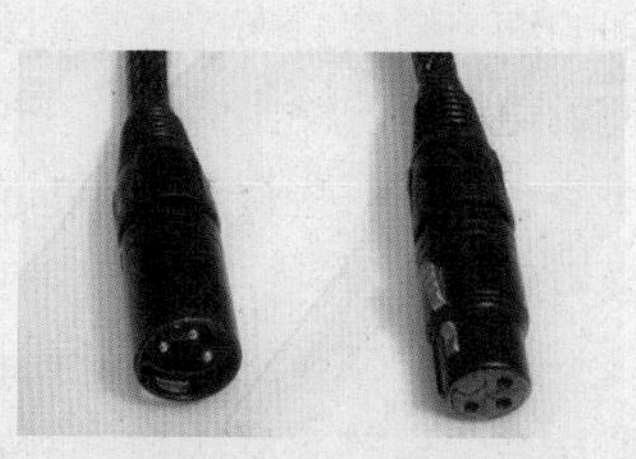

■ 图 4-13　卡农接口

5. 香蕉插头

香蕉插头（Banana Plug）普遍装于音箱线的两端，插头的名字来自于稍稍鼓起的外形。其插入插座正面的孔时非常方便，插入后也可以形成非常大的接触面积，这种特性使它被优先使用在大功率输出的器材中，用以连接音箱和接收机 / 放大器。香蕉插头如图 4-14 所示。

■ 图 4-14　香蕉插头

4.3 音频数字化

当使用数字设备对音频信号进行处理时，应当先将模拟音频电信号转化为数字音频电信号。模拟信号转换成数字信号的过程简写为模数转换（A/D）。

4.3.1 数字音频概念及特点

数字音频计算机数据的存储是以 0、1 的形式存取的，那么数字音频就是首先将模拟音频的电平信号取样、量化，接着再将这些电平信号转化成二进制数据保存，播放时把这些数据转换为模拟的电平信号，送到喇叭播出。数字声音和一般磁带、广播、电视中的声音就存储播放方式而言有着本质区别。

数字音频可以精确地重放输入信号，几乎不会为信号加入噪声或失真。它具有存储方便、存储成本低廉、存储和传输的过程中没有声音的失真、编辑和处理非常方便的特点。

4.3.2 音频数字化过程

1. 声卡

声卡是处理声音信号的关键设备，是计算机与外围设备进行信号交换的媒介，也是计算机处理音频信号的主要硬件工具。一块典型的声卡主要由线路板上各种电子元件和形状各异的输入和输出接口构成。

对于音频信号来说，声卡的功能是将外部输入的模拟信号转换为数字信号，利用计算机的CPU或者声卡自身的DSP芯片进行处理，然后进行数/模转换，将信号输出到外围设备中进行存储或重放。

2. 音频数字的化的重要参数及设备

①比特深度（Bit Depth）。在数字音乐中，比特深度描述了处理音频数据的硬件或软件能达到的细节精度，即描述某种对象所使用的比特数量的多少。总的来说，更多的比特意味着数据处理后更精确的输出结果。在模数信号转换器和数模信号转换器的说明书中会经常遇到比特深度这个概念。在一些软件插件的描述或者使用专业的录音设备（数字音频工作站、数码录音机）时也会看到它。

②采样率（Sampling Rate），单位为Hz（赫兹）。采样率是指音频数字化时在1 s内对模拟声音信号的采样次数。例如，一个48 kHz的采样率就是每秒有48 000个采样。常见采样率有44 kHz、48 kHz、96 kHz等。采样率越高，被记录下来的信息越多，录音的频率响应越宽广，声音的还原就越真实、越自然。同时需要更大的磁盘存储空间以及更快的硬盘驱动。

③时钟（The Clock）。每一台数字音频设备都有它的时钟或内部振荡器用于采样的定时设定。时钟相当于一个乐队的指挥在采样率下有一系列的脉冲信号，当数字音频从一台设备转移到另一台设备上时，就依靠这个脉冲信号进行同步。

3. 模拟转数字和数字转模拟

模拟转数字（A/D）过程和数字转模拟（D/A）过程[①]如图4-15和图4-16所示。

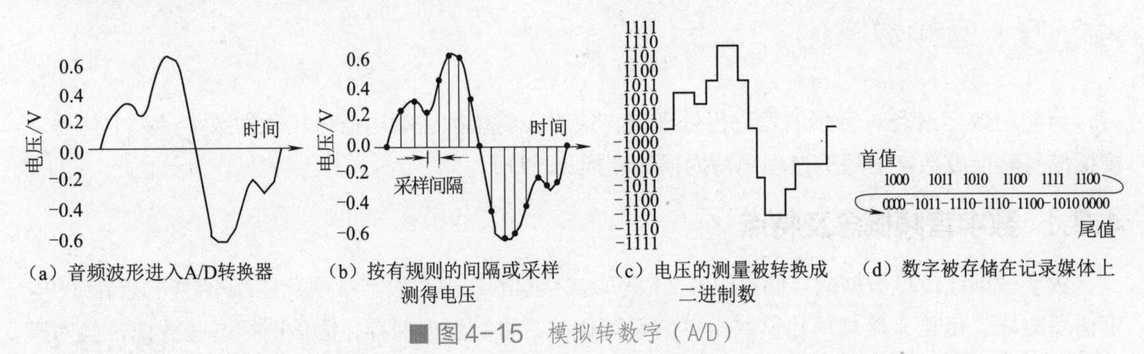

（a）音频波形进入A/D转换器　（b）按有规则的间隔或采样测得电压　（c）电压的测量被转换成二进制数　（d）数字被存储在记录媒体上

图4-15　模拟转数字（A/D）

① 里克·维尔斯.音效圣经：好莱坞音效创作及录制技巧[M].北京：北京联合出版公司，2016.

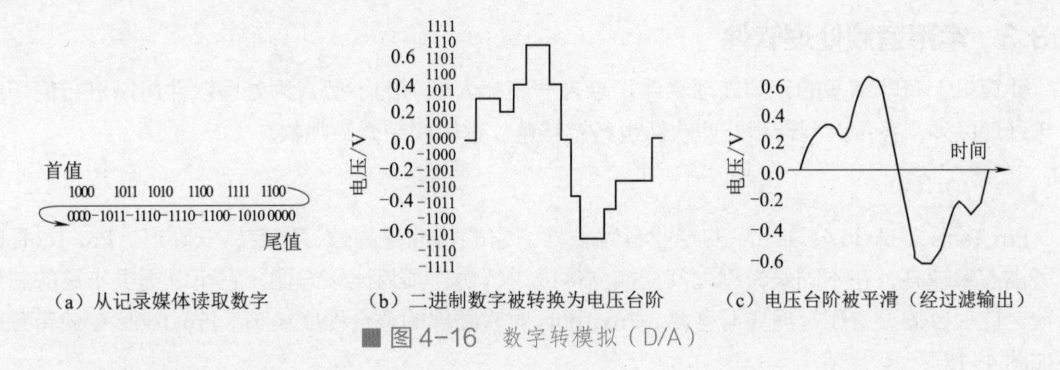

（a）从记录媒体读取数字　（b）二进制数字被转换为电压台阶　（c）电压台阶被平滑（经过滤输出）

■ 图 4-16　数字转模拟（D/A）

4. 声卡工作流程

声卡工作流程[①]如图 4-17 所示。

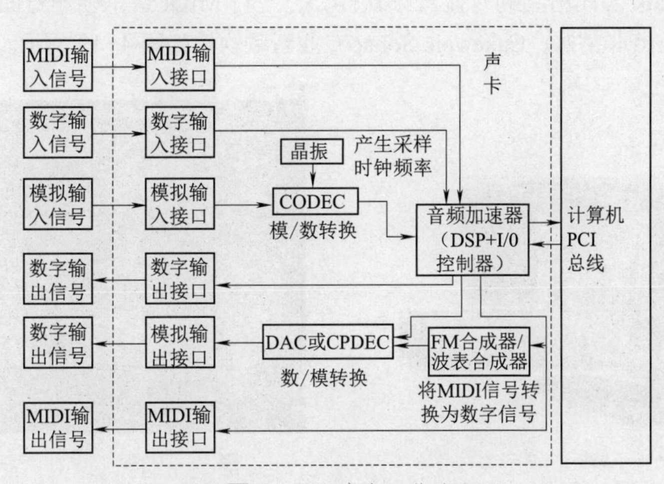

■ 图 4-17　声卡工作流程

（1）晶振

晶振是指从一块石英晶体上按一定方位角切下薄片，通过振动产生采样时钟频率。

（2）Codec

Codec 是音频控制芯片，是多媒体数字信号解码器，专门负责模拟信号到数字信号的转换以及数字信号到模拟信号的转换工作。

（3）DAC

某些高档的声卡上，由专门的芯片 DAC 进行数字信号到模拟信号的转换。因为功能独立，单一的芯片往往容易具有更高的质量。

（4）音频加速器

音频加速器由 DSP+I/O 控制器组成。DSP 即数字信号处理器，相当于声卡上的 CPU。I/O 控制器为输入输出控制器，专门负责控制声卡信号的输入 / 输出，不提供额外的运算能力。

（5）MIDI

MIDI 是音乐设备数字接口，是计算机与音乐设备交流和同步的协议。

① 胡泽，雷伟 . 计算机数字音频工作站 [M]. 北京：中国广播电视出版社，2005.

4.3.3 常用音频处理软件

计算机上有非常多的音频处理软件。除去一些个人编写的小型音频处理软件可以进行简单的音频处理以外，各种大型音频处理软件也各有特色。这里简单介绍几款。

1. Pro Tools

Pro Tools 是 Avid 公司出品的专业音频软件，它的特性是高效、稳定、低延迟。Pro Tools 的市场占有率较高，在不同录音棚之间交换文件或进行协作项目比较方便。它可以提供丰富的总线设置，让项目的设置和管理变得容易。Pro Tools 对软硬件的整合程度较高。Pro Tools 专业音频软件如图 4–18 所示。

2. Sonar

Sonar 是 Cakewalk 公司出品的专业音频软件，它主打 MIDI 音乐创作方面的工作。对绝大多数三方厂家的音源支持非常好。Cakewalk Sonar 专业音频软件如图 4–19 所示。

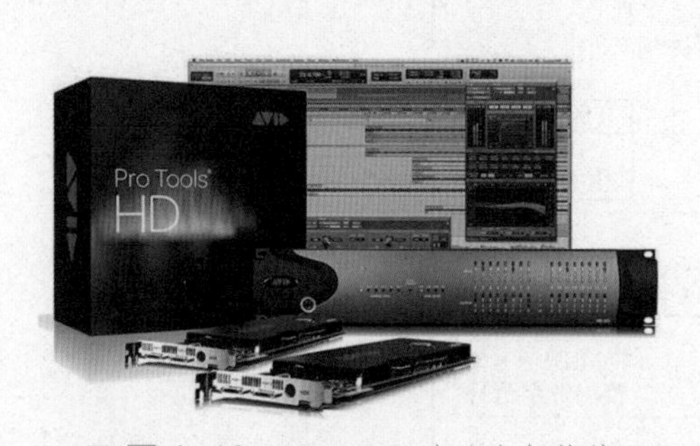

■ 图 4–18　Pro Tools 专业音频软件

■ 图 4–19　Sonar 专业音频软件

3. Cubase/Nuendo

Cubase 和 Nuendo 两款软件都属于 Steinberg 公司旗下产品。这两款软件外观、性能、配置方法都很相似。最初 Cubase 更倾向于 MIDI 创作，Nuendo 更倾向于音频剪辑与音效设计。但现在两者的差异已经越来越小。Cubase 专业音频软件如图 4–20 所示。

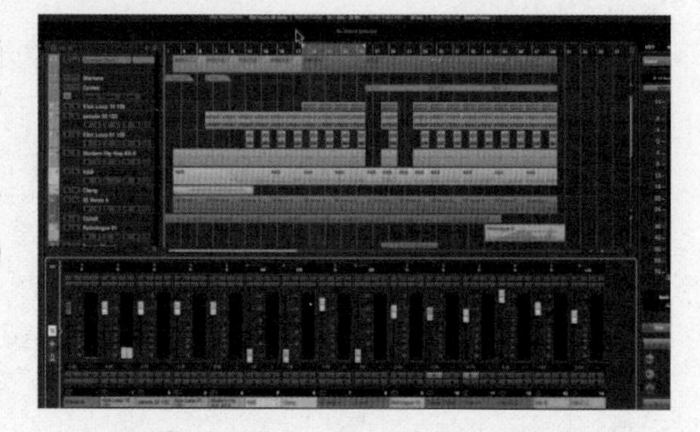
■ 图 4–20　Cubase 专业音频软件

4. Audition

Audition 的前身是著名的 Cool Edit，它是过去一枝独秀的音频编辑软件，后来被 Adobe 公司收购，改名 Audition。Audition 的强项在于单轨编辑的便捷性和模块化的处理方案，可以快速实现对单一素材的处理，并且与 Adobe 系列其他软件可以实现无缝互通，非常方便。Audition 专业音频软件如图 4–21 所示。

5. Logic

Logic 是 Apple 公司出品的音频处理软件。它只能工作在 Mac OS 系统下。它内置了很多音频素材、音效素材、Loop、音色等，给创作提供了很多思路。其界面简洁，功能强大。Logic 专业音频软件如图 4-22 所示。

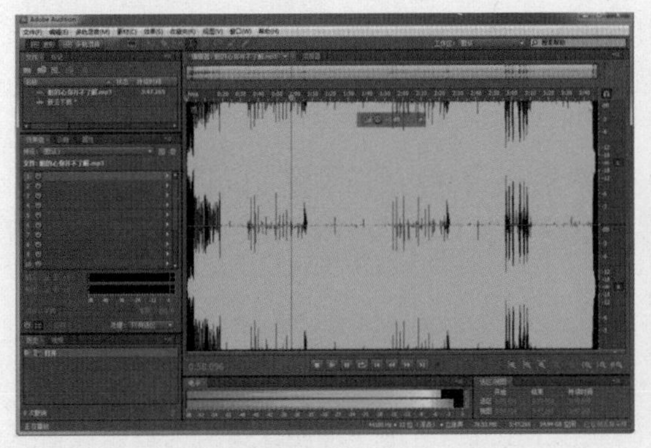

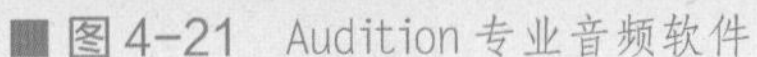

■ 图 4-21　Audition 专业音频软件

■ 图 4-22　Logic 专业音频软件

4.3.4　MIDI 数字音乐

MIDI（Musical Instrument Digital Interface）表示乐器数字接口，MIDI 发明者是 Dave Smith。这是一种使计算机与音乐设备交流和同步的协议。MIDI 线缆传输的不是音频信号，而是通过 5 针的标准线缆传输数字信号。

MIDI 设备和接口允许连接合成器和其他设备到数字音频工作站，以便通过外设键盘控制软件模块，这样可以实时演奏数字乐器。

MIDI 设备：

① M-AUDIO Keystudio 49 键 MIDI 键盘，如图 4-23 所示。

② You Rock Guitar MIDI 吉他，如图 4-24 所示。

■ 图 4-23　M-AUDIO Keystudio 49 键 MIDI 键盘

■ 图 4-24　You Rock Guitar MIDI 吉他

③ MIDI 连接线和 MIDI 线 5 芯接头，如图 4-25 和图 4-26 所示。

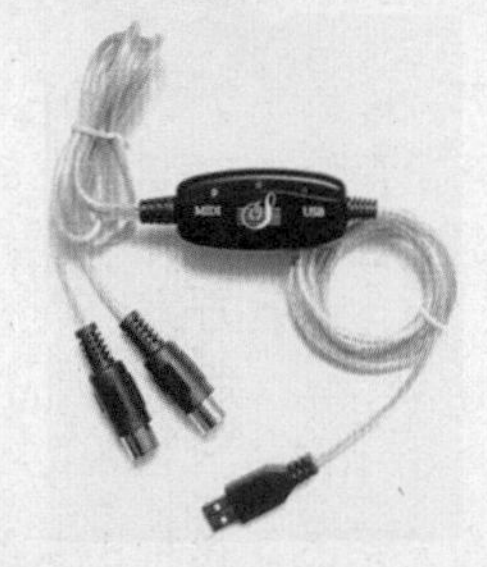

■ 图 4-25　MIDI 连接线

■ 图 4-26　MIDI 线 5 芯接头

4.3.5 常见数字音频文件格式

数字音频文件包含所有通过模数转换器采集来的数据。数字音频文件的大小基于三个因素：采样频率、比特深度和时间。主要有以下几种常用的音频文件格式。

① AIFF：音频交换文件格式，由苹果公司开发。

② WAV：波形音频格式，由微软公司开发。

③ MP3：一种音频文件压缩格式，在消费市场非常流行。MP3 的压缩率可以使文件大小变为原来的 1/10，同时保持可接受的音质。绝大多数的人区分不了 WAV 文件和 MP3 文件之间的音质差异。

④ BWF：广播声波格式。

⑤ SMPTM 时间码：是一种时间标记系统，给视频或电影中的每一帧都生成一个特定的地址。

⑥ MIDI：20 世纪 80 年代初期，David Smith 研制出 MIDI，这是一种使计算机与音乐设备交流和同步的协议。

4.4 数字音频的编辑技术

声音剪辑与画面剪辑不太一样。画面的剪辑输出端只有一个屏幕，画面素材通常会铺满整个屏幕，所以在剪辑的过程中，比较注重的时画面与画面之间的衔接、过渡与匹配。但声音的编辑思路不是这样的。

4.4.1 声音剪辑的思维特点

声音的编辑思路是多轨道剪辑思维，是可以叠加的。声音剪辑的思维与特效制作的思维很像，是一层加一层叠加起来的。例如，机场候机大厅的场景，它会有一个环境声，称之为候机大厅环境声。这个环境声其实包括了熙熙攘攘的人群说话走路的声音、安检仪器发出的“嘀”的声音、旅行箱滚轮的声音，广播声音、大厅外飞机起飞降落的声音等。当这么多声音集合起来随机发声，再加上候机大厅里特殊的混响特性，就形成了候机大厅环境声。

“替换、移花接木、障眼法”是在进行音频剪辑的时候处理个别情况的手段。比如在录制的视频中汽车驶过的声音不理想，有其他噪声或者失真，就需要找到其他汽车驶过的声音来代替，并通过特殊的方法，加混响和改变音色等特殊效果来代替。

【实例分析 4-7：影片中声音的“移花接木”】

动画片中一些飞禽走兽的声音都是由人使用道具模拟出来的。例如，动画片《驯龙高手》中，龙舞动翅膀的声音，就是人大力扇动衣服或布来实现的；《辛普森一家》中，辛普森在梦中梦见自己的心脏被别人掏出来的画面里，音效师利用了芹菜来进行录制，他们把一整把芹菜掰断来模拟坏人手掏进辛普森胸口的声音，随后来回拧芹菜发出的声音来代替坏人拧断辛普森心脏并掏出的声音。

4.4.2 视频节目声音剪辑

在视频节目的声音剪辑中，常常声音与画面是存在一定的关系的。这样的关系包括声画同步、声音提前与声音滞后、声画对位等。

1. 声画同步

声画同步是最常见的声音与画面的关系。它描述声音与画面完全吻合，就是人们看到画面里有什么，就能听到声音是什么。或者说随着画面的转变，声音也立刻有了相应的变化。

2. 声音提前与声音滞后

声音提前与声音滞后是声画不同步的表现。例如，画面中一个人在说话，但声音出现在说话前或者画面里的人物已经说完话了声音才出来，这种情况就是声音提前或者声音滞后。

3. 声画对位

声画对位是指镜头画面与声音对列，它们按照各自的规律表达不同的内容，又在各自独立发展的基础上有机结合起来，造成单靠画面或单靠声音所不能完成的整体效果。这是一种声画结合的蒙太奇技巧，打破了画面的时空局限。例如，电影《幸福时光中》吴颖回到家中看到鹊巢鸠占心情的悲凉失望，此时的声音越是口哨声、鼓掌声、欢呼声，声音传达出的热烈和兴高采烈与主人公心境构成了极大的反差，更加反映出人物内心的失望与愤懑。

4.4.3 音频节目声音剪辑

在音频剪辑中，最主要对象就是音乐剪辑和广播剧的剪辑。其流程如下：

①去除噪声。比如在录音中间有一个椅子的吱吱声音，找到那个声音剪掉。

②做语言的替换。将断开、不连续的语言拼接在一起。

③做音乐的加长、缩短。

④注意剪辑节奏。在剪辑中要保留气口，保留完整的混响。

⑤交叉淡化。这是一种能够减少不需要的咔嗒声和爆音的技巧。有些数字音频软件可以让用户选择波形的一部分并插到另一个点上。做插入时，可以通过交叉淡化来消除咔嗒声和爆音。可以手动调整交叉淡化的速度和斜率。类似于画面中叠画的效果，可以让声音过渡、开始、结束得更自然，这是在音频剪辑中非常重要的技术手段。交叉淡化如图 4-27 所示。

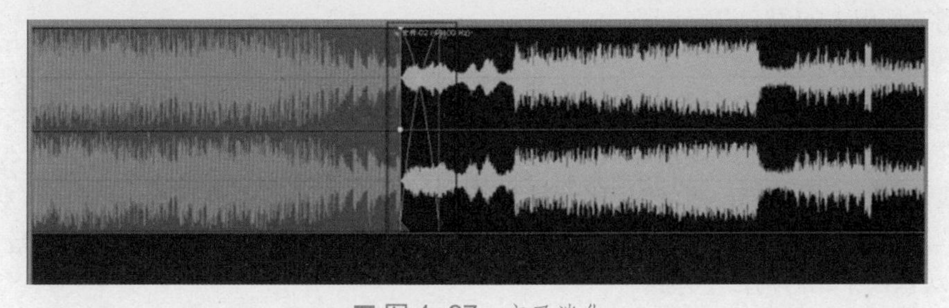

■图 4-27　交叉淡化

4.5 数字音频应用领域

数字音频利用数字化手段对声音进行录制、存储、编辑、压缩或播放的技术，它是随着数字信号处理技术、计算机技术、多媒体技术的发展而形成的一种全新的声音处理手段。数字音频的传统应用领域是音乐后期制作和录音，目前数字音频与其他学科的交叉发展拓展了应用领域，如与信号处理、模式识别、概率论和信息论、发声机理和听觉机理、人工智能等学科结合，推动了语音识别技术的发展。

4.5.1 语音识别技术

1. 语音识别技术的定义

语音识别技术也称自动语音识别（Automatic Speech Recognition，ASR），其目标是让机器通过识别和理解过程把语音信号转变为相应的文本或命令，也就是让机器听懂人类的语音。如果计算机配置有“语音辨识”程序组，那么当声音通过一个转换装置输入计算机内部、并以数位方式存储后，语音辨识程序便开始将输入的声音样本与事先存储好的声音样本进行对比工作。声音对比工作完成之后，计算机就会输入一个它认为最“像”的声音样本序号，就可以知道刚才的声音是什么意义，进而执行此命令。

2. 语音识别技术涉及的领域

语音识别技术涉及的领域大体有信号处理、模式识别、概率论和信息论、发声机理和听觉机理、人工智能等方面。其中模式识别技术是目前语音识别系统中最常用的技术。模式识别是指对事物或现象的各种形式的（数值的、文字的和逻辑关系的）信息进行处理和分析，以对事物或现象进行描述、辨认、分类和解释的过程，是信息科学和人工智能的重要组成部分。

3. 语音识别系统的分类

语音识别系统的分类主要是根据对输入语音的限制进行分类的。

（1）从说话者和识别系统的相关性考虑

从说话者与识别系统的相关性考虑，可以将识别系统分为以下三类：

①特定人语音识别系统：仅考虑对于专人的话音进行识别。

②非特定人语音识别系统：识别的语音与人无关，通常要用大量不同人的语音数据库对识别系统进行学习。

③多人的识别系统：通常能识别一组人的语音，或者成为特定组语音识别系统，该系统仅要求对要识别的那组人的语音进行训练。

（2）从说话的方式考虑

从说话的方式考虑，可以将识别系统分为以下三类：

①孤立词语音识别系统：要求输入每个词后要停顿。

②连接词语音识别系统：要求对每个词都清楚发音，一些连音现象开始出现。

③连续语音识别系统：连续语音输入是自然流利的连续语音输入，大量连音和变音会出现。

（3）从识别系统的词汇量考虑

从识别系统的词汇量考虑，可以将识别系统分为以下三类：

①小词汇量语音识别系统：通常包括几十个词的语音识别系统。

②中等词汇量的语音识别系统：通常包括几百个到上千个词的识别系统。

③大词汇量语音识别系统：通常包括几千到几万个词的语音识别系统。

随着计算机与数字信号处理器运算能力以及识别系统精度的提高，识别系统根据词汇量大小进行分类也不断进行变化。目前是中等词汇量的识别系统，将来可能就是小词汇量的语音识别系统。这些不同的限制也确定了语音识别系统的困难度。

4．语音识别的应用领域

①办公室或商务系统：典型的应用包括填写数据表格、数据库管理和控制、键盘功能增强等。

②制造业：在质量控制中，语音识别系统可以为制造过程提供一种“不用手”“不用眼”的检控（部件检查）。

③电信：相当广泛的一类应用，在拨号电话系统上都是可行的，包括话务员协助服务的自动化、国际国内远程电子商务、语音呼叫分配、语音拨号、分类订货。

④医疗：这方面的主要应用是由声音来生成和编辑专业的医疗报告。

⑤信息技术：语音识别正逐步成为信息技术中人机接口的关键技术。语音识别技术与语音合成技术结合使人们能够甩掉键盘，通过语音命令进行操作。语音技术的应用已经成为一个具有竞争性的新兴高技术产业。

⑥其他方面：包括由语音控制和操作的游戏和玩具、帮助残疾人的语音识别系统，以及车辆行驶中一些非关键功能的语音控制，如车载交通路况控制系统、音响系统。

5．语音识别技术的基本方法

一般来说，语音识别的方法有三种：基于声道模型和语音知识的方法、模板匹配的方法以及利用人工神经网络的方法。

（1）基于声道模型和语音知识的方法

①分段和标号。把语音信号按时间分成离散的段，每段对应一个或几个语音基元的声学特性。然后根据相应声学特性对每个分段给出相近的语音标号。

②得到词序列。根据第一步所得语音标号序列得到一个语音基元网格，从词典得到有效的词序列，也可结合句子的文法和语义同时进行。

（2）模板匹配的方法

模板匹配的方法发展比较成熟，目前已达到实用阶段。在模板匹配的方法中，要经过 4 个步骤：特征提取、模板训练、模板分类、判决。常用的技术有三种：动态时间规整（DTW）、隐马尔可夫（HMM）理论、矢量量化（VQ）技术。

（3）利用人工神经网络的方法

利用人工神经网络的方法是 20 世纪 80 年代末期提出的一种语音识别方法。人工神经网络（ANN）本质上是一个自适应非线性动力学系统，模拟了人类神经活动的原理，具有自适应性、并行性、健壮性、容错性和学习特性，其强的分类能力和输入 / 输出映射能力在语音识别中很有吸引力。但由于存在训练、识别时间太长的缺点，目前仍处于实验探索阶段。由于人工神经网络不能很好地描述语音信号的时间动态特性，所以常把人工神经网络与传统识别方法结合，分别利用各自优点来进行语音识别。

【实例分析 4-8：语音识别技术 Siri】

Siri 是苹果公司在其产品 iPhone 4S、iPad 3 及以上版本手机和 Macbook 上应用的一项智能语音控制功能。Siri 可以令 iPhone 4S 及以上手机（iPad 3 以上平板）变身为一台智能化机器人。利用 Siri 用户可以通过手机读短信、介绍餐厅、询问天气、语音设置闹钟等。

Siri 支持自然语言输入，并且可以调用系统自带的天气预报、日程安排、搜索资料等应用，还能够不断学习新的声音和语调，提供对话式的应答。其最大的特色是在人机的互动方面有十分生动的对话接口，其针对用户询问所给予的回答也不至于答非所问，有时候更是让人有种心有灵犀的惊喜。2017 年，Siri 加入了实时翻译功能，支持英语、法语、德语等语言。Siri 的智能化也进一步得到提升，支持上下文的预测功能，用户甚至可以用 Siri 作为 Apple TV 的遥控器。

4.5.2　音频检索

1. 音频检索的定义

音频检索是指通过音频特征分析，对不同音频数据赋予不同的语义，使具有相同语义的音频在听觉上保持相似。音频包括语音和非语音两类信号。一直以来，音频信号的处理主要集中于语音识别、说话者识别等语音处理方面。

2. 音频检索的基本方法

首先是建立数据库，对音频数据进行特征提取；通过特征对数据聚类，用户通过查询界面选择一个查询例子，并设定属性值；然后提交查询。系统对用户选择的示例提取特征，结合属性值确定查询特征矢量，并对特征矢量进行模糊聚类，然后检索引擎对特征矢量与聚类参数集匹配，按相关性排序后通过查询接口返回用户。

3. 音频检索中对音频特征提取的方法

特征提取是指寻找原始音频信号表达形式，提取能代表原始信号的数据。

音频特征提取有两种不同的技术线路：一种是从叠加音频帧中提取特征，因为音频信号是短时平稳的，所以在短时提取的特征较稳定；二是从音频片段中提取，因为任何语义都有时间延续性，在长时间刻度内提取音频特征可以更好地反映音频所蕴涵的语义信息，一般是提取音频帧的统计特征作为音频片段特征。

首先，对音频数据进行加窗处理形成帧，加窗大小在几到几十微秒，相邻帧之间一般有 30% ~ 50% 的叠加。然后，对每一帧作离散傅里叶变换（DFT），实际上常用快速傅里叶变换（FFT），得到傅里叶系数 $F(w)$ 和频域能量

$$E=\int_{0}^{W}\left|F(w)\right|^{2}\mathrm{d}w$$

式中，$\overline{w}=f_s/2$，f_s 为采样频率。最后应用不同算法计算相应的帧特征，再计算帧特征的标准偏差、数学期望值和方差，把帧特征推广成片段特征。

4. 音频分类技术与方法

音频检索中音频分类占据着非常重要的作用。音频分类技术是音频结构化的基础，在一定程度上实现了音频流的结构化，为在更高语义层次上实现音频内容结构化提供了基础。

其基本方法是：首先应提供适量的训练样本，比如选取足量的音乐文件；然后提取样本特征，进行聚类处理，将每类文件看成一个音频数据来处理，计算该类的样本模板。判断文件的类别时，与计算音频相似度类似，计算音频的模板与各类模板间的距离，当距离小于某一阈值或为最小距离时，则此时的类即为文件所在的类。

5. 音频检索的应用与发展

根据音频检索国内外已经开发出了多种原型系统，如 MELDEX 系统、QBH 客户端、ECHO，以及由我国上海交通大学的薛锋、杨宗英、郑巧英和黄敏等研发的音乐检索系统。

音频检索在互联网检索页面具有重要的现实意义，如 Google、Podcastle 等。多媒体技术、数据库技术、网络通信技术和信息压缩技术等的迅速发展，以及更多国际标准的出台，为音频检索提供了更多的技术支持和发展空间。

思考题

4-1　什么是声音的三要素？它们分别由哪些物理属性来决定？

4-2　简述常见的几种听觉效应。

4-3　简述压缩器中都有哪些参数。这些参数所代表的意义是什么？

4-4　什么是混响？什么是混响时间？简述混响时间与房间大小的关系。

4-5　回答话筒都有哪些指向性？

4-6　调音台的主要功能有哪些？数字调音台与模拟调音台最大的区别是什么？

4-7　音箱监听与耳机监听的区别有哪些？

4-8　简述采样率和比特精度。

4-9　什么是声画对位、声画同步？

4-10　阐述模 / 数、数 / 模转换是如何转换的。

知识点速查

◆声波由物体振动产生的，振动发生的物体称为声源，有声波传播的空间称为声场。

◆声速：空气（15 ℃）340 m/s。

◆频率范围：低频为 20 ~ 200 Hz，中频为 200 Hz ~ 5 kHz，高频为 5 ~ 20 kHz。

◆声音的传播特点：反射、衍射、干涉、能量耗损。

◆人耳几种听觉效应：掩蔽效应、双耳效应、哈斯效应、鸡尾酒会效应、多普勒效应。

◆声波的三种物理特性：频率、波长和振幅。

◆动态范围及动态余量：动态范围是用来描述某一段音频或者某一台设备能够处理的最大信号与最小信号的差值；动态余量是指正常信号电平与失真电平之间用分贝来表示的电平差。

◆信噪比：信号与噪声的比例。

◆调音台的基本功能：放大、为每个通道设置可控均衡器、通道或母线分配、声音监听、视觉监视、电平调节、提供测试信号、跳线功能。

◆常见音频信号处理器：均衡器、压缩器和混响器。

◆压缩比：输入信号分贝数与输出信号分贝数之比，其大小决定了对输入信号的压缩程度。

◆门限：决定压缩器在多大输入电平时才起作用的参数。

◆比特率：指将模拟声音信号转换成数字声音信号后，单位时间内的二进制数据量，表示为单位时间内传送的比特数的速度。比特率越大的音质就越好。

◆采样率：音频数字化时对模拟信号测量的速率。

第 5 章

数字视频技术

本章导读

本章共分 7 节，内容包括数字视频基础知识、数字视频应用理论基础、数字视频质量及格式、数字视频的编辑技术、数字视频的特效处理、数字电视标准，以及数字视频处理应用领域。

本章首先从数字视频基础一些相关知识及应用入手，其次是数字视频理论应用，以及数字视频的质量，数据量和常用视频文件格式的类别，使读者对视频基础知识及应用有一个宏观的认识，为后面的学习奠定一定的理论基础；其次从数字视频的获取方式、编辑和特效处理三个方面内容的认知，制作呈现出数字视频成品；最后介绍数字电视的分类和主要的数字电视标准，以及数字视频处理在视频检索领域的应用。

学习目标

- ◆理解数字视频基础知识；
- ◆理解数字视频应用理论基础；
- ◆掌握数字视频质量及格式；
- ◆掌握数字视频的编辑技术；
- ◆掌握数字视频的特效处理；
- ◆理解数字电视标准；
- ◆掌握数字视频处理应用领域。

知识要点和难点

1. 要点

数字视频基础理论知识及其应用，数字视频质量（标清、高清、超高清），信息质量和数据量二者间的关系，数字视频文件格式，数字视频编辑软件，使用格式工具对数字视频文件格式转换，数字电视分类及主要的标准。

2. 难点

数字视频获取方式，数字视频的特效处理，数字视频处理应用领域。

5.1 数字视频基础知识

随着影视行业的日益蓬勃发展，从电影院到手机，从传统媒体到新兴视频网站，从震撼的大片到搞怪的神作，各种视频作品已不知不觉充斥着人们的眼球。数字视频采用摄像机或其他数码产品设备，将外界影像的颜色和亮度信息转变为电信号，再记录到存储介质上。在播放时，将视频信号转成帧信息，并按照每秒 25 帧的速度投影到显示设备上，让人们看到连续运动的视频动画。摄像过程示意图如图 5-1 所示。

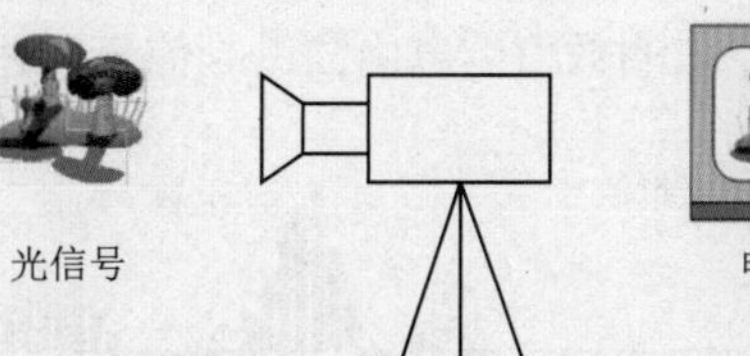

图 5-1　摄像过程示意图

5.1.1 数字视频的发展

从动画诞生的那时开始，人们就不断探索一种能够存储、表现和传播动态画面信息的方式。在经历了电影和模拟电视之后，数字视频技术迅速发展，伴随着不断扩展的应用领域，其技术手段也不断成熟。谈到数字视频的发展，我们不能不回顾计算机的发展历程，它实际上是与计算机所能处理的信息类型密切相关的。自 20 世纪 40 年代计算机诞生以来，计算机大约经历了以下三个发展阶段：

1. 数值计算阶段

数值计算阶段是计算机问世后的“幼年”时期。在这个时期计算机只能处理数值，主要用于解决科学与工程技术中的数学问题。1946 年，美国宾夕法尼亚大学研制成功人类第一台电子计算机 ENIAC。ENIAC 由阿塔纳索夫设计，莫奇莱、埃克特等人负责制成。ENIAC 宣告了一个新时代的开始。

2. 数据处理阶段

20 世纪 50 年代发明了字符发生器，使计算机不但能处理数值，而且能表示和处理字符，从而使计算机的应用领域从单纯的数值计算进入了更加广泛的数据处理。

3. 多媒体阶段

随着电子器件的进展，尤其是各种图形、图像设备和语音设备的问世，计算机逐渐进入多媒体时代，信息载体扩展到文、图、声等多种类型，使计算机的应用领域进一步扩大。由于视觉（即图形、图像）最能直观明了、生动形象地传达有关对象的信息，因而在多媒体计算机中占有重要的地位。

最有意义的突破是计算机有了捕获活动影像的能力，将视频捕获到计算机中，随时可以从硬盘上播放视频文件。在这一阶段，普通个人计算机进入了成熟的多媒体计算机时代。各种计算机外设产品日益齐备，数字影像设备争奇斗艳，视音频处理硬件与软件技术高度发达，这些都为数字视频的流行起到了推波助澜的作用。

视频分为模拟视频和数字视频两种类型，这两种类型的视频很多概念都是相通的，只是技术表现形式不同。数字视频是基于数字技术发展起来的一种视频技术，其将模拟视频信号进行模数变换（滤波、采样、量化）成0、1的数字视频信号，以进行视频的压缩，并可以保存在固态存储器、硬盘或光盘等存储介质上。

5.1.2 模拟信号与数字信号

以音频信号分析为例，模拟信号是由连续的、不断变化的波形组成，信号的数值在一定的范围内变化，且信号主要通过空气、电缆等介质进行传输；数字信号以间隔的、精确的点的形式传播，点的数值信息由二进制信息描述。模拟信号与数字信号如图5-2所示。

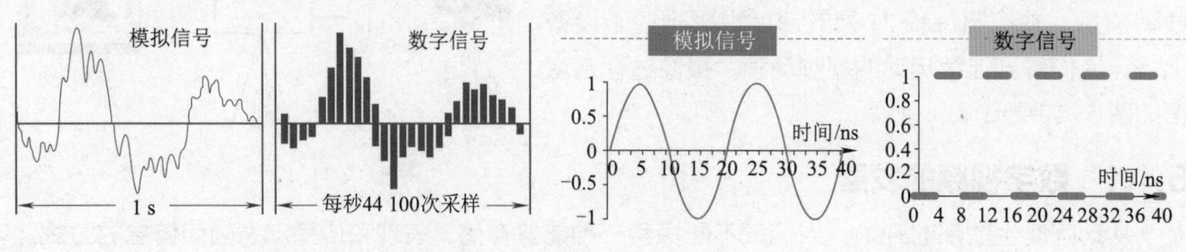

■ 图5-2 模拟信号与数字信号

数字信号相对于模拟信号有很多优势，最重要的一点在于数字信号在传输过程中有很高的保真。模拟信号在传输过程中，每复制或传输一次，都会衰减，而且混入噪波，信号的保真度大大降低。而数字信号可以轻易地区分原始信号和混入的噪波，并加以校正，所以数字信号可以满足人们对信号传输的更高要求，将电视信号的传输提升到一个新的层次。

5.1.3 电视信号的数字化

对于广播电视而言，新的纪元——数字时代已经到来。数字视频以模拟技术不可比拟的优势展示在人们面前。自20世纪中后期，随着计算机技术、网络技术的发展，广播电影电视制作和播出技术的数字化、网络化和信息化进展飞速，数字摄录/编辑设备、非线性编辑系统、硬盘存储节目的全自动播出系统、自动播控系统等被广泛采用，数字演播室、虚拟演播室、数字节目制作系统、数字音频工作站、数字电视传送系统等技术也逐步应用，使人们感受到数字化时代的到来，感受着科技创新给广播电影电视带来的挑战和机遇。

电视系统的整体数字化使节目摄录、后期制作、信号传输和节目播出都产生巨大变化。电视系统的整体数字化将使得通信、广播和计算机因广播电视数字化而最终融合。同时，信息的形式将会发生很大变化，不再是简单的声音、图形、图像，而是多种格式和媒体的组合。不同媒体的广播、电视通信和计算机，在整体数字化后，在数字领域中都是用符号0和1来表示。

目前，在我国，视频正经历由模拟时代到数字时代的全面转变，这种转变发生在各个不同的领域。在广播电视领域，高清数字电视正在逐渐取代传统的模拟电视，越来越多的家庭可以收看到数字有线电视或数字卫星节目。智能手机、数字摄影摄像设备的流行普及，也使得非线性编辑技术从专业电视机构深入到了普通家庭，人们可以轻易地制作出数字视频影像。随着新媒体的迅猛发展，数字视频的观看和使用已逐渐融入人们的生活。

5.1.4　帧速率和场

当一系列连续的图片映入眼睛的时候，由于视觉暂留的作用，人们会错误地认为图片中的静态元素动了起来。而当图片显示得足够快的时候，人们便不能分辨每幅静止的图片，取而代之的是平滑的动画。动画是电影和视频的基础，每秒显示的图片数量称为帧速率（见图 5-3），单位是 fps（帧 / 秒）。大约 10 fps 的帧速率就可以产生平滑连贯的动画，低于这个速率，会产生视觉上的跳动感，感觉像在看幻灯片。

■ 图 5-3　帧速率

传统电影的帧速率为 24 fps，严格说不叫帧，应该叫格，即每秒 24 格。在 NTSC 制式作为标准的电视中，视频的帧速率大约为 30 fps（29.97 fps）；而使用 PAL 制式的电视中视频的帧速率为 25 fps，使用 SECAM 制式的电视中视频的帧速率同样为 25 fps。

什么是场？现代人接受视频画面的渠道越来越多，如电视机、电影院大屏幕、计算机显示器，甚至是手机屏幕。大家在接受它们呈现的美妙画面信息的同时，是否想过这些画面是如何显示出来的呢？

比如说计算机显示器，人们可以通过它观看影片，这些影片之所以能够流畅地呈现在我们面前，是因为显示器的屏幕在不停地刷新，也就是计算机通过高速运算，将每秒几十幅的画面依次呈现在我们面前。此时能感觉到画面是流畅的，即使滑动鼠标也不会感到明显的延滞。那每一幅画面又是怎样显示出来的呢？显示器以电子枪扫描的方式来显示图像，电子枪进行扫描时，从屏幕左上角的第一行开始逐行进行，整个图像扫描一次完成，点动成线，然后成面，顺序进行，这种扫描方式称为逐行扫描，如图 5-4 所示。

■ 图 5-4　逐行扫描

对于传统电视来说，虽然同样采用扫描方式显示图像，但是其中的运算方式却不一样。电视采用扫描一行，间隔一行，然后再返回来将间隔的一行进行填补。比如 PAL 制式的电视画面由 625 行组成（行频），各行可以先扫描 1、3、5、7、9……扫描到画面的底部后，再扫描回来填补空缺 2、4、6、8、10……组成一幅完整的画面，这种扫描显示画面的方式称为隔行扫描，平时所说的视频带场，指的就是隔行扫描方式。1、3、5、7、9……称为奇数场（或上场）；2、4、6、8、10……称为偶数场（或下场）。NTSC 制式则采用每帧 525 行扫描。隔行扫描如图 5-5 和图 5-6 所示。

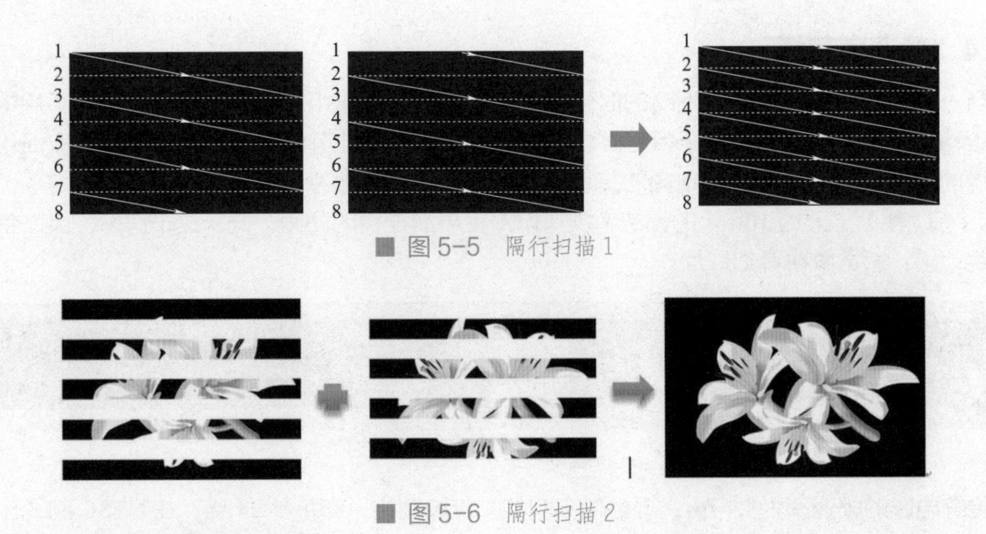

■ 图 5-5　隔行扫描 1

■ 图 5-6　隔行扫描 2

5.1.5　分辨率和像素宽高比

电影和视频的影像质量不仅取决于帧速率（即图像的分辨率），每一帧的信息量也是一个重要因素。理论上分辨率越高，图像越清晰。比如，一幅同样大小的图像，如果分辨率不同，则像素也就不同，分辨率高的像素就多，所以较高的分辨率可以获得较好的影像质量。

水平分辨率是每行扫描线中所包含的像素数，取决于录像机、播放设备和显示设备。比如，老式 VHS 格式录像机的水平分辨率只有大约 250 线，而 DVD 的水平分辨率大约是 500 线。一般来说，图像由像素组成（非矢量图形），放大后的像素如图 5-7 所示。

■ 图 5-7　放大后的像素

为什么会有像素宽高比的概念呢？简单地说，平面软件所建立的图像文件，像素宽高比（指图像中单个像素的宽度与高度之比）基本上都是 1。像素宽高比 1 : 1，如图 5-8 所示。而电视上播出的视频，像素宽高比基本上都不是 1。像素宽高比 2 : 1，如图 5-9 所示。这个概念很重要，在大部分情况下，水平和垂直的像素数之比不等于画面宽高比（或帧宽高比）。

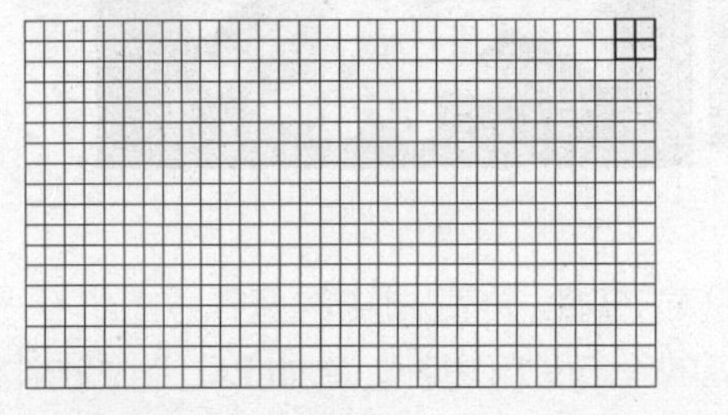

■ 图 5-8　像素宽高比 1 : 1

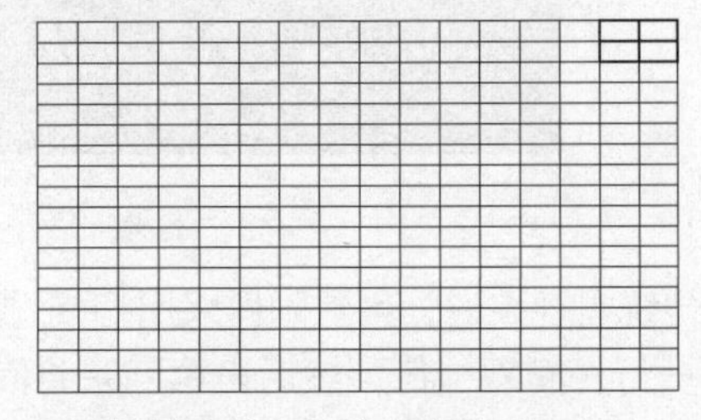

■ 图 5-9　像素宽高比 2 : 1

帧的宽高比即影片画面的宽高比，常见的电视格式为标准的 4 : 3 和宽屏的 16 : 9 两种。由于 16 : 9 的画面更接近人眼的实际视野，所以现在正逐步流行。标准屏与宽屏格式如图 5-10 所示。另外还有一些电影具有更宽的比例。以 PAL 制式和 PAL 制式宽屏为例，简要说明一下。

■ 图 5-10　标准屏与宽屏格式

上面提到的这两种规格的像素数都是 720 × 576，标准 PAL 制式的画面宽高比是 4：3，PAL 制式宽屏的画面宽高比是 16：9，也就是说这两种规格的像素分布一致，数量也是相同的，一个是普屏（即标准屏），一个是宽屏。那就只有一个解释，就是组成它们像素形态是有差异的。简单地说，这两个规格的像素比都不是 1 了，普屏是 1.067，而宽屏则是 1.422，这样才造成了同样的像素不同的画面形态。

像素宽高比是影片画面中每个像素的宽高比，各种格式使用不同的像素比。像素比如表 5-1 所示。

表 5-1　像素比

格　　式	像素宽高比
正方形像素	1.0
D1/DV NTSC	0.9
D1/DV NTSC 宽屏	1.2
D1/DV PAL	1.07
D1/DV PAL 宽屏	1.42

【实例分析 5-1：以 PAL 制式标准屏为例计算像素比】

设想 PAL 制式电视机屏幕上纵横密集排列大量很小的发光方块（像素），每行 720 块，共 576 行。设 W 为像素的宽度，H 为像素的高度，R 为像素宽高比，则

$$R = W/H$$

屏幕的横向物理尺寸 = $720W$，屏幕的纵向物理尺寸 = $576H$，二者的比值必须为 4：3，即

$$(720W)/(576H) = 4/3$$

转换该式得

$$W/H \approx 1.067$$

5.1.6　视频色彩系统

色彩模式即描述色彩的方式。自然界中任何一种色光都可以由红、绿、蓝三原色按不同的比例混合而成。色彩空间如图 5-11 所示。计算机和彩色电视机的显示器使用 RGB 模式显示色彩，每种色彩使用 R、G、B 三个变量表示，即红、绿、蓝三原色。YUV 模式也称 YCrCb 模式，其中 Y 表示亮度，U 和 V 即 Cr 和 Cb，分别表示红色和蓝色部分与亮度之间的差异，与 Photoshop 中的

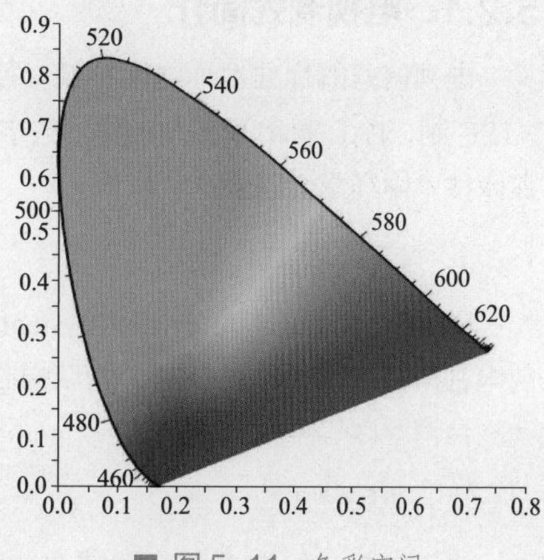

■ 图 5-11　色彩空间

Lab 模式相似。

为了保持与早期黑白显示系统的兼容性，需要将 RGB 模式转化为 YUV 模式。如果只有 Y 信号分量，则显示黑白图像；若显示彩色图像，需将 YUV 模式再转化为 RGB 模式。使用 YUV 模式存储和传送电视信号，解决了彩色电视机与黑白电视机之间的兼容问题，使黑白电视机也能接收彩色信号。

色彩深度即每个像素可以显示的色彩信息的多少，用位数（2 的 *n* 次方）描述，位数越高，画面的色彩表现力越强。色彩深度如表 5–2 所示。计算机通常使用 8 位 / 通道（R、G、B）存储和传送色彩信息，即 24 位；如果加上一条 Alpha 通道，则可以达到 32 位。高端视频工业标准对色彩有更高的要求，通常会使用 10 位 / 通道或 16 位 / 通道的标准。高标准的色彩可以表现更丰富的色彩细节，使画面更加细腻，色彩过渡更为平滑。

表 5–2　色彩深度

色彩深度位（位）	最大颜色数
1	2
2	4
4	16
8	256
16	65 536
24/32	1 670 万以上

5.2 数字视频应用理论基础

数字视频技术发展至今，不仅给广播电视带来了技术革新，而且已经渗透到各种新型媒体中，成为媒体时代不可或缺的要素。无论是在高清电视、Internet 还是 4G、5G 网络中，都可以见得到视频技术的应用。

5.2.1 电视制式简介

电视信号的标准也称电视制式。目前世界各国的电视制式不尽相同，主要有三种常用制式：NTSC 制、PAL 制和 SECAM 制。数字彩色电视是从模拟彩色电视基础上发展而来的，因此在多媒体技术中经常会碰到这些术语。

1. NTSC 制式

NTSC（National Television Systems Committee）是 1952 年美国国家电视标准委员会定义的彩色电视广播标准，称为正交平衡调幅制。美国、加拿大等大部分西半球国家和日本、韩国，以及我国台湾地区等采用这种制式。

2. PAL 制式

由于 NTSC 制存在相位敏感造成彩色失真的缺点，因此德国于 1962 年制定了 PAL（Phase-

Alternative Line）制彩色电视广播标准，称为逐行倒相正交平衡调幅制。我国大陆，以及德国、英国、绝大部分欧洲国家、南美洲和澳大利亚等采用这种制式。

3. SECAM 制式

法国制定了 SECAM（Sequential Coleur Avec Memoire）彩色电视广播标准，称为顺序传送彩色与存储制。法国、俄罗斯及东欧国家采用这种制式。

5.2.2　流媒体与移动流媒体

流媒体（Streaming Media）是一种使视频、音频和其他多媒体元素在 Internet 及无线网络上以实时的、无须下载等待的方式进行播放的技术。自从 1995 年推出第一个流式产品以来，Internet 上的各种流式应用迅速涌现，逐渐成为网络发展中的热点。流媒体文件格式是支持采用流式传输及播放的媒体格式。流式传输方式是将视频和音频等多媒体文件经过特殊的压缩方式分成一个个压缩包，由服务器向用户计算机连续、实时地传送。在采用流式传输方式的系统中，用户不必像非流式播放那样等待整个文件全部下载完毕后才能看到当中的内容，而是只需经过几秒或者几十秒的启动延时，即可在用户计算机上利用相应的播放器，对压缩的视频或者音频等流式媒体文件进行播放，剩余的部分将继续进行下载，实现边下载边观看，直到播放结束。流媒体系统组成如图 5-12 所示。

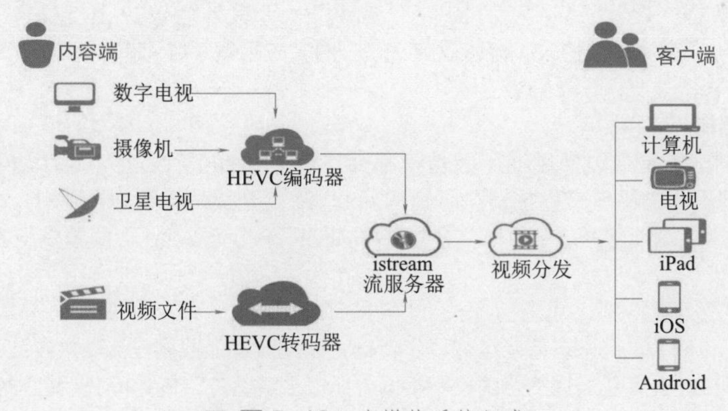

■ 图 5-12　流媒体系统组成

目前，主流的流媒体格式有 Flash Video、Windows Media、Quick Time 和 Real Media 等。使用带有解码的播放器，可以到相应的主页或者各种带有流媒体的网站在线播放流媒体。而在移动通信 3G、4G 手机，除了完成高质量的日常通信之外，还能进行多媒体通信。用户可以用手机上网，在线接收移动媒体，在手机上在线观看电影、听音乐等，甚至收看现场直播节目。5G 不仅可实现 3G 和 4G 所有的内容，而且网络传输速度比 4G 快几十倍到上百倍，从而实现了 5G+4K（8K）、5G+VR 超高清传输，提升观众的视觉体验。如 2019 年央视春晚、两会、第二届“一带一路”国际合作高峰论坛和四川 339 天府熊猫塔的元宵电子烟花秀等。因此，5G 将会迎来虚拟现实与万物互联时代。

■ 图 5-13　天府熊猫塔元宵电子烟花秀

天府熊猫塔元宵电子烟花秀如图 5-13 所示。

【实例分析 5-2：流媒体的实现】

流媒体融合了多种网络以及音视频技术。在网络中要实现流媒体技术，必须完成流媒体的制作、发布、传播、播放等 4 个环节，这些环节需要一些基本的技术支持。

1. 流式文件的生成

普通的多媒体数据必须进行压缩处理之后才能适合流式传播。这是由于普通的多媒体文件容量很大，不能使用现有的窄带网络传输，此外要实现边下载边播放还需要在文件中增加一些流式控制信息。因此，产生流式文件的过程主要包括两个方面的工作：首先采用高效的压缩算法来减少文件的容量，然后向文件中加入流式信息。

2. 流式传输协议

Internet 中的文件的传输都是建立在传输控制协议（Transmission Control Protocol，TCP）协议基础之上，但是 TCP 并不适合传输实时数据。因此，一般采用建立在用户数据报协议（User Datagram Protocol，UDP）之上的 RTP/RTSP 来传输实时的影音数据。

UDP 和 TCP 的主要区别是两者对于实现数据的可靠传递特性不同。TCP 中包括了专门的数据传递校验机制，当数据接收方收到数据之后，会自动向发送方发出确认信息，发送方在接收到确认信息之后才继续传送数据，否则将一直处于等待状态。与 TCP 不同的是，UDP 并不提供数据传送的校验机制。从发送方到接收方的数据传递过程，UDP 本身并不能做出任何的校验。可见在速度和质量的平衡中，TCP 注重数据的传输质量，但带来很大的系统开销，而 UDP 更加注重数据的传递速度。

RTP（Real-Time Transport Protocol）是用于 Internet 上针对多媒体数据流的一种传输协议。RTP 被定义为在一对一或一对多的传输情况下工作，其目的是提供时间信息和实现流同步。RTP 通常使用 UDP 来传送数据，但 RTP 也可以在 TCP 或 ATM 等其他协议之上工作；RTSP（Real Time Streaming Protocol）是实时流协议，该协议定义了一对多应用程序如何有效地通过 IP 网络传送多媒体数据。

3. 浏览器对流媒体的支持

一般情况下，浏览器是通过使用通用因特网邮件扩展（Multipurpose Internet Mail Extensions，MIME）来识别各种不同的简单文件格式。所有的 Web 浏览器都是基于 HTTP 的，而 HTTP 都内建有 MIME，因此 Web 浏览器能够通过 HTTP 中内建的 MIME 来标记 Web 上面繁多的多媒体文件格式，包括各种流式文件格式。

4. 流媒体传输的缓存

Internet 是以包传输为基础来进行断续的异步传输，因此流媒体数据在传输中要被分解成为许多包，由于网络传输的不稳定性，各个包选择的路由不尽相同，所以到达客户端的时间先后会发生改变，甚至会产生丢包现象。为此，必须使用缓存技术来弥补数据的延迟，并对数据包进行排序，从而使得影音数据能连续输出，不会因网络的阻塞而使播放出现停顿。

以上是流媒体在网络传输中所必需的条件，其他的一些流媒体应用技术则是在这些基础之上变化和发展而来，最终的目的是解决传输带宽、压缩算法以及安全性等问题。

5.2.3 数字视频摄录系统

DV 通常指数字视频，也专指一种基于 DV25 压缩方式的数字视频格式。这种格式由使用 DV 带的 DV 摄像机摄制而成。DV 摄像机将影像通过镜头传到感光器件 CCD 或者 CMOS。摄像机与感光器件如图 5-14 所示。将光信号转成电信号，再使用 DV25 的压缩方式，将原信号进行压缩，存储到 DV 磁带上。

DV 摄像机或录像机通过 IEEE 1394 接口连接，可以将 DV 磁带中记录的数字影像信息上载到计算机中，进行后期的编辑处理。计算机接口 IEEE 1394，俗称火线接口，是苹果公司领导的开发联盟开发的一种高速度的传输接口，数据传输率一般为 800 Mbit/s，火线是苹果公司的商标。

SONY 的产品称这种接口为 iLink。IEEE 1394 连接示意图如图 5-15 所示。

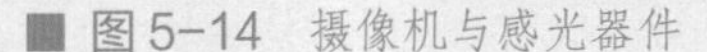

■ 图 5-14　摄像机与感光器件　　■ 图 5-15　IEEE 1394 连接示意图

随着技术的不断进步，数字摄像机的存储介质也逐渐向“无带化”的方向发展。磁盘存储、光盘存储和存储卡的应用，使数码摄录系统的采集流程更加高效。主流的硬件厂商都推出了自己的存储卡格式的专业摄录系统。例如，基于 P2 存储卡的 Panasonic P2 系统和基于 SXS 存储卡的 Sony XDCAM EX 系统。无带化摄录系统如图 5-16 所示。

在数字电影不断发展的今天，对摄录系统的画面质量和存储效率都提出了更高的要求。RED、佳能公司相继推出了数字电影机。数字电影机如图 5-17 所示。通用机型成像从 2K 到 4K，高端产品最大成像甚至更高，达到 8K、16K，而且影像直接记录在硬盘或存储卡中。目前 4K 系统已逐渐进入了民用领域。

■ 图 5-16　无带化摄录系统　　■ 图 5-17　数字电影机

5.3 数字视频质量及格式

随着互联网和高清电视多媒体技术的发展，数字视频的制作和播放在现代社会中日益平常，由于数字视频在采集、压缩、处理、传输、恢复过程中会产生各种各样的失真，因此需要对数字视频的质量、数据量及文件格式等有所认识。

5.3.1 标清、高清与超高清

高清（High Definition）意思是高分辨率。一般所说的高清有 4 个含义：高清电视、高清设备、高清格式和高清电影。高清电视又称 HDTV，是美国电影电视工程师协会确定的高清晰度电视标准格式。一般所说的高清，指的最多的就是高清电视。电视的清晰度是以水平扫描线作为计量的。

所谓标清，是物理分辨率在 720 p 以下的一种视频格式。720 p 是指视频的垂直分辨率为 720 线逐行扫描。具体地说，是指分辨率在 400 线左右的 VCD、DVD、电视节目等“标清”视频格式，即标准清晰度。而物理分辨率达到 720 p 以上则称为高清（High Definition，HD）。关于高清的标准，国际上公认的有两条：视频垂直分辨率超过 720 p 或 1 080 i，视频宽纵比为 16∶9。高清与超高清对比如图 5-18 所示。

（a）

（b）

■ 图 5-18　高清与超高清对比

对于“高清”和“标清”的划分首先来自于所能看到的视频效果。由于图像质量和信道传输所占的带宽不同，使得数字电视信号分为 HDTV（高清晰度电视）、SDTV（标准清晰度电视）和 LDTV（普通清晰度电视）。从视觉效果来看，HDTV 的规格最高，其图像质量可达到或接近 35 mm 宽银幕电影的水平，它要求视频内容和显示设备水平分辨率达到 1 000 线以上，分辨率最高可达 1 920×1 080。包括 1 080 i 和 1 080 p，其中 i（interlace）是指隔行扫描；p（progressive）代表逐行扫描，这两者在画面的精细度上有着很大的差别，1 080 p 的画质要胜过 1 080 i。对应地把 720 p 称为标准高清。显然，由于在传输的过程中数据信息更加丰富，所以 1 080 在分辨率上更有优势，尤其在大屏幕电视方面，1 080 能确保更清晰的画质。由于高清的分辨率基本上相当于传统模拟电视（PAL 制式）的 5 倍，画面清晰度、色彩还原度都要远胜过传统电视，而 16∶9 的宽屏显示也带来更宽广的视觉享受，画面水平方向信息量比标清 4∶3 约多 25%。从音频效果看，高清电视节目将支持杜比 5.1 声道环绕声，而高清影片节目将支持杜比 5.1 True HD 规格，这将给人们带来超震撼的听觉享受。

4K 分辨率（3 840×2 160 像素）的正式名称为“超高清 Ultra HD（Ultra High-Definition）”，它是 2K 信息量的 4 倍。同时，这个名称也适用于“8K 分辨率（7 680×4 320 像素）”。电视电影分辨率如图 5-19 所示。

在“一带一路”中式台球国际公开赛暨第七届中式台球国际大师赛全球总决赛中，主办方乔氏台球携手未来媒体，通过 4K/8K 画质、360° 视角为观众倾力打造身临其境的台球观赛体验。中式台球国际公开赛场景如图 5-20 所示。

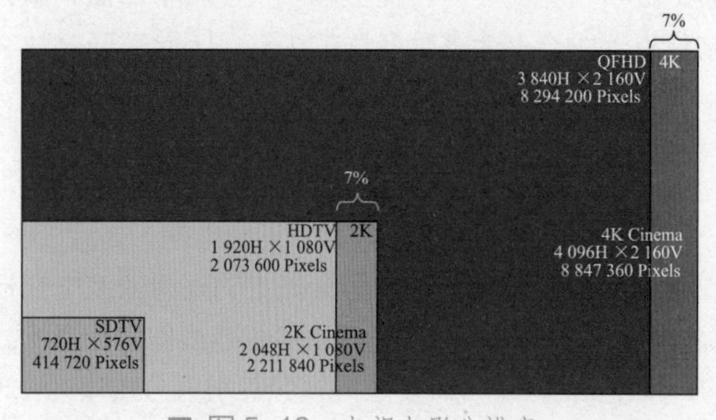

■ 图 5-19　电视电影分辨率

■ 图 5-20　中式台球国际公开赛场景

随着 4K 节目内容及 4K 互动电视业务逐步推广，超高清电视终端逐渐进入用户家庭，超高清传输不断取得成功，超高清逐步应用，部分国家已经开始开设 4K 超高清频道。我国中央广播电视总台于 2018 年 10 月正式开播 4K 超高清频道；日本、韩国、欧洲、美国等也开展了 4K 乃至 8K 超高清电视服务。

5.3.2 数字视频信息的质量与数据量

1. 数字视频信息的质量

数字视频信息的质量除了原始数据质量外，还和对数字视频信息的数据压缩的倍数有关。一般说来，压缩比较小时，对数字视频信息的质量不会有太大的影响，而超过一定倍数后，将会明显看出数字视频信息的质量下降。所以，数据量与数字视频信息的质量是一对矛盾，需要适当的折中。

2. 数字视频信息的数据量

数据量是每秒数字视频文件所占的数据大小。由于视频根据电视制式的不同，帧速率可分为很多种，其中电影为 24 fps；电视为 29.97 fps 和 25 fps 两种最常用。有时为了减少数据量，可以减慢帧速。例如只有 15 fps，但效果略差。如果不计压缩，应是帧速乘以每幅图像的数据量。假设一幅图像的大小是 5 MB，则每秒将达到 100 ~ 150 MB，但经压缩后将减少至几十分之一，甚至更小。尽管如此，数据量有时还是很大，使计算机显示跟不上速度，此时就只有在减少数据量上下功夫，如降低帧速、缩小画面大小等。

5.3.3 视频文件格式

常用的视频文件格式非常多，掌握每个视频文件格式的特点对于学习是非常重要的。目前，视频文件格式可以分为适合本地播放的本地影像视频和适合在网络中播放的网络影像视频两大类。

1. 本地影像视频

AVI 格式：这种视频格式的优点是图像质量好，可以跨多个平台使用；缺点是体积过于庞大。压缩标准不统一是其主要问题。

DV-AVI 格式：它可以通过计算机的 IEEE 1394 端口传输视频数据到计算机，也可以将计算机中编辑好的视频数据回录到数码摄像机中。这种视频格式的文件扩展名一般是 .avi。

MPEG 格式：运动图像压缩算法的国际标准，它采用了有损压缩方法减少运动图像中的冗余信息，从而达到压缩的目的（其最大压缩比可达到 200：1）。

DivX 格式：由 MPEG-4 衍生出的另一种视频编码（压缩）标准，也即 DVDrip 格式，它采用了 DivX 压缩技术对 DVD 盘片的视频图像进行高质量压缩，同时用 MP3 或 AC3 对音频进行压缩，然后再将视频与音频合成并加上相应的外挂字幕文件而形成。其画质直逼 DVD，但体积只有 DVD 的数分之一。

MOV 格式：美国 Apple 公司开发的一种视频格式，具有较高的压缩比率和较完美的视频清晰度等特点，但是其最大的特点还是跨平台性，即不仅能支持 Mac OS，而且能支持 Windows 系列。

H.264 格式：由 ISO/IEC 与 ITU-T 组成的联合的视频组（JVT）制定的视频压缩编码标准，在 ISO/IEC 中，该标准被命名为 AVC（Advanced Video Coding），作为 MPEG-4 标准的第 10 个选项，在 ITU-T 中正式命名为 H.264 标准。它具有比 H.263 更好的压缩性能，同时加强了对各种通信的适应能力。H.264 的应用目标广泛，可满足各种不同速率、不同场合的视频应用，具有较好的抗误码和抗丢包的处理能力。H.264 标准使运动图像压缩技术上升到了一个更高的阶段，在较低带宽上提供高质量的图像传输是 H.264 的应用亮点。

2. 网络影像视频

ASF 格式：是微软推出的一种视频格式。用户可以直接使用 Windows 自带的 Windows Media Player 对其进行播放。由于它使用了 MPEG-4 的压缩算法，所以压缩率和图像的质量都很不错。

WMV 格式：也是微软推出的一种采用独立编码方式并且可以直接在网上实时观看视频节目的文件压缩格式。WMV 格式的主要优点包括：本地或网络回放、可扩充的媒体类型、部件下载、可伸缩的媒体类型、流的优先级化、多语言支持、环境独立性、丰富的流间关系以及扩展性等。

RM 格式：这种格式的特点是用户使用 Real Player 播放器可以在不下载音频 / 视频内容的条件下实现在线播放。另外，RM 作为目前主流网络视频格式，可以通过其 Real Server 服务器将其他格式的视频转换成 RM 视频并由 Real Server 服务器负责对外发布和播放。

RMVB 格式：一种由 RM 视频格式升级延伸出的视频格式。RMVB 视频格式打破了原先 RM 格式那种平均压缩采样的方式，在保证平均压缩比的基础上合理利用比特率资源，就是说静止和动作场面少的画面场景采用较低的编码速率，这样可以留出更多的带宽空间，而这些带宽会在出现快速运动的画面场景时被利用。这样在保证了静止画面质量的前提下，大幅地提高了运动图像的画面质量，从而图像质量和文件大小之间就达到了微妙的平衡。

FLV 格式：是随着 Flash 的推出发展而来的视频格式，其全称为 Flash Video。FLV 格式是在 Sorenson 公司的压缩算法的基础上开发出来的。

MKV 格式：是 Matroska 的一种媒体文件，Matroska 是一种新的多媒体封装格式，也称多媒体容器。它可以将多种不同编码的视频及 16 条以上不同格式的音频和不同语言的字幕流封装到一个 Matroska Media 文件中。MKV 最大的特点就是能容纳多种不同类型编码的视频、音频及字幕流。

5.4 数字视频的编辑技术

随着计算机技术的迅猛发展，以及超大规模集成电路、数字视频压缩与信息处理技术的突破，电影、电视节目的制作也冲破原有的线性制作方式，进入一个全新的数字化领域，非线性编辑以其强大的优势占据了主导地位。数字视频编辑技术是将计算机技术和数字视频技术有效结合，通过采用音频处理器、计算机以及相关的编辑处理软件，实现对影视制作的整体优化。

5.4.1 数字视频获取方式

在数字视频作品的制作过程中，数字视频素材的数量与质量将直接影响到作品的质量，因此，应该尽量采用多种方式获取高质量的数字视频素材。一般情况下，数字视频素材可以通过以下几种方式获取。

1. 利用视频采集卡将模拟视频转换成数字视频

将模拟视频信号经计算机模 / 数（A/D）转换后，生成数字视频文件。视频采集过程如图 5-21 所示。

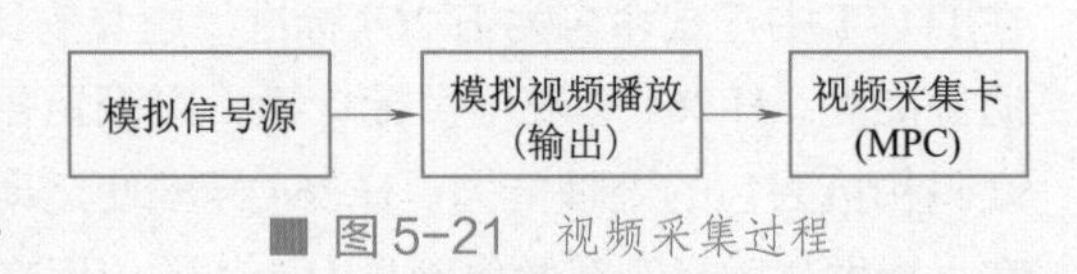

图 5-21 视频采集过程

对这些数字视频文件进行数字化视频编辑，制作成数字视频产品，利用这种方式处理后的图像和原图相比，信号有一定的损失。

从硬件平台的角度分析，数字视频的获取需要三个部分的配合。

①模拟视频输出的设备，如摄像机、录像机、电视机、机顶盒等。

②可以对模拟视频信号进行采集、量化、和编码的设备，一般由专门的视频采集卡来完成。

③由多媒体计算机接收和记录编码后的数字视频数据。在这一过程中起主要作用的是视频采集卡，它不仅提供接口以连接模拟视频设备和计算机，而且具有把模拟信号转换成数字数据的功能。可见，视频采集卡在数字视频的获取中是相当重要的。

视频采集卡（Video Capture）也称视频卡。它有高低档次的区别，采集卡的性能参数不同，采集的视频质量也不一样。采集图像的分辨率、图像的深度、帧率以及可提供的采集数据率和压缩算法等性能参数是决定采集卡性能和档次的主要因素。

2. 利用计算机生成的动画

例如，把 GIF 动画格式转成 AVI 视频格式，或者利用 Flash、Maya、3ds Max 等二维或者三维动画生成的视频文件或文件序列作为数字视频素材。

3. 通过互联网下载

许多互联网都提供了视频或影片的下载服务，下载服务分为免费和付费两种。免费服务可以直接将视频或影片下载到本地计算机中；付费服务需要通过注册，并以各种付费方式付费后，才能将视频或影片下载到本地计算机中。但是，通过互联网下载的视频素材的质量都不会很高，如果分辨率太高，视频发布会受到网络带宽的限制，表现为在线浏览时会经常停顿，甚至无法浏览。

4. 通过数字摄像机的拍摄

利用数字摄像机将视频图像拍摄下来，然后通过相应的软件和硬件进行编辑，制作成数字视频产品。

5.4.2　数字视频转换工具介绍

由于视频的存储格式繁多，用途各不相通，所以，需要对制作好的视频作品进行格式转换，这个工作可以通过视频格式转换工具软件来完成。

常用的视频格式转换工具有软件格式工厂、魔影工厂（WinAVI Video Converter）、狸窝全能视频格式转换器、MediaCoder、AVS Video Converter、WinMPG Video Convert、Canopus ProCoder 等。狸窝全能视频转换器如图 5-22 所示。

■ 图 5-22　狸窝全能视频转换器

【实例分析 5-3：魔影工厂】

魔影工厂（WinAVI Video Converter）源自于在全世界享有盛誉的 WinAVI，是一款性能卓越的免费视频格式转换器，中文版本更加贴近中国用户的使用习惯。魔影工厂支持几乎所有流行的视频格式，包括 AVI、MPEG/1/2、MP4、RM/RMVB、WMV、DVD/VCD、MOV、MKV、3GP、FLV 等。使用魔影工厂可以随心所欲地在各种视频格式之间互相转换，转换的过程中还可以对视频文件进行裁剪，编辑，更可批量转换多个文件。魔影工厂界面如图 5-23 所示。

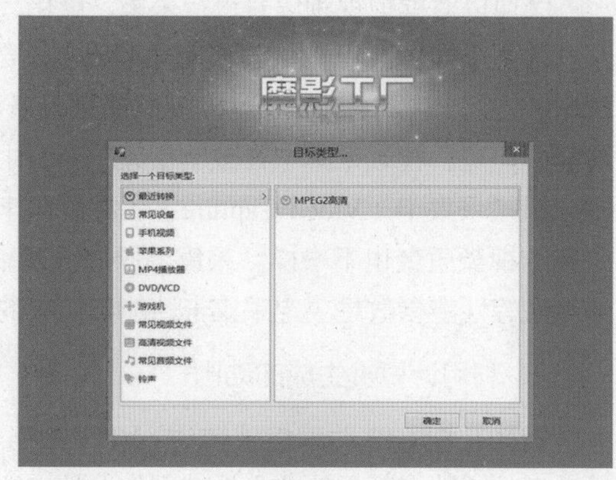

■ 图 5-23 魔影工厂界面

魔影工厂可以进行视频压缩，在尽量不牺牲画面质量的情况下，对体积庞大的视频文件压缩优化到适合存储的体积大小。

魔影工厂拥有自主研发的视频转换引擎，在保证转换效果的基础上，最大限度挖掘机器性能，部分格式转换速度比同类产品快 3 倍以上。

魔影工厂是手机、PSP 等移动设备观看手机电影或视频的最佳伴侣。魔影工厂预置了市面上所有主流的手机型号和移动设备操作系统，并直接进行转换。

5.4.3 数字视频编辑软件简介

现在玩 DV 的人越来越多，他们更热衷于摄录下自己的生活片断，再用视频编辑软件（即非线性编辑系统）将影像制作成各种格式文件、DVD 光盘，或上传到网络上与家人、朋友分享，体验自己制作、编辑电影的乐趣。

数字视频编辑系统是指把输入的各种视音频信号进行 A/D（模 / 数）转换，采用数字压缩技术将其存入计算机硬盘中。非线性编辑没有采用磁带，而是使用硬盘作为存储介质，记录数字化的视音频信号，由于硬盘可以满足在 1/25 s（PAL）内完成任意一副画面的随机读取和存储，因此可以实现视音频编辑的非线性。从非线性编辑系统的作用来看，它集录像机、切换台、数字特技机、编辑机、多轨录音机、调音台、MIDI 创作、时基等设备于一身，几乎包括了所有的传统后期制作设备。这种高度的集成性，使得非线性编辑系统的优势更为明显。因此在广播电视界占据越来越重要的地位。概括地说，非线性编辑系统具有信号质量高、制作水平高、节约投资、保护投资、网络化等方面的优越性。

当前数字视频编辑软件系统种类繁多，比如索贝、会声会影、大洋、新奥特、Adobe Premiere Pro、Final Cut Pro、EDIUS、Avid、Vegas、AJA、Matrox 等。常用数字视频编辑软件如图 5-24 所示。

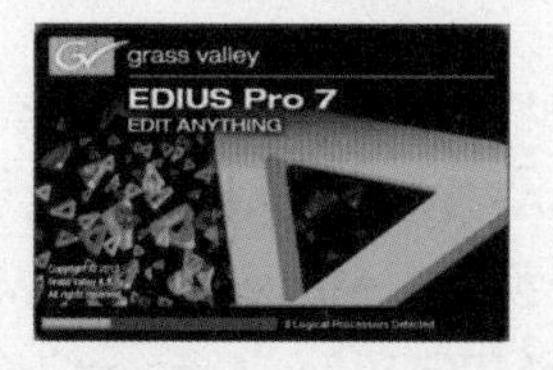

■ 图 5-24 常用数字视频编辑软件

【实例分析 5-4：Adobe Premiere Pro 编辑软件】

Adobe 公司推出的基于非线性编辑设备的视音频编辑软件 Premiere 已经在影视制作领域取得了巨大

的成功，现在被广泛应用于电视台、广告制作、电影剪辑等领域，成为 PC 和 Mac 平台上应用最为广泛的视频编辑软件。

Adobe Premiere Pro 软件用于 Mac 和 PC 平台，通过对数字视频编辑处理的改进（从采集视频到编辑，直到最终的项目输出），已经设计成专业人员使用的产品。它提供内置的跨平台支持以利于 DV 设备的大范围的选择，增强的用户界面，新的专业编辑工具和与其他的 Adobe 应用软件（包括 After Effects，Photoshop 和 GoLive）无缝结合。目前，Premiere 已经成为制作人员的数字非线性编辑软件中的标准。Adobe Premiere Pro 也具有数目众多的界面优化和自定义特性，在整个制作阶段，很容易使用 Adobe Premiere Pro 的功能强大的编辑工具。Adobe Premiere Pro 编辑界面如图 5-25 所示。

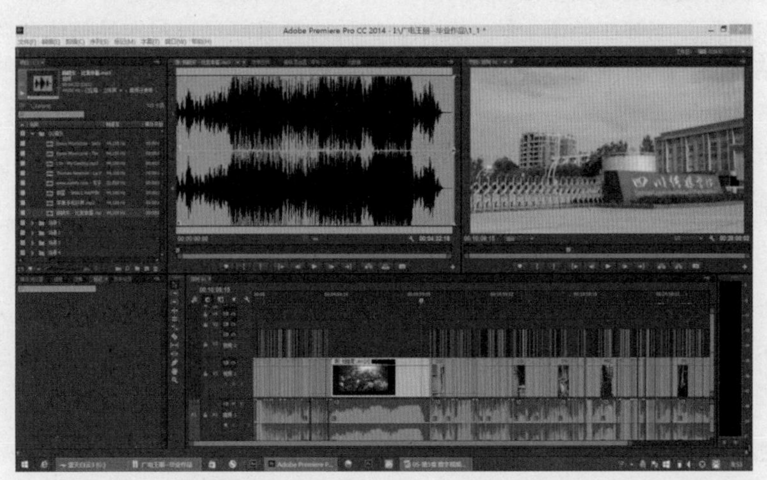

■ 图 5-25　Adobe Premiere Pro 编辑界面

5.5 数字视频的特效处理

近年来，随着时代的发展，影视媒体已经成为当前最大众化、最具影响力的媒体形式。从好莱坞电影大片所创作的科幻世界，到电视新闻所关注的现实生活，再到铺天盖地的电视广告，无一不深刻地影响着人们的生活。在好莱坞大片所创造出来的科幻世界里就大量运用了后期特效技术，完美展现了特效技术给影视动画带来的惊艳绝伦的效果。正因为有了技术和艺术的完美结合，才能让部部好看的影视作品深入人心。比如，由迪士尼影片发行的动作特效巨制大作《复仇者联盟》，很多观众脑海中挥之不去是其中重金打造的特效场面和精彩刺激的 3D 动画场景。

5.5.1　后期特效的定义

后期特效简单理解就是人工制造出来的假象和幻觉，是指借助计算机软硬件设备，利用数字处理技术，实现特殊的视觉效果。是解决现实生活中不可能完成拍摄或者难以完成的拍摄的场景，通过计算机对其进行数字化处理，从而达到预计的视觉效果。

5.5.2　后期特效处理的作用

后期特效处理是影视视觉效果中最重要的环节，为电视、电影的发展做出了巨大的贡献。它主要有创立视觉元素、处理画面、创造特殊效果、连接镜头等作用。

1. 创立视觉元素

在影视作品中，为了使信息传播更为精确，画面质量更为精美，或者为了让自然界中不存在的某个物体作为推动情节发展的主题，需要制作非常逼真的或具有视觉冲击力的视觉元素，对于这类元素的创立，后期特效起着不可替代的作用。

2. 处理画面

根据目的不同，画面处理的思路和理性也有所不同，其中最基本和最广泛的作用可能就是调节色调了。现在的商业影视作品都会在后期制作时调节画面的色调，这样一方面可使不同时间、不同条件下拍摄的画面能够在色调上统一起来，另一方面又能通过对作品整体色调的处理表现作品的氛围和情绪特征，或者根据需要通过单独突出或淡化某种色调来达到要强调的视觉效果或表达特定的情节含义。

3. 创造特殊效果

随着观众视觉经验的丰富，自然的画面效果已经不能很好地吸引观众的注意。特殊视觉效果在影视制作中的广泛应用，使画面更具有表现力和冲击力。

4. 连接镜头

连接镜头不仅是指一个个镜头组接在一起，而是指创造组接的方法，使镜头与镜头之间的过渡也成为表现的元素。

5.5.3 数字视频后期特效处理应用软件

随着技术的进步，后期特效在影视作品中的应用越来越广泛，小到擦除威亚等穿帮，大到重新构建角色、场景，特效几乎无处不在。近几年，特效在影视作品当中被提到前所未有的高度，甚至很多大片卖的就是特效。特效在影视作品当中原本处于非常后期的阶段，由于现在广泛的应用，越来越多的项目都开始后期前置，视效团队往往在影片拍摄之前就已经提前介入。电影《阿凡达》如图 5-26 所示。

■ 图 5-26 电影《阿凡达》

目前，数字视频后期特效处理应用软件很多，比较常用主流的三维特效软件有 Side Houdini、Autodesk Maya、Maxon Cinema 4D、Autodesk 3ds Max、Lightwave 和 Realflow 等；特效跟踪软件有 Boujou、Mocha、PF Track、SynthEyes 等；后期处理软件有 Nuke、AfterEffects、Fusion、Flame 等。

【实例分析 5-5：Nuke 与 AE 的区别】

Nuke 是由 The Foundry 公司研发的节点式合成软件，为艺术家们提供了创造具有高质素的相片效果的图像的方法。在数码领域，Nuke 已被用于近百部影片和数以百计的商业和音乐电视，比如《泰坦尼克号》《极限特工》《X 战警》《金刚》等。Nuke 可将最终视觉效果与电影电视的其余部分无缝结合。Nuke 工作界面如图 5-27 所示。

Adobe After Effects 是 Adobe 公司推出的一款图形视频处理软件，属于层类型后期软件，适用于从事设计和视频特技的机构，包括电视台、动画制作公司、个人后期制作工作室以及多媒体工作室。它包括影视特效、频道包装、动态图形设计等，借鉴了许多软件的成功之处，将视频编辑合成上升到了新的高度。层概念的引入，使 After Effects 可以对多层的合成图像进行控制，制作出天衣无缝的合成效果；关键帧、路径概念的引入，使 After Effects 对于控制高级的二维动画如鱼得水；高效的视频处理系统，确保了高质量的视频输出；而令人眼花缭乱的光效和特技系统，更使 AE 能够实现使用者的一切创意。After Effects 工作界面如图 5-28 所示。

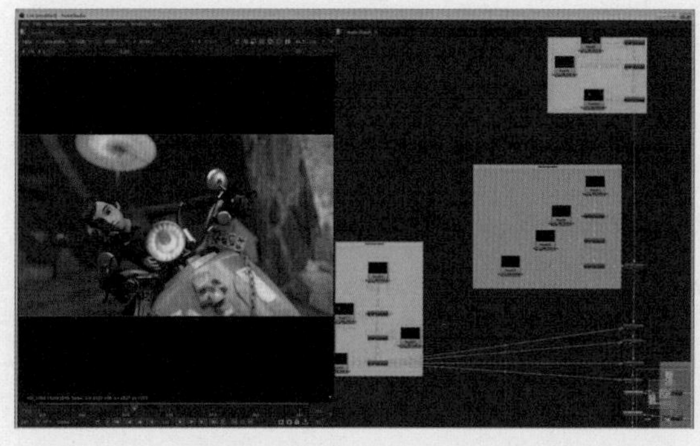

■ 图 5-27　Nuke 工作界面

■ 图 5-28　After Effects 工作界面

Nuke 的优势在于适合处理单个镜头大工程量的合成，最多可支持 1 023 条通道信息的合成。比如 CG 与实拍相结合的合成，三维软件里面分层渲染出来的内容，一个小内容就分为十几层，一个镜头的工程量可能上百甚至几百层。Nuke 节点的操作流程图很清晰；在 Nuke 中对于抠像的处理也更加灵活，调控性更强，可以把边缘处理的非常细腻。

After Effects 的优势在于素材整合能力很强，PSD，AI，SWF，GIF，WAV 等格式都可以作为素材文件。得到效果也很快，比如定义素材的起始点、终结点、播放速度、关键帧的平铺，都可以直接在时间线层上直接拖动。可以把很多的分镜头快速设定在一起，最终输出的是一个完整的视频。其包含很多的特殊效果插件，帮助制作很“炫丽”类的效果，比如片头的制作等。

从总体来说，两款软件各有优势，优缺点互补。

5.6 数字电视标准

数字电视（Digital TV）是从电视信号的采集、编辑、传播、接收整个广播链路数字化的数字电视广播系统。数字电视利用 MPEG 标准中的各种图像格式，把图像、伴音信号的码率压缩到 4.69 ~ 21 Mbit/s，其图像质量可以达到电视演播室的质量水平、胶片质量水平，图像水平清晰度达到 500 ~ 1 200 线以上，采用 AC-3 声音信号压编技术，传输 5.1 声道的环绕声信号。

近年来，随着社会发展和科技的进步，全球数字电视产业发展迅速，竞争也在逐渐加剧，给中国数字电视产业发展壮大和国际化带来了一定的挑战和机遇。在国家发展和改革委员会、工业和信息化部、国家广播电影电视总局、国家标准化管理委员会等政府部门的推动下，我国数字电视产业形成了地面、有线、卫星、IPTV 等传输和接收方式，拥有从发射、传输和接收的完整产业链，具备了进行国内大规模应用和海外推广的基础条件。

5.6.1 数字电视的分类

①按图像清晰度分类，数字电视包括数字高清晰度电视（HDTV）、数字标清电视（SDTV）和数字普通清晰度电视（LDTV）三种。HDTV 的图像水平清晰度大于 800 线，图像质量可达到

或接近 35 mm 宽银幕电影的水平；SDTV 的图像水平清晰度大于 500 线，主要是对应现有电视的分辨率量级，其图像质量为演播室水平；LDTV 的图像水平清晰度力 200 ~ 300 线，主要是针对早期 VCD 的分辨率率量级。

②按信号传输方式分类，数字电视可分为地面无线传输数字电视（地面数字电视）、卫星传输数字电视（卫星数字电视）、有线传输数字电视（有线数字电视）三类。

③按照产品类型分类，数字电视可分为数字电视显示器、数字电视机顶盒和一体化数字电视接收机。

④按显示屏幕幅型比分类，数字电视可分为 4∶3 幅型比和 16∶9 幅型比两种类型。

5.6.2 主要的数字电视标准

目前世界上最主要的数字电视标准有三种：美国的 ATSC、欧洲的 DVB 和日本的 ISDB。其中前两种标准用得较为广泛，特别是 DVB 已逐渐成为世界数字电视的主流标准。

1. ATSC 标准

ATSC（Advanced Television System Committee），是美国高级电视系统委员会的简称，于 1995 年经美国联邦通信委员会正式批准成为美国的高级电视（ATV）国家标准。ATSC 标准规定了一个在 6 MHz 带宽内传输高质量的视频、音频和辅助数据的系统，在地面广播信道中能可靠传输约 19.3 Mbit/s 的数字信息，在有线电视频道中能可靠传输 38.6 Mbit/s 的数字信息，该系统能提供的分辨率达常规电视的 5 倍之多。

2. DVB 标准

DVB（Digital Video Broadcast）数字视频广播是欧洲广播联盟组织的一个项目，目前已有 220 多个组织参加。DVB 项目的主要目标是找到一种对所有传输媒体都适用的数字电视技术和系统。因此，它的设计原则是使系统能够灵活地传送 MPEG-2 视频、音频和其他数据信息，使用统一的 MPEG-2 传送比特流，使用统一的服务信息形成系统，使用统一的加扰系统，可用不同的加密方式，使用统一的 Rs 前向纠错系统，最终形成一个统一的数字电视系统。不同传输媒体可选用不同的调制方式和通道编码方式，其中，卫星数字电视广播（DVB-S）采用 QFSK，有线数字电视广播（DVB-C）采用 QAM，地面数字电视广播（DVB-T）采用 COFDM。所有的 DVB 系列标准完全兼容 MPEG-2 标准，同时制定了解码器公共接口标准、支持条件接收和提供数据广播等特性。目前，世界上已有 30 个国家、200 多家电视台开始了 DVB 各种广播业务，100 多个厂家生产符合 DVB 标准的设备。

2001 年，国家广电总局颁布《数字电视广播信道编码和调制规范》行业标准，该标准等同于 DVB 标准，行业标准的制定有利于我国数字电视的推进。

3. ISDB 标准

日本数字电视 ISDB 标准于 1993 年 9 月制定。它的特点是：既传输数字电视节目，又传输其他数据的综合业务服务系统；视频编码，音频编码、系统复用均遵循 MPEG-2 标准；传输信道以卫星为主。2000 年开始数字电视广播，并提出了适用于地面数字电视广播的 ISDB-T 制式。

【实例分析 5-6：ATSC、DVB 和 ISDB 三种标准的主要差异】

ATSC 和 DVB 标准在信道的传输方式、数字音频压缩标准和节目信息表上都有所差别。美国 ATSC 标准关注的是数字地面高清晰度电视，在 6 MHz 信道内提供 19.3 Mbit/s 的固定码率，而欧洲 DVB 以单一系统方式，针对高清晰度电视和标准清晰度电视，可用于所有广播媒体。在设计上码率上可变，在 8 MHz 带宽内可选择 4.9 ~ 31.7 Mbit/s 不同的传输码率。

在传输方面，美国首先考虑的是地面广播信道，而欧洲和日本则主要考虑卫星信道。

在图像规格方面，美国考虑数字地面高清晰度电视，欧洲强调图像可分级性，日本强调多种数字业务集成，不只传一种 HDTV 信号。

在数字调制方式方面，美国地面广播采用 8-VSB 或 16-VSB，欧洲和日本地面广播则采用 COFDM。

5.7 数字视频处理应用领域

数字视频处理应用领域很广泛，涉及各行各业，主要体现在广播电视、通信领域、计算机领域以及其他领域中的应用。比如在广播电视中的应用主要包括地面电视广播、卫星电视广播、数字视频广播、卫星电视直播、互动电视、高清晰电视等；在通信领域中的应用包括视频会议、可视电话、远程教育、远程医疗、视频点播业务、移动视频业务、联合计算机辅助设计、数字网络图书馆、视频监控等；在计算机领域的应用主要包括多媒体计算机、视频数据库、交互式电视、三维图形图像、多媒体通信、动画设计与制作、视频制作、虚拟显示等；另外，数字视频处理在工业生产、智能交通、体育、卫星遥感、天气预报、军事、电子新闻等方面都有广泛的应用。

5.7.1 视频识别技术

识别技术是将信息数据自动识读、自动输入计算机的重要方法和手段，它是以计算机技术和通信技术为基础的综合性科学技术。近几十年来，识别技术在全球范围内得到了迅猛发展，形成了一个包括条码识别、磁识别、光学字符识别、射频识别、生物识别及图像视频识别等集计算机、光、机电、通信技术为一体的高新技术学科。

视频识别技术是采用视频设备对图像进行捕捉，再通过计算机的图像采集卡，对识别后的图像进行运算处理，得到运算结果，来满足技术使用者的需求。因此，视频识别技术主要包括前端视频信息的采集及传输、中间的视频检测和后端的分析处理三个环节。值得注意的是：视频识别技术需要前端视频采集摄像机提供清晰稳定的视频信号，视频信号质量将直接影响到视频识别的效果。视频识别流程如图 5-29 所示。

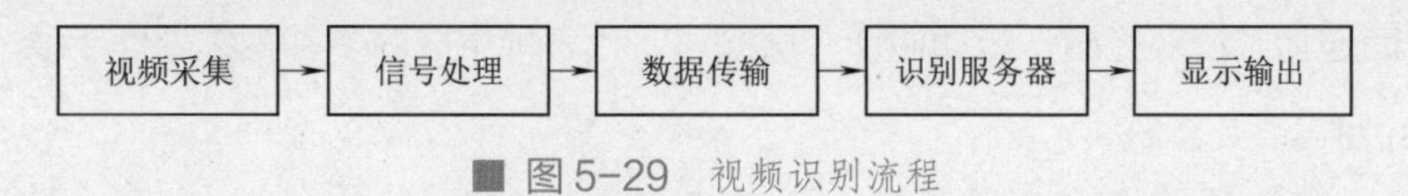

■ 图 5-29　视频识别流程

目前，视频识别技术已经成为一种普遍的存在，在视频识别技术领域中，它包含了很多种技术，已经从单一的技术产物，开始向外不断延伸，广泛运用于工业生产、军事国防、医学医疗等多个方面。例如，智能交通监管、骨骼（形态）侦别、制导、防盗系统、电子阅卷系统等。随着人工智能技术的应用与发展，视频识别技术更加人性化、智能化。比如在人们的手机端上，视频识别技术提供面部解锁功能，在保证人们个人隐私不泄露的同时，为人们的支付功能提供保障。视频识别领域的不断拓展，将会改变人们的生活方式。

5.7.2 视频检索

随着计算机技术和网络技术的发展，信息高速公路的建设，以及多媒体的推广应用，各种视频资料源源不断地产生，随之建立起了越来越多的视频数据库，出现了数字图书馆、数字博物馆、数字电视、视频点播、远程教育、远程医疗等众多新的服务形式和信息交流手段。

视频检索就是要从大量的视频数据中找到所需的视频片段。根据所给出的例子或是特征描述，系统就能够自动找到所需的视频片段。基于内容的视频检索研究，除了识别和描述图像的颜色、纹理、形状和空间关系外，主要的研究集中在视频分割、特征提取和描述、关键帧提取和结构分析等方面。视频处理过程如图 5-30 所示。

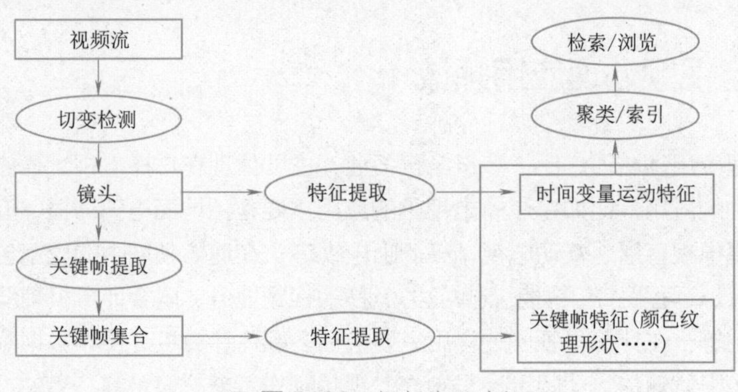

■ 图 5-30 视频处理过程

5.7.3 视频检索工具

视频检索是一门交叉学科，以图像处理、模式识别、计算机视觉、图像理解等领域的知识为基础，从认知科学、人工智能、数据库管理系统及人机交互，信息检索等领域，引入媒体数据表示和数据模型，从而设计出可靠、有效的检索算法，系统结构以及友好的人机界面。目前，国内外已研发出多个基于内容的视频检索系统，主要有以下几种：

1. QBIC 系统

QBIC（Query By Image Content）是由 IBM Almaden 研究中心开发的，是“基于内容”检索系统的典型代表。此系统主要利用颜色、纹理、形状、摄像机和对象运动等描述视频内容，并以此实现检索。QBIC 提供了对静止图像及视频信息基于内容的检索手段，允许用户使用例子图像、构建草图、颜色和纹理模式、镜头和目标运动等信息对大型图像和视频数据库进行查询。在视频数据分析方面包括了镜头检测、运动估计、层描述、代表帧生成等多种视频处理手段。

2. Visual Seek 系统

Visual Seek 是美国哥伦比亚大学电子工程系与电信研究中心图像和高级电视实验室共同研究的一种在互联网上使用的“基于内容”的检索系统。它实现了互联网上的“基于内容”的图像/视频检索系统，提供了一套供人们在 Web 上搜索和检索图像及视频的工具。

3. VideoQ 系统

VideoQ 是由美国哥伦比亚大学研究开发的一套全自动基于内容的视频查询系统。它扩充了传统的关键字和主题导航的查询方法，允许用户使用视觉特征和时空关系来检索视频。

4. TV-FI 系统

TV- FI（Tsinghua Video Find It）是清华大学开发的视频节目管理系统。该系统可提供视频数据入库、基于内容的浏览、检索等功能，并提供多种数据访问模式，包括基于关键字查询、示例查询、按视频结构浏览及按用户自定义类别进行浏览等。

5. iVideo 系统

iVideo 是由中国科学院计算技术研究所数字化技术研究室开发的视频检索系统，是一套基于 Java EE 平台，具有视频分析、内容管理、基于 Web 检索和浏览等功能的视频检索系统。

另外还有许多类似的系统，如加利福尼亚大学 Santa Barbara 分校的 Netra、伊利诺依大学的 Infomedia 以及新加坡国立大学开发的基于内容的检索 CORE 系统等。

【实例分析 5-7：视频镜头检测直方图法】

视频镜头检测直方图法利用帧与帧的直方图比较来检测镜头，是使用得较多的计算帧间差的方法。它将颜色空间分为一个个离散的颜色小区，计算落入每个小区的像素数目。这种方法不考虑像素的位置信息，因此抗噪声能力比模板匹配法强。它的缺点是两幅结构完全不同的图像其直方图也可能相近，因而检测不出镜头切换。

思考题

5-1　世界上有哪些电视制式?

5-2　什么是逐行扫描? 什么是隔行扫描?

5-3　什么是流媒体？

5-4　如何降低数字视频信息的数据量?

5-5　目前主要有哪几种流媒体的文件格式?

5-6　比较常见的数字视频格式的差异。

5-7　后期特效处理有什么作用?

5-8　视频识别的流程是怎样的?

5-9　视频检索的方法主要有哪些?

知识点速查

◆视频：视频的英文名称是 Video，指 0 ~ 10 MHz 范围的频率，用以生成或转换成图像。在电视技术中，视频又称电视信号频率，所占频宽为 0 ~ 6 MHz，广泛应用于电视、摄录像、雷达、计算机监视器中。简单来说，视频泛指将一系列的静态影像以电信号方式加以捕捉、记录、处理、存储、传送和重现的各种技术。

◆帧速率：电视或显示器上每秒扫描的帧数即是帧速率，帧速率的大小决定了视频播放的平滑度，帧速率越高，动画效果越平滑，反之就会有停滞。

◆有损和无损压缩：在视频压缩中，有损和无损的概念与对静态图像的压缩处理基本类似。无损压缩就是压缩前和解压缩后的数据完全一致，多数的无损压缩都采用 RLE 行程编码算法。有损压缩意味着解压缩后的数据和压缩前的数据不一致，要得到体积更小的文件，就必须通过对其进行损耗来得到，在压缩的过程中要丢失一些人眼和人耳所不敏感的图像或音频信息，而且丢失的信息不可恢复。丢失的数据率与压缩比有关，压缩比越小，丢失的数据越多，解压缩后的效果就越差。几乎所有高压缩的算法都采用有损压缩，这样才能达到低数据率的目标。

◆高清摄像机的记录扫描方式：高清摄像机可以录制隔行扫描视频或逐行扫描视频。在视频规范中，720 p 表示 1 280 × 720 画幅大小的逐行扫描视频，p 表示逐行扫描；1 920 × 1 080 的高清格式可以是逐行扫描，也可以是隔行扫描；1 080 50i 表示画幅高度为 1 080 像素的隔行扫描视频，数字 50 表示每秒的场数，i 表示隔行扫描。

◆ IEEE 1394：由 IEEE 1394 工作组开发，是一种外部串行总线标准。IEEE 1394 全称是 IEEE 1394 Interface Card，有时被简称为 1394，其 Backplane 版本可以达到 12.5 Mbit/s、25 Mbit/s、50 Mbit/s 的传输速率，Cable 版本可以达到 100 Mbit/s、200 Mbit/s、400 Mbit/s、800 Mbit/s 的传输速率，将来会推出 1 Gbit/s 的传输速率技术。

◆线性编辑与非线性编辑：对视频进行编辑的方式可以分为线性编辑和非线性编辑两种。线性编辑是传统电视节目制作中，编辑机通常有一台放像机和一台录像机组成，编辑人员通过放像机选择合适的素材，然后把它录到录像机中的磁带上。由于磁带记录画面是顺序的，剪辑也必须是顺序的。而非线性编辑是不按照时间顺序剪辑，可以随意调整素材顺序，加入各种特效。

第6章 数字动画技术

本章导读

本章共分 7 节，内容包括动画概述、传统动画、数字动画、数字动画分类、数字动画制作流程、数字动画制作技术，以及数字动画的应用领域。

本章主要结合现在的数字媒体技术讲解动画方面的影响，首先了解什么是数字动画技术，与传统的动画技术有什么样的区别；其次对数字动画技术的发展趋势做出分析，然后探讨数字动画的不同类型以及不同动画类型的数字制作方法；最后阐述数字动画技术广泛的应用领域，在电影电视业、科学计算、教育和娱乐、虚拟现实技术等方面未来都会有强势表现。

学习目标

- ◆了解动画、数字动画的定义；
- ◆了解数字动画技术的发展趋势；
- ◆了解传统动画与数字动画的区别；
- ◆掌握数字动画技术的分类；
- ◆掌握数字动画技术的制作流程；
- ◆理解数字动画后期编辑制作技术；
- ◆理解数字动画的应用领域。

知识要点和难点

1. 要点

数字二维动画的制作，数字三维动画的制作，数字后期编辑技术。

2. 难点

动画原理，数字动画的发展趋势，数字动画技术的分类。

6.1 动画概述

动画作为一种综合艺术的表现形式，包含绘画、漫画、电影、数字媒体等众多艺术门类。下面分别详述动画定义、动画原理、动画分类。

6.1.1 动画的定义

动画一词翻译为英文是Animation，它的来源是拉丁文字anima，是指“灵魂”，而Animation则指“赋予生命”，引申为使某物活起来的意思，所以动画可以定义为使用绘画的手法，创造生命运动的艺术。

广义而言，把一些原先不活动的东西，经过影片的制作与放映，变成为活动的影像，即为动画。

“动画不是活动的画的艺术，而是创造运动的艺术，因此画与画的关系比每一幅单独的画更重要。虽然每一幅画也很重要，但就重要的程度来讲，画与画的关系更重要。”这句话的意思是动画不是会动的画，而是画出来的运动，每帧之间发生的事，比每帧上发生的事更重要。

定义动画的方法，不在于使用的材质或创作的方式，而是作品是否符合动画的本质。动画媒体已经包含了各种形式，但不论何种形式，它们具体有一些共同点：其影像是以电影胶片、录像带或数字信息的方式逐格记录的；影像的“动作”是被创造出来的幻觉，而不是原本就存在的。

6.1.2 动画的原理

动画是通过连续播放一系列画面，给视觉造成连续变化的图画。它的基本原理与电影、电视一样，都是视觉原理。

1824年，英国的Peter Roget出版的《移动物体的视觉暂留现象》是视觉暂留原理研究的开端，书中提出：“人眼的视网膜在物体移动前，可有一秒钟左右的停留。”医学证明，人类具有“视觉暂留”的特性，就是说人的眼睛看到一幅画或一个物体后，在1/24 s内不会消失。利用这一原理，在一幅画还没有消失前播放出下一幅画，就会给人造成一种流畅的视觉变化效果。因此，电影采用了每秒24幅画面的速度拍摄播放，电视采用了每秒25幅（PAL制）或30幅（NSTC制）画面的速度拍摄播放。如果以每秒低于24幅画面的速度拍摄播放，就会出现停顿现象。

视觉暂留原理提供了发明动画的科学基础。

6.1.3 动画的分类

动画艺术创作不同于传统绘画形式，是一门集绘画、音乐、摄影、文学和计算机技术等为一体的绘画型影视艺术门类，动画的分类研究对更进一步了解动画的特性与功能有很大的帮助。动画片有许多不同的类型，不同的动画片拥有自己的形式规范、叙事方式以及传播途径。不可能用同一视觉形式表现所有的内容，也不可能用相同的叙事方式讲述不同性质的故事。动画片的分类大致可以从技术形式上、叙事方式以及传播途径几类进行划分。

1. 以技术形式分类

动画形式可以从视觉形象构成方面区别，即不同造型手段产生的形式，大体可分为平面动画、立体动画、数字动画和其他形式。

（1）平面动画

平面动画相对立体动画而言是在二维空间中进行制作的动画。这种类型的动画技术形式有单线平涂的，这种是最常见和较传统的动画类型，例如《白雪公主》，适合产业化生产模式，技术上容易统一管理。另外还有油画、素描、沙画等形式制作的动画，例如油画绘制的动画《老人与海》、剪纸动画《猪八戒吃西瓜》。这些形式的动画片的工艺技术和艺术效果常常伴随着偶然性和不确定性，但是具有独特的视觉魅力。《老人与海》如图6-1所示、《猪八戒吃西瓜》如图6-2所示。

（2）立体动画

立体动画是在三维空间中制作的动画，如折纸动画、木偶动画、黏土动画以及一些通过逐格拍摄出来的具有立体效果的动画。例如，木偶动画《半夜鸡叫》带有很强的假定性，形体动作比较机械的夸张，强调戏剧性；黏土动画《了不起的狐狸爸爸》《玛丽和马克思》等，制作工艺更加复杂，形体动作效果更逼真，能够产生较强烈的艺术感染力。《半夜鸡叫》如图6-3所示，《玛丽和马克思》如图6-4所示，《了不起的狐狸爸爸》如图6-5所示。

■ 图6-1　《老人与海》

■ 图6-2　《猪八戒吃西瓜》

■ 图6-3　《半夜鸡叫》

■ 图6-4　《玛丽和马克思》

■ 图6-5　《了不起的狐狸爸爸》

（3）数字动画

计算机图形图像技术等数字技术的出现，促发了数字动画的诞生。数字动画分为二维动画片、三维动画片和合成动画片。数字绘画技术以计算机为绘画工具，代替了传统的手绘，通过运用一定的计算机软件来进行数据处理，从而形成虚拟的视觉图像。数字绘画技术的出现大大缩短了动画制作的时间，节约了动画制作的成本，从而推动了二维动画的发展。例如，动画《喜羊羊与灰太狼之开心闯龙年》《阿桂动画》等。二维数字动画可以更多看作动画创作工具的更新。

三维动画拥有与传统动画的“原画与动画”完全不同的观念，拥有不同于二维数字动画的制作流程与艺术风格。例如，三维动画片《玩具总动员》《功夫熊猫》《疯狂动物城》等。随着技术的进步，将实拍的画面导入计算机，直接在计算机中进行影像处理，就形成了另一种数字动画方式——合成动画。合成动画主要是利用蓝屏、绿屏的功能，将两种素材合成在一起。例如，电影《精灵鼠小弟》。《喜羊羊与灰太狼之开心闯龙年》如图 6-6 所示，《阿桂动画》如图 6-7 所示，《玩具总动员》如图 6-8 所示，《功夫熊猫》如图 6-9 所示，《疯狂动物城》如图 6-10 所示，《精灵鼠小弟》如图 6-11 所示。

■ 图6-6 《喜羊羊与灰太狼之开心闯龙年》

■ 图6-7 《阿桂动画》

■ 图6-8 《玩具总动员》

■ 图6-9 《功夫熊猫》

■ 图6-10 《疯狂动物城》

■ 图6-11 《精灵鼠小弟》

2. 以叙事方式分类

动画片按照叙事风格可以分为文学性动画片、戏剧性动画片、纪实性动画片、抽象性动画片。

（1）文学性动画片

这种类型的动画片有小说、诗歌、散文等性质。这类影片没有一条戏剧冲突的主线，而是围绕主人公或某个事件的生活线索生发出友情、爱情、烦恼、愉快、幻想回忆、追求等生活细节，运用生活细节因素的关联性反映复杂的社会关系，深入剖析主人公的活动及其内心状态。

（2）戏剧性动画片

这种类型的动画片按照传统戏剧结构讲故事，强调冲突率、戏剧性的因果联系，除了故事结构是严格意义上的遵循传统戏剧冲突外，还体现了戏剧性叙事方式的动画片所特有的规律性：夸张的动作刻画、个性突出的音乐主题曲和煽情的歌曲。代表作有《白雪公主》和《埃及王子》。

（3）纪实性动画片

这种类型的动画片在这里是一个相对的概念，之所以称其为“纪实”，是因为它在内容上有具体的时代背景，通常以真实事件为创作依据，形式上更写实逼真，时间和空间的演变更加符合自然规律，具有时代的烙印，揭示的是社会性问题，体现的是具有道德与责任感的主人公所特有的品质。代表作有《萤火虫之墓》。

（4）抽象性动画片

这种类型的动画片没有具体的形象，也没有具体的故事情节，所表现的是多重图形的运动和变化或者哲学内涵和诗意境界，更多的是对音乐的诠释。

3. 以传播途径分类

动画片以传播途径进行分类主要分为影院动画片、电视动画片、网络动画片。

（1）影院动画片

影院动画片是以电影叙事方式与经典戏剧的叙事结构来制作的动画片，有明确的因果关系，有开头、情节的展开、起伏、高潮及一个完美的结局。影院动画的画面质量和工艺技术要求更加精良而细致。剧情安排上影院动画常常浓缩情节，用微观与象征性的视听元素表现重大主题。代表作有《幽灵公主》《风之谷》。

（2）电视动画片

电视动画片相对于电影动画片而言，画面影像质量、动作设计、声音处理等工艺技术要求相对宽松。从剧情的安排上，电视动画片喜欢扩展情节，情节有所连贯但又分别独立。电视动画片由于是分集播放，因此要求每一集都要有各自的起承转合，各自的亮点以及高潮，尤其是片头的精彩预告和片尾的悬而未决直接关系到观众是否继续看下去。电视动画片已经成为目前产量最大的一种动画形式，而且这种低成本的运作方式可能在将来也是使用于基本网络的新媒体的最好的制作方式。代表作有《米老鼠与唐老鸭》《阿童木》。

（3）网络动画片

网络动画片是通过互联网作为最初或主要发行渠道的动画作品。相对于传统动画片，网络动画片具有互动性、及时性、综合性等特点，它对画面清晰程度相对前两者要求较低，制作成本相对低廉。代表作有《秦时明月》《大话三国》。

6.2 传统动画

传统动画，也称“经典动画”“赛璐珞动画”“手绘动画”。20世纪，大部分的电影动画都以传统动画的形式制作。传统动画表现手段和技术包括全动作动画、有限动画、转描机技术等。传统动画是由美术动画电影传统的制作方法移植而来的。传统动画和数字动画都是利用电影原理，即人眼的视觉暂留现象，将一张张逐渐变化的并能清楚地反映一个连续动态过程的静止画面，经过摄像机逐张逐帧地拍摄编辑，再通过电视的播放系统，使之在屏幕上活动起来。

6.2.1 传统动画制作分类

全动作动画又称全动画，是传统动画中的一种制作和表现手段。从字面上来看，全动画是指在制作动画时精准和逼真地表现各个动作的动画；同时，这种类型的动画对画面本身的质量有非常高的要求，追求精致的细节和丰富的色彩。所以这种类型的作品往往拥有非常高的质量，但制作非常耗时耗力。在早期没有用到赛璐珞的时候，有的作品在制作时甚至要非常精确并且不断地重复绘制作背景，所以有时制作这种类型的动画，将会是一个非常庞大的工程。迪士尼有很多的早期动画作品都是这方面的代表。华纳兄弟早期也有些这方面的作品。类似的作品还包括《美国鼠谭》（见图 6-12）和《铁巨人》（见图 6-13）。

有限动画，也称限制性动画，这是一种有别于全动画的动画制作和表现形式。这种类型的动画较少追求细节和大量准确真实的动作，画风简洁平实、风格化，强调关键的动作，并配上一些特殊的音效来加强效果。这种类型的动画在成本、时耗等各个方面都比全动画低很多。有限动画改变了过去的动画风貌，开创了新的动画艺术表现形式。这种形式的动画在制作上相对粗糙，但便于大规模制作，并将表现中心从画面移到讲故事上，所以非常适合于制作电视动画。这种形式的动画在电视大流行时快速成长，并对日本动画产生了非常大的影响。早期的日本动画几乎全是这种类型。这种动画后来导致了一种介于全动画和有限动画之间的动画形式产生。比如动画片《猫和老鼠》，动作比有限动画的动作来得丰富，但动作的速度却非常快，那是因为经常用八格来画动画。有限动画系列的代表公司是美国联合制片公司，代表作有 *Gerald McBoing-Boing* 等。另外，披头士的 MTV 动画作品《黄色潜水艇》（见图 6-14）也属于这种类型。

■ 图6-12 《美国鼠谭》

■ 图6-13 《铁巨人》

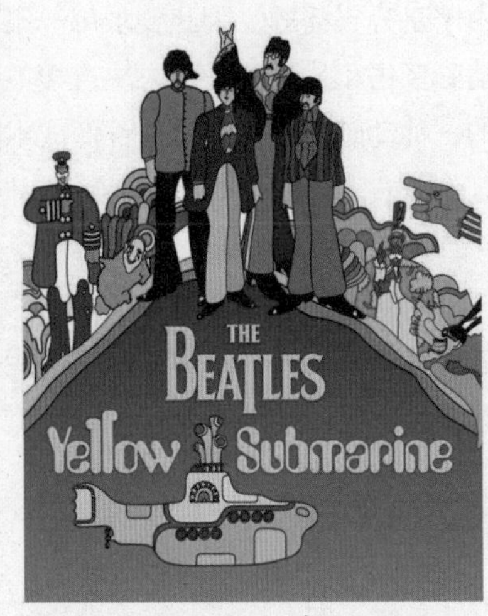

■ 图6-14 《黄色潜水艇》

转描机是一种动画制作时所使用的技术。早期的动画巨大的工作量和对动作的把握导致动画制作的时间很长，于是这种技术就出现了。这种技术的原理是：将现实生活中的真实运动对象（比如走路的人）事先拍摄成胶片，然后在胶片上盖上纸（或者是赛璐珞），将这个运动重新用笔画下来。通过这种类似于描红的技术可以利用很短的时间画出非常逼真的动作以及动画效果。这个技术被广泛运用在早期的动画制作中，《白雪公主和七个小矮人》及中国最早的长篇动画《铁扇公主》中就用到过这个技术。现在这个技术依然被用于电影、MTV、电视广告的制作上。《白雪公主和七个小矮人》如图 6-15 所示，《铁扇公主》如图 6-16 所示。

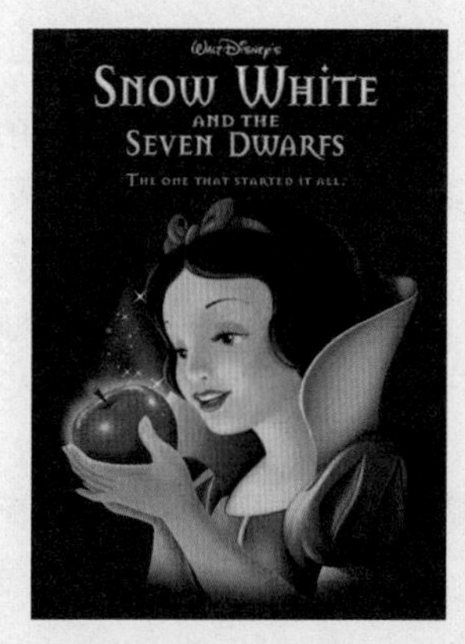

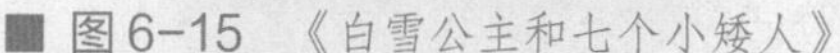

■ 图6-15　《白雪公主和七个小矮人》　　■ 图6-16　《铁扇公主》

6.2.2　传统动画的基本流程

在基本制作步骤上，传统动画与现代动画在制作上大体是一致的。制作一部动画片是一个烦琐的过程，需要多个部门齐心协力，相互配合。可将传统动画制作流程划分为三个阶段。

1. 前期筹备阶段

这一阶段主要包括策划，文学剧本的研究，角色形象、场景、道具等的初步设计，文字分镜头剧本的撰写，故事板的绘制。

①策划。动画制作公司、发行商以及相关产品的开发商，共同策划开发怎样的动画片，预测动画片的市场，研究动画片的开发周期、资金的筹措等，达成共识。

②剧本。制作计划制订后，就要开始写合适的文字剧本，一般这个任务由编剧完成。既可以自己写剧本，也可借鉴、改编。相对创作而言，剧本改编比较容易。总体上要求，人物出场时环境要注明，动作要体现出来，对白要准确。

③造型与美术。要求动画家根据剧情创作出片中的人物造型。既要有特点，又不能太复杂。创作中可以使用夸张的手法。各个人物的正面、侧面、背面的造型都要交代清楚。

④场景。场景设计也是根据剧情进行创作，其侧重于人物所处的环境，是高山还是平原，屋内还是屋外，都要一次性将动画片中提到的场所设计出来。

⑤分镜故事板。剧本写好以后，分镜故事板是以图像、文字、标记说明为组成元素，用来表达具体的场景。在分镜故事板中，每一幅图中的人物、背景、摄影角度、动作可以简单地绘出，但对白、音效要标记清楚，计算出相应的时间。标记好要应用的镜头、特效。

⑥构图。有了分镜故事板、场景设计、人物造型之后，还要有个构图的过程。总体来看，从策划到构图可以作为设计阶段。构图过程非常重要，它的目的是生产作业图。作业图比较详细，上面要指明人物是如何活动的，如人物的位置、动作、表情，还要标明各个阶段要运用的镜头。概括而言，一些人画出人物和角色的姿态，一些人画出背景图，让人物可以在背景中运动，一些人标示所要运用的镜头。

⑦绘制背景。动画的每一帧基本上都是由上下两部分组成。下部分是背景，上部分是角色。背景是根据构图中的背景部分绘制成的彩色画稿，每个镜头的背景一定需要参照前期场景设计的风格和造型来进行绘制。

2. 中期绘制阶段

中期绘制的工作重心是原画、修形、动画、动作检查、定色上色等。这个阶段工作量最大，也最复杂。此阶段是纯粹的手工作业，而且对于一部电视动画片而言，拍摄一集每周需要完成几千张画稿。

①原画。构图中的人物或动物、道具要交给原画师，原画师将这些人物、动物等的关键动作绘制出来。这里指的是关键动作和时间节奏，而不是每一个动作。原画应该将人物刻画得富有生命感，活灵活现，其是一部动画表演最为核心的工作。

②修形。原画师在绘制时，主要注重关键动作的表演，角色造型绘制一般不会太细致，因此需要修形，针对原始的造型设计图来进行整理细化，使原画师所绘制的每一张画面都接近设计图，从而形成统一的画面。

③动画。动画师是原画师的助手，其任务是使角色的动作连贯。原画师的原画表现的只是角色的关键动作，因此角色的动作是不连贯的。在这些关键动作之间要将角色的中间动作插入补齐，这就是动画。

④品质管理，也就是进行质量把关。任何产品都有质量要求，动画片也不例外。生产一部动画片有诸多的工序，如果某一道工序没有达到相应的要求，肯定会影响以后的生产工作，因此在每个阶段都应由专人负责质量把关。

⑤影印描线。影印描线是将动画纸上的线条影印在赛璐珞上。前面已经提到，动画的每一帧基本是由人物和背景组成。人物是叠加在背景上的，直接将画有人物的画稿放在背景上肯定是不行的，因为一般纸张是不透明或半透明的，将会覆盖住背景。因此需要将人物转移到一种透明的介质上，它就是赛璐珞。赛璐珞是一种透明的胶片，将动画纸上的线条影印在赛璐珞上，如果某些线条是彩色的，还需要手工描上色线。

⑥定色与着色。描好线的赛璐珞要交给上色部门，先定好颜色，在每个部位写上颜色代表号码，再涂上颜色。在这里应注意的是，涂上颜色的部位是在赛璐珞的背部。如果涂在正面，所上的颜料有可能将动画线条覆盖掉。

⑦总检。准备好的彩色背景与上色的赛璐珞叠加在一起，检查有无错误。

3. 后期制作阶段

这一阶段主要包括摄影与冲印、剪辑与套片、配音、配乐、音效、影片输出、放映、发行等。

①摄影与冲印。摄影师将不同层的上色赛璐珞叠加好，进行每个画面的拍摄，拍好的底片要送到冲印公司冲洗。注意此时的画面没有声音，而且还需要剪辑。

从影印描线到摄影冲印这几个步骤，在现代动画制作业中已经消失了。在现代动画制作业中，使用扫描仪、数码照相机，将背景和原画稿、动画稿导入计算机中，然后在计算机中对原画稿、动画稿上色，再将其与背景相混和。

②剪接与套片。将冲印过的副本剪接成一套标准的版本，此时可以称它为“套片”。

③配音、配乐与音效。一部影片的声音效果是非常重要的。好的配乐可以给影片增色不少，甚至可能过了若干年之后，影片的故事情节已经淡忘了，但是一听到主题音乐，又勾起人的无限回忆。

④试映与发行。试映就是请各大传播媒体、文化圈、娱乐圈、评论圈的人士来欣赏与评价。评价高当然好，不过最重要的是要得到广大观众的认可。

以上就是传统动画的制作流程。而如今在各个领域都能看见计算机的重要作用。使用计算机来制作动画，能降低生产成本，提高生产效率。据有关报道，全球最大的赛璐珞生产商已经停止生产赛璐珞，这也标志着传统动画业的完结。

传统动画制作流程如图 6-17 所示。

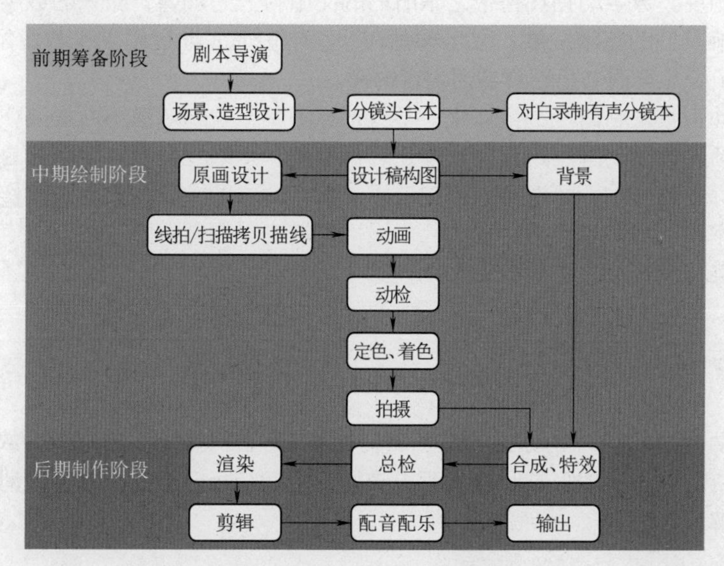

■ 图 6-17 传统动画制作流程

6.3 数字动画

随着计算机硬件和动画软件的迅速发展，越来越多的商业机构和研究机构加入到数字动画的领域，使得数字动画的制作水平也随之日新月异。迪士尼公司也在多年前转入了数字动画领域。1998 年《花木兰》道具制作部分运用数字动画来实现。1999 年迪士尼使用 Deep Canvas 在《人猿泰山》中制作出茂密的丛林环境等场景气氛。2004 年迪士尼正式关闭了传统动画工作室，筹备了自己的数字动画工作室。如今，昔日的纸上动画王者已经完全进入了全新的数字动画时代。同时，也出现了很多制作公司，纷纷加入了数字动画大军。

6.3.1 数字动画的优势

数字动画的优势表现在以下 4 个方面：

①动画的制作成本大幅降低。利用计算机完成场景原画等，减少了传统动画生产方式下对纸张、笔等耗材的需求。

②便捷的资料传送。纸上动画生产方式下，动画稿在不通城市间的传递增加成本也会拉长生产周期。数字化生产方式下动画内容便于通过互联网进行传输和交换，不受时间地域的限制，方便公司之间的协同制作。

③高质量的动画绘制。纸上动画生产方式在遇到需要修改的原画或动画线条时，修改容易跑形等。数字化生产下，动画制作者通过软件使用来完成修改的任务，不容易出现错误。

④高效率的动画制作。传统动画的生产方式下，一个动画师的动画稿按照时间来计算的话月产量为 100 s。数字化生产方式采用数字动画制作系统，一个动画师的月产量为 160 200 s，由此可见效率提高了很多。

6.3.2 数字动画的发展趋势

数字技术带来了新的时代背景下的动画产业革命。我们在越来越短的时间里面，可以看到越来越多优秀的动画片。数字动画在整个艺术所占的比重将大为加重，新兴的数字动画将具有强大的生命力，并影响其他的艺术发展。数字动画在现实中也很好地运用到了教育领域中，如 2D 数字动画广泛运用于少儿英语书籍配套学习内容中等。

目前，数字动画生产制作范围全球化，不受地域限制，生产效率不断提高，数字动画制作软件和技术不断创新，数字动画生产正向规模化、标准化、网络化发展。全球化是人类传播和交往发展的必然结果，更是一种不可逆转的历史进程。数字动画的发展需要动画创作者有充分的学习能力，从民族艺术和地域艺术风格、现代艺术设计领域中吸取营养。今后，数字动画事业将会成为令人瞩目且极具发展潜力的艺术和技术型产业。

6.4 数字动画分类

数字动画主要分为数字二维动画与数字三维动画。随着科技的不断进步，数字化技术为动画的发展带来了更好的艺术表现形式和技术手段支持，下面结合全新的技术手段对数字动画这两大主要分类进行讲解。

6.4.1 数字二维动画

数字二维动画是基于数字化信息化的平面动画。与传统动画的制作区别不是特别大。数字二维动画是将动画制作的过程完全地信息化数字化，更方便快捷。动画制作全过程采用无纸化制作。作画过程中的绘图、描线、上色等都在计算机上完成，极大地提高了工作效率，降低了成本。把传统二维动画制作从纸上解放出来，通过数字技术制作可以更加高效地制作二维动画影片，增强动画的视觉效果。更为重要的是，数字技术的加入，使得人们可以在计算机上实时预览动画的表演和节奏，避免传统二维动画每张作画纸张扫描线拍进计算机参看效果。数字绘画艺术为二维动画制作提供了便捷的技术环境，推动了二维动画制作的发展。其代表作品有迪士尼的《青蛙王子》（见图 6-18）、国产动画《喜洋洋》《海螺湾》（见图 6-19）。

■ 图6-18 《青蛙王子》

■ 图6-19 《海螺湾》

【实例分析 6-1：挑战传统动画的无纸动画——深圳华强动画《海螺湾》连续剧】

深圳华强集团旗下的深圳华强数字动漫有限公司是一家从事原创动画设计、动画影片制作、动漫周边文化产品开发的专业公司。由深圳华强动数字动漫有限公司开发的动画连续剧《海螺湾》，全剧集就是运用无纸化动画制作方式完成的。其使用了由加拿大的一家专业动画公司开发的一款软件——Toon Boom Harmony。该软件是一款独特的基于矢量动画协同设计的动画制作软件，包括了动画内容的制作、动画合成，并通过媒体交付给观众整个流程。使用该无纸动画软件后，华强公司制作《海螺湾》时极大地提高了生产效率，并且降低了生产成本及耗材。如果与等质量的传统二维动画工作相对比，其制作动画的生产效率提高了 3 倍，高峰时期 10 min 一集的动画片，每天可达到两集生产量。这是传统动画制作方式不可实现的生产效率。

6.4.2　数字三维动画

数字三维动画又称 3D 动画，是随着计算机软硬件技术的发展而产生的新兴技术。在三维动画软件中能够建立一个虚拟的世界，设计师在这个虚拟的世界中按照要表现的对象的形状尺寸建立模型以及场景，再根据要求设定模型的运动轨迹、虚拟摄影机的运动和其他动画参数，最后按要求为模型赋上特定的材质，并打上灯光，进行渲染输出。

三维动画制作是一件艺术和技术紧密结合的工作。在制作过程中，一方面，要在技术上充分实现创意的要求；另一方面，要在画面色调、构图、明暗、镜头设计组接、节奏把握等方面进行艺术的再创造。与平面设计相比，三维动画多了时间和空间的概念，它需要借鉴平面设计的一些法则，但更多是要按影视艺术的规律来进行创作。

三维动画其发展目前为止可以分为三个阶段。1995—2000 年是三维动画的起步以及初步发展时期，被称为第一阶段。迪士尼旗下皮克斯工作室的动画影片《玩具总动员》就是这一阶段的标志。2001—2003 年是三维动画迅猛发展时期，被称为第二阶段，在这一阶段不得不说的是三维动画从“一个人的游戏”变成了“两个人的游戏”，皮克斯和梦工厂分别成为了这一时期三维动画的大赢家，这阶段三维动画代表作为《怪物史瑞克》（见图 6–20）、《怪物公司》（见图 6–21）、《海底总动员》（见图 6–22）等。从 2004 年开始，三维动画步入了全盛时期，也就是第三阶段，更多的公司参与到三维动画行业中。这一时期的代表作有华纳兄弟的《极地快车》（见图 6–23）、福克斯的《冰河世纪》（见图 6–24）、索尼公司的《丛林大反攻》（见图 6–25）等。

■ 图 6–20　《怪物史瑞克》

■ 图 6–21　《怪物公司》

■ 图 6–22　《海底总动员》

■ 图 6–23　《极地快车》

■ 图 6–24　《冰河世纪》

■ 图 6–25　《丛林大反攻》

【实例分析 6-2：皮克斯动画《海底总动员》—— 一部全三维技术的动画电影】

《海底总动员》是由皮克斯动画工作室制作，并于 2003 年由华特迪士尼发行的美国计算机动画电影。该影片一经上映即获得了空前好评，并于 2004 年获得奥斯卡最佳动画片奖。综合全球的票房成绩来看，这部电影总共获得了约 8.67 亿美元的票房收入。它是 2003 年票房收入第二高的电影。

制造出一条活灵活现的虚拟鱼是一件很有趣的事情。动画片中运用了大量的肢体语言，在水下举起手的话，身体就会后移，如果鱼儿在某地旋动，艺术家们就必须找到鱼儿正确游动时的平衡点，让它游动动作看起来真实可信。除此之外，鱼儿丰富的表情让其更具人性化。动画片中出现的灯光和色彩要比实际海洋中的色彩丰富一些。海底通常是昏暗深沉的，阳光是无法通过海水达到海底的，海底的物体会随着距离的远近而呈现不同的颜色，但电影中的海水始终保持着一种饱和的颜色，虽然有些不真实，但效果的确不错。

6.5 数字动画制作流程

动画制作是一件非常烦琐而吃力的工作，分工极为细致。传统动画和数字动画的动画制作流程大致相同。在数字化的动画制作流程中，要求作者将美术设计功底、视听语言运用技能和精湛的计算机操作水平三种能力融为一体。在传统的动画制作过程中，主要是使用笔、纸、专用颜料、赛璐珞、摄像机等工具。数字动画的制作流程大致为在传统动画流程基础上增加数字技术成分。下面介绍数字化技术后的动画制作流程。

6.5.1 数字动画前期制作流程

数字动画前期设计阶段分为选题、策划、文字剧本、文字分镜、分镜头台本、造型设计、背景绘制。动画片的策划筹备阶段都可使用计算机文案处理软件编写，分镜头台本和造型设计的实现可以运用手绘板在 Photoshop、Pinter 等软件上进行绘制，计算机绘制也方便存储和修改。

1. 策划筹备阶段

策划筹备阶段包括选题、文案、文学剧本创作、市场调研、生产进度计划等工作。由制片人挑选导演和副导演，筛选工作人员和团队。

2. 导演创作阶段

导演创作阶段包括导演阐述、文字分镜头创作、艺术风格等一系列综合性创作活动。导演必须熟悉动画制作的所有技术原理和细节处理方法，只有这样才能最终实现动画影片；还需要组织、调度、协调各种工作，统一整部影片的风格。

3. 设计阶段

动画设计是动画制作过程中的关键部分。主题是否新颖，设计是否合理，直接关系到影片的生产进度和艺术效果。设计包括分镜头台本设计、动画形象设计、动画场景设计、动画视觉效果、色彩关系等。只有精心设计的动画片才会产生精美的艺术效果。

6.5.2 数字动画中期制作流程

数字二维动画的制作流程与传统动画的制作流程更为相近，因为它们都是平面化的制作方式，都是以二维为主。数字三维动画与前两者在中期制作上有很大的区别，这主要取决于两者所使用的数字化软件的不同，所以动画中期的制作流程阶段将把数字二维动画与三维动画分开进行讲解。

1. 数字二维动画中期制作流程

数字二维动画的中期制作都是运用计算机进行制作实现，中期制作中的原画、动画、动检、摄像机镜头等环节可以选择多种无纸动画制作软件来完成，例如TBS、Flash、Toonboom Harmony等软件，利用手绘板或数位屏等计算机绘图工具进行。在制作过程中，如果选择了一种无纸动画制作软件，就应尽量做到软件的统一使用。

以目前行业中使用较广泛的二维动画制作软件Flash为例。制作流程首先是利用Flash的绘图工具将设计出的角色、场景等元素以元件的形式进行绘制完成，保存在库中；其次是按照前期设计的分镜头台本按照每一个镜头制作镜头中的动画，利用图层进行角色与背景的合成，利用动画制作方法和绘图纸外观实现镜头中的动作；等所有的镜头都完成后，就可以将影片进行输出，准备用来进行后期编辑合成。

2. 数字三维动画中期制作流程

三维动画的中期制作是非常复杂的一个过程，主要是3D的制作流程，可分为3D前期制作、3D中期制作和3D后期制作。

（1）3D前期制作

3D前期制作主要包含三维模型制作、材质、绑定、特效（毛发静态测试）等。三维模型制作严格按照造型设计稿制作出三维立体图像，在制作模型过程中，需要按照模型基本制作要求制作出符合各后续环节生产需要的优化文件；材质是按照造型设计稿上提示的各色彩、质地要求来对模型添加相应的纹理、质感，最大化地优化节点，减少后序环节文件量过大的制作压力；绑定主要是负责在角色模型上添加骨骼系统，让模型能够运动起来。需按照造型设计提供的Pose图结合角色生理结构和运动规律，归纳分镜头台本中角色运动的特点来制作。

（2）3D中期制作

3D中期制作主要包含Layout、调动作、动态解算 & 毛发、特效等。Layout是根据分镜头台本合理地汇集每个镜头所需要的角色、道具、场景等，使之成为完整的镜头文件。设置好镜头的运动、画面构图、角色走位、焦距、镜头节奏、镜头时间，使导演在片集在进入后续制作环节批量生产前有一个比故事板更清晰准确的渠道了解效果，并提前进行调整。调动作是动画制作中的灵魂，负责让模型运动起来，赋予模型角色生命力，需根据动态分镜表现出故事情节发生中个角色需要表达的情绪、动态和节奏。特效主要包括三维动画中所需要用到的风、火、雷、电、雾、爆炸、水、魔法等，根据前期特效设计参考图来制作，主要在片中加强渲染气氛，会对人们的视觉产生强烈的冲击力，使画面更加绚丽。特效在片子可以说是起到了画龙点睛的作用。

（3）3D后期制作

3D后期制作主要包括灯光、渲染、后期合成。光是动画作品中重要组成部分，灯光师根据剧情构建整体画面氛围，并能较好地传达出人物的内心情感。因此，灯光不仅仅是完成技术上的照明任务，而且是进行一项电影画面语言的表达任务，是一项带有创造性的艺术创作过程。渲染环节是在灯光完将每个镜头最终效果以图片形式输出。渲染时根据合成的需要进行渲染处理。

6.5.3 数字动画后期制作流程

当动画制作完成前期设计和中期制作输出镜头后，就进入到了后期编辑合成阶段。在这个阶段的制作环节中，编辑、合成主要运用后期制作软件 Premiere、After Effects 等进行统一制作。

后期合成不仅仅是简单地把每个镜头需要的元素合在一起，很多效果也是在这个环节合成在影片中，同时可以对画面进行大量的灯光校准、色调调和、景深处理、特效组合等。没有一个镜头在完成基础合成后不需要任何后期调整就能出品。因为需要考虑电影整场的统一性、整部电影的气氛和走势，导演会在这个关键环节对于出品的镜头作最后的调整，使之更加完美。

后期剪辑是动画生产流程的最后环节，数字动画制作流程中由于成本控制的需要，不会在影片结束时大量剪辑，编辑师会在前期分镜、Layout 阶段基本完成镜头排序，尽量避免不必要的工作。

以上就是数字动画制作的一般流程，在制作过程中通常会根据具体的项目进行一些细微的流程调整，也会根据所使用的数字化制作软件的不同而在制作流程上有一定的区别。下面以目前最常用而最容易掌握的数字化软件技术二维动画软件 Flash 和三维动画软件 Maya 为例，说明专业动画制作的流程。

【实例分析 6-3：创梦数码科技网络二维动画《大话李白》动画制作流程】

《大话李白》系列动画以原创音乐和原创动画为创作资源，是创梦数码独立开发的动画品牌。

1. 人物设定

动画短片为达到想要的轻松搞笑的效果，在人物设计上力求生动可爱。重要的角色有李白、王维、玉环、皇上、三大黑客、金素美。他们在剧情中是以不同性格和感觉出现的，所以设计造型的同时考虑到人物的很多方面，以协调剧情中的应用。《大话李白》角色造型设计如图 6-26 所示。

2. 分镜草稿

本片的分镜从草图到动态效果都直接在 Flash 软件中完成，可以直接在 Flash 中进行动态分镜的预览，减少了复杂的制作分镜的步骤。把动作简单概括地画出来，每个镜头停留的时间都可以很好地把握，使动画制作者更直观地理解动画。《大话李白》分镜头设计如图 6-27 所示。

■ 图 6-26 《大话李白》角色造型设计

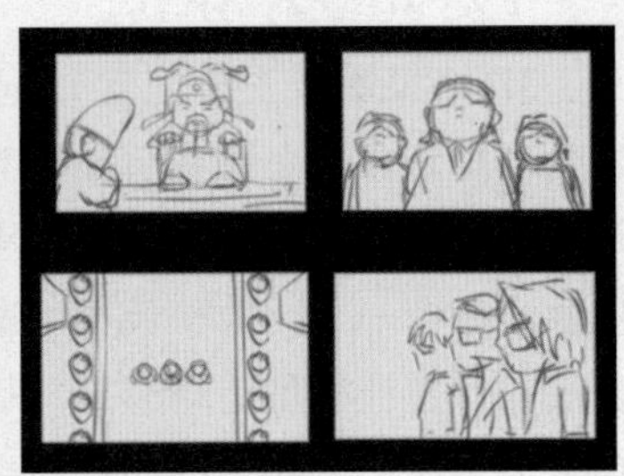

■ 图 6-27 《大话李白》分镜头设计

3. 动画制作

在 Flash 动画技术里其实手法非常多样化，但最重要的是最后的视觉效果。组件的逐帧移动尽管可以表达很多动作感，但少不了真正的逐帧动画。这需要对动作的理解和对运动速度的把握。奔跑和跳跃其实每帧都在不停地变化，另外角度的变化也是同样需要动画制作者对结构的理解。《大话李白》动作设计如图 6-28 所示。

4. 配音工程

配音对于 Flash 影片的最终效果影响很大。创梦数码在该片的配音部分，使用较好的录音采样设施，从而达到更好的录音品质。

5. 音乐音效

《大话李白》系列片中另一个被关注的地方就是"原创音乐"。创梦数码在《大话李白》第一话中，有一首表现李白和玉环分手后二人思念情怀的歌曲《穿越时空》，还有第二话片尾曲《瞬息万变》，都是经过一个精心的制作流程创作而来。《大话李白》音乐音效制作如图6-29所示。

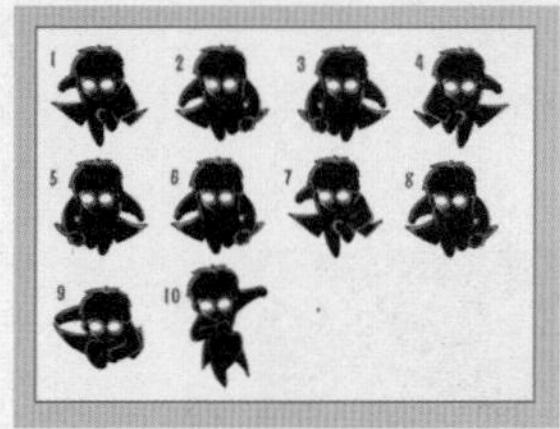

■ 图6-28　《大话李白》动作设计

■ 图6-29　《大话李白》音乐音效制作

6. 调整合成

最后一步也是最为关键的一步就是合成。首先是画面部分，包括动画和背景以及镜头和场景的合成。还有就是声音部分，包括配音音效和背景音乐，配音的合成必须要和人物的说话时间和表情相吻合，需要反复调试。音效在烘托气氛上起关键性的作用，它可以增强画面的视觉冲击力。在适当的环境下加上适当的背景音乐，会更加突出画面以及声音传达情感。由于本片是用于网络传播，所以没有单独再使用后期合成软件，而是直接在Flash软件中进行了音乐、音效、动画、背景等合成。《大话李白》后期合成制作如图6-30所示。

■ 图6-30　《大话李白》后期合成制作

总之，一个完整作品，与创梦数码全体成员通力协作是分不开的，只有良好的合作，才能使作品更加完美。

【实例分析 6-4：西藏题材三维动画《格萨尔王》动画制作流程】

《格萨尔王》是一部数字三维动画电影，主要内容是西藏古代民间英雄格萨尔王从出生到为王的经历。我们一起来看看这部数字三维动画的制作流程。

1. 剧本

故事围绕西藏古代民间英雄格萨尔王的经历展开，他自幼流浪在草原，经受了各种磨难，在草原盛大的赛马会上获胜并被拥戴为王，从此为了保护草原众生而征战八方，战胜草原上最大的恶魔鲁赞，并受降鲁赞妹妹阿达拉姆，获得一段完美的爱情。

2. 造型设计

①角色造型设计。根据剧情的角色个性描述，逐一将各角色设计出来。注意展现西藏特色，需要了解西藏人物的形象特色和服装特点，特别对故事所在的历史时期装束的展现。《格萨尔王》角色造型设计如图 6-31 所示。

■ 图 6-31　《格萨尔王》角色造型设计

②场景造型设计。场景造型设计主要需要注意西藏建筑风格的特色，考虑整体的布局，并为后续模型材质制作打好基础。《格萨尔王》场景造型设计如图 6-32 所示。

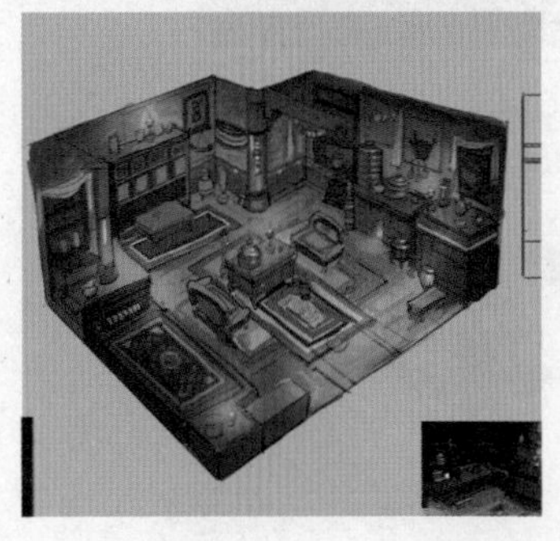

■ 图 6-32　《格萨尔王》场景造型设计

■ 图6-32　《格萨尔王》场景造型设计（续）

③灯光效果氛围图。灯光效果氛围图是从空间和景深关系、光线和光效的设计、烟雾云层和浮尘的表现、多种特效的综合设计表现动画场景中的气氛氛围，从而有更好的视觉表现，能尽早地感受到动画中的后期效果，更直观地认识动画的风格。《格萨尔王》灯光效果氛围设计如图 6-33 所示。

■ 图6-33　《格萨尔王》灯光效果氛围设计

3. 分镜设计

分镜设计根据前期、场景、道具设计结合剧本文字的情节，由文字转化为画面。还要指明画面的构图，影片的节奏，人物的位置、动作、表情等信息，分镜头、场面调度等。这是 3D 环节正式制作中最重要的参考，就像搭建大楼所需要的建筑设计图纸一样。《格萨尔王》分镜设计如图 6-34 所示。

■ 图6-34　《格萨尔王》分镜设计

4. 3D模型制作

模型制作主要是严格按照 2D 设计稿制作出 3D 立体图像，在制作模型过程中需要按照模型基本制作要（合理的点、线、面分布）制作出符合各后续环节生产需要的优化文件。

①角色模型。按照 2D 角色设计稿制作出 3D 立体模型，特别注意合理的点、线、面分布。《格萨尔王》3D 角色模型图如图 6-35 所示。

②场景模型。按设计稿制作出 3D 立体模型，注意场景分布，特别是场景间的比例关系。《格萨尔王》3D场景模型图如图 6-36 所示。

■ 图 6-35　《格萨尔王》3D 角色模型图

■ 图 6-36　《格萨尔王》3D 场景模型图

③道具模型。按 2D 设计制作 3D 模型。《格萨尔王》3D 道具模型如图 6-37 所示。

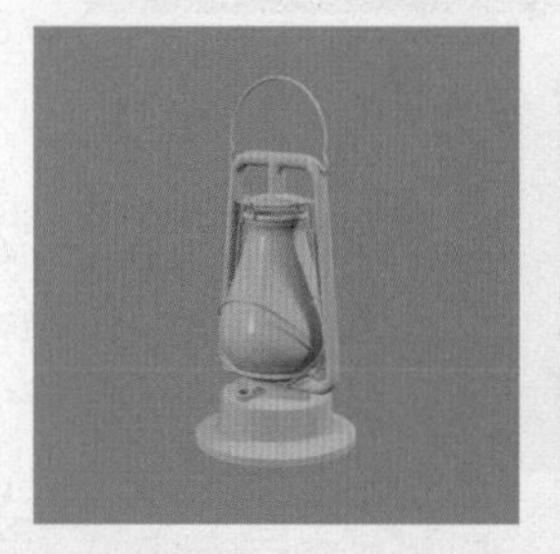

■ 图 6-37　《格萨尔王》3D 道具模型

5. 材质贴图

严格按照 2D 设计稿上提示的各色彩、质地要求来对模型添加相应的纹理、质感，最大化地优化节点，减少后序环节文件量过大的制作压力。《格萨尔王》3D角色材质贴图如图 6-38 所示；《格萨尔王》3D 场景材质贴图如图 6-39 所示；《格萨尔王》3D道具材质贴图如图 6-40 所示。

■ 图 6-38　《格萨尔王》3D 角色材质贴图

■ 图 6-39　《格萨尔王》3D 场景材质贴图

6. 三维绑定

角色模型上添加骨骼系统，让模型能够运动起来。需 2D 提供 Pose 图、各角色生理结构和运动规律并归纳故事板中角色运动的特点来制作。《格萨尔王》角色绑定图如图 6-41 所示。

■ 图 6-40　《格萨尔王》3D 道具材质贴图

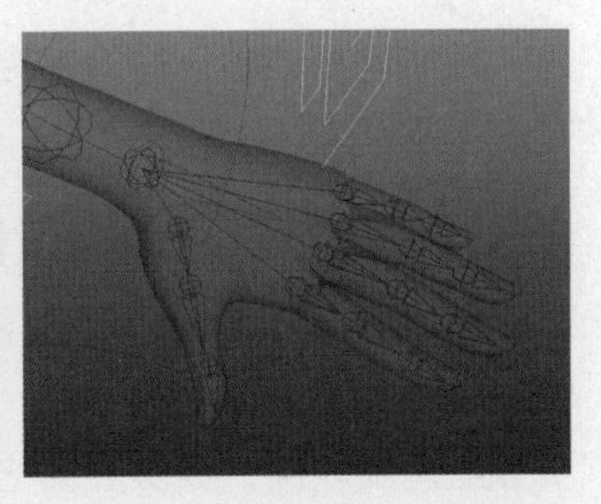

■ 图 6-41　《格萨尔王》角色绑定图

7. 三维动画制作

按照分镜及故事情节来制作角色的动作表演，赋予模型角色生命力。该环节是依据绑定环节的关节控制器来调节。《格萨尔王》角色动画制作如图 6-42 所示。

8. 三维特效制作

风、火、雷、电、雾、爆炸、水、魔法等，根据前期特效参考图来制作。《格萨尔王》特效图如图 6-43 所示。

■ 图 6-42　《格萨尔王》角色动画制作

■ 图 6-43　《格萨尔王》特效图

9. 灯光

该环节是动画作品中最重要组成部分，很多视效效果都由这里实现。需对画面进行大量的灯光校准、色调调和、景深处理、特效组合等。《格萨尔王》灯光效果如图 6-44 所示。

10. 后期合成

利用后期制作软件将在三维中制作的内容进行编辑合成，同时进行声音音效等处理，最后进行文件输出。《格萨尔王》最后合成效果如图 6-45 所示。

■ 图 6-44　《格萨尔王》灯光效果

■ 图 6-45　《格萨尔王》最后合成效果

6.6 数字动画制作技术

数字动画的制作是运用传统动画的制作原理，在计算机中通过数字软件来实现，其工艺核心是数字软件。

6.6.1 数字动画前期设计技术

图形图像处理软件主要用于实现数字动画制作中前期的平面设计部分，而其中 Photoshop 软件是大家最为熟悉和使用最广泛的数字图像处理软件，它存储文件属于图像格式。Pinter 软件是专业绘画类软件，提供多种艺术笔刷，能够绘制出传统手绘效果的艺术风格。在数字动画的前期设计中，运用数位板和 Photoshop、Pinter 等软件结合，利用软件的画布、应用工具、画笔、图层工具、色彩工具及软件的辅助工具和特效系统，可以绘制角色、场景和分镜的草图或正稿。

【实例分析 6-5：《西游记之大圣归来》动画电影前期设计制作】

《西游记之大圣归来》是根据中国传统神话故事进行拓展和演绎的 3D 动画电影。影片讲述了已于五行山下寂寞沉潜五百年的孙悟空被儿时的唐僧——俗名江流儿的小和尚误打误撞地解除了封印，在相互陪伴的冒险之旅中找回初心，完成自我救赎的故事。《西游记之大圣归来》画风写实，场景设定梦幻玄妙，画面美感十足。下面我们来看看利用数字绘画实现的前期设计画面。《西游记之大圣归来》前期场景设计如图 6-46 所示；《西游记之大圣归来》前期角色造型设计如图 6-47 所示；《西游记之大圣归来》前期氛围设计如图 6-48 所示。

■ 图 6-46 《西游记之大圣归来》前期场景设计

■ 图 6-47 《西游记之大圣归来》前期角色造型设计

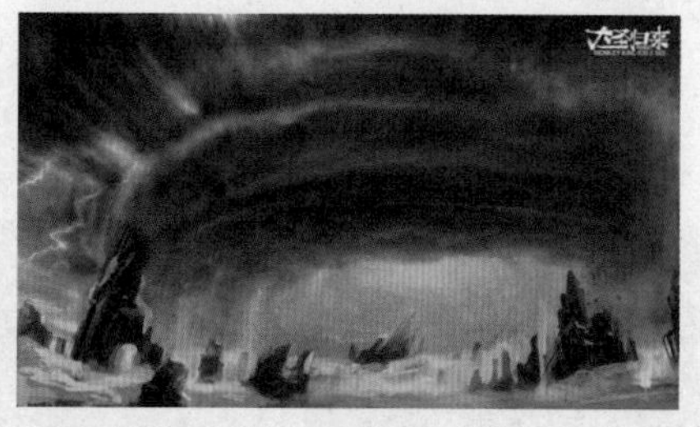

■ 图 6-48 《西游记之大圣归来》前期氛围设计

这些精彩的前期设计全部都是利用计算机完成的。利用计算机软件进行丰富、精彩的前期美术设计，为后续的动画工作做好准备，这是非常关键的部分。如果没有好的前期设计，动画的中后期都将无法进行，并且动画的最终效果会大打折扣。

6.6.2 数字动画中期制作技术

由于数字二维和三维动画在中期制作中使用软件技术相差甚远，其中期制作流程和技术差别较大，所以在数字动画中期制作中分别以二维动画、三维动画制作技术来进行说明。

1. 数字二维动画中期制作技术

伴随数字技术的发展，专业的二维动画数字化制作软件越来越多，功能越来越强大，但大多都是基于纸上动画的原理进行开发。以 Flash 为例，在其模块中可以运用造型工具和填充工具实现角色、场景线稿的绘制，其存储格式属于矢量图形。其主要功能是实现各种动画效果，在时间轴中通过关键帧技术实现角色运动、镜头移动等动画效果，通过绘图纸外观功能实现在关键帧之间添加中间的动画张，在图层编辑工具通过图层的顺序改变中实现动画分层处理，同时通过引导层动画实现曲线运动的效果。

随着二维动画软件的不断提升，出现了骨骼绑定的相关技术。Flash 中也引入了骨骼绑定系统，它们通过骨骼绑定相关的控制点，调节权重来实现骨骼带动角色的动画模式，但骨骼系统在二维动画软件中还不够完善，角色各控制点只能在同方向上运动，角色不能够灵活地转面、运动等。

2. 数字三维动画中期制作技术

数字三维动画就制作平台而言首推 Maya。Maya 是美国 Autodesk 公司出品的三维动画软件，应用对象是专业的影视广告、角色动画、电影特技等。Maya 功能完善，工作灵活，制作效率极高，渲染真实感极强，是电影级别的高端制作软件。Maya 是最为流行的顶级三维动画软件之一，在国内外绝大多数的视觉设计领域都在使用 Maya。该软件功能强大，体系完善，而且与最先进的建模、数字化布料模拟、毛发渲染、运动匹配技术相结合。Maya 的应用领域极其广泛，如《指环王》《蜘蛛侠》《疯狂原始人》《冰雪奇缘》《驯龙记》《西游记之大圣归来》等都是出自 Maya 之手。至于其他领域的应用更是不胜枚举。《冰雪奇缘》如图 6–49 所示；《疯狂原始人》如图 6–50 所示。

■ 图6–49 《冰雪奇缘》

■ 图6–50 《疯狂原始人》

6.6.3 数字动画后期编辑合成技术

数字动画短片的后期制作大多都是通过非线性编辑和后期合成软件完成的。在这些制作方面，技术占有比较重要的地位，甚至很多东西的完成需要技术手段来表现。技术可以转变为电影、动画的感染力。

后期制作软件有 Flame 、flint 、Infenot、Smoke、Adobe Premiere 和 After Effect 等。下面简单介绍后期编辑合成的情况。

After Effects 并不是非线性编辑软件，它主要是用于影视后期制作。该软件可以帮助用户高效且精确地创建无数种引人注目的动态图形和震撼人心的视觉效果。利用与其他 Adobe 软件无与伦比的紧密集成和高度灵活的 2D 和 3D 合成，以及数百种预设的效果和动画，能够为电影、视频、DVD 和 Flash 作品增添令人耳目一新的效果。其强大的路径功能就像在纸上画草图一样；强大的特技控制使用多达 85 种的插件修饰增强图像效果和动画控制。同其他 Adobe 软件的结合使 After Effects 在导入 Photoshop 和 Illustrator 文件时能够保留层信息。After Effects 提供多种转场效果，并可自主调整，让剪辑者通过较简单的操作就可以打造出自然衔接的影像效果。

Adobe Premiere 是一款常用的视频编辑软件，编辑画面质量比较好，有较好的兼容性，且可以与 Adobe 公司推出的其他软件相互协作。Premiere 提供了采集、剪辑、调色、美化音频、字幕添加、输出、DVD 刻录的一整套流程，并和其他 Adobe 软件高效集成，使用户足以完成在编辑、制作、工作流上遇到的所有挑战，满足创建高质量作品的要求。

6.7 数字动画的应用领域

动画是一种综合艺术门类，是工业社会人类寻求精神解脱的产物，是集绘画，漫画、电影、数字媒体、摄影、音乐、文学等众多艺术门类于一身的艺术表现形式。近年来，随着科学技术的发展和数字动画的兴起，动画的应用领域日益扩大，并带来了一系列社会效益和经济效益。

6.7.1 电影和电视

数字化动画最早应用于电影业。发达的数字制作技术与优秀的动画师的结合推动了数字动画的发展，影片开始在计算机上面进行直接的合成。数字化模式下还能制作出奇幻、科幻式奇效等手绘无法完成的画面效果。1986 年，迪士尼利用数字化技术制作了《妙妙探》，之后数字化动画技术在动画领域中得到了广泛的应用。如动画电影《海底总动员》《花木兰》等都是脍炙人口的三维和二维动画。数字动画在电影业中还有一个主要的运用就是数字特效，如《最终幻想》《终结者》《西游记之大圣归来》等，很多都采取了三维动画技术。电视中，数字动画技术应用地更加广泛，例如，电视广告、动画片、栏目包装、舞台美术等，现在甚至连新闻播报也运用了数字动画技术。运用数字动画技术能制作出各种精美的视觉效果，给人美的享受。

6.7.2 教育和科研

数字动画在教育方面有着广泛的应用价值，有些基本概念、原理知识和方法在实际教学中有可能无法用实物演示，这就可以借助数字动画技术把比较抽象的原理知识用更直观、更形象的方式展示出来。而且利用数字动画技术，可以将科学计算过程及计算结果转换为几何图形或图像信息在屏幕上显示出来，以便于观察分析和交互处理。在一些复杂的科学研究中，比如航空、航天等，利用数字动画技术进行模拟分析，可以达到设计可靠的目的，减少重大的损失。

6.7.3 游戏、手机娱乐和互联网

数字动画技术在游戏、手机娱乐和网络等方面有着广阔的发展空间。PC 游戏和网络游戏的不断开发和制作离不开数字化技术。随着移动通信带宽的拓展以及手机硬件的改善，手机成为集短信、图片、歌曲、游戏、流媒体于一体的便携式多媒体个人娱乐平台，手机娱乐的时代已经全面到来，更是数字动画的用武之地。互联网流行的趣味性动画表情、动作、动画等，对网络文化内容的丰富、趣味性的提高都有很大的促进作用，这些都需要数字动画技术。

6.7.4 虚拟现实和 3D Web

虚拟现实和 3D Web 是利用数字动画技术模拟产生的三维动画的虚拟环境系统。用户借助于系统提供的视觉、听觉甚至触觉的设备，“身临其境”地置身于这个虚拟环境中“随心所欲”地活动，就像在真实世界中一样。

思考题

6-1　简述动画形成的原理。

6-2　简述传统动画与数字动画的区别。

6-3　简述传统动画的制作流程。

6-4　简述数字二维动画与三维动画的区别。

6-5　简述数字二维动画与三维动画制作流程上的区别。

6-6　简述数字动画制作后期编辑合成技术。

6-7　简述数字动画应用领域的广泛性。

知识点速查

◆视觉残留现象：指两个视觉印象之间的间隔不超过 0.1 s，前一个视觉印象尚未消失而后一个视觉印象产生，并与前一个视觉印象融合在一起。

◆动画：是动画艺术家将原本没有生命的形象符号赋予生命，再将有生命的形体创造出现的艺术生命与性格的视听艺术形式。

◆传统动画：是将一系列连续变化的画面描绘在胶片上，采用逐格拍摄方法，再以每秒 24 帧的速度放映到银幕上。

◆原画：是一个完整动作过程的若干关键瞬间，要将动画角色的性格特点表现出来，原画是造型符号，是使动画角色获得生命力和性格的关键。

◆分镜头剧本：又称故事板，是导演根据文学剧本进行再创作的一个工作台本，体现导演的创作设想与艺术风格。

◆分镜头台本：是根据分镜剧本以画面的形式表现内容，其画面内容有角色运动、景别大小、背景变化、镜头调度和光影效果等视觉效果。

第 7 章 游戏设计

本章导读

本章共分 7 节，内容包括游戏概述、游戏设计的基本原理及流程、游戏设计相关技术、区块链 + 游戏，以及游戏的发展状况。

本章从游戏设计的相关基础知识及基本技能入手，首先介绍游戏的概念及分类，然后探讨数游戏设计基本内容和流程，剖析游戏创意设计、游戏设计文档、游戏设计的基本过程、常用的游戏编程语言及游戏引擎，将数字游戏设计的全过程进行结合，同时对游戏的发展及游戏市场进行了分析，让读者从技术和商业的角度对游戏设计都有一个全面的认识。

学习目标

- ◆理解游戏设计基本概念；
- ◆掌握游戏设计流程；
- ◆掌握游戏创意的内涵和外延；
- ◆评价各类游戏；
- ◆了解中国游戏发展状况及市场状况；
- ◆了解游戏文档设计的类型；
- ◆了解游戏开发语言种类及特征。

知识要点和难点

1．要点

游戏设计基本概念，游戏开发语言种类及特征，中国游戏发展状况及市场状况。

2．难点

游戏设计流程，游戏创意的内涵和外延。

7.1 游戏概述

游戏和娱乐是人的天性，它几乎和人类文明相伴而生，同人类文明一样历史久远。从最初的以对现实生活的模拟、对生产技能的训练为基本内容的游戏，到当今以娱乐为主题的游戏，现代游戏已经逐渐褪去了最初的功利色彩，而成为一种纯粹的休闲手段。

随着技术的进步，游戏的形式发生了显著的变化，但其精神内核始终未变——游戏是人类发明出来的一种愉悦身心的工具。

娱乐已经成为我们这个时代的一个重要特征。游戏已经形成一个庞大的产业。游戏产业是指依托人的创造力和想象力，借助信息技术与艺术的融合进行创造的文化创意产业。

在日本和韩国，游戏产业超过了传统制造业成为国民经济的重要支柱产业，日本的游戏产业产值接近 GDP 的 1/5，而韩国的游戏业则担负起了振兴国民经济的使命。游戏市场的发展蒸蒸日上，游戏正在跨进高雅的艺术殿堂。游戏已成为继文学、戏剧、绘画、音乐、舞蹈、建筑、电影、电视之后的第九艺术。现代主要游戏方式如图 7-1 所示。

■ 图 7-1　现代主要游戏方式

7.1.1　游戏的本质

游戏的概念如下：

①娱乐活动，如捉迷藏、猜灯谜等。[①]

②体育的重要手段之一。文化娱乐的一种。有发展智力的游戏和发展体力的游戏两类。前者包括文字游戏、图画游戏、数字游戏等，统称智力游戏；后者包括活动性游戏和竞赛性游戏。[②]

③没有明确意图、纯粹以娱乐为目的的所有活动。[③]

④一种由道具和规则构建而成、由人主动参与、有明确目标、在进行过程中包含竞争且富于变化的以娱乐为目的的活动，它与现实世界相互联系而又相互独立，能够体现人们之间的共同经验，能够体现平等与自由的精神。[④]

游戏本质是具有特定行为模式、规则条件、身心娱乐及胜负的一种行为表现。

①行为模式：游戏会有特定的流程模式，这种流程模式是贯串整个游戏的行为，我们必须按照它的流程模式来执行。倘若一种游戏没有特定的行为模式，那么我们就会没有执行的行为，这个游戏也就玩不下去了。

②规则条件：游戏规则就是大家必须遵守的游戏行为，只要是大家所一致认同的游戏行为，

① 中国社会科学院语言研究所词典编辑室 . 现代汉语词典 [M]. 7 版 . 北京：商务印书馆，2016.

② 上海辞书出版社 . 辞海 [M]. 7 版 . 上海：上海辞书出版社，2019.

③ 赫伊津哈 • 游戏的人 [M]. 杭州：中国美术学院出版社，1998.

④ 沃尔夫冈 • 克莱默 .

游戏中的玩家就必须遵守。如果我们不能遵守这种游戏行为，那么它就失去了公平性。

③身心娱乐：游戏所带来的娱乐性，关键在于它为玩家所带来的新鲜刺激感，这也是游戏的精华所在。不管是很多人玩的在线游戏，还是一个人玩的单机游戏，游戏本身都具有娱乐刺激性，使得玩家们会不断地想要去玩它。

④胜负：胜负是所有游戏的最终目的。一个没有胜负的游戏，也就少了它存在的意义。

7.1.2 游戏的特点及分类

游戏设计师安德鲁·罗琳斯认为，游戏是一种参与或交互的娱乐形式，具有参与（Participation）、互动（Interactive）、娱乐（Entertainment）的特性。游戏是以娱乐为主的行为，也是过程性的行为，游戏的可玩性（Gameplay）是过程的重点。游戏可玩性源于游戏规则，体现了游戏的目标性、变化性和竞争性，是游戏规则在游戏过程中的具体表现。

人们出于不同的目的去阅读文学作品、聆听音乐，但玩游戏的目的却只有一个，那就是获得娱乐。每个人都需要娱乐，如果把人的生活分为两部分，在求生存之外，剩下的部分就是娱乐。游戏能够提供娱乐，它可以让人在辛苦的工作和学习之后，暂时逃离日常生活的例行公事。人们在闲暇之余玩一会儿游戏，和原始人在狩猎之后围着篝火跳舞并没有本质上的区别。现在所说的游戏主要是指电子游戏。

1. 电子游戏的特点

电子游戏是指人通过电子设备，如计算机、游戏机、手机等，进行游戏的一种娱乐方式。电子游戏的特点如下：

①基于电子计算机技术，这点使电子游戏区别于普通玩具和传统机械游戏机（如小钢珠弹子机等）。

②主要用途是娱乐，这点指出了电子游戏不同于普通用途（如科研、商务、办公、教育等）计算机系统的特性。

2. 电子游戏的分类

比较常用的电子游戏分类方法有两种：一种是按照运行游戏的不同硬件平台分类，另一种是根据游戏软件的内容题材进行分类。

1）按硬件平台分类

由于设计理念的不同，电子游戏所依托的基础环境游戏平台也各不相同，原则上可分为单机游戏和网络游戏两大类：

①单机游戏：用于单一玩家在独立游戏平台上操作的电子游戏，主要分为计算机游戏、电视游戏、业务用机、便携游戏等几种类型。其中，电视游戏机、业务用机、便携式游戏机属于专用游戏机范畴。

②网络游戏：依托互联网或局域网，由多人共同参与的电子游戏，可分为联网游戏（Net Game）和在线游戏（Online Game）两种。

电子游戏最大的特征就是数字化，所以也可以称之为数字游戏。

数字游戏包括三个主要的部分，即核心机制、交互性、叙事性。核心机制可以理解为游戏玩法和规则，它决定了游戏的可玩性。大多数游戏具有复杂的关卡设计和游戏规则，但是也有很多类似俄罗斯方块游戏，提供简单但是持久的快乐。叙事部分为游戏提供一个背景故事，引导游戏者在悬念和历险中体验到游戏的时间观与内涵。交互性是人与机器之间的沟通和反馈，通过软件和硬件的顺畅配合来创造良好的可用性和可玩性。

2）按内容题材分类

根据游戏软件的内容题材，电子游戏可分为动作类游戏、冒险类游戏、角色扮演类游戏、模拟类游戏、体育游戏、策略类游戏和战略类游戏等。

①动作类游戏（ACT）是所有游戏类别最基本的游戏玩法模式，是游戏界占有最大市场的游戏类型。其通常以游戏者替身的视角进行游戏，这一类游戏最常见的是第一人称射击类游戏（First-Person Shooting Game，FPS）。严格来说，第一人称射击游戏属于 ACT 类游戏的一个分支，由于其在世界上的迅速风靡，使之发展成了一个单独的类型。FPS 游戏是以玩家的主观视角来进行射击游戏。玩家们不再像别的游戏一样操纵屏幕中的虚拟人物来进行游戏，而是身临其境地体验游戏带来的视觉冲击，这就大大增强了游戏的主动性和真实感。早期第一人称类射击游戏所带给玩家的一般是屏幕光线的刺激和简单快捷的游戏节奏。随着游戏硬件的逐步完善，以及各种游戏的不断结合，第一人称射击类游戏提供了更加丰富的剧情以及精美的画面和生动的音效。

②冒险类游戏（AVG）主要是关于探险的。游戏角色回去寻找、发现物品以及解决难题。早期的冒险游戏是基于文字的，需要游戏者输入运动命令。进入一个新的地方或者房间，则需要给出一个所处位置简单的描述，例如“你在一个有着扭曲过道的迷宫中，周围一切都非常相似”。最好的冒险游戏就像交互书籍或故事，玩家决定下一步发生什么，以及在何种情况下发生。一般来说，指令与解密是冒险游戏的两大要素。文字冒险游戏逐渐进化，开始通过静态图像带给游戏者关于环境的概念。随着三维技术的发展，游戏者可以处在第一人称或者第三人称视角的环境中来体验游戏。冒险游戏需要依赖故事，并且通常是线性的，游戏者需要逐个任务地寻找解决办法，随着故事的发展，游戏者逐渐掌握预测游戏进程的能力，其能否成功取决于预测以及做出最好选择的能力。也可以说其是动作 RPG，玩法机制上不同，以解密为中心，缺少角色升级系统。架构特点是让玩家好像在看一场电影或一本小说。

③角色扮演类游戏（RPG）的流行可能是受到儿时游戏的影响。六七岁的小孩经常会受到故事书和玩具的启发，设想或从事一些激动人心的冒险。这类游戏源于桌面游戏，这些游戏移入计算机后，计算机承担了大量的游戏数据处理任务。角色扮演类游戏的核心在于扮演和培养，通常会向游戏者提供大量世界观设定以及故事剧本。最早风潮算是 TV 游戏上的《萨达尔传说》。动作角色扮演类游戏的技术是目前游戏类别中最专业的，包括故事剧情架构、人物特色表现、场景对象配置、物体动作设计等。角色扮演类游戏如图 7-2 所示。

《赛尔代传说》

■ 图 7-2　角色扮演类游戏

④模拟类游戏（Simulation Game）的目标是重建一个尽可能正式的场景。衡量模拟精确性的标准就是逼真度。大部分模拟游戏非常强调游戏的视觉外观、声音和物理学方面。这类游戏最大化地映射了真实的探险体验。此类游戏强调游戏环节总体沉浸性，要使游戏者能感觉处于其中，如同自己正在驾驶飞机或者火车。模拟类游戏通常需要特殊的设备输入和控制器，如飞行操纵杆和方向舵踏板，或者建立一个正式的模拟仓环境来增强沉浸感。如《模拟火车》《模拟飞行》《模拟城市》《模拟人生》等。模拟类游戏如图 7-3 所示。

⑤体育游戏（SPG）与模拟类游戏相似，以人物运动为主，如篮球、足球等，突显运动游戏本身特点，目标是尽可能精确地再现比赛。游戏者可以参加各个级别的体育比赛，或通过逼真的三维环境来观看竞赛。体育类游戏都有经理人或赛季角逐设计。游戏者也可以选择教练、领队的角色，可以像职业棒球协会那样挑选、交换和推荐新的队员。在现代体育游戏中，还可以管理预算和安排年赛的时间表，以及在不同的体育场举办比赛或在不同的跑道上竞赛。体育类游戏如图 7-4 所示。

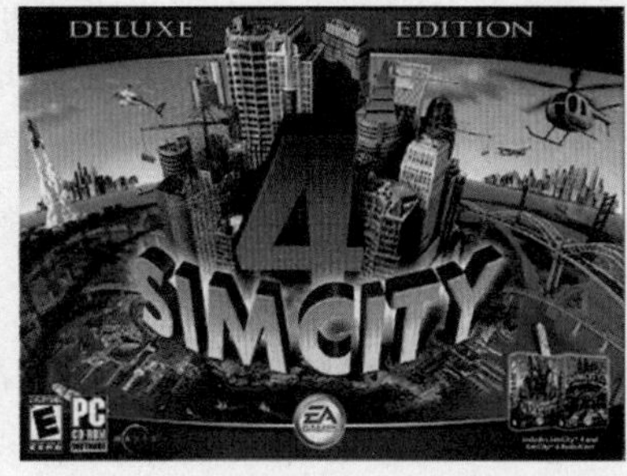

■ 图7-3　模拟类游戏

■ 图7-4　体育类游戏

⑥策略类游戏（Strategy Game）起源于已有几个世纪历史的笔纸类（Pen-and-Paper）桌面游戏。这类游戏提供给玩家一个可以动脑筋思考问题来处理较复杂事情的环境，允许玩家自由控制、管理和使用游戏中的人或事物，通过这种自由的手段以及玩家们开动脑筋想出的对抗敌人的办法来达到游戏所要求的目标。

Strategy 这个词语来自于希腊语 στρατηγια（Strategia），意思是“大将之才（华）”。

策略类游戏本身的含义非常广泛，只要玩家需运用大脑完成游戏所给的目标获得胜利，即可算作策略类游戏。这样看来，大多数益智游戏都是策略类游戏（例如国际象棋）。策略游戏所包含的“策略”一般都较为复杂。每一款策略游戏都不单单是为了“益智”，战术分部、心理战、机会利用都是策略游戏注重表现的。

通常，策略类游戏的题材都是在一种战争状态下，玩家扮演一位统治者，来管理国家、击败敌人。策略类游戏是一种以取得各种形式胜利的为主题的游戏。早在中古世纪，中国象棋、围棋、国际象棋就是策略游戏的雏形了。玩家利用棋盘上的棋子，以一种规则对对方进行攻击。这和电子游戏中拥有的多种多样的角色、复杂的游戏规则是一样的。现代电子策略游戏和早期策略游戏同根同源，只不过是更加复杂、更加有趣。策略游戏的分支和旁支如表 7-1 所示。

表 7-1　策略游戏的分支和旁支

策略类游戏（上一级为“模拟游戏”）	按规模	战略游戏	
		战术游戏	
	按进行方式	回合制战略游戏	
		回合制战术游戏	
		即时战略游戏	
		即时战术游戏	
	按主题	战争游戏	
		战术射击游戏	与射击游戏结合
		抽象策略游戏	
		策略角色扮演游戏	和角色扮演游戏结合
旁支		模拟角色扮演游戏	
		益智游戏	

⑦战略类游戏和策略类游戏有很多相似之处，《魔兽争霸》这类战略游戏中也包含了策略游戏中的经营成分。战略类游戏（WG）又分为两个不同的模式，一是实时的战略类游戏，主要是表现出游戏进行的持续性，游戏者需要反应快速，不太容易做深层次的思考；另一个是回合制的战略类游戏，双方交替进攻，使游戏者可以去思考其作战策略，两者的结合产生了实时回合混合制的游戏，如《炉石传说》。

策略和战略类游戏如图 7-5 所示。

《魔兽争霸》　《帝国时代》　《星际争霸》

■ 图 7-5　策略和战略类游戏

另外，游戏可按照有无道具分类，如图 7-6 所示。

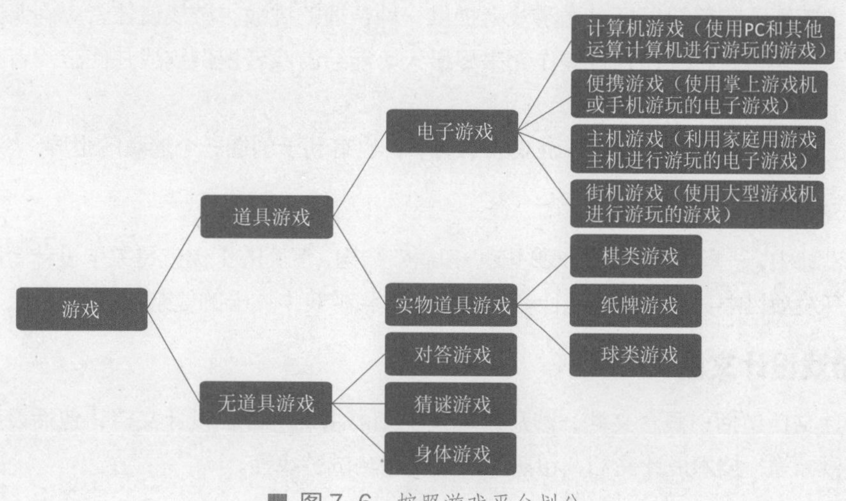

■ 图 7-6　按照游戏平台划分

7.2 游戏设计的基本原理及流程

信息时代文化、艺术与科技的交融和互动，给人们认识数字游戏产品和设计提供了新的维度。数字游戏是文化、艺术与科技交叉与融合的产物。

7.2.1 游戏创意

游戏创意是游戏中创新的创造的主意，很容易和和游戏策划混淆。游戏创意是一款好的游戏不可缺少的环节，它包括设计理念、游戏风格以及其他各种内容。一款让人们眼前一亮且回味无穷的游戏往往是因为它们具有与众不同的游戏理念。有独特理念的游戏不会给人们带来浮躁以及紧张感，相反，它可以帮助人们减轻压力。

1. 游戏构思

游戏构思需要定义游戏的主题和如何使用设计工具进行设计和构思。游戏的主题构思主要涉及以下问题：

①这个游戏最无法抗拒的是什么？

②这个游戏要去完成什么？

③这个游戏能够唤起玩家哪种情绪？

④玩家能从这个游戏中得到什么？

⑤这个游戏是不是很特别，与其他游戏有何不同？

⑥玩家在游戏世界中该控制哪种角色？

2. 游戏的非线性

非线性因素包括故事介绍、多样的解决方案、顺序、选择等。

从一定意义上来说，非线性的游戏就是让玩家按他们自己的意愿来编写故事。

3. 人工智能

游戏中人工智能的首要目标是为游戏者提供一种合理的挑战。游戏设计者应确保游戏中人工智能动作尽可能与构思相同，并且操作起来尽最大可能给游戏者提供挑战并使游戏者在游戏中积累经验。

游戏中的人工智能可以帮助展开游戏故事情节，也有利于创造一个逼真的世界。

4. 关卡的设计

在游戏设计中，一旦建立好了游戏的核心和框架结构，下面的工作就是关卡设计者的任务了。在一个游戏开发项目中，所需关卡设计者的数量大致和游戏中关卡的复杂程度成正比。

7.2.2 游戏设计文档

游戏设计文档包括：概念文档，涉及市场定位和需求说明等；设计文档，包括设计目的、人物及达到的目标等；技术设计文档，包括如何实现和测试游戏等。

概念文档主要对游戏设计的相关方面进行详述，包括市场定位、预算和开发期限、技术应用、艺术风格、游戏开发的辅助成员和游戏的一些概括描述。

设计文档的目的是充分描写和详述游戏的操控方法，用来说明游戏各个不同部分需要怎样运行。设计文档的实质是游戏机制的逐一说明：在游戏环境中玩家能做什么，怎样做和如何产生激发兴趣的游戏体验。设计文档包括游戏故事的主要内容和玩家在游戏中所遇到的不同关卡或环境的逐一说明。同时也列举了游戏环境中对玩家产生影响的不同角色、装备和事物。

设计文档并不从技术角度花费时间来描述游戏的技术方面。平台，系统要求、代码结构、人工智能算法和类似的东西都是涵盖在技术设计文档中的典型内容，因此要避免出现在设计文档中。设计文档应该描述游戏将怎样运行，而不是说明功能将怎样实现。

7.2.3　游戏设计的基本过程

设计创作游戏有四大要素分别是策划（游戏的灵魂）、程序（游戏的骨架）、美术（游戏的皮肤）和音乐（游戏的外衣）。游戏设计的基本过程大致可分为4个阶段。

1．游戏开发及项目基本流程

游戏开发从狭义上讲就是程序部门进行相关游戏程序的编写；从广义上讲，是整个游戏制作过程，这其中包括多个部门的人员配备。游戏的开发流程和游戏项目流程如图7-7和图7-8所示。

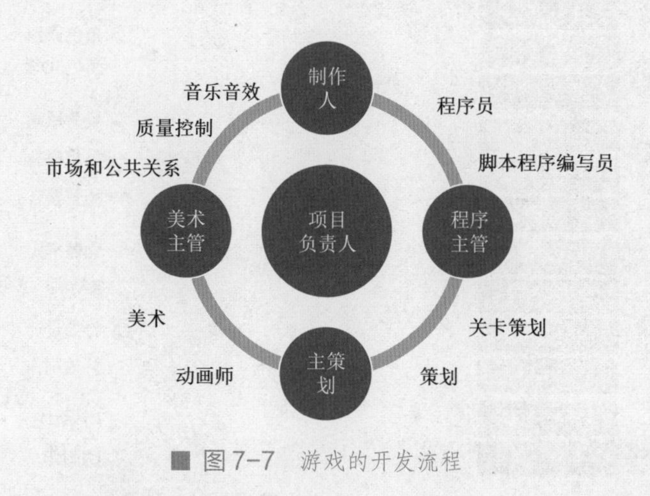

■ 图7-7　游戏的开发流程

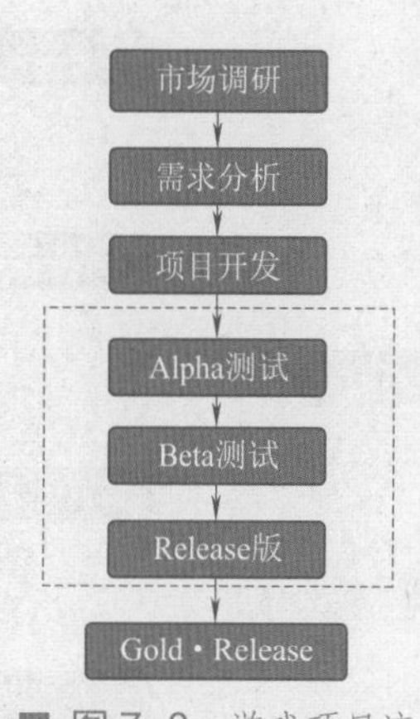

■ 图7-8　游戏项目流程

2．前期策划

前期策划是一项目开发的开始。策划团队首先要根据当前和未来一段时间的市场趋势、可用的人力资源、时间等要素定出大致方向，如选择游戏类型，是格斗游戏，还是角色扮演类？游戏有哪些独特的亮点？采用什么视角？大致长度是多少？什么时候发售？等等，然后写成一份草案，送交上层审批。待草案获得通过，策划者就要广泛地分析各种类型相近的游戏，交流和讨论，最后制定一份详尽的游戏设计文档。这份设计文档包括故事大纲、剧本、角色、视角、武器道具、战斗、系统、关卡分布等，而且要配图，用来详尽说明每一个部分的要求，给程序美工指明方向。游戏策划各流程人员如图7-9所示。

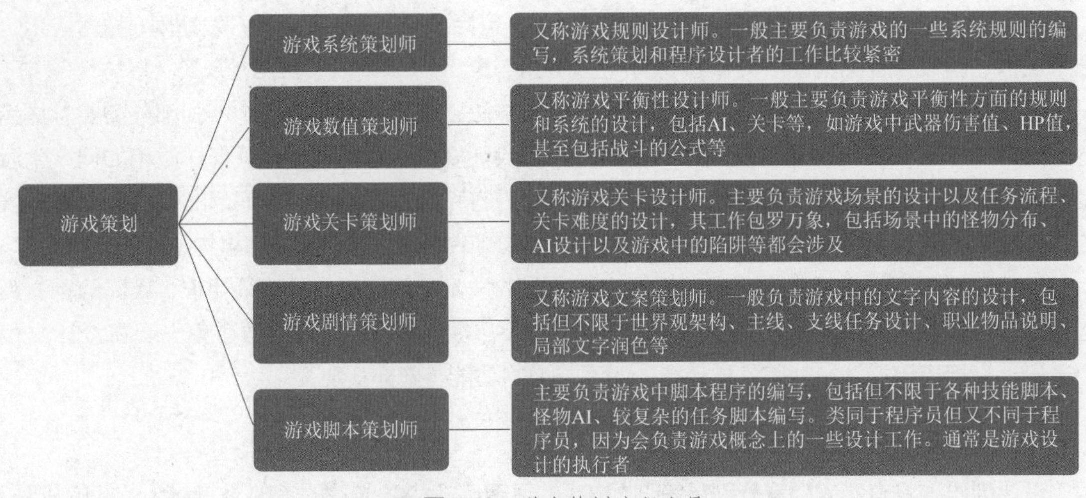

■ 图 7-9　游戏策划流程人员

3. 制作阶段

在制作阶段，不同工作组围绕游戏的预定目标进行紧张的制作。其中包括技术程序组、美术组、动画组、策划组、音效组、项目经理。游戏技术平台和游戏美术如图 7-10 和图 7-11 所示。

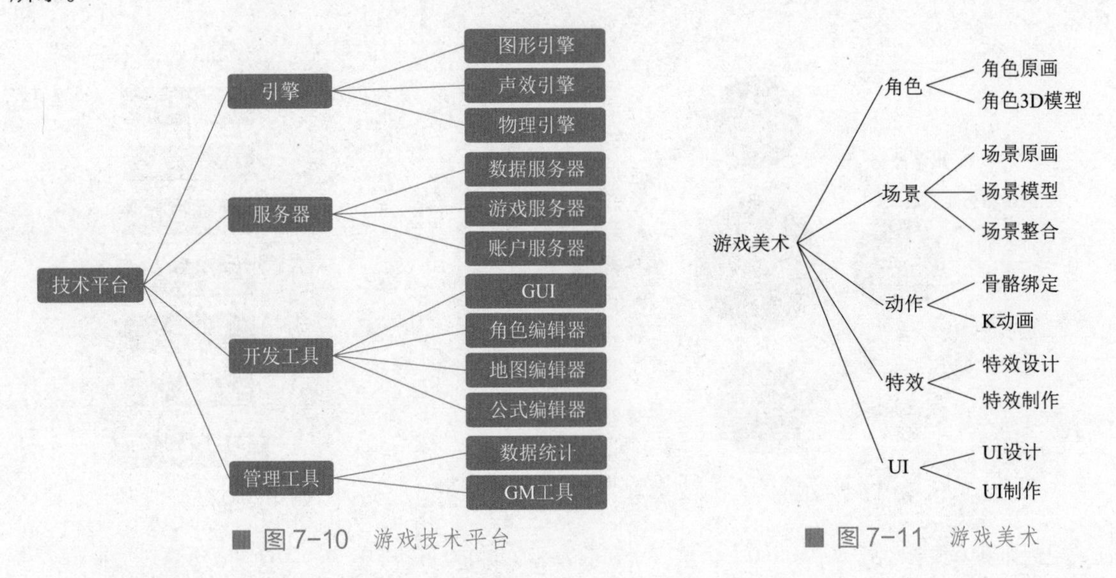

■ 图 7-10　游戏技术平台　　■ 图 7-11　游戏美术

4. 测试阶段

测试阶段分为三个阶段：Alpha 版、Beta 版、Release 阶段。

5. 提交阶段

测试阶段完成的 Master 版游戏需要进行标准化：加上官方编号、版权信息等。经过标准化处理的文件随后就连同其他一些资料被提交给主管进行审批。这些工作一般由项目经理完成。

7.3 游戏设计相关技术

游戏设计与制作涉及的相关技术是非常广泛的，总体上与游戏设计整个过程息息相关。它与动画最终呈现的方式有很大不同：动画是以视频作最终的结果；游戏是在引擎的环境下实时渲染呈现，其中的渲染计算、特效、解算等都需要大量的编程及技术支持来完成。游戏设计相关技术包括游戏编程语言、游戏和服务器、游戏引擎的制作与搭建，这些大的部分下又会细分出各种各样的分支，整体用到的技术是非常庞大的。

7.3.1 游戏编程工具

1. DirectX

（1）DirectX 简介

DirectX 是由微软公司开发的用途广泛的应用程序开发接口（Application Program Interface，API）。

① DirectX 5.0。此版本对 Direct3D 做出了很大的改动，加入了雾化效果、Alpha 混合等 3D 特效，使 3D 游戏中的空间感和真实感得以增强，还加入了 S3 的纹理压缩技术。DirectX 发展到 DirectX 5.0 才真正走向了成熟。

② DirectX 6.0。DirectX 6.0 中加入了双线性过滤、三线性过滤等优化 3D 图像质量的技术，游戏中的 3D 技术逐渐走入成熟阶段。

③ DirectX 7.0。DirectX 7.0 最大的特色是支持“坐标转换和光源”。3D 游戏中的任何一个物体都有坐标，当此物体运动时，它的坐标发生变化，即坐标转换。

④ DirectX 8.0。DirectX 8.0 的推出引发了一场显卡革命。它首次引入了“像素渲染”概念，同时具备像素渲染引擎（Pixel Shader，PS）和顶点渲染引擎（Vertex Shader，VS），反映在特效上就是动态光影效果。

⑤ DirectX 9.0。2002 年底，微软发布 DirectX 9.0。DirectX 9.0 中 PS 单元的渲染精度已达到浮点精度。全新的 VertexShader（顶点着色引擎）编程将比以前复杂得多，新的 VertexShader 标准增加了流程控制和更多的常量，每个程序的着色指令增加到了 1 024 条。

⑥ DirectX 9.0c。与过去的 DirectX 9.0b 和 Shader Model 2.0 相比较，DirectX 9.0c 最大的改进是引入了对 Shader Model 3.0（包括 Pixel Shader 3.0 和 Vertex Shader 3.0 两个着色语言规范）的全面支持。

（2）DirectX 的功能

① DirectX Graphics。

② DirectX Audio。

③ DirectPlay。

④ DirectInput。DirectInput 为游戏杆、头盔、多键鼠标以及力回馈设备等各种输入设备提供最先进的接口。DirectInput 直接建立在所有输入设备的驱动之上，相比标准的 Win32 API 函数具

备更高的灵活性。

（5）DirectShow。DirectX 8.0 中添加的部分新特性包括：新的过滤图形特性、Windows Media ™格式支持、视频编辑支持、新的 DVD 支持、新的 MPEG-2 传输和程序流支持、对广播驱动程序体系结构的支持、DirectX 媒体对象。

2. OpenGL

OpenGL 是近几年发展起来的一个性能卓越的三维图形标准，它是在 SGI 等多家世界闻名的计算机公司的倡导下，以 SGI 的 GL 三维图形库为基础制定的一个通用共享的开放式三维图形标准。

（1）OpenGL 的特点及功能

OpenGL 实际上是一个功能强大、调用方便的底层三维图形软件包。它独立于窗口系统和操作系统，以它为基础开发的应用程序可以十分方便地在各种平台间移植。它具有七大功能：

①建模。

②变换。

③颜色模式设置。

④光照和材质设置。

⑤纹理映射（Texture Mapping）。

⑥位图显示和图像增强。

⑦双缓存动画（Double Buffering）。

（2）OpenGL 的工作流程

① OpenGL Windows NT 下 OpenGL 的结构。

② OpenGL 在 Windows NT 下的运行机制，如图 7-12 所示。OpenGL 在三维图形加速下的运行机制如图 7-13 所示。

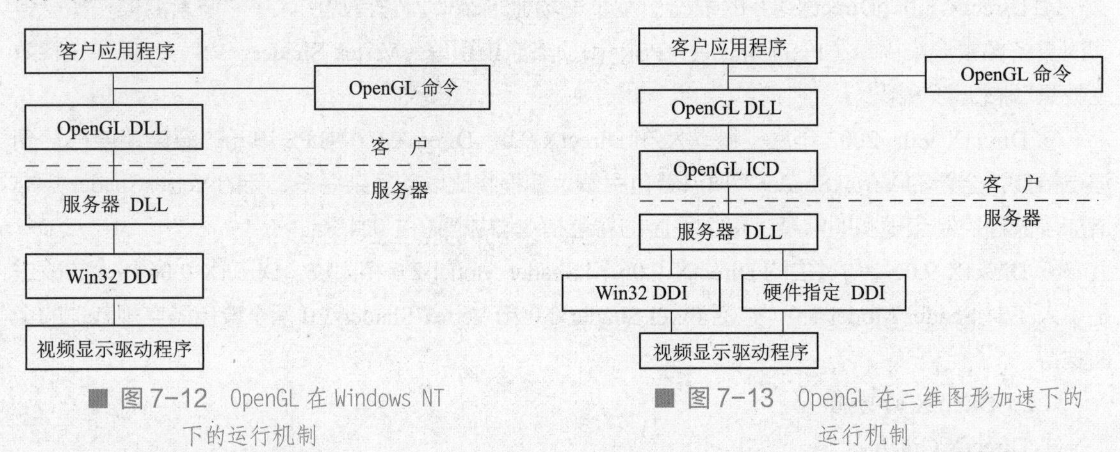

■ 图 7-12 OpenGL 在 Windows NT 下的运行机制

■ 图 7-13 OpenGL 在三维图形加速下的运行机制

3. 游戏编程语言简介

（1）C 语言

优点：有益于编写小而快的程序。很容易与汇编语言结合。具有很高的标准化，因此其他平台上的各版本非常相似。

缺点：不容易支持面向对象技术。语法有时会非常难以理解，并造成滥用。

移植性：C 语言的核心以及 ANSI 函数调用都具有移植性，但仅限于流程控制、内存管理和简单的文件处理。其他的东西都和平台有关。如为 Windows 和 Mac 开发可移植的程序，用户界面部分就需要用到与系统相关的函数调用。

（2）C++

优点：组织大型程序时比 C 语言好得多。很好地支持面向对象机制。通用数据结构，如链表和可增长的阵列组成的库减轻了由于处理低层细节的负担。

缺点：非常大而复杂。与 C 语言一样存在语法滥用问题。比 C 语言慢。大多数编译器没有把整个语言正确地实现。

移植性：比 C 语言好多了，但依然不是很乐观。因为它具有与 C 语言相同的缺点，大多数可移植性用户界面库都使用 C++ 对象实现。

（3）汇编语言

优点：最小、最快的语言。汇编语言能编写出比任何其他语言实现快得多的程序。

缺点：难学、语法晦涩、坚持效率，造成大量额外代码。

移植性：接近零。因为这门语言是为一种单独的处理器设计的，根本没有移植性可言。如果使用了某个特殊处理器的扩展功能，那么代码甚至无法移植到其他同类型的处理器上，如 AMD 的 3DNow 指令是无法移植到其他奔腾系列的处理器上的。

（4）Pascal 语言

优点：易学、平台相关的运行非常好。

缺点：“世界潮流”面向对象的 Pascal 继承者（Modula、Oberon）尚未成功。

移植性：很差。语言的功能由于平台的转变而转变，没有移植性工具包来处理平台相关的功能。

（5）Visual Basic

优点：整洁的编辑环境。易学、即时编译导致简单、迅速的原型。大量可用的插件。

缺点：程序很大，而且运行时需要几个巨大的运行时动态连接库。虽然表单型和对话框型的程序很容易完成，但要编写好的图形程序比较难。调用 Windows 的 API 程序非常笨拙，因为 VB 的数据结构没能很好地映射到 C 中。有面向对象功能，但却不是完全的面向对象。

移植性：非常差。Visual Basic 是微软的产品，因此被局限在微软实现它的平台上。

（6）Java

优点：二进制码可移植到其他平台。程序可以在网页中运行。内含的类库非常标准且极其健壮。自动分配合垃圾回收避免程序中资源泄漏。网上有数量巨大的代码例程。

缺点：使用一个“虚拟机”来运行可移植的字节码而非本地机器码。

移植性：低级代码具有非常高的可移植性，但是，很多 UI 及新功能在某些平台上不稳定。

（7）创作工具

优点：快速原型，如果游戏符合工具制作的主旨，或许能使游戏运行得比使用其他语言快。在很多情况下，可以创造一个不需要任何代码的简单游戏。使用插件程序，如 Shockware 及 IconAuthor 播放器，可以在网页上发布很多创作工具生成的程序。

缺点：专利权，如果要增加什么功能，将受到工具制造者的支配。必须考虑这些工具是否能满足游戏的需要，因为有很多事情是那些创作工具无法完成的。某些工具会产生臃肿的程序。

移植性：因为创作工具是具有专利权的，所以移植性与他们提供的功能息息相关。有些系统如 Director 可以在几种平台上创作和运行，有些工具则在某一平台上创作在多种平台上运行，还有的是仅能在单一平台上创作和运行。

7.3.2 游戏引擎

人们常把游戏的引擎比作赛车的引擎。引擎是赛车的心脏，决定着赛车的性能和稳定性，赛车的速度、操纵感这些直接与车手相关的指标都是建立在引擎基础上的。游戏也是如此。引擎是用于控制所有游戏功能的主程序，其主要功能包括从计算碰撞、物理系统和物体的相对位置，到接受玩家的输入，以及按照正确的音量输出声音等。

目前，游戏引擎已经发展为一套由多个子系统共同构成的复杂系统，从建模、动画到光影、粒子特效，从物理系统、碰撞检测到文件管理、网络特性，还有专业的编辑工具和插件，几乎涵盖了开发过程中的所有重要环节。

游戏引擎主要包括：

1. 图形引擎

图形引擎主要包含游戏中的场景（室内或室外）管理与渲染，角色的动作管理绘制，特效管理与渲染（粒子系统，自然模拟，如水纹、植物等模拟），光照和材质处理，级别对象细节（Level Object Detail，LOD）管理等。

2. 声音引擎

声音引擎功能主要包含音效、语音、背景音乐等的播放。音效是指游戏中及时无延迟地频繁播放且播放时间比较短的声音。

3. 物理引擎

物理引擎是指包含在游戏世界中的物体之间、物体和场景之间发生碰撞后的力学模拟，以及发生碰撞后的物体骨骼运动的力学模拟。较著名的物理引擎有黑维克（Havok）公司的游戏动态开发包（Game Dynamics SDK），还有开放源代码（Open Source）的开放动态引擎（Open Dynamics Engine，ODE）。

4. 数据输入/输出处理

数据输入/输出处理负责玩家与计算机之间的沟通，处理来自键盘、鼠标、摇杆和其他外围设备的信号。如果游戏支持联网特性，那么网络代码也会被集成在引擎中，用于管理客户端与服务器之间的通信。

【实例分析 7-1：Unity 引擎画质炸裂——互动游戏《死亡之书》】

Unity Demo 团队公布了一个第一人称互动故事游戏《死亡之书》（*Book of the Dead*），展示了 Unity 引擎在游戏制作上表现出的惊人画质水准。《死亡之书》展示了当使用 Unity 本渲染管线（Scriptable Render Pipeline）时所富含的潜力，提供强化版的 Unity 引擎渲染架构自定义，为游戏开发者提供更多掌控自由。

《死亡之书》根据 Unity 自带的高分辨率渲染管线模板打造，含有丰富的自定义功能。这里面所有的自然环境素材都是根据现实世界摄影扫描而来，其中绝大部分来自于公立图书馆 Quixel Megascans，该图书馆有大量经过扫描的高质量素材，被 3A 游戏开发团队和电影特效师广泛使用。

游戏中的环境在打造时是为了让玩家四处走走和探索，采用不间断第一人称视角，当玩家传送到一个不同的地点时，会有一种电影剪辑式的过渡感。

和传统的第一人称视角不同，该作的视角在设计时为了让玩家更有身临其境感，加入了惯性和质量。高度、速度和晃动感将会反映主角的感情状态，随着故事的向前发展，这些也都会不断改变。

《死亡之书》、Unity 3D 应用平台及画面展示图如图 7-14 和图 7-15 所示。

■ 图 7-14　《死亡之书》

■ 图 7-15　Unity 3D 应用平台及画面展示图

【实例分析 7-2：游戏引擎跨平台开发或为关键】

在国内外大型客户端网游的研发上，虚幻 4 称得上是最热门的引擎之一。韩国游戏开发商 ActionSquare 基于虚幻 4 引擎开发了手机游戏《刀锋战记 2》（블레이드 2），其宣传视频主要演示了游戏中三个职业的实机战斗画面，从视频中可以看出游戏的惊艳，让人不得不感叹虚幻 4 引擎的强大。虚幻 4《刀锋战记 2》如图 7-16 所示。

■ 图 7-16　虚幻 4《刀锋战记 2》

7.4　区块链 + 游戏

区块链作为证据存储方式被承认，现有的法律体系或将更加依赖以区块链为代表的技术手段。传统游戏行业长期受一些顽疾的困扰，如外挂泛滥、生命周期缩短、虚拟财产缺乏保障、分法渠道垄断、研发与 CP 分成过低等。从理论层面而言，区块链技术一旦成熟，这些问题都将迎刃而解。

伴随 5G、云计算、区块链等底层技术的商业应用逐步落地，游戏作为目前内容产业的最高技术水平形态首先进入变革期，主要体现在软硬件流量入口变迁、内容形态创新、泛娱乐行业交叉渗透等几个关键维度。区块链与游戏合体的变革和普及势在必行。

网络游戏的发展，从早期的 PC 端网游，到手机游戏，经历了辉煌的十年。随着 90 后、00 后成为主要消费群体，网络游戏在娱乐行业中的比重也将随之加大。

1．传统游戏的弊端

“游戏一代”的成长对游戏行业提出了更高的要求，传统游戏的诸多弊端也逐渐暴露，其中包括以下几个方面：

①游戏公司对玩家账户有无限控制权。传统网络游戏是基于中心化开发的游戏产品，游戏厂

商有绝对的主导权，可以随意发布游戏道具、更改游戏规则。

②游戏数据不透明。虚拟道具的内容、数量及抽签概率等核心数据的算法不完全公开，导致游戏可玩性、公平性受影响。

③虚拟商品和虚拟资产无法确权。玩家只有游戏商品、道具的使用权，没有所有权，无法自由交易皮肤、装备等资产，游戏关闭时，玩家即失去了访问资产的权限。

④虚拟商品的安全性无法保证。玩家利益可能因虚拟交易中的盗窃、黑客攻击等事件受到损失。

⑤游戏经济系统孤岛效应。不同平台开发的游戏均有一套独立的虚拟经济系统，不能与其他游戏互联互通。

2. 区块链 + 游戏的变革

基于区块链的去中心化、不可篡改、共识算法、匿名性与跨平台等特性，区块链 + 游戏预计将为传统网络游戏运营机制带来如下变革：

①去中心化运营。游戏中的各系统设计使用智能合约技术开发，游戏数据存储在区块链上，不依赖中心化服务器。

②数据可信任。结合区块链技术开发游戏，重要的数据存储于区块链上，游戏运营方无法随意篡改与删除游戏数据，稀有道具内容、数量及抽签概率等算法完全公开，使得游戏数据透明化、可信任化，成为一个可信任的去中心化游戏应用。

③虚拟资产确权。玩家游戏中的商品、道具使用区块链技术存储于区块链上，而不是存储在游戏厂商的数据库里，真正做到虚拟商品所有权属于玩家，已经购买的虚拟资产（如皮肤、视频等）可完全根据玩家自身意愿进行调取、交互，不再受厂商限制。

④强安全保护。基于区块链技术有高冗余分布式共识，用户信息有强隐私保护和强安全保护，用户的信息和虚拟资产都存储区块链上，由用户持有私钥，用户数据能够得到有效保护。

⑤打破孤岛经济。在游戏中使用数字货币作为结算方式，玩家的数字资产基于区块链上可在各游戏平台流通，而不再局限于单一游戏内，有望形成多游戏生态打通。

⑥引入外部监督。区块链技术可将媒体等外部监督力量引入区块链节点，允许第三方对游戏中的交易数据进行监督、检查，使媒体等外部力量在技术上有能力对游戏资产是否公正、超发进行监督。

7.5 游戏的发展状况

1958 年秋，一个物理学家想让他的实验室参观人员提起一点兴趣，就用示波器和实验室里的模拟计算机设计了一个名为《双人网球》（*Tennis for Two*）的小演示游戏。

1962 年，麻省理工学院的格拉茨、拉塞尔等 7 名大学生，在 DEC 公司 PDP-1 小型机上制作出了世界上第一个电子游戏程序《太空大战》，标志着数字化游戏形式的正式诞生。

RPG（Role Playing Game）角色扮演游戏是源于 19 世纪的桌面游戏的延伸，而在 1974 年诞生的《龙与地下城》桌面游戏则是电子游戏 RPG 的始祖。从 20 世纪 70 年代末的《创世纪》系列游戏开始，欧美风格的 RPG 开始步入一个高峰。

《龙与地下城》的创始人加里·吉盖克斯是 RPG 类型的奠基人，于 1973 年成立了 TSR 公司。《暗黑破坏神》《永恒使命》《博得之门》等 RPG 游戏都与加里·吉盖克斯在 20 世纪 70 年代中发明的纸上角色扮演游戏《龙与地下城》有直接关系。吉盖克斯把现有的奇幻题材当作背景架构，然后规划出了 RPG 游戏的很多概念，如角色的阶级、种族、等级、攻防技术（包括魔法）等。随着个人计算机的发展，游戏产业也逐渐进入了自己的发展黄金期，电子游戏开始正式分化为游戏机游戏和计算机游戏两个种类。

1977 年 4 月，APPLELL 诞生，这是历史上首台真正意义上的商品化的个人计算机。1980 年，理查德·加略特在 APPLELL 上用 BASIC 语言写了一段 3 000 行代码的程序，这就是通过其两大要素（一是美德是角色发展最重要的影响因素，二就是游戏难以置信的高互动性）对后来整个游戏界产生了巨大的启发和推动作用的 RPG 游戏——《创世纪》第一代。

1994 年，RTS 制作公司暴雪公司（Blizzard）迈出了其即时战略游戏制作的第一步，《魔兽争霸》诞生，并由此开创了 RTS 的另一种类型。以《魔兽争霸》为起点，暴雪开始了其通往 RTS 的王者之路。其后几乎所有的 RTS 游戏都可以看成这两大 RTS 类型的衍生，RTS 时代正式降临于计算机平台。近年来，即时战略类游戏是个人计算机上最吸引玩家游戏类型。

7.5.1　市场需求

1. 中国游戏市场规模

2018 年，我国国内网络游戏行业保持平稳发展。据前瞻产业研究院发布的《中国网络游戏行业商业模式创新与投资机会分析报告》统计数据显示，截至 2016 年 12 月，我国网络游戏用户规模达到 4.17 亿，占整体网民的 57.0%，较去年增长 2 556 万人。2017 底，我国网络游戏用户规模达到 4.42 亿，较去年增长 2 457 万人，增长率为 5.9%。2018 年 6 月，我国网络游戏用户规模达到 4.68 亿，占整体网民的 60.6%，较去年末增长 4 391 万人。截至 2018 年底，我国网络游戏用户规模达 4.84 亿，占整体网民的 58.4%，较 2017 年底增长 4 224 万；手机网络游戏用户规模达 4.59 亿，较 2017 年底增长 5 169 万，占手机网民的 56.2%。[①]

2018 年，中国游戏产业在整体收入上的增幅明显放缓。报告显示，中国游戏市场实际销售收入达 2 144.4 亿元，同比增长 5.3%。2018 年中国游戏市场实际销售收入占全球游戏市场比例约为 23.6%。2018 年中国自主研发网络游戏市场实际销售收入达 1 643.9 亿元，同比增长 17.6%。[②]

2018 年的数据主要包含移动游戏市场实际销售收入、海外游戏市场销售收入、电子竞技游戏市场实际销售收入、中国女性游戏用户消费收入、中国二次元移动游戏市场实际销售收入和游戏直播市场实际销售收入。

2. 中国游戏市场的趋势

中国 PC 游戏市场是全球游戏市场的重要组成部分，规模超乎人们的想象。

下面对这中国游戏市场趋势进行简单的介绍。

①移动游戏取得了巨大的增长。据中国报告大厅发布的游戏行业市场调查分析报告显示，中国移动游戏市场的增长速度是相当惊人的，并且中国移动游戏市场还会进一步扩大趋势。虽然

① 数据来源：前瞻产业研究院。
② 数据来源：中国音数协游戏工委（GPC）& CNG 中新游戏研究（伽马数据）。

在中国智能手机的用户数量是宽带联网 PC 用户数量的两倍，但是 PC 游戏的收入仍然高出移动游戏。

②游戏主机已经登陆中国，但是却没有带来太大反响。XboxOne 主机和索尼的 PS4 已经在中国地区发售，但是绝大多数的中国玩家对游戏主机并不关心。游戏主机虽然已经登陆中国，但是却没能将中国玩家们的注意力从计算机前移开。

③电子竞技得到了发展。中国的电子竞技产业在 2014 年取得了长足的进展，赛事收视率与参与率都得到了提高。除此之外，在某些游戏中，竞赛团队也开始展现出了他们的实力，比如在西雅图举办的《刀塔 2》（*Dota*2）世界锦标赛上，中国选手就包揽了冠亚军。

④流媒体与电子商务挂钩。流媒体服务在全球掀起了一股热潮。在老一辈的人还在对为什么有人愿意看别人玩电子游戏感到困惑的时候，中国最受欢迎的一些流媒体视频提供者已经得到了数百万的视频观看次数。视频流媒体是全球的一个热潮。中国的流媒体玩家将流媒体视频与电子商务相结合。

⑤虚拟现实声势浩大地来到中国。除了最早公开的 OculusRift 头戴显示器之外，还有三星的 VR 头戴显示器、索尼的“梦神”项目等。中国本土的硬件初创公司 ANTVR 也在 Kickstarter 上发布了自己的虚拟现实项目，另一间名为 Depth-VR 的中国公司也在从事这个领域的技术开发。

⑥进口 PC 游戏打破免费模式的限制，但是仍然难与已有的热门游戏匹敌。分析师们早就说过，想要在中国的游戏市场上成功，要么推出免费游戏，要么成为第二个暴雪。但是，一些海外游戏打破了这种经营模式的限制，而且收获了成功。以《激战 2》（*Guild Wars* 2）为例，这款游戏在中国发售的时候采用了与它在世界其他国家发售时相同的预付费购买模式，单单是游戏的预订量就达到了 50 万份。*Final Fantasy XIV* 是另一款中国“进口”的海外网络游戏，它同样以订阅收费的模式进行货币化。虽然如此，免费游戏仍然是中国 PC 游戏市场的主流。《英雄联盟》、《穿越火线》（*CrossFire*）以及《地下城与勇士》（*Dungeon & Fighter*）是中国最受欢迎的三大 PC 游戏。2013—2020 年中国移动游戏市场规模如图 7-22 所示。2013—2020 年中国移动游戏用户规模如图 7-23 所示。2009—2018 年中国移动游戏市场 AMC 模型如图 7-24 所示。

■ 图 7-22　2013—2020 年中国移动游戏市场规模

■ 图 7-23　2013—2020 年中国移动游戏用户规模

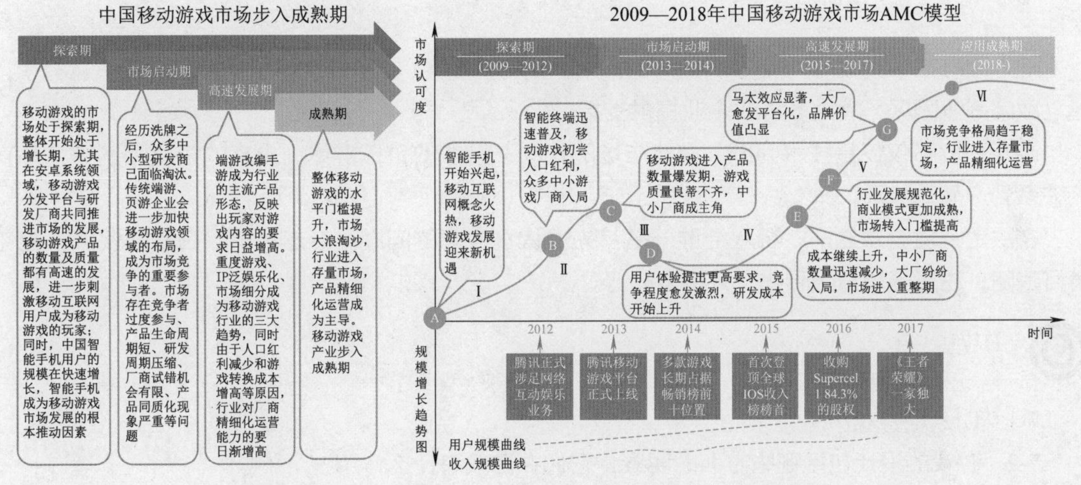

■ 图 7-24　2009—2018 年中国移动游戏市场 AMC 模型

【实例分析 7-4：网游跨平台逐渐增多】

国外很多厂商都已经着手实现网游跨平台的研发，或者有类似的战略计划。比如，韩国 NEXON 的跨平台作品《首尔：2012》，NCsoft 旗下热门的《剑灵》。

对应国外的趋势，国内的网游跨平台并未落后，且多集中在客户端网游和页游、手游的互通上。较早尝试跨此三大平台的蓝港已经推出了《开心大陆》；骏梦公布的《新仙剑 OL》造势称实现了客户端和网页的互通空中网提出手游和客户端网游的跨平台发展模式。同时，有国内网游厂商选择了更多的平台。

不得不说，在客户端网游市场处于疲软期后，跨平台已经成为新的热点方向，并逐渐增多。《全球使命》如图 7-25 所示。

■ 图 7-25　《全球使命》

7.5.2 我国的游戏发展

中国网络游戏市场的发展世界瞩目。2018 年中国移动游戏市场依然保持增长，但对比上年增速出现快速下滑，销售收入增长放缓。这主要受用户需求改变、用户获取难度提升、新产品竞争力减弱等因素影响。报告显示，2018 年中国移动游戏市场实际销售收入达 1 339.6 亿元，同比增长 15.4%。2018 年中国移动游戏市场实际销售收入占全球移动游戏市场比例约为 30.8%。2018 年中国移动游戏用户规模为 6.05 亿人，同比增长 9.2%。①

我国政府大力扶持游戏行业，特别是对本土游戏企业的扶持。积极参与游戏开发的国内企业可享受政府税收优惠和资金支持，同时，政府也加紧了对外国游戏开发商的管制力度。

国家体育总局将电子竞技列为正式开展的第 99 个体育项目，选拔优秀选手组成国家代表队积极参加国际比赛。

文化和旅游部向国内多家经营网络游戏的企业颁发《网络文化经营许可证》。国家有关部门将进一步明确包括网络游戏产业在内的信息文化产业的定位，争取给予更多的优惠政策。

推出民族网络游戏出版工程的项目，推出具有自主知识产权、具有民族特色的优秀网络游戏软件。

地方政府在中央政府的支持下，积极扶持动漫产业发展（电子游戏属于动漫产业的一部分），建立数字产业园区，为众多游戏企业提供支持。

游戏开发不仅仅是技术问题，游戏市场的走向、游戏的目标群体、未来的拓展因素等，都直接关系到产品的成败。

在决定开发游戏之前，游戏给谁玩是首先要认真考虑的问题。应走出游戏开发的误区，避免盲目追随，注意国情与国际化，并量力而行。

思考题

7-1　什么是游戏？

7-2　游戏的设计包括哪些方面的要素？它们在游戏有什么作用？

7-3　游戏之间为什么会出现不同的类型？

7-4　游戏有哪些不同的类型？每个类型的基本要素是什么？

7-5　游戏的策划分为哪三个阶段？各个阶段的主要工作是什么？

7-6　什么是创意？创意在游戏策划中的作用是什么？

7-7　游戏策划中应该考虑哪些技术？

7-8　常用的游戏美工制作工具有哪些？它们的主要特点是什么？

7-9　简述游戏的制作流程。

7-10　一个好的剧本应该具有哪些特征？

7-11　游戏的故事是如何创建的？

7-12　创建游戏剧本有哪些方法？

① 数据来源：中国音数协游戏工委（GPC）& CNG 中新游戏研究（伽马数据）。

知识点速查

◆数字游戏包括三个主要的部分：核心机制、交互性、叙事性。

◆非线性的游戏就是让玩家按自己的意愿来编写故事。无论是角色扮演，竞争或是冒险游戏等。

◆游戏中人工智能的首要目标是为玩家提供一种合理的挑战。游戏设计者应确保游戏中人工智能动作尽可能与构思相同，并且操作起来尽最大可能给玩家提供挑战并使玩家在游戏中积累经验。

◆游戏的设计文档包括：概念文档，涉及市场定位和需求说明等；设计文档，包括设计目的、人物及达到的目标等；技术设计文档，如何实现和测试游戏等。

◆设计创作游戏的四大要素：策划（游戏的灵魂）、程序（游戏的骨架）、美术（游戏的皮肤）和音乐（游戏的外衣）。

◆游戏创意：游戏构思、游戏的非线性 、人工智能、关卡设计。

◆游戏设计的基本过程：游戏开发及项目基本流程、前期策划、制作阶段、测试阶段、提交阶段。

◆游戏编程语言：C 语言、C++、汇编语言、Pascal、Visual Basic、Java。

◆游戏引擎：图形引擎、声音引擎、物理引擎、数据输入 / 输出处理。

内容管理篇

第 8 章

数字媒体压缩技术

本章导读

本章共分 4 节，内容包括数字媒体压缩概述、图像压缩的基本原理、图像压缩方法，以及数字媒体压缩标准。

本章从数字媒体压缩技术的发展入手，首先分析数据压缩的可能性与信息冗余；然后介绍图像压缩的基本原理和依据，包括视觉特性、听觉特性等对图像压缩及编解码技术的影响，以及图像压缩的常用方法；最后阐述并总结了现阶段数字媒体压缩的国际标准。

学习目标

◆了解数字媒体压缩的必要性、可能性和分类；
◆理解图像压缩的基本原理；
◆理解视觉特性和听觉特性对压缩编码的影响；
◆了解图像的压缩方法；
◆掌握几种数字媒体压缩的标准。

知识要点和难点

1. 要点

数字媒体压缩的可能性和图像压缩的基本原理，图像压缩的方法和标准。

2. 难点

图像压缩的基本原理和方法。

8.1 数字媒体压缩概述

数字媒体是指以二进制 0 和 1 的方式产生、记录、处理、传播和获取的信息媒体，这些信息媒体以数字化的形式产生、存储和处理信息，以存储单元和网络为主要的传播交换载体。数字化、网络化、虚拟化和多媒体化是数字媒体的主要特征。

数字媒体包括文字、图形、图像、音频、视频等媒体内容，通过多种形式的整合及集成，形成电影、电视、音乐、动画、游戏、广告、建筑设计、视觉艺术等内容产业，以数字媒体技术为基础的内容产业已经成为整个信息产业中发展最快、最具前景的产业。[①]

8.1.1　压缩的必要性

在介绍数字媒体压缩技术之前，先看一个简单的数据对比：

一幅 640×480 像素中等分辨率的真彩色位图图像的数据量是 0.92 MB，如果以 PAL 制式隔行扫描 25 幅 /s 的帧频播放，1 s 就有 23 MB 的数据量，1 GB 的容量只能存储约 45 s 的数据。

如果图像是 1 920×1 080 像素的高清分辨率，并采用逐行扫描 50 幅 /s 的帧频播放，其他条件不变，1 s 就产生约 300 MB 的数据量，1 GB 的容量只能存储不到 4 s 的数据。

从上述比较可以看到，数字化生成的数据量非常大，在以数字媒体技术为基础的内容产业中，包含有大量的视频、音频、图像、图形和文字等信息内容，大容量数据的处理是数字媒体技术面临的一个难题；同时，随着人们对信息内容实时性的要求，不仅需要传输和处理大量的数字媒体信息内容，而且要求很高的传输速度，这为数据的存储、传输和处理带来了巨大的挑战。

计算机领域也在不断地采用新技术提升数据的处理、存储和传输能力，如提高 CPU 的处理速度、提升 GPU 的图形处理能力、加大硬盘的存储容量、扩展网络的传输速度等，除了这些硬件条件的提升外，重点放在不断研究高效的数据压缩技术，在保证还原效果的前提下，尽量减少信息的数据量，从而便于数据的存储、处理和传输。

【延伸阅读 8-1：数据的压缩[②]】

计算机采用的是二进制系统。一个连续的 *n* 位二进制数集，就可以用 2*n* 个字符来表示。目前的国际标准是 ASCII 码：用一个字节即 8 位数的二进制码，来表示各种字符和字母。

现在只使用 2 位二进制码，来简单地演示由 4 个符号组成的字符串的压缩过程。

假设有一串 20 个字母的数据：

AABAABBCBABBBCBBABDC

默认情况下，用 2 位二进制码来表示这 4 个字母：

A	B	C	D
00	01	10	11

每个字符在字符串中各自出现的次数并不相等：

A：6 次　　B：10 次　　C：3 次　　D：1 次

而在计算机中，数据则是以二进制码的形式储存在硬盘上的：

00 00 01 00 00 01 01 10 01 00 01 01 01 10 01 01 00 01 11 10

压缩过程如下：

①注明每个字符的出现次数。把两个出现次数最小的字符圈到一起，看作一个新字符，新字符的次数为两个组成字符的次数之和。

②重复上述操作，直至完成对所有字符的处理。这种操作形成的结构看起来像棵树，称为霍夫曼（Huffman）树，如图 8-1 所示。

---

① 袁贝贝 . 浅谈数字媒体信息压缩技术 [J]. 科技信息，2012（29）：121-122.

② kaikai. 数据是怎么被压缩的 [DB/OL]. http://www.guokr.com/article/46865/. [2019-6-21].

③在每一层的分支线上分别标上 0 和 1，如图 8-2 所示。

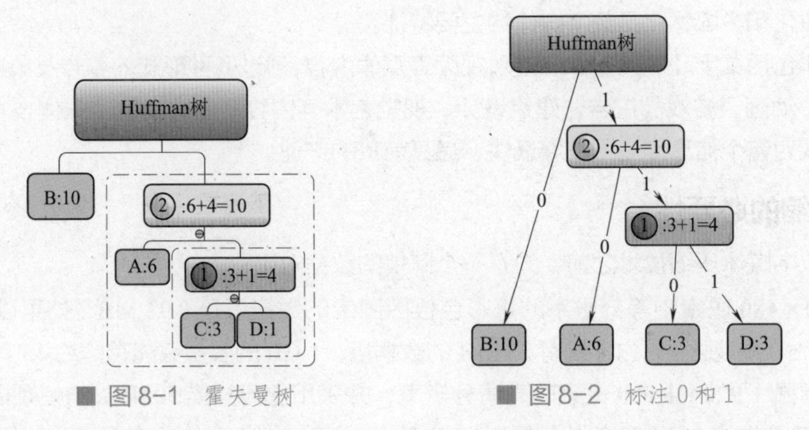

■ 图 8-1　霍夫曼树　　■ 图 8-2　标注 0 和 1

从顶端往下读，每个字符都有唯一的分支编号，无重复也无遗漏，这样就得到了 ABCD 这 4 个字符的新代码：

A	B	C	D
10	0	110	111

用以上新编码代入原字符串中，得到：

10 10 0 10 10 0 0110 0 10 0 0 0 110 0 0 10 0 111 110

整理得到新编码：

原编码：0000010000010110010001010110010100011110

新编码：1010010100011001000011000100111110

至此，数据成功被压缩。这一段 40 位长度的内容被压缩到了 34 位，压缩率是 85%。

回顾过程容易发现压缩的秘密：出现频率最多的 B 由一位二进制码 0 来表示，而出现频率较低的 C 和 D 则由长度增加了的三位二进制码来表示。通过合理分配不同长度的编码，就可以对数据进行一定程度的压缩。

8.1.2　压缩的可能性与信息冗余

数据能否被压缩主要取决于包含信息量的数据中是否存在着数据的信息冗余。[①]数字媒体的数据自身在内容、结构以及统计等方面存在着大量的信息冗余，如视频信号，它由一帧一帧画面组成，每帧画面由像素组成，在每帧画面的像素之间、前后帧画面之间存在着大量的相同之处，即信息冗余，这些数据之间有很强的关联性，所以能够进行压缩处理。

数字媒体信息内容的种类多，其中视频信息的数据量最大，其次是音频信息的数据量，所以，数字媒体数据压缩技术的关键点就在于对视频信号和音频信号的压缩处理。下面以视频信号和音频信号为例简单论述数据压缩的可能性与信息冗余。

1. 视频信号压缩的可能性与信息冗余

视频信号由一帧一帧图像组成，在隔行扫描制式中，1 s 有 25 帧图像，1 帧有两场，在相邻帧间、相邻场间、相邻行间、相邻像素间，以及局部与局部之间、局部与整体之间，都存在着很强的相关性，利用这些相关性，可以从一部分数据推导出另一部分数据，这样就可以使视频信号的数据量被极大地压缩，有利于处理、存储和传输。

① 刘清堂 . 数字媒体技术导论 [M]. 北京：清华大学出版社，2016.

一般视频信号的信息冗余主要体现在以下几种形式：

（1）空间冗余

视频图像中，规则的物体和规则的背景具有很强的相关性，如蓝天、草地中的亮度、色度和饱和度基本相同。

（2）结构冗余

有些视频图像的部分区域有着很相似的纹理结构，或者图像各部分之间存在着某种关系，如自相似性等。

（3）时间冗余

视频信号的前后两帧图像往往具有相同的背景和人物，只是空间位置关系略有变化，有很强的相关性。

（4）视觉冗余

人眼的视觉系统对于图像的感知是非均匀的和非线性的，这样对图像中的不敏感信息可以适当舍弃，只要人眼对压缩及解码后的还原图像和原始图像之间产生的少量失真觉察不到即可。

（5）知识冗余

在某些图像中，一些压缩编码对象的信息与某些已经掌握的基本知识有关，如人的头、眼、脸、耳、鼻的相对位置，可以利用基本知识对压缩编码对象建立模型，对模型参数进行编码。

（6）信息熵冗余

对于视频图像数据的一个像素点，理论上可以按其信息熵的大小分配位数，但对于实际图像的每个像素点，很难得到其信息熵，采用相同的位数表示某些像素点，必然存在着冗余。

2. 音频信号压缩的可能性与信息冗余

在物理学中声音是以一种机械振动波的形式来表示，与频率有关。能被人耳所听到声波的频率范围为 20 Hz~20 kHz。音频信号是一种声波，在物理学上可以变换成时域或者频域的表现形式，其自身也存在着多种时域冗余和频域冗余，这是音频信号进行压缩的理论基础。

一般音频信号的信息冗余主要体现在下面两种形式：

（1）时域冗余

语音分为浊音和清音两种基音。浊音里不仅有周期之间的冗余度，还有对应于音调间隔的长期重复波形。语音中的间歇、停顿等都会出现大量的低电平值。相邻的语音数据之间也存在很多相关性。[①]

（2）频域冗余

在频域范围内对音频信号进行统计平均，得到长时间功率谱的密度函数，呈现出非均匀性，这表明在频域范围存在着固有频率冗余度。音频信号的频谱存在以基音频率为周期的高次谐波结构，也存在频率的冗余度。

8.1.3 压缩分类

数字媒体的数据压缩有多种分类方法，下面介绍几种常用的分类。

1. 按数据压缩前后是否有损失

按数据压缩前后是否有损失，可以分为无损压缩和有损压缩。

① 陈光军．数字音视频技术及应用 [M]. 北京：北京邮电大学出版社，2011.

①无损压缩是指对进行压缩编码后的数据进行重构，重构后的数据与原来的数据完全相同。常用的无损压缩算法有霍夫曼（Huffman）算法和串表压缩算法（LZW 算法）。无损压缩在图片格式中见到的较多，如 GIF、PNG、TIFF 等，其特点是压缩后数据量大。

②有损压缩是指对进行压缩编码后的数据进行重构，重构后的数据与原来的数据有所不同，但不影响对原始数据的表达，不会造成明显的不一致。常见的有损压缩格式有 JPG、WMF、MP3、MPG 等，它的特点是压缩后数据量小。

2. 按数据压缩编码的原理和方法

按数据压缩编码的原理和方法，可以分为统计编码、预测编码、变换编码和分析 - 合成编码。

①统计编码主要针对无记忆信源，根据信息码字出现概率的分布特征进行压缩编码，寻找概率与码字长度间的最优匹配。

②预测编码主要利用时间和空间上相邻数据的相关性来进行压缩数据，能减少空间冗余和时间冗余。如空间冗余反映了一帧图像内相邻像素之间的相关性，可采用帧内预测编码；时间冗余反映了图像帧与帧之间的相关性，可采用帧间预测编码。

③变换编码是把一幅图像分成许多小图像块，在这些小图像块上进行某种变换，将空间域的时域信号转换为频域信号进行处理。

④分析 - 合成编码是指通过对源数据的分析，将其分解成一系列更适合于表示的“基元”或从中提取若干更为本质意义的参数，编码仅对这些基本单元或特征参数进行。

3. 按媒体的类型

按媒体的类型，可以分为图像压缩标准、声音压缩标准和运动图像压缩标准[①]。

数据压缩分类如图 8-3 所示。

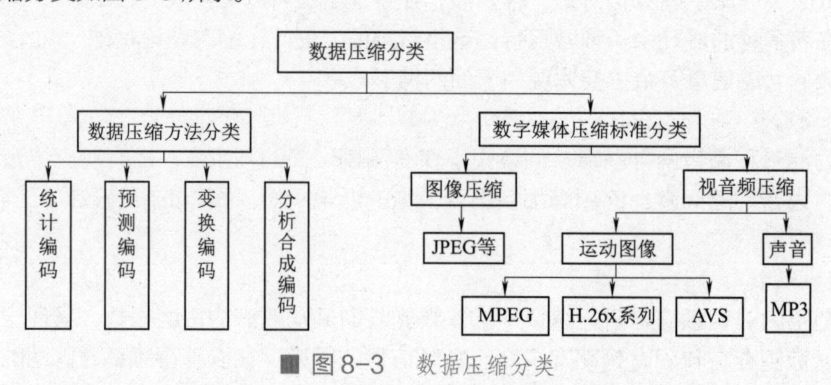

■ 图 8-3　数据压缩分类

8.2 图像压缩的基本原理

在任何数字传输系统中有效地传输数据都存在两方面的问题：一是如何只传输需要的信息；二是如何以任意小的失真来传输和接收这些信息。这两方面问题的解决都与数字媒体的压缩技术直接关联，其解决方案由信息论中香农定理给出，所以，数字媒体数据压缩技术的理论基础是信

① 刘清堂 . 数字媒体技术导论 [M]. 北京：清华大学出版社，2016.

息论。

根据信息论的原理，可以找到最佳数据压缩编码方法，数据压缩的理论极限是信息熵。熵是信息量的度量方法，它表示信息所附带的价值。也就是说，如果表示某一事件出现的可能性越大，那么当事件出现时，传递给人们的信息量的价值就越小；如果表示某一事件出现的可能性越小，那么当事件出现时，传递给人们的信息量的价值就越大。一般用概率的形式表示事件发生可能性的大小。这种信息论理论可以解释很多人们心理和行为方式的变化情况。

8.2.1　信息论基础

1. 信息与信息量

信息量是指信源中某种事件的信息度量或含量。一个事件出现的可能性越小，其信息量越多，反之亦然。

若 p_i 为第 i 个事件的概率为 $0 \leqslant p_i \leqslant 1$，则该事件的信息量为

$$I_i\text{-}\log_2 p_i$$

一个信源里包括的所有数据称为数据量，而数据量中包含有冗余信息，那么，

信息量 = 数据量 - 冗余量

2. 信息熵

信息熵是信源中所有可能事件的平均信息量。

设从 N 个数中选定任一个数 x_j 的概率为 $p(x_j)$，假定选定任意一个数的概率都相等，即 $p(x_j)=1/N$，则

$$I(x_j)=\log_2 N=-\log_2 1/N=-\log_2 p(x_j)=I[p(x_j)]$$

式中，$p(x_j)$ 是信源 X 发出 x_j 的概率；$I(x_j)$ 是信源 X 发出 x_j 这个消息（随机事件）后接收端收到信息量的量度

信源 X 发出的 n 个随机事件 x_j（j=1，2，…，n），这 n 个随机事件的信息量的统计平均为 $H(X)$，即

$$H(X)=E\{I(x_j)\}=\sum p(x_j)I(x_j)=-\sum p(x_j)\log_2 p(x_j)$$

式中，$H(X)$ 为信源 X 的“熵”，即信源 X 发出任意一个随机变量的平均信息量，单位是比特。

从信息熵的公式可以推出等概率事件的熵最大。假设有 N 个事件，此时信息熵 $H(X)=\log_2 N$，如果 N 个事件中出现有确定性事件。即当 $P(x_1)=1$ 时，$P(x_2)=P(x_3)=\cdots=P(x_j)=0$，此时熵为 $H(X)=0$。

由上可得熵的范围为　$0 \leqslant H(X) \leqslant \log_2 N$

根据信息论的香农定理，信源中所包含的平均信息量即信息熵是进行无失真压缩编码的理论极限。在压缩编码中用熵值来衡量是否为最佳编码。

若以 L_c 表示编码器输出码字的平均码长，其计算公式为

$$L_c=\sum p(x_j)L(x_j)(j=1，2，\cdots，n)$$

式中，$P(x_j)$ 是信源 X 发出 x_j 的概率；$L(x_j)$ 为 x_j 的编码长，即平均码长 = ∑概率 × 码长。

平均码长与信息熵之间的关系如下：

$L_c \geqslant H(X)$ 表示有冗余，不是最佳；

$L_c<H(X)$ 表示不可能没有失真；

$L_c=H(X)$ 表示最佳编码。

在实际压缩编码中，要做到无失真，一般 L_c 稍大于 $H(X)$，即熵值是平均码长 L_c 的下限。

8.2.2 视觉特性

在对模拟的视频信号进行数字化时，为保证图像质量，希望量化比特越高越好，这样可以有效减少压缩过程中产生的量化误差和轮廓失真，但会产生很大的数据量；从图像处理和传输的角度，希望量化比特越少越好，这样可以节省数据处理和传输的时间和效率。二者之间存在着对立性，如何进行协调，既保证图像质量，又方便进行图像处理和传输，取决于人眼的视觉特性。

眼睛是人类感知外界视觉图像的唯一窗口，它有自己独特的视觉特性，这些特性既有客观性的一面，也带有很强的主观性。对图像信号进行压缩编码时，判断压缩编码质量的好坏就取决于解码后的还原图像与原始图像之间在人眼的主客观感受上是否差别极小，所以人眼的视觉特性为压缩编码提供了一个重要依据和判断标准，也为压缩时选取合适的量化比特数确定了一个参考标准。这个量化比特数并不是越高越好，要综合考虑质量、处理难度和成本等多种因素的影响。

下面介绍人眼所具有的视觉特性。先介绍一个常用的名词：阈值。阈值又称临界值，是指对一个行为反应所能够产生的最小值，它受各种环境条件和生理状况的影响。

1. 亮度辨别阈值

人眼对亮度的感知不是连续变化的。当眼睛适应了某个亮度后，只有当增加的亮度或者减少的亮度达到一定的程度后，才能通过人眼观测到亮度发生了明暗变化。

2. 视觉阈值

人眼的视觉对图像发生变化的感知不是连续变化的。观察两幅相同的图像，让其中一幅图像发生局部的细微变化，这时眼睛并不能马上觉察到，只有当这种变化积累到一定的程度后，人眼才能察觉到图像发生了变化。

3. 空间分辨力

空间分辨力是指对一幅图像相邻像素的灰度和细节的分辨力。对不同类型的图像空间分辨力是不同的：静止的或变化缓慢的图像，视觉的空间分辨力较高，能看清楚图像的细节；活动的图像，视觉的空间分辨力较低，运动速度和频率越快的图像，其视觉空间分辨力越低。

4. 掩盖效应

掩盖效应是指人眼对图像中量化误差的敏感程度与图像信号变化的剧烈程度有关。如在视频图像中亮度变化缓慢的区域，量化后如果产生了的失真，很容易察觉出来；而亮度变化剧烈的区域，其量化后产生的失真就不容易察觉到。

除上述几个主要的特性外，还有人眼对黑白图像的分辨力高；对彩色图像的分辨力低；对亮度信号敏感；视觉集中度存在一定的范围，对中心区域的变化敏感，对边缘区域的变化不敏感；等等。这些特性都是对视频信号进行压缩编码和判断还原图像优劣的依据。

8.2.3 听觉特性

在对音频信号进行压缩编码时，与视频信号的要求一样，既要保证声音的质量，又要考虑处理和传输的成本、时间与效率，二者的统一协调取决于人耳的听觉特性。声音大小的实例如

图 8-4 所示。

声音实例	声音大小（dBHL）
喷气式飞机起飞的声音	140
大到听起来感到不舒服的声音	110
全力喊叫的声音	100
大力喊叫的声音	90
市场中的喧闹声	80
高声谈话的声音	70
普通谈话的声音	60
白天普通房间中的环境噪声	50
近处小声说话的声音	45
夜间城市安静街道上的声音	40
对着耳朵悄声说话的声音	35

■ 图 8-4　声音大小的实例

在人类的听觉上，存在着一个复杂的心理学和生理学现象——人耳的掩蔽效应，也就是说一个较强声音的存在可以掩蔽掉另一个较弱声音的存在，这种人耳的掩蔽效应是对音频信号进行压缩的基础，主要有下面三种表现形式：

1．频率掩蔽效应

在 20 Hz~20 kHz 的听觉范围内，人耳对频率为 3 ~ 4 kHz 附近的声音最敏感，对太低或太高的声音感觉比较迟钝。

2．时间掩蔽效应

一个较强的声音信号出现时，弱的声音会被掩蔽掉，并且，在较强的声音信号出现之前和之后的短暂时间里，较强的声音信号也会掩蔽掉已存在的弱声音信号。

3．方向掩蔽效应

人耳能辨别声音的强弱、声音的高低音，还能辨别声音的方向，但是对频率接近的高频声音信号，人耳就分辨不出声音信号的方向了，利用这个特性，可以把多个声道的高频部分耦合到一起，从而达到压缩音频数据的目的。

8.2.4　图像的数字化

信号处理向全数字化时代迈进，现在使用的电子设备几乎都是经过数字化处理的，但也有例外，数字摄像机在大家的印象中应该是全数字化的，其实不然。外界景物的光信号通过摄像机的镜头，经过分光棱镜将彩色光像分解为红、绿、蓝三种单色光像，然后由摄像器件 CCD 完成光电转换，转换成与光信号对应、能进行有效处理的电信号，此时的电信号还不是数字信号，而是模拟信号，这个模拟的电信号需要经过信号放大、校正等环节的模拟处理后，再通过模 / 数转换器转换成数字信号，此时，摄像机视频信号才是真正的数字信号。

模拟图像信号的数字化要经过下面三个步骤：取样、量化和编码。这个过程称为模 / 数转换（A/D 转换）或者脉冲编码调制（PCM），所得到的信号称为 PCM 信号。模拟信号的数字化模型如图 8-5 所示。

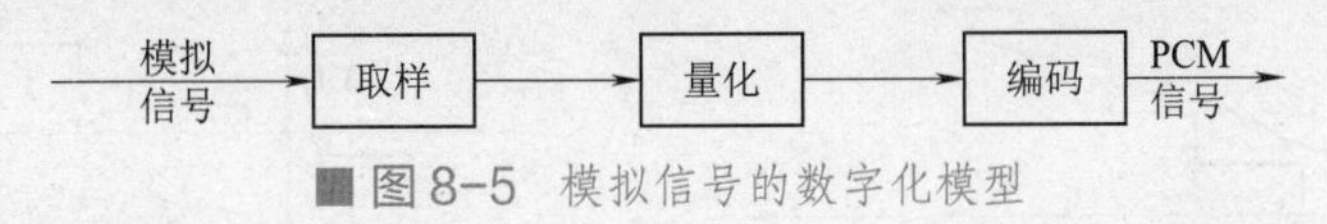

■ 图 8-5　模拟信号的数字化模型

1．取样

模拟信号转换成数字信号的第一步是取样。按照奈奎斯特取样定理，只要取样频率大于或等于模拟信号中最高频率的两倍，就可以不失真地恢复模拟信号。模拟信号的取样和模拟信号的频谱如图 8-6 和图 8-7 所示。[①]

① 陈光军 . 数字音视频技术及应用 [M]. 北京：北京邮电大学出版社，2011.

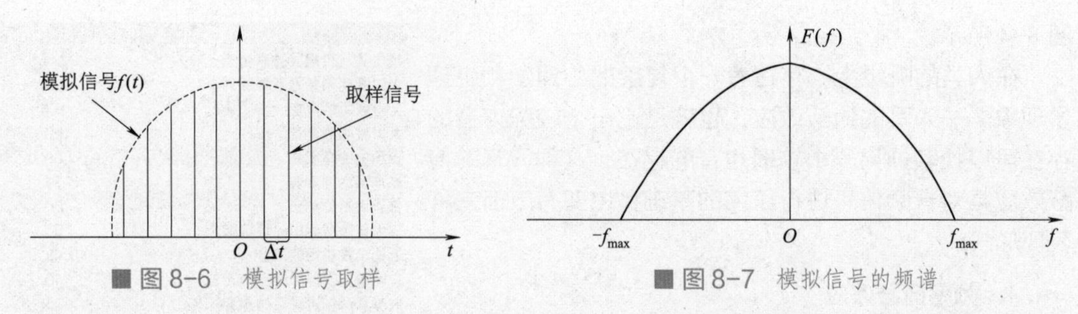

■ 图 8-6　模拟信号取样　　■ 图 8-7　模拟信号的频谱

图 8-6 中，$f(t)$ 为连续的模拟信号，Δt 为取样间隔，其倒数为取样频率，即 $f_s=1/\Delta t$。图 8-6 中的竖实线为取样信号，这些信号包含了模拟信号的信息。图 8-7 中，$f_{\max}$ 为模拟信号 $f(t)$ 的最大频率。

按照奈奎斯特取样定理对模拟信号进行取样，为使取样后的离散信号无失真，必须满足

$$f_s \geqslant 2f_{\max} \quad \text{或} \quad f_{\max} \leqslant 1/2\Delta t。$$

2. 量化

量化就是把模拟信号中连续变化的幅值变换为离散变化的幅值，用有限个二进制编码来表示一组连续取样的过程。如果模拟信号的动态范围 A 是一定的，量化过程就是将 A 分为 M 个小区间，每个小区间称为分层间隔 ΔA；M 称为分层总数或者量化级数，$M=A/\Delta A$。当采用二进制编码时，$M=2^n$（$n=1, 2, 3, \cdots$）称为量化比特数。那么，量化就是对模拟信号中的某一数值 A_i，用 2^n 去接近它，使之等于 $A_i+\delta$，其中 $\delta \leqslant \Delta A/2$，为最大量化误差。

（1）均匀量化

在模拟信号的动态范围内，量化间距处处相等的量化称为均匀量化或者线性量化。均匀量化如图 8-8 所示。

均匀量化时信噪比随模拟信号动态幅度的增加而增加，在强信号时采用均匀量化，噪波对信号的影响很小，但在弱信号时，噪波对信号的干扰非常严重。这时就要采用非均匀量化进行处理。

（2）非均匀量化

非均匀量化是为了改善弱信号量化时的信噪比，此时量化间距随模拟信号幅度变化而变化，强信号时进行粗量化，弱信号时进行细量化，所以也称非线性量化。非均匀量化如图 8-9 所示。

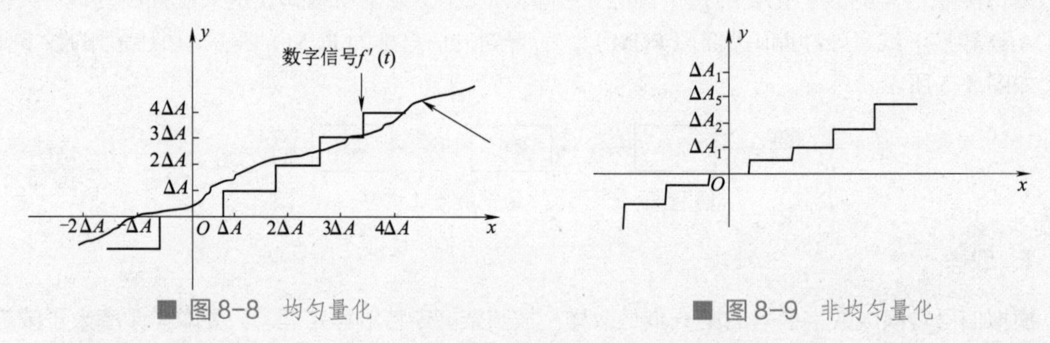

■ 图 8-8　均匀量化　　■ 图 8-9　非均匀量化

非均匀量化有两种方法：一是把非线性处理放在编码器前的模拟部分，编码器仍采用均匀量化，在模拟信号进入编码器之前，对信号进行压缩，这等效于对强信号进行粗量化，对弱信号进行细量化；二是直接采用非均匀量化，强信号时进行粗量化，弱信号时进行细量化。

3. 编码

对模拟图像信号的数字化，有复合编码和分量编码两种方式。复合编码是将模拟图像信号直接编码成 PCM 形式；分量编码是将模拟图像信号中的亮度信号和两个色差信号分别编码成 PCM 形式。

8.3 图像压缩方法

图像压缩即信源编码是将模拟信号进行取样、量化后形成的符号序列变换成另一种序列（码字）。压缩编码的目的是减少原来信号序列中存在的信息冗余，使信源的信息率最小，从而用最少的符号序列来表示信源。

压缩编码的编码方式有定长编码和变长编码。假设信源序列长度为 L，码字的长度为 K_L，在定长编码中，对每一个信源序列，其 K_L 都是定值，设等于 K，编码的目的就是找到最小的 K 值，为实现无失真的压缩编码，就要求信源序列与码字是一一对应的，并且由码字所组成的序列逆变换为信源序列时也是唯一的。在变长编码中，码字的长度 K_L 是变化的，在编码过程中根据信源序列的统计特性，如概率大的符号用短码，概率小的符号用较长的码，这样信源序列编码后平均每个信源符号对应的符号数就可以降低，提高了编码效率。

8.3.1 熵编码

信息熵是信源中所有可能事件的平均信息量。信源中所包含的平均信息量（即信息熵）是进行无失真压缩编码的理论极限。熵编码是实现无损编码的一种方式。熵编码的方式有很多，下面简单介绍霍夫曼编码和行程编码两种熵编码方式。

1. 霍夫曼编码

霍夫曼编码是运用信息熵原理的一种无损编码方法，这种编码方法根据源数据中各信号发生的概率来进行编码。在源数据中发生概率越大的信号，分配的码字越短；发生概率越小的信号，分配的码字越长。

从霍夫曼编码的方式可以看出，霍夫曼编码是一种变长编码，根据变长编码的特点，可以用尽可能少的码来表示源数据。与其他编码方式比较，霍夫曼编码有以下几个特点：

①由于可能出现概率相等的符号，所以其构造出的编码值并不是唯一的。

②对不同的信源，其编码效率也不同。

③霍夫曼编码是变长编码，可以提高编码效率，但会增加解码时间，并且由于编码长度不统一，会增大硬件实现的难度。

2. 行程编码

行程编码又称行程长度编码（Run Length Encoding，RLE），是一种熵编码，这种编码方法广泛地应用于各种图像格式的数据压缩处理中。

行程编码是一种十分简单的压缩方法，其工作原理是：在给定的图像数据中寻找连续的重复数值，然后用两个字符取代这些连续值，即将具有相同值的连续串用其串长和一个代表值来代替，该连续串称为行程，串长称为行程长度。

在一般情况下，行程长度越长，出现的概率越小，当行程长度趋向于无穷时，出现的概率也趋向于 0。按照霍夫曼编码规则，概率小码字越长，但小概率的码字对平均码长影响较小，在实际编码过程中常对行程长度采用截断处理的方法，取一个适当的 n 值，行程长度为 1，2，…，2^{n-1}，2^n，所有大于 2^n 的都按 2^n 来处理。

行程编码可以分为定长编码和变长编码两大类。定长行程编码是指编码的行程长度所用的二进制位数固定。变长行程编码是指对不同范围的行程长度使用不同位数的二进制位数进行编码，使用变长行程编码需要增加标志位来表明所使用的二进制位数。

8.3.2 预测编码

预测编码是根据离散信号之间存在着一定关联性的特点，利用前面一个或多个信号预测下一个信号，然后对实际值和预测值的差（预测误差）进行编码。如果预测比较准确，误差就会很小。在同等精度要求的条件下，就可以用比较少的比特进行编码，达到压缩数据的目的。[①]

预测编码主要用来减少数据在时间和空间上的相关性，去除空间冗余和时间冗余。由于图像数据中视频信号和音频信号的相邻值之间存在着很大的相关性，以视频信号为例，其空间冗余反映在一帧图像内相邻像素之间的相关性，其时间冗余反映在图像帧与帧之间的相关性，所以在视频信号和音频信号的压缩常用到预测编码。预测编码中典型的压缩方法有脉冲编码调制、差分脉冲编码调制、自适应差分脉冲编码调制等。

1. 脉冲编码调制

脉冲编码调制（Pulse Code Modulation，PCM）是最简单、理论上最完善的编码系统，也是使用范围最广、数据量最大的编码系统。脉冲编码调制的编码原理比较直观和简单，对输入的模拟视频信号通过取样、量化后，编码为二进制数字信号，完成模数转换，所得到的信号称为 PCM 信号。

2. 差分脉冲编码调制

在差分脉冲编码调制（Differential Pulse Code Modulation，DPCM）系统中，对模拟信号进行取样后得到的每一个样值都被量化成为数字信号。而差分脉冲编码调制是为了达到压缩数据的目的，对模拟信号取样后，不对每一样值都进行量化，而是预测下一样值，并将实际值与预测值之间的差值进行量化和编码。

以视频信号为例，由于人眼的视觉掩蔽效应，对出现在轮廓与边缘处的较大误差不敏感，因此对预测误差量化所需的量化层数要比直接量化视频信号实际取样值小很多，这样通过差分脉冲编码调制去除了相邻像素之间的相关性，并减少差值的量化层数，实现了码率压缩。

差分脉冲编码调制的优点是算法简单，容易硬件实现；缺点是对信道噪声很敏感，会产生误差扩散，即某一位码出错，将使该像素以后的同一行各个像素都产生误差，或者还将扩散到以下的各行，这样将使图像质量大大下降，同时 DPCM 的压缩率也比较低。

3. 自适应差分脉冲编码调制

自适应差分脉冲编码调制（Adaptive Differential Pulse Code Modulation，ADPCM）包含两方

① 解相吾，解文博．数字音视频技术 [M]. 北京：人民邮电出版社，2009.

面的内容：一是自适应量化，利用自适应的方式改变量化阶的大小，即使用小的量化阶去编码小的差值，使用大的量化阶去编码大的差值；二是自适应预测，使用过去的样本值估算下一个输入样本的预测值，使实际样本值和预测值之间的差值总是最小。

为了减少计算工作量，预测参数仍采用固定的，但此时有多组预测参数可供选择，这些预测参数根据常见的信源特征求得。编码时具体采用哪组预测参数需根据特征来自适应地确定。为了自适应地选择最佳参数，通常将信源数据分区间编码，编码时自动地选择一组预测参数，使该实际值与预测值的均方误差最小。随着编码区间的不同，预测参数自适应地变化，以达到准最佳预测。

预测编码的性能由预测器的性能决定。按预测值选用的相邻像素不同，预测器可分为帧内预测和帧间预测。按预测系数是否随输入信号的统计特性变化而自适应调整，预测器可分为线性预测和非线性预测。自适应预测是非线性预测。

8.3.3　变换编码

在图像压缩编码技术中，变换编码也是去除图像的相关性、减少冗余度的基本编码方法。它在降低数码率等方面取得了和预测编码相近的效果。20 世纪 80 年代后，逐渐形成了一套运动补偿和变换编码相结合的混合编码方案，大大推动了数字视频编码技术的发展。20 世纪 90 年代初，国际电信联盟（ITU）提出了针对会议电视应用的视频编码建议 H.261，这是第一个得到广泛使用的混合编码方案。之后，随着不断改进的视频编码标准和建议（如 H.264、MPEG1、MPEG2 和 MPEG4 等），混合编码技术逐渐趋于成熟，成为一种应用广泛的数字视频编码技术。

变换编码不是直接对图像信号进行编码，它首先将空域图像信号分成许多小图像块，在这些小图像块上进行某种变换，将空间域的图像信号映射变换到另一个正交矢量空间（变换域或频域），产生一批变换系数，然后对这些变换系数进行编码处理。变换编码系统框图如图 8-10 所示。

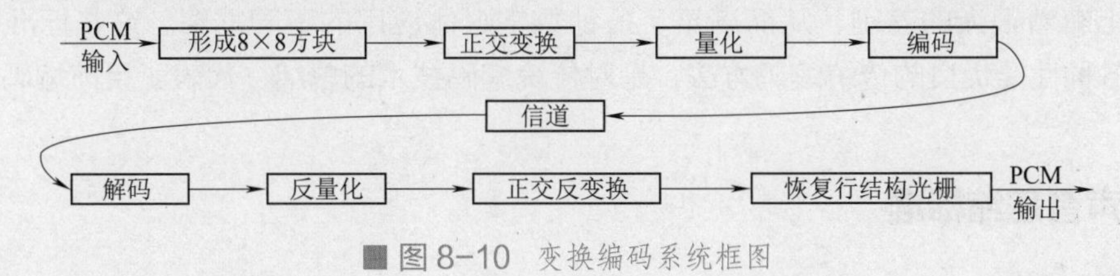

■ 图 8-10　变换编码系统框图

变换编码是一种间接编码方法。一般来说，图像在时域或空域中，数据之间存在着很强的相关性，数据冗余度大，能量分布比较均匀，经过变换后，在变换域中的图像变换系数间参数独立，数据量少，数据相关性和冗余量大大减少，并且能量集中在直流和低频变换系数上，高频变换系数的能量很小，绝大部分为 0，这样再进行量化、编码就能实现有效的图像压缩。

变换编码虽然实现时比较复杂，但在分组编码中还是比较简单的，所以在语音和图像信号的压缩中都有应用。典型的准最佳变换有离散余弦变换（DCT）、离散傅里叶变换（DFT）、沃尔什变换（WHT）、Haar 变换（HrT）等。国际上已经提出的静止图像压缩和活动图像压缩的标准中都使用了离散余弦变换（DCT）编码技术。

8.3.4　离散余弦变换

变换编码的关键是找到一个好的正交变换矩阵，以提高压缩编码效率。一个最佳的正交变换矩阵应使变换矩阵中每行或每列的矢量和图像的统计特性相匹配。

经证明，K-L 变换是在均方误差最小准则下失真最小的一种变换，其失真为被略去的各分量之和。由于这一特性，K-L 变换被称为最佳变换，许多其他变换都将 K-L 变换作为比较性能的参考标准。但 K-L 变换的变换矩阵是由图像的协方差矩阵的特征矢量组成的，对不同的图像，变换矩阵不同，每次都要计算，没有快速算法，且计算复杂，很难满足实时要求，这是 K-L 变换在实际应用中的一个很大障碍。

离散余弦变换与 K-L 变换的性能最接近，是一种准最佳变换。离散余弦变换克服了 K-L 变换的弱点，其变换矩阵与图像内容无关，是由对称的数据序列构成，从而避免了子图像轮廓处的跳跃和不连续现象，且有快速算法，所以在多种静态和活动图像编码的国际标准中，大都采用了离散余弦变换。离散余弦变换系统框图如图 8-11 所示。

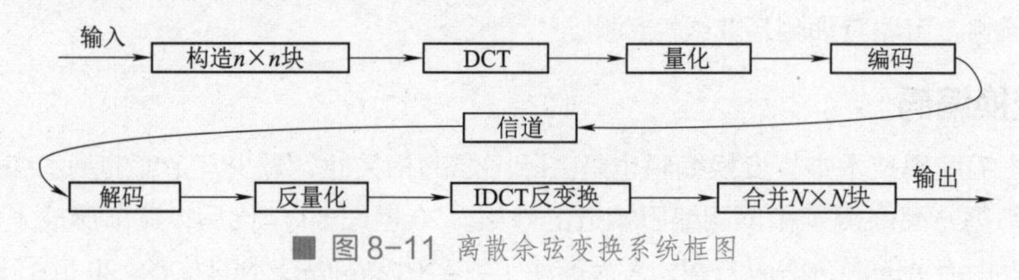

■ 图 8-11 离散余弦变换系统框图

8.4 数字媒体压缩标准

压缩编码技术随着数字技术的发展获得了长足的进展，并且日臻成熟。其标志就是国际电信联盟（ITU）、国际标准化组织（ISO）和国际电工委员会（IEC）等组织关于视频、音频等的国际标准的制定。这些标准之间在码率、质量、实现复杂度、差错控制能力、延时特性及可编辑性上有着很大的差别，从而满足了各种数字媒体应用的不同需要。这些标准的编码算法融合了各种性能优良的传统编码方法，是对传统编码技术的总结，代表了目前编码技术的发展水平。

8.4.1 声音压缩标准

1. MP3 标准

大多数人常常提到的 MP3 实际上是一种便携式音乐播放器的简称，它是由韩国人 Moon 于 1997 年发明的，在当时 MP3 以其外形小巧、操作简便、音质高风靡全世界，它同时也是音乐播放器的声音压缩格式。

说到 MP3 声音压缩格式，首先要提一提 MPEG。MPEG 是国际标准化组织与国际电工委员会于 1988 年成立的专门针对运动图像和语音压缩制定国际标准的组织，目前已经建立了多个 MPEG-X 压缩编码标准。

MPEG-1 音频文件是指 MPEG-1 标准中的声音部分，即 MPEG-1 音频层。MPEG-1 音频文件根据压缩质量和编码复杂程度的不同可分为三层（MPEG-1 Audio Layer 1/2/3 分别与 MP1、MP2、MP3 这三种声音文件相对应。MPEG-1 音频编码具有很高的压缩率，MP1 和 MP2 的压缩率分别为 4∶1 和 6∶1 ~ 8∶1，而 MP3 的压缩率则高达 10∶1 ~ 12∶1，从这里可以看到 MP3 声音压缩格式采用的是 MPEG-1 音频编码的 Layer 3。

MP3 是一种有损压缩，它的最大特点是采用较大的压缩比，得到较小的比特率，其效果能达到 CD 的音质，并且操作简单。

MP3 压缩编码是一个国际性全开放的编码方案，其编码算法流程大致分为时频映射、心理声学模型、量化编码三大功能模块，这三个功能模块是实现 MP3 编码的关键。MP3 编码框图如图 8-12 所示。

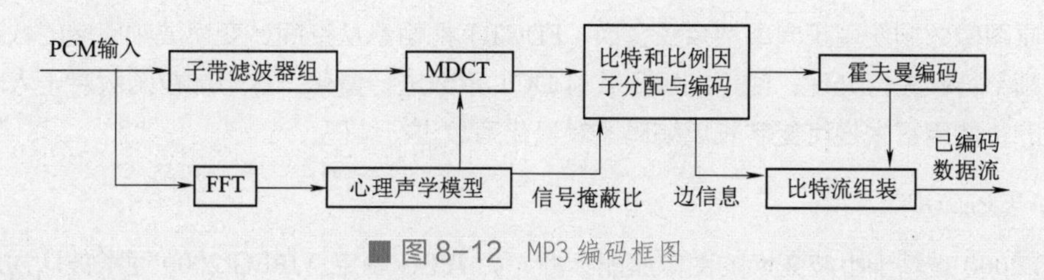

■图 8-12 MP3 编码框图

2. MP4 标准

提到 MP4 声音压缩标准容易与 MPEG-4 活动图像压缩标准搞混，它实际采用的是 MPEG-2 AAC 技术。MP4 声音压缩标准的特点是音质更加完美且压缩比更大。它在压缩编码过程中增加了对立体声的完美再现、比特流效果音扫描、多媒体控制、降噪等 MP3 没有的特性，使得在音频信号在高压缩后仍能完美地再现 CD 音质。

8.4.2 静止图像压缩标准

1. JPEG 标准概述

国际标准化组织和国际电工技术委员会等国际组织于 1992 年制定出 JPEG 压缩编码标准。JPEG 是第一个数字图像压缩的国际标准，其标准为“多灰度连续色调静态图像压缩编码”。该标准广泛应用于互联网、数码照相机等很多领域的图片格式。JPEG 标准不仅适用于静止图像的压缩，在电视图像序列的帧内压缩也常采用 JPEG 标准。

JPEG 标准包括两种基本的压缩方法：无损压缩方法和有损压缩方法。无损压缩方法又称预测压缩方法，是基于差分脉冲调制为基础的压缩方法，解码后能精确地恢复原图像，其压缩比低于有损压缩方法；有损压缩方法是基于离散余弦变换为基础的压缩方法，其压缩比较高，是 JPEG 标准的基础。

2. JPEG 压缩编码算法

离散余弦变换编码框图和解码框图如图 8-13 和图 8-14 所示。

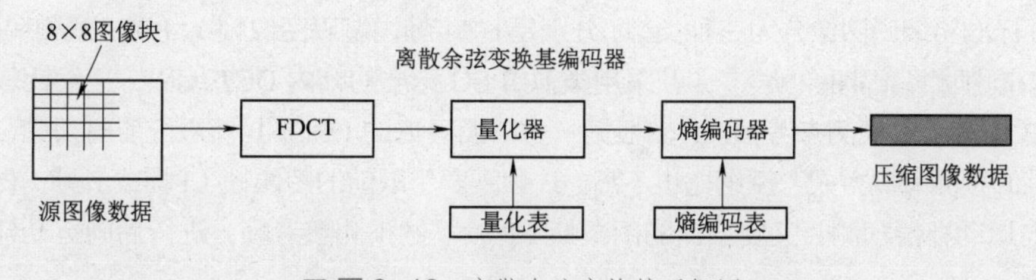

■图 8-13 离散余弦变换编码框图

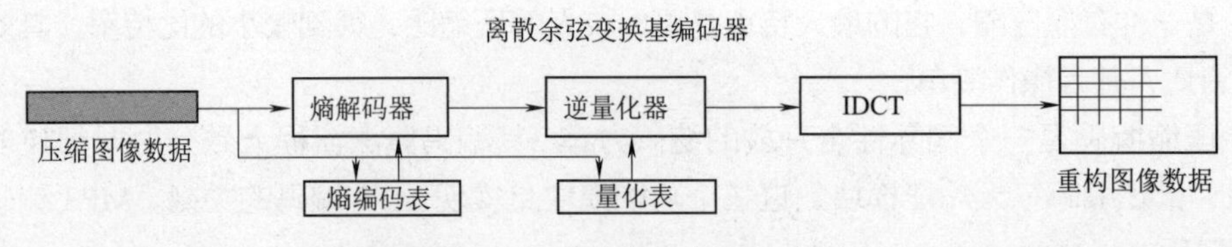

■图 8-14　离散余弦变换解码框图

对于原图像数据使用正向离散余弦变换（FDCT）把信息从空间域变换成频率域的数据，并利用数据的频率特性进行处理；使用加权函数对 DCT 系数进行量化，这个加权函数对于人的视觉系统是最佳的；使用霍夫曼可变字长熵编码器对量化系数进行编码。

3. JPEG 2000

JPEG 2000 是基于小波变换的图像压缩标准，由 JPEG 制定。JPEG 2000 通常被认为是未来取代 JPEG（基于离散余弦变换）的下一代图像压缩标准。

JPEG 2000 与传统的 JPEG 压缩技术相比，有以下几个优点：

①压缩比更高，而且不会产生原先的基于离散余弦变换的 JPEG 标准产生的块状模糊瑕疵。

②同时支持有损压缩和无损压缩。

③支持更复杂的渐进式显示和下载。

④性能要超越 JPEG，而且增加和增强了可缩放性和可编辑性等特性。

⑤可以对感兴趣的区域进行压缩。

虽然 JPEG 2000 在技术上有一定的优势，但是到目前为止，网络上采用 JPEG 2000 技术制作的图像文件数量仍然很少，并且大多数的浏览器没有内置支持 JPEG 2000 图像文件的显示，这可能是因为 JPEG 2000 存在版权和专利的问题，JPEG 2000 标准本身是没有授权费用，但编码的核心部分的各种演算法被大量注册了专利。由于 JPEG 2000 在无损压缩下仍然能有比较好的压缩率，目前 JPEG 2000 在图像品质要求比较高的医学图像的分析和处理领域已经有了一定程度的应用，希望将来在更多领域能得到广泛应用。

8.4.3　运动图像压缩标准

1. MPEG 标准概述

MPEG 是国际标准化组织与国际电工委员会于 1988 年成立，专门负责开发电视图像数据和声音数据的编码、解码和它们的同步标准的组织，这个专家组开发的标准称为 MPEG 标准。MPEG 标准主要有以下 5 个：MPEG-1、MPEG-2、MPEG-4、MPEG-7 及 MPEG-21 等。

（1）MPEG 标准图像类型

MPEG 标准将编码图像分为三种类型，分别是 I 帧（帧内编码图像帧）、P 帧（预测编码图像帧）和 B 帧（双向预测编码图像帧）。I 帧采用类似 JPEG 标准的帧内 DCT 编码，压缩比较低，可作为 P 帧和 B 帧的图像预测参考帧。P 帧根据一个前面最近的 I 帧或 P 帧进行前向预测，采用有运动补偿的帧间预测编码方式，压缩比也不高。B 帧既要用以前的图像帧（I 帧或 P 帧）做预测参考帧进行前向运动补偿预测，又要后面的图像帧（P 帧）做预测参考帧，进行后向运动补偿，有较高的压缩比。

（2）MPEG 标准数据流结构

MPEG 标准定义了视频数据流的分层数据结构，共分 6 层，从高到低依次为视频序列层、图像组层、图像层、宏块条层、宏块层和块层。每一层定义了一个确定的功能或信号处理功能或逻辑功能。

（3）MPEG 标准视频编码原理及关键技术

MPEG 标准视频编码原理是利用了序列图像中的空间相关性。其关键技术有以下几项：

①帧重排。

②离散余弦变换（DCT）。

③量化器。

④熵编码。

⑤运动估计和运动补偿。

⑥ I 帧、P 帧和 B 帧编码。

2. MPEG-2 标准

MPEG-2 标准全称为“运动图像及有关声音信息的通用编码”，是 ISO/IEC 的 MPEG 专家组与 ITU-T 的 ATV 的图像编码专家组共同制定的，其编码速率高达 10 Mbit/s，是运动图像和伴音的通用标准。其视频编码算法采用带运动补偿的帧间预测和帧内 DCT 编码相结合的混合编码算法。

MPEG-2 标准包括系统、电视图像、音频、一致性测试、软件模拟、数字存储媒体命令、控制扩展协议、先进声音编码、编码器实时接口扩展标准、DSM-CC 一致性扩展测试等。MPEG-2 的主要特点如下：

① MPEG-2 解码器兼容 MPEG-1 和 MPEG-2 标准。

②其视频数据速率为 3 ~ 15 Mbit/s，基本分辨率为 720 × 576 像素，每秒可播放 30 帧画面。

③可以 30 ：1 或更低的压缩比提供具有广播级质量的视频图像。

④允许在画面质量、存储容量和带宽之间选择，在一定范围内改变压缩比。

【延伸阅读 8-2：数字电视的压缩编码】

数字电视是指从电视信号的采集、编辑、传播到接收整个广播链路都是数字化的电视广播系统，在这个过程中，视频和音频的模拟信号经模数转换后形成数字信号，进入信源压缩子系统，进行信源编码去掉信号源中的冗余成分，以达到提高压缩码率和降低带宽，实现信号有效传输的目的。[①]

数字电视的压缩编码标准主要有下列几种：一是美国数字电视标准，其视频编码采用 MPEG-2 标准，音频编码采用杜比（Dolby）公司的 AC-3 方案；二是欧洲数字电视标准，其数字电视地面广播、数字电视卫星广播、数字电视有线广播和手持式数字电视广播的视频和音频编码都采用 MPEG-2 标准；三是日本数字电视标准，其视频和音频编码都采用 MPEG-2 标准。

我国的数字电视压缩编码标准中，数字电视卫星广播和数字电视影像广播视音频采用 MPEG-2 标准，数字电视地面广播采用具有自主知识产权的 DMB-TH 标准。

3. MPEG-4 标准

MPEG-4 标准在 1995 年 7 月开始研究，于 1998 年 11 月公布，是各种音频 / 视频对象的编

① 雷运发，田惠英 . 多媒体技术与应用教程 [M]. 北京：清华大学出版社，2016.

码，包括系统、电视图像、音频、一致性测试和参考软件、传输多媒体集成框架等。MPEG-4标准针对一定比特率下的视频、音频编码更加注重多媒体系统的交互性和灵活性，分辨率为176×144像素，对传输速率要求较低，在4 800～6 400 bit/s之间，主要应用于视像电话、视像电子邮件等。

MPEG-4标准有以下优点：

①针对低带宽等条件设计算法，MPEG-4标准的压缩比更高。通过帧重建技术，使低码率的视频传输成为可能，并获得最佳的图像质量。

②节省存储空间。由于MPEG-4标准的算法较MPEG-1、MPEG-2更为优化，在压缩效率上更高，在同等条件如图像格式和压缩分辨率条件下，经过编码处理的图像文件更小，所占用的存储空间也更小。

③图像质量好。MPEG-4标准的最高图像清晰度为768×576，远远优于MPEG1的352×288，可以达到接近DVD的画面效果。其他的压缩技术由于算法上的局限，在画面中出现快速运动的人或物体和大幅度的场景变化时，图像质量下降。而MPEG-4标准采用基于对象的识别编码模式，从而保证了良好的清晰度。

4. MPEG-7标准

MPEG-7标准于2001年公布，称为多媒体内容描述接口，包括系统、描述定义语言、电视图像、音频、多媒体描述框架、参考软件以及一致性测试7个部分。确切来讲，MPEG-7标准并不是一种压缩编码方法，其目的是产生一个描述多媒体内容的标准，这个标准支持对多媒体信息在不同程度层面上的解释和理解，从而使其可以根据用户的需要进行传输和存取。

MPEG-7标准并不针对某个具体的应用，而是针对被MPEG-7标准化了的图像元素，这些元素将支持尽可能多的各种应用：可应用于数字图书馆，如图像编目、音乐词典等；多媒体查询服务，如电话号码簿等；广播媒体选择，如广播与电视频道选取；多媒体编辑，如个性化的电子新闻服务、媒体创作等。MPEG-7标准注重的是提供视听信息内容的描述方案，并不包括针对不同应用的特征提取方法和搜索引擎。

5. H.26X系列视频标准

H.26X系列视频标准是国际电信联盟ITU的视频编码专家组（ITU-T）制定的系列图像压缩标准，主要有H.261、H.263、H.264等。这些视频标准主要应用于实时视频通信领域，如会议电视、可视电话等。

H.261又称Px64，传输码率为$P\times64$ kbit/s，其中P可变。H.261是ITU-T为ISDN网络上的视频传输专门制定的。根据图像传输清晰度的不同，传输码率变化范围为64 kbit/s～1.92 Mbit/s，其编码方法首次采用了带有运动补偿的帧间DPCM、DCT变换编码和熵编码，这种混合编码方法具有压缩比高、算法简单的特点，是国际上第一个成熟的压缩标准，其编码算法框架对后来制定的视频编码标准产生了深远的影响。

H.263是ITU-T为低于64 kbit/s的窄带通信信道制定的视频编码标准，其标准输入图像格式可以是S-QCIF、QCIF、CIF、4CIF或者16CIF的彩色4∶2∶0子取样图像。该标准被公认为是以像素为基础的第一代混合编码技术所能达到的最佳效果，广泛应用在会议电视、可视电话、远程视频和监控等众多领域。

H.264 于 2003 年 3 月公布，在采用传统的混合编码框架的同时，又引入了新的编码方式，并且引入了很多先进的技术，这样可得到较高的压缩比，提高了编码效率，也提高了算法的复杂度，因此 H.264 标准中加入了去块效应滤波器，对块的边界进行滤波。H.264 支持网络中视频的流媒体传输，具有较强的抗误码特性，特别适应丢包率高、干扰严重的无线视频传输的要求。因其更高的压缩比、更好的 IP 和无线网络信道的适应性，H.264 在数字视频通信和存储领域得到越来越广泛的应用。

6. AVS 标准

AVS 标准是中国自主制定的音视频编码技术标准，其核心是把数字视频和音频数据压缩为原来的几十分之一甚至百分之一以下。AVS 标准包括系统、视频、音频、数字版权保护等 4 个主要技术标准和一致性测试等支撑标准，涉及视频压缩编码的有两个独立的部分：一是 AVS 第 2 部分（AVSI-P2），主要针对高清晰度、标准清晰度数字电视广播及高密度激光数字存储媒体应用；二是 AVS 第 7 部分（AVSI-P7），主要针对低码率、低复杂度、较低图像分辨率的移动视频应用。AVS 标准视频当中具有特征性的核心技术包括 8×8 整数变换、量化、帧内预测、1/4 精度像素插值、特殊的帧间预测运动补偿、二维熵编码、去块效应环内滤波等。

思考题

8-1　视频信号和音频信号的信息冗余有哪几种形式？

8-2　压缩有哪些分类方式？

8-3　简述图像压缩的基本原理。

8-4　简述人眼的视觉特性和人耳的听觉特性对压缩的影响。

8-5　常用的声音压缩标准有哪些？

8-6　常用的运动图像压缩标准有哪些？

知识点速查

◆视频信号的信息冗余：视频信号的信息冗余的表现形式有空间冗余、结构冗余、时间冗余、视觉冗余、知识冗余和信息熵冗余。

◆音频信号的信息冗余：音频信号的信息冗余的表现形式有时域冗余和频域冗余。

◆视觉特性：人眼的视觉特性既有客观性的一面，也带有很强的主观性，对压缩编码影响较大的有亮度辨别阈值、视觉阈值、空间分辨力和掩盖效应。

◆听觉特性：人耳的听觉特性有一个复杂的心理学和生理学现象——掩蔽效应，有频率掩蔽效应、时间掩蔽效应和方向掩蔽效应。

◆音频压缩编码标准：为减少音频信号的冗余，国际上根据不同的目的和用途制定了一些音频压缩格式，其中主要的有 MP3 压缩技术、MP4 压缩技术、ITU-TG 系列声音压缩标准。

◆图像压缩编码标准：为减少图像信号的冗余，国际上制定了相应的压缩编码标准，其中包括静止图像压缩标准和运动图像压缩标准。静止图像压缩标准以 JPEG 格式为代表，运动图像压缩标准包括 MPEG 系列压缩标准、H.26X 系列视频标准等。

第 9 章

数字媒体存储技术

本章导读

本章共分 5 节，内容包括数字媒体存储概述、数据存储介质、网络存储、云存储和存储技术发展趋势。

本章从数字媒体存储介质的发展与变化的视角入手，首先分析存储的必要性、可行性、发展史和存储应用及案例；然后讲述数据存储介质、网络存储和云存储的特点、分类和云存储的应用；最后展望了存储技术发展趋势。

学习目标

- ◆了解存储的必要性、可行性；
- ◆了解各种网络存储技术和架构；
- ◆掌握云存储的特点、分类和工作原理；
- ◆了解存储技术的发展趋势。

知识要点和难点

1. 要点

各种存储介质及网络存储的技术及架构。

2. 难点

云存储的特点及分类。

9.1 数字媒体存储概述

存储，指把钱或物等积存起来。《清会典事例・户部・库藏》：“户部奏部库空虚，应行存储款项。”《清会典·户部仓场衙门·侍郎职掌》：“每年新漕进仓，仓场酌量旧存各色米多寡匀派分储，将某仓存储某年米色数目，造册先期咨部存案。”

存储就是根据不同的应用环境通过采取合理、安全、有效的方式将数据保存到某些介质上并能保证有效的访问。总的来讲包含两方面的含义：一方面，它是数据临时或长期驻留的物理媒介；另一方面，它是保证数据完整安全存放的方式或行为。

9.1.1　存储的必要性

信息存储无论对个人还是团体来说都是十分必要的。个人信息存储不当或丢失，会对自己及家人的生活、工作造成严重影响。对于一个企业来说，信息存储更为重要，一旦重要的数据被破坏或丢失，就会对企业日常生产造成十分重大的影响，甚至是难以弥补的损失。网络系统环境中数据被破坏的原因主要有以下几个方面：①自然灾害，如水灾、火灾、雷击、地震等造成计算机系统的破坏，导致存储数据被破坏或完全丢失；②系统管理员及维护人员的误操作；③计算机设备故障，其中包括存储介质的老化、失效；④病毒感染造成的数据破坏；⑤ Internet 上黑客的入侵和来自内部网的蓄意破坏。

当前，各种信息平台的应用已经成熟，但是这些平台在运行后，缺乏可靠的数据保护措施，往往等到出现事故后才来弥补，因此，不论是规划设计还是运行维护阶段，都缺乏对整个系统数据存储管理和备份应采取的专业而系统的考虑，往往陷于盲目之中。

各种平台在设计方案中如果没有相应的数据存储备份解决方案，就不算是完整的网络系统方案。计算机系统不是永远可靠的。双机热备、磁盘阵列、磁盘镜像、数据库软件的自动复制等功能均不能称为完整的数据存储备份系统，它们解决的只是系统可用性的问题，而计算机网络系统的可靠性问题需要完整的数据存储管理系统来解决。因此，对原网络增加数据存储备份管理系统和在新建网络方案中列入数据存储备份管理系统就显得相当重要了。

因此，有必要持续不断地宣传数据存储备份的重要性，直到人们把数据存储备份视为头等重要的大事，并不断引进最先进的数据存储备份设备来确保数据的绝对安全为止。

9.1.2　存储的可行性

随着科学技术的发展，存储技术也取得较大发展，特别是数字技术的迅猛变革，使存储技术在数字媒体领域得到了广泛应用，存储的技术手段也发生很大变化。常用的存储技术包括以下几种：

1. SCSI 技术

SCSI（Small Computer System Interface，小型计算机系统接口）是一种用于计算机及其周边设备之间（硬盘、光驱、打印机、扫描仪等）系统级接口的独立处理器标准。

首先，SCSI 接口具有更高的传输速率。比传统的 IDE 接口传输速度更高；其次，SCSI 硬盘的另一大优势在于 CPU 占用率很低，这种特点尤其适合于 I/O 操作频繁或经常涉及大容量文件交换的场合，因此广泛地被服务器和工作站所采用。除此之外，SCSI 还具有扩展性丰富、纠错能力高以及进行多任务操作时智能化更高等多种优点。因此这种技术的出现很快取代传统的 IDE 接口规范。

2. 存储网络技术

存储网络技术是近年高速发展的技术，具有安全性高、动态扩展性强的特点。许多基于工业标准的网络存储方案已经得到广泛应用。目前在数字媒体领域应用最多的是局域网存储，理论上带宽可达 1 Gbit/s，实测带宽为 700 Mbit/s 左右；其次是光纤通道技术，理论上在全双工的情况下，带宽可达 2 Gbit/s，单通道达 1 Gbit/s，实测带宽为 720 Mbit/s 左右。Intel 公司推动的 Infiniband 是基于 IA-64 架构的核心存储技术，第一阶段是取代 PC，带宽目标是 2.5 Gbit/s；第二阶段达到 Cluster 应用，带宽目标是 30 Gbit/s。①存储网络技术近年在视频领域发展迅猛。无论是从管理、制作还是播出都得到广泛应用，形成大型电视台的制播一体网的媒体资产的中心存储系统。

9.1.3 存储的发展史

存储是数据的“家”。处理、传输、存储是信息技术最基本的三个概念，任何信息基础设施、设备都是这三者的组合。每当存储技术有一个划时代的发明，在这之后的 300 年内就会有一个大的社会进步和繁荣高峰。

存储技术总是伴随着人类新的发明而产生的。存储是信息跨越时间的传播。几千年前的岩画、古书，以及近代的照相技术、留声机技术、电影技术、计算机技术等的发明，极大丰富了人们的信息获取渠道，这些都是和存储技术的发明分不开的。

从人类诞生的那一刻，记录与存储就伴随着人类的进步并发展至今，从最初的“结绳记事”到如今的光电子存储技术，人类几千年的进化史，存储技术的进化与发展是最好的证明。

9.1.4 存储应用及案例

【实例分析 9-1：中科蓝鲸数字媒体存储案例——天津电视台播出系统】

1. 项目背景

天津电视台始建于 1958 年 10 月，1960 年 3 月 20 日正式开播，是中国创建最早的 4 家电视台之一。地面信号覆盖天津市和北京、河北、山东等省市部分地区，可收视人口超过 2 000 万人。该播出系统需要较高的读写性能与可靠性来进行数据的迁移与技审服务。

2. 解决方案

针对上述需求，中科蓝鲸采用两台 BWStor CSA 为此播出系统提供高性能共享存储服务。本方案提供 6 台 FC 直连客户端，其中 4 台作为自动技审服务器，采用 FC 直连的方式进行存储服务，此外，该服务器作为 NAS 设备为人工技审服务器提供存储服务。另外两台作为 FTP 迁移服务器负责素材迁入和迁出。播出系统架构如图 9-1 所示。

3. 应用效果

该系统经过严格测试和用户实际使用后证实，以中科蓝鲸 BWFS 为核心的 BWStor CSA 为用户带来以下价值：

① 卢胜民 . 浅谈存储技术在数字媒体领域中的应用 [J]. 黑河学刊，2004（6）：91-93.

①为整个播出系统中提供高性能文件共享服务，有效地降低了因复制带来的烦琐与错误。

②先进的带外数据传输架构，有效地解决文件并发访问时存储系统的 I/O 带宽瓶颈问题，服务器全部 FC 直连，充分满足带宽延时要求。

③采用双元数据控制器，系统良好的可靠性和冗余设计有效的降低系统业务中断带来的损失，并采用主、备光纤盘阵作冗余提高数据存储的可靠性。

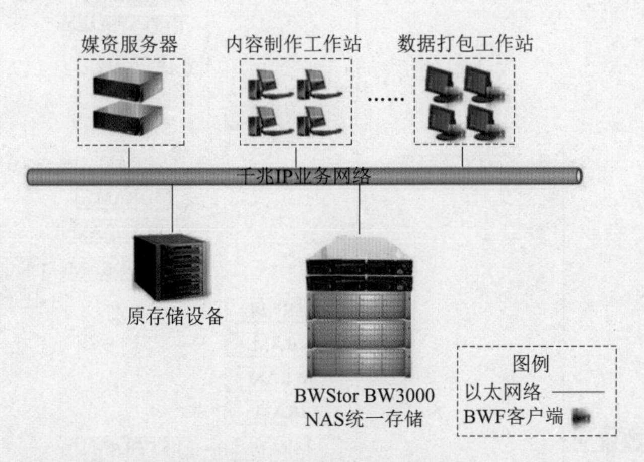

■ 图 9-1　播出系统架构

9.2 数据存储介质

存储介质又称存储媒体，是指存储二进制信息的物理载体，这种载体具有表现两种相反物理状态的能力，存储器的存取速度就取决于这两种物理状态的改变速度。

按照存储介质的不同，将存储器分为光学存储、半导体存储（电子存储）和磁性存储三大类。

存储器目前主要采用半导体和磁性材料作为存储介质。按不同的分类方式，存储器可以分出多种类别：按照存储介质分类，可以粗略分为半导体存储（电子存储）、磁性存储和光学存储；按照读写功能，分为只读存储器 ROM 和随机存储器 RAM；按存储器在计算机系统中所起的作用，可分为主存储器、辅助存储器、高速缓冲存储器、控制存储器等。目前常见的存储介质如图 9-2 所示。存储介质分类如图 9-3 所示。

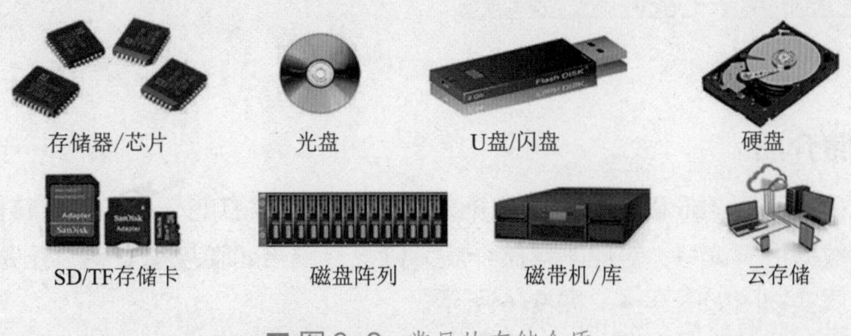

■ 图 9-2　常见的存储介质

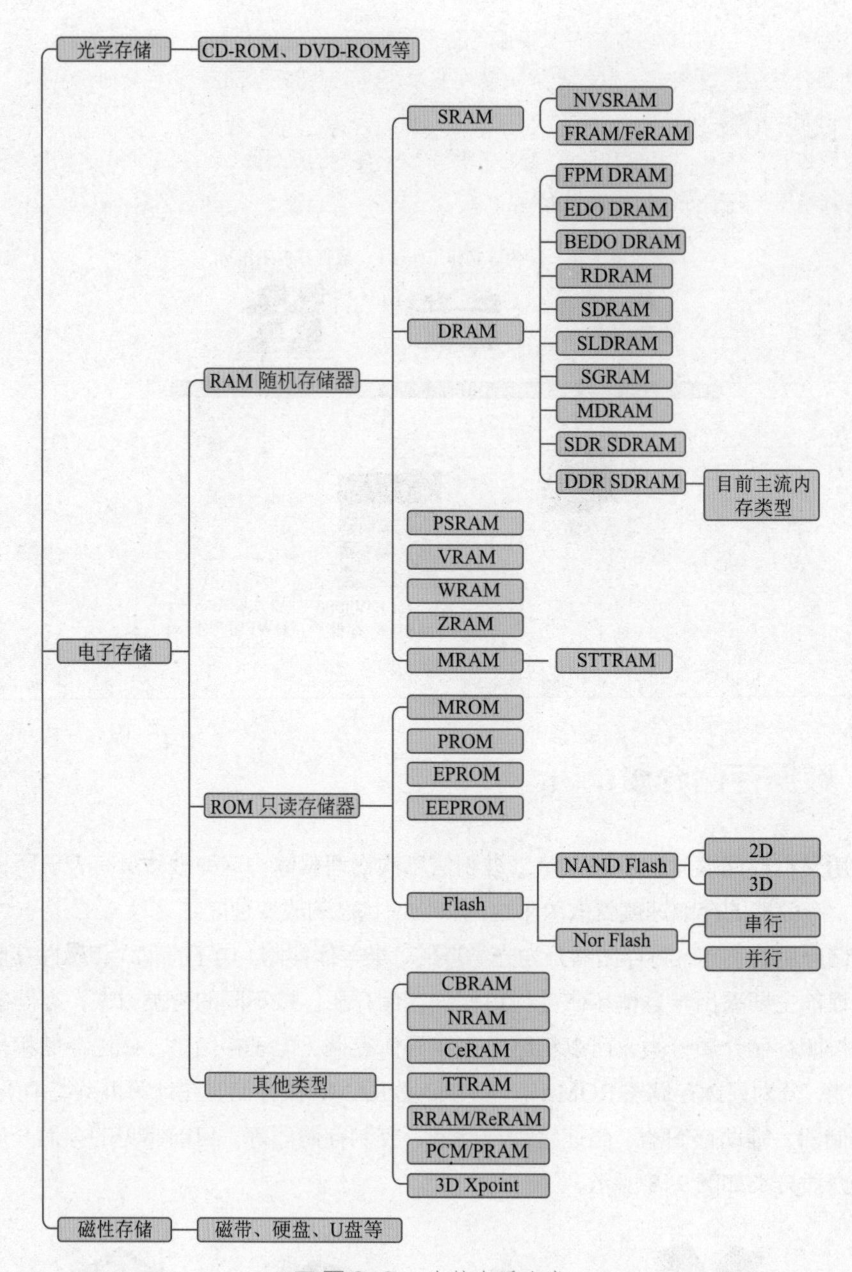

■图 9-3　存储介质分类

9.2.1　磁存储介质

磁存储介质是指利用矩形磁滞回线或磁矩的变化来存储信息的一类磁性材料。磁存储介质是指利用磁技术对数据进行读写，对应的存储介质为磁盘，磁带、硬盘和 U 盘，这是最常见的媒体。常见的磁存储介质实物图如图 9-4 ~ 图 9-6 所示。

磁存储介质的特点是存储数据量大。在信息时代，磁存储作为大容量存储介质在信息处理、传递和探测保存中占据着相当重要的地位。经过一个多世纪的发展，磁存储取得了巨大的进步，目前的磁记录密度已进入每平方英寸超过 100G 位数的量级。

■ 图 9-4　盒式磁带　　■ 图 9-5　硬盘　　■ 图 9-6　移动硬盘和 U 盘

9.2.2　光存储介质

计算机和信息产业的发展使越来越多的信息内容以数字化的形式记录、传输和存储，对大容量信息存储技术的研究也随之不断升温。激光技术的不断成熟，尤其是半导体激光器的成熟应用，使得光存储从最初的微缩照相发展成为快捷、方便、容量巨大的存储技术，各种光 ROM 纷纷产生。与磁盘相比，光盘具有存储密度高，存储容量大的特点，且具有成本低廉、不易划伤、无磨损、可长期保存信息等特点。各种光盘如图 9-7 所示。

■ 图 9-7　光盘

光盘起初是一种数字音频存储介质，它是索尼与飞利浦两家公司合作开展项目的产物，1982 年首次面市。这种格式将数字数据以模刻在有反射背衬的塑料磁盘表面上的凹坑来存储。光盘经历了进一步的发展，产生了容量更高的光盘，比如 DVD、HD-DVD 和蓝光光盘。1988 年，推出了可记录光盘（CD-R），这样用户可以把自己的数据写到光盘上。20 世纪 90 年代末，随着光介质越来越便宜，光盘取代了软盘，用于处理大多数的日常数据传输。

1. 光存储分类

光存储介质通常统称为光盘，它分成两类：一类是只读型光盘，包括 CD-Audio、CD-Video、CD-ROM、DVD-Audio、DVD-Video、DVD-ROM 等；另一类是可记录型光盘，包括 CD-R、CD-RW、DVD-R、DVD+R、DVD+RW、DVD-RAM、Double layer DVD+R 等。

2. 光存储的特点

①记录密度高、存储容量大。光盘存储系统用激光器作光源。光盘的面密度可高达 $10^7 \sim 10^8$ bit/cm^2，一张 CD-ROM 光盘可存储 3 亿个汉字。

②光盘采用非接触式读写，光学读写头与记录盘片间通常有大约 2 mm 的距离。这种结构带来了一系列优点：首先，由于无接触，没有磨损，所以可靠性高、寿命长；其次，焦距的改变可以改变记录层的相对位置，这使得光存储实现多层记录成为可能。

③光盘信息可以方便地复制，这个特点使光盘记录的信息寿命实际上为无限长。同时，简单的压制工艺，使得光存储的位信息价格低廉，为光盘产品的大量推广应用创造了必要的条件。当然，光存储技术也有缺点和不足。光学头无论体积还是质量，都还不能与磁头相比，这影响光盘的寻址速度，从而影响其记录速度。

20 世纪 90 年代末，光盘是数据存储的主要介质。但是伴随网络的运行速率得到了质的提升，不管是刷小视频，还是和朋友打游戏，都成为一种生活方式，大家也就不再经常通过光盘这个媒介观赏电影。不言而喻，它不便的特性和使用频率的不断递减，导致了其退出也是不可避免的。5G 时代的来临和网络的快速发展，也加剧了光盘的消失。

9.2.3 电子存储介质

以半导体电路作为存储媒体的存储器又称电子存储器。一般分类方法如下：

1. 按存储器的制造工艺分类

按存储器的制造工艺划分，存储器可以分为双极型存储器和金属－氧化物－半导体存储器两类。

2. 按信息存取方式分类

按信息存取方式划分，存储器可以分为随机存取存储器（Random Access Memory，RAM）和只读存储器（Read Only Memory，ROM）两大类。

①随机存取存储器（RAM）是指那些 CPU 既可以从中读取数据，也可以将数据写入其中的存储器，又称读 / 写存储器。当计算机系统掉电时，存储于其中的信息就会全部丢失。RAM 成本低、功耗少、速度快。

根据 RAM 存储器存储信息的工作原理，可将 RAM 可分为静态 RAM（SRAM）和动态 RAM（DRAM）两大类。

②只读存储器（ROM）是指那些 CPU 只能从中读取数据，而不能将数据重新写入其中的存储器，当计算机系统掉电后，存储于其中的信息保留不变。

另外，Flash 是近年来得到迅速发展的一种新型快速擦除和重新编程写入的非易失性存储器，擦除和重新写入方便，存储容量大，有取代其他类型 ROM 的趋势。

常见的闪存卡如表 9-1 所示。

表 9-1 常见的闪存卡

类　型	发布时间	发布厂商	物理尺寸 /mm×mm×mm	工作电压 /V	公开标准	适用领域	支持厂商	其他
SM	1995	东芝	45×37×0.76	3.3 ～ 5	是	MP3、DC	东芝、三星、索尼等	操作系统都支持
CF	1994	SanDisk	43×36×3.3	3.3 ～ 5	是	PDA、数码照相机	IBM、HP、佳能、东芝等	有 MMC 和 SPI 两种模式
MMC	1997	SanDisk 西门子	32×24×1.4	2.7 ～ 3.6	是	MP3、DC、DV	SanDisk、西门子等	数据安全性高，支持物理写保护
SD	1999	东芝 松下 SanDisk	32×24×2.1	2.7 ～ 3.6	是	MP3、C、DV、E-Book	三星等	数据安全性高，支持物理写保护
Memory stick	1997	索尼	50×21.5×0.28	2.7 ～ 3.6	否	仅索尼公司产品	索尼	仅仅索尼公司使用

9.3 网络存储

网络存储被定义为一种特殊的专用数据存储服务器，包括存储器件（如磁盘阵列、CD/DVD驱动器、磁带驱动器或可移动的存储介质）和内嵌系统软件，可提供跨平台文件共享功能。网络存储通常在一个LAN上占有自己的节点，无须应用服务器的干预，允许用户在网络上存取数据。在这种配置中，网络存储集中管理和处理网络上的所有数据，将负载从应用或企业服务器上卸载下来，有效降低总拥有成本，保护用户投资。

9.3.1 网络存储的意义

计算机技术及其相关的各种网络应用的飞速发展，引领了信息的膨胀。视频、音频、图片、文字、游戏以及办公室大量的数据资产积累的数据越来越多，且呈现爆炸性的增长，因此需要更大的存储空间。存储系统不再是计算机系统的附属设备，而成为互联网中与计算和传输设施同等重要的三大基石之一，网络存储已成长为信息化的核心发展领域，并逐渐承担着信息化核心的责任。实际上，信息技术在任何时候都是处理、传输和存储技术的三位一体的完美结合，三者缺一不可。[①]

数据量的迅速增长对人们提出了新的问题和要求，如何确保数据的一致性、安全性和可靠性，如何实现不同数据的集中管理，如何实现网络上的数据集中访问，如何实现不同主机类型的数据访问和保护，等等。所有这些都对现有的存储技术提出了挑战，呼唤着新的网络存储技术及产品的出现，也使得网络存储技术迅速崛起。在网络存储技术中，由网络存储设备提供网络信息系统的信息存取和共享服务，其主要特征体现在超大存储容量、大数据传输率以及高的系统可用性、远程备份、异地容灾等方面。

目前，网络存储技术正在成为计算机领域的研究热点。可以说，网络存储将引发继信息处理（如CPU）和信息传输（如Internet）之后IT领域的第三次技术浪潮。

9.3.2 网络存储架构

常见的网络存储技术包括直接连接存储、网络连接存储和存储区域网络。

1. 直接连接存储

直接连接存储（Direct Attached Storage，DAS）是以服务器为中心的存储体系，外部数据存储设备通过SCSI接口电缆直接挂接到服务器，存储系统是服务器的一部分。所有访问均通过服务器进行，包括应用服务和文件服务。DAS网络存储架构如图9-8所示。

DAS特别适合于对存储容量要求不高、服务器的数量很少的中小型局域网，其主要的优点在于存储容量扩展的实施非常简单，投入的成本少而见效快。

但DAS也存在诸多问题：①服务器本身容易成为系统瓶颈；②服务器发生故障时，数据不可访问；③对于存在多个服务器的系统来说，设备分散，不便管理，同时多台服务器使用DAS时，存储空间不能在服务器之间动态分配，可能造成相当的资源浪费；④数据备份操作复杂。

① 何丰如．网络存储主流技术及其发展趋势[J]．广东广播电视大学学报，2009，18（2）：100-107.

2. 网络连接存储

网络连接存储（Network Attached Storage，NAS）以数据为中心，使用一个专用存储服务器与网络直接相连，通过 NFS 或 CIFS 对外提供文件级访问服务。简单说就是将直连在各个服务器上的硬盘以及硬盘的文件系统分割、独立出来，将其集中到一台连接在网络上、具备资料存储功能的存储服务器上。这台网络存储服务器就称为 NAS。NAS 网络存储架构如图 9-9 所示。

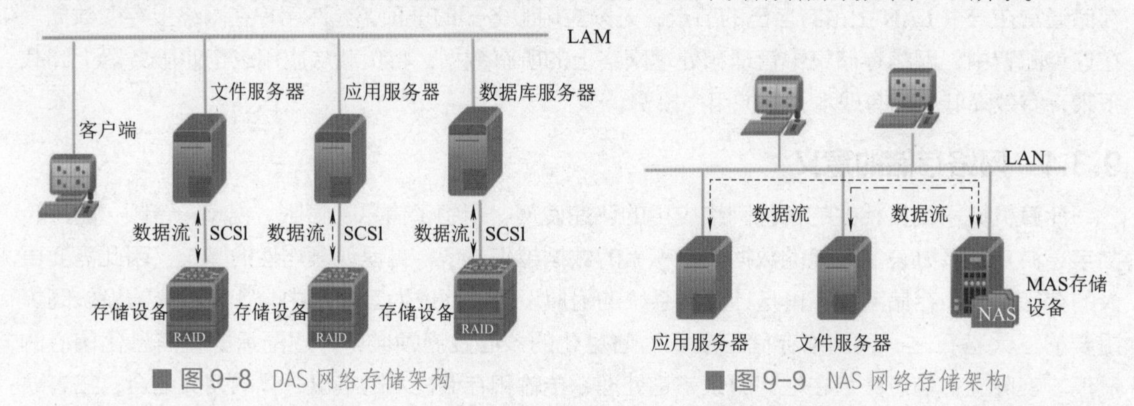

■ 图 9-8 DAS 网络存储架构 ■ 图 9-9 NAS 网络存储架构

NAS 将存储设备通过标准的网络拓扑结构连接，可以无须服务器直接上网，不依赖通用的操作系统，而是采用一个面向用户设计的、专门用于数据存储的简化操作系统，内置与网络连接所需的协议，因此整个系统的管理和设置较为简单。其主要面向高效的文件共享任务，适用于那些需要网络进行大容量文件数据传输的场合。以 IBM 为代表的业界各大存储厂商都推出了 NAS 解决方案。

这种存储方式不占用应用服务器资源、广泛支持操作系统及应用、扩展较容易、即插即用，安装简单方便，但不适合存储量大的块级应用，且数据备份及恢复占用网络带宽。

3. 存储区域网络

（1）FC SAN

存储区域网络（Storage Area Network，SAN）默认指 FC SAN，其以网络为中心，将存储系统、服务器和客户端都通过网络相互连接。SAN 最直观的理解就是：由很多的磁盘、磁盘阵列组成一个网络，这个网络就是一块巨大的硬盘，这块硬盘再通过数据线连接到服务器上。SAN 网络存储架构如图 9-10 所示。现在，用于实现 SAN 的技术分两种：FC SAN 和 IP SAN。FC SAN 与 IP SAN 之间的差别与联系如图 9-11 所示。

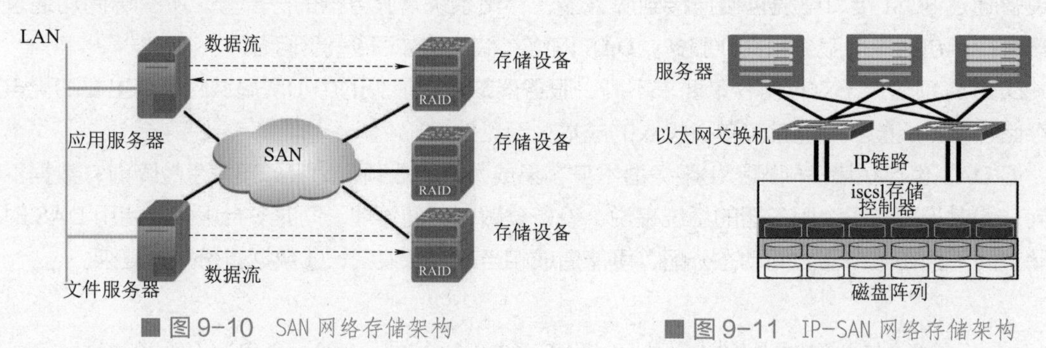

■ 图 9-10 SAN 网络存储架构 ■ 图 9-11 IP-SAN 网络存储架构

SAN更适合网络关键任务的数据存储。与其他存储技术相比，SAN具有以下特性：高可用性、高性能、便于扩展、可实现高效备份，适合于海量数据、关键数据的存储备份，支持服务器的异构平台，支持集中管理和远程管理等。

（2）IP SAN

IP SAN（IP存储）的通信通道是使用IP通道，而不是光纤通道，把服务器与存储设备连接起来的技术，标准有iSCSI、FCIP、iFCP等。iSCSI发展最快，已经成为IP存储的一个有力代表。

IP SAN是在FC SAN后产生的，FC SAN以光纤通道构建存储网络，IP SAN则以IP网络构建存储网络，比FC SAN具有更经济、自由扩展等特点。

三种存储组网模型的比较如图9-12所示。

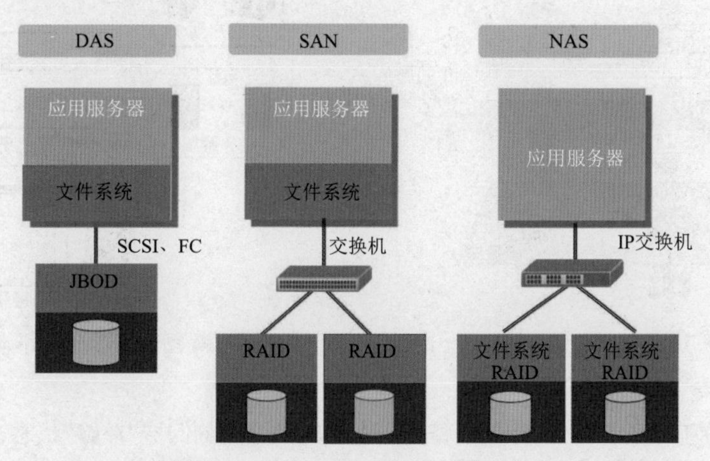

图9-12　三种存储组网模型的比较

DAS也称SAS（Server-Attached Storage，服务器附加存储）。它依赖于服务器，其本身是硬件的堆叠，不带有任何存储操作系统。DAS的适用环境为：

①服务器在地理分布上很分散，通过SAN（存储区域网络）或NAS（网络直接存储）在它们之间进行互连非常困难时（商店或银行的分支便是一个典型的例子）。

②包括许多数据库应用和应用服务器在内的应用，它们需要直接连接到存储器上。

典型DAS结构对于多个服务器或多台PC的环境，使用DAS方式设备的初始费用可能比较低，可是这种连接方式下，每台PC或服务器单独拥有自己的存储磁盘，容量的再分配困难；对于整个环境下的存储系统管理，工作烦琐而重复，没有集中管理解决方案，目前DAS基本被NAS所代替。

NAS是一种采用直接与网络介质相连的特殊设备实现数据存储的机制。由于这些设备都分配有IP地址，所以客户机通过充当数据网关的服务器可以对其进行存取访问，甚至在某些情况下，不需要任何中间介质客户机也可以直接访问这些设备。通常，一般小型的NAS存储设备会支持几百GB的存储容量，适合中小型公司作为存储设备共享数据使用，而中高档的NAS设备应该支持TB级别的容量。NAS多适用于文件服务器，用来存储非结构化数据，虽然受限于以太网的速度，但是部署灵活，成本低。

SAN适用于大型应用或数据库系统；其缺点是成本高、较为复杂。

4. 虚拟存储

虚拟存储是将实际的物理存储实体与存储的逻辑表示分离开来，应用服务器只与分配给它们的逻辑卷（或称虚卷）打交道，而不用关心其数据是在哪个物理存储实体上，从而实现了存储系统集中、统一而又方便的治理。虚拟存储架构如图 9-13 所示。

从专业的角度来看，虚拟存储是介于物理存储设备和用户之间的一个中间层。这个中间层屏蔽了具体物理存储设备（磁盘、磁带）的物理特性，呈现给用户的是逻辑设备。[①]用户经过虚拟存储层映射来对具体物理设备进行管理和使用。

5. 分级存储

数据存储模式如图 9-14 所示。

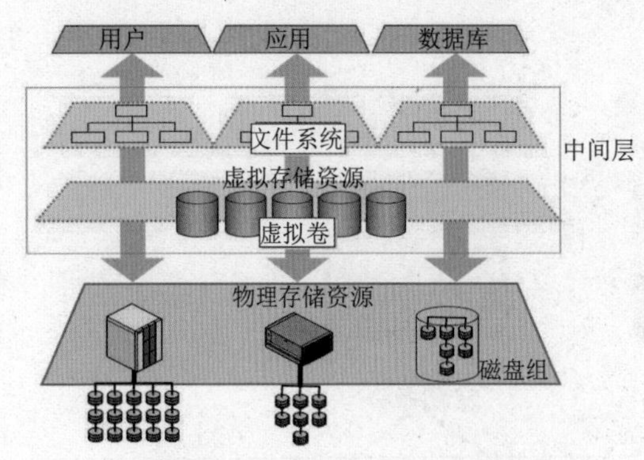

■ 图 9-13　虚拟存储架构

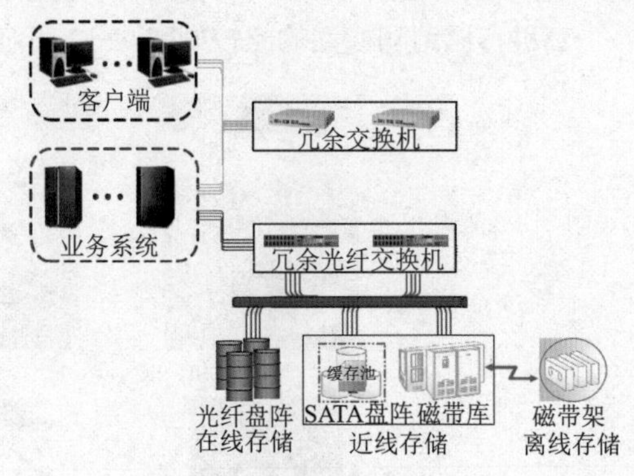

■ 图 9-14　数据存储模式

（1）在线存储

在线存储又称工作级的存储，存储设备和所存储的数据时刻保持“在线”状态，是可随意读取的，可满足计算平台对数据访问的速度要求。一般在线存储设备为磁盘和磁盘阵列等磁盘设备，价格相对昂贵，但性能好。

（2）离线存储

离线存储主要用于对在线存储的数据进行备份，以防范可能发生的数据灾难，因此又称备份级的存储。离线海量存储的典型产品就是磁带或磁带库，价格相对低廉。

（3）近线存储

所谓近线存储，是指将那些并不是经常用到或者说数据的访问量并不大的数据存放在性能较低的存储设备上。对这些的设备要求是寻址迅速、传输率高。因此，近线存储对性能要求相对来说并不高，但由于不常用的数据要占总数据量的大多数，这也就意味着近线存储设备首先要保证的是容量。传统定义的近线存储设备主要为 DVD-RAM 光盘塔和光盘库设备。随着存储设备的不断发展，现在常用的近线设备为磁带设备。

9.3.3 数据容灾

数据容灾备份技术是将数据以某种方式加以保留，以便在系统遭受破坏或其他特定情况下重新加以利用的过程，以尽量减少或避免因灾难的发生而造成的损失。

备份是容灾的基础，是将全部或部分数据从应用主机的硬盘或阵列复制到其他存储介质的过程。容灾不是简单的备份，真正的数据容灾能够避免传统冷备份的先天不足，它能在灾难发生时全面及时地恢复整个系统。

① 郭栋 . 大型绿色数据中心的规划研究 [D]. 上海：复旦大学，2008.

为了灾难恢复而对数据、数据处理系统、网络系统、基础设施、专业技术支持能力和运行管理能力进行备份的过程称为灾备，分为数据灾备和应用灾备。①

数据灾备是指建立一个异地的数据系统对本地系统关键应用数据进行复制。灾难发生时，能够通过对异地保存的数据进行灾难恢复。

应用灾备是指异地建立一套完整的、与本地数据系统相当的应用系统，可以与本地应用系统互为备份，也可与本地应用系统共同工作。灾难发生时，异地应用系统可承担本地应用系统的业务运行。数据备份示意图如图 9-15 所示。

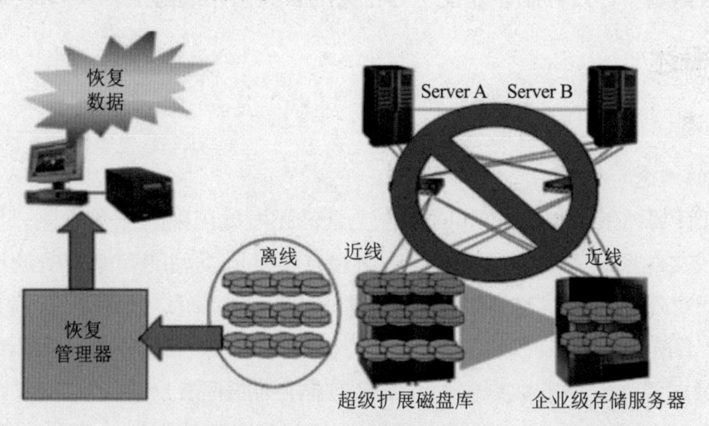

■ 图 9-15 数据备份示意图

灾难备份常用的技术有磁带备份、磁盘镜像和双工、RAID、HotSpare、双机热备、服务器双工、网络冗余和远程磁盘镜像等。针对灾难级的灾难备份技术，通常在多种常用技术应用叠加的基础上，还需要实施远程备份技术。

【实例分析 9-2：四川传媒学院融媒体云平台虚拟化存储】

由四川传媒学院与成都华栖云科技有限公司联合设计建设的融媒体实践教学云平台以媒体混合云架构为核心，构建教学、实践、科研、实训、社会化服务一体化平台媒体教学生态系统，提供基于云端服务的开放式工具、融媒体互动运营、大数据分析、流媒体直播、融媒体实践等业务服务，快速形成融合媒体教学实训基本能力，建成以校园媒体云为基础的融媒体实践教学中心，兼顾日常教学使用并契合实际生产流程。

基于云计算、大数据支撑的融媒体云平台存储系统采用虚拟存储架构，提供本地存储 / 共享存储和存储服务。这种由软件定义存储的目标是提供存储服务，并且是与主机高度集成的软件层的自动化存储，将存储从硬件中抽象出来，核心目的是提供高可用和可在线扩展的大规模存储系统，满足融媒体平台的生产需要。融媒体虚拟存储架构如图 9-16 所示。

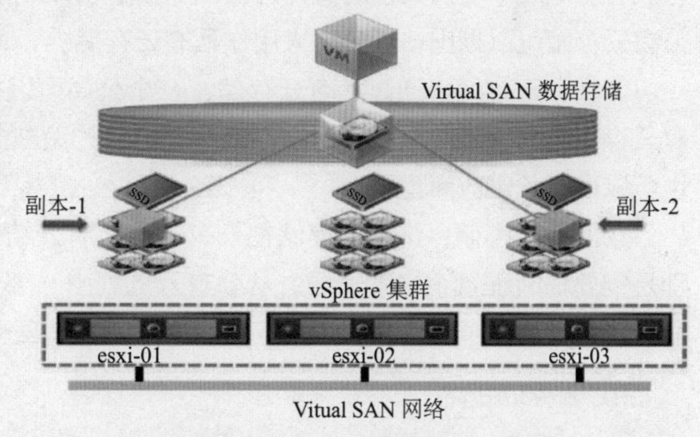

■ 图 9-16 融媒体虚拟存储架构

① 吴其斌，周春磊，刘延东，等．信息系统灾难备份技术综述 [J]. 国土资源信息化，2011（1）：12-15+40.

9.4 云存储

“云”概念最早诞生于互联网，随着其发展，云技术在各行各业得到运用。“云”是一个比喻的说法，一般是后端，难以看见，这让人产生虚无之感，因此被称为“云”。在2006年谷歌推出的“Google 101计划”时，“云”的概念及理论被正式提出，随后亚马逊、微软、IBM等公司宣布了各自的“云计划”，云存储、云安全等相关的云概念相继诞生。

9.4.1 云存储概述

1. 云存储概述

（1）云存储的概念

云存储是在云计算（Cloud Computing）概念上延伸和发展出来的一个概念，是指通过集群应用、网格技术或分布式文件系统等功能，将网络中大量各种不同类型的存储设备通过应用软件集合起来协同工作，共同对外提供数据存储和业务访问功能的一个系统。云存储是一种在线存储（Cloud Storage）的模式，即把数据存放在通常由第三方托管的多台虚拟服务器，而非专属的服务器上。托管（Hosting）公司营运大型的数据中心，需要数据存储托管的人则通过向其购买或租赁存储空间的方式来满足数据存储的需求。数据中心营运商根据客户的需求，在后端准备存储虚拟化的资源，并将其以存储资源池（Storage Pool）的方式提供，客户可自行使用此存储资源池来存放文件或对象。实际上，这些资源可能被分布在众多的服务器主机上。云存储这项服务通过Web服务应用程序接口（API）或Web化的用户界面来访问。

云存储的主要用途包括数据备份、归档和灾难恢复等。

（2）云存储的分类

云存储可以划分为公有云存储（即公有云）、私有云存储（即私有云）和混合云存储（即混合云）三种模式。目前主流的是公有云存储和私有云存储服务。

①公有云存储。如亚马逊公司的Simple Storage Service（S3）和Nirvanix公司提供的存储服务，它们可以低成本提供大量的文件存储。供应商可以保持每个客户的存储、应用都是独立的、私有的。公有云存储可以划出一部分出来用作私有云存储。

②私有云存储。通过私有云存储，一个公司可以拥有或控制基础架构，以及应用的部署。私有云存储可以部署在企业数据中心或相同地点的设施上。私有云可以由公司自己的IT部门管理，也可以由服务供应商管理。

③混合云存储：这种云存储把公有云和私有云结合在一起。主要用于按客户要求的访问，特别是需要临时配置容量的时候。从公有云上划出一部分容量配置一种私有可以帮助公司面对迅速增长的负载波动或高峰。混合云存储带来了跨公有云和私有云分配应用的复杂性。

2. 云存储技术

①存储虚拟化技术。存储虚拟化技术通过存储虚拟化方法，把不同厂商、不同型号、不同通信技术、不同类型的存储设备互连起来，将系统中各种异构的存储设备映射为一个统一的存储资

源池。

②重复数据删除技术。重复数据删除技术是一种非常高级的数据缩减技术，可以极大地减少备份数据的数量，通常用于基于磁盘的备份系统，通过删除运算，消除冗余的文件、数据块或字节，保证只有单一的数据存储在系统中。

③分布式存储技术。分布式存储通过网络使用服务商提供的各个存储设备上的存储空间，并将这些分散的存储资源构成一个虚拟的存储设备，数据分散地存储在各个存储设备上。

④数据备份技术。数据备份是将数据本身或者其中的部分在某一时间的状态以特定的格式保存下来，以备原数据由于出现错误、被误删除、恶意加密等各种原因不可用时，快速准确地将数据进行恢复。

⑤内容分发网络技术。内容分发网络通过在网络各处放置节点服务器，在现有互联网的基础之上构成一层智能虚拟网络，实时地根据网络流量、各节点的连接和负载情况、响应时间、到用户的距离等信息，将用户的请求重新导向离用户最近的服务节点上。

⑥存储加密技术。存储加密是指当数据从前端服务器输出或在写进存储设备之前通过系统为数据加密，以保证存放在存储设备上的数据只有授权用户才能读取。

3. 云存储的特征

云存储系统应具多租户、可扩展性等特征，如表 9-2 所示。

表 9-2　云存储的特征

特　征	说　明
多租户	支持多个用户（或承租者）
可扩展性	能够满足用户存储功能、存储宽带、数据的地理分布等扩展要求
访问方法	公开云存储所用的协议
存储效率	度量如何高效使用原始存储
可用性	衡量云存储系统的正常运行时间
成本	度量存储成本
可管理性	以最少的资源管理系统的能力
控制	控制系统的能力、特别是为成本、性能或其他特征进行配置
性能	根据宽带和延迟衡的性能

4. 国内比较知名公有云服务商

①个人级应用：网络磁盘（网盘）、在线文档编辑、在线的网络游戏。例如，百度网盘、360 网盘、华为网盘、酷盘、新浪微盘、腾讯微云等。

②企业级应用：企业空间租赁服务、企业级远程数据备份和容灾、视频监控系统。

9.4.2　云存储架构

云存储系统架构如图 9-17 所示。云存储的核心是应用软件与存储设备相结合，通过应用软件来实现存储设备向存储服务的转变。云存储系统的结构模型由以下 4 层组成：

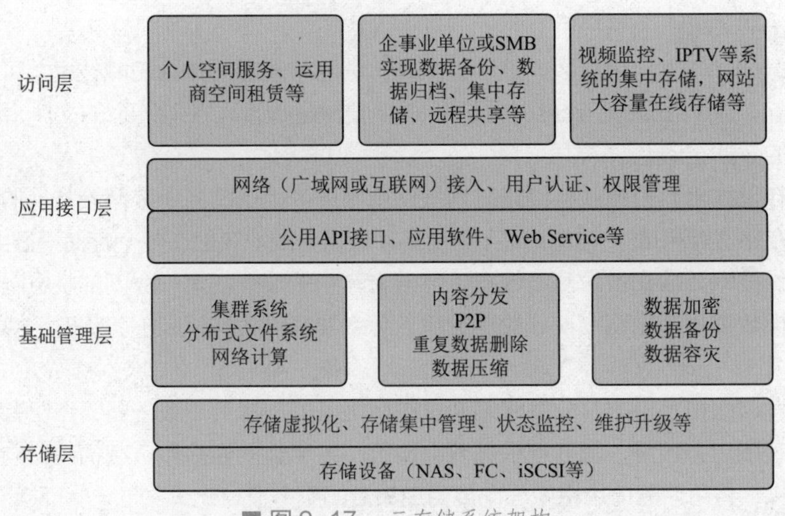

■图 9-17　云存储系统架构

1. 存储层

存储层是云存储最基础的部分。存储层将不同类型的存储设备互连起来，实现海量数据的统一管理，同时实现对存储设备的集中管理、状态监控以及容量的动态扩展，其实质是一种面向服务的分布式存储系统。

存储设备可以是 FC 光纤通道存储设备，NAS 和 iSCSI 等 IP 存储设备，也可以是 SCSI 或 SAS 等 DAS 存储设备。云存储中的存储设备往往数量庞大且分布于不同地域，彼此之间通过广域网、互联网或者 FC 光纤通道网络连接在一起。

存储设备之上是一个统一存储设备管理系统，可以实现存储设备的逻辑虚拟化管理、多链路冗余管理，以及硬件设备的状态监控和故障维护。

2. 基础管理层

基础管理层是云存储最核心的部分，也是云存储中最难以实现的部分。基础管理层通过集群、分布式文件系统和网格计算等技术，实现云存储中多个存储设备之间的协同工作，使多个存储设备可以对外提供同一种服务，并提供更大更强更好的数据访问性能。

CDN 内容分发系统、数据加密技术保证云存储中的数据不会被未授权的用户访问，同时，通过各种数据备份及容灾技术和措施保证云存储中的数据不会丢失，保证云存储自身的安全和稳定。

3. 应用接口层

应用接口层是云存储最灵活多变的部分。不同的云存储运营单位可以根据实际业务类型，开发不同的应用服务接口，提供不同的应用服务。比如视频监控应用平台、IPTV 和视频点播应用平台、网络硬盘应用平台，远程数据备份应用平台等。

4. 访问层

任何一个授权用户都可以通过标准的公用应用接口登录云存储系统，享受云存储服务。云存储运营单位不同，云存储提供的访问类型和访问手段也不同。

9.4.3　私有云存储

私有云存储是为某一企业或社会团体私有、独享的云存储服务。私有云存储建立在用户端的防火墙内部，由企业自身投资并管理所拥有的存储设施（硬件和软件），满足企业内部员工数据存储的需求。私有云存储可由企业自行建立并管理，也可由专门的私有云服务公司根据企业需求提供解决方案协助建立并管理。

私有云存储的使用和维护成本较高，企业需要配置专门的服务器，获得云存储系统及相关应用的使用授权，同时还需支付系统的维护费用。

相比传统的数据存储模式，采用私有云技术进行数据存储具有以下优点：

①私有云存储易于扩展。根据服务器使用人数和空间可以及时扩展存储空间，不会影响前端用户的使用。

②私有云存储方式较为可靠安全，数据同步可以有效避免靠介质存储数据过程中出现的数据容易丢失损坏的问题。

③对服务器采用磁盘阵列和磁带脱机备份方式，保障了私有云存储的安全。

④私有云存储使得资源可控性提高，用户可主动控制数据访问权限，为数据安全设置一道“防火墙”。

⑤速度优势。企业内部构建的私有云存储，依托高速局域网，能够大大提升访问、上传和下载的速度，为用户节约时间。

⑥私有云存储自主管理、数据物理安全和防泄密风险控制等能力更强。

未来，随着私有云存储技术的不断成熟，企业数据存储的安全性能将得到更进一步提升，企业的数据安全将得到有效保障，私有云存储在数据存储方面将发挥的作用也将会越来越重要。

9.4.4　公有云存储

公有云存储是 SSP（Storage Service Provider）推出的能够满足多用户需求的云存储服务。公有云存储服务多是收费的，如 Amazon 等公司都提供云存储服务，通常根据存储空间来收取使用费。同时，SSP 可以保持每个用户的存储、应用都是独立的和私有的。

其中，以 Dropbox 为代表的个人云存储服务是公有云存储发展较为突出的代表；国内则以各种云盘产品为代表，如搜狐企业网盘、百度云盘、乐视云盘、移动彩云、金山快盘、坚果云、酷盘、115 网盘、华为网盘、360 云盘、新浪微盘和腾讯微云等。

9.5　存储技术发展趋势

过去，人工智能最大的障碍就是处理能力；现在，存储日益成为一大限制因素。传统的专用存储解决方案无法跟上性能要求，或者以可负担得起的价格长期保留数据并使用所需功能。因此，更多企业转向能够解决这些挑战的专用存储和数据解决方案。

1. 无人驾驶和人工智能：存储将直线增长并走向智能

到 2020 年，路上的汽车有可能具有无人驾驶功能，这是迈向物联网世界的趋势，也是人工智能（AI）领域的进步。要想设计无人驾驶车辆，就必须能够驾驭海量摄像头和传感器的数据，分析这些数据并运用人工智能技术。

2. 企业视频：一段视频抵得上千言万语

视频将在越来越多企业机构的活动和流程中发挥更大的作用。例如，在医院中加强教学，在制造工厂中加强质量控制，在零售商店中分析买家行为。企业也能够让视频在其培训和服务计划中发挥更大作用，类似呼应消费类产品领域中视频代替文字说明书的发展趋势。事实上，虽然文字远未过时，但视频已在许多领域日益成为实际传播平台。所有这些都需要 IT 与业务线负责人之间更好地协作，才能确保拥有必要的存储和数据管理基础设施，能够尽可能高效、高性价比地支持以视频主导的世界。

3. 依然闪亮的对象存储

基于高可扩展性和高耐久性的功能，对象存储让用户能够以低于主磁盘存储的价位来访问海量数据，同时避免增加与高容量磁盘相关的 RAID 重建时间。许多情况下，用户意识到，智能文件系统和最新磁带存储技术能够以更低的成本提供旗鼓相当、甚至更好的性能。因此，企业未来将主要部署对象存储作为其私有云的基础，而磁带仍然保持其作为大规模非结构化数据长期低成本归档最优技术的角色。

4. 磁带：一个远远没有完结的故事

毫无疑问，磁带在备份中所发挥的作用将持续下降，但是磁带作为存储介质还远远没有走向消亡。非结构化数据与日俱增的数量和价值让人们更加关注在一个稳健、低成本归档中保留，并保护这些数据的重要性。磁带仍然是长期保留数据的最佳技术，每隔几年，其性能、功能和生态系统都会进行重大改进。这就是为何应对海量非结构化数据的企业机构，包括基因组学、学术研究、视频监控和娱乐等领域，继续把磁带作为其存储基础设施中的一个关键组成部分。与此同时，随着大型私有云提供商扩大其作为主要存储厂商的作用，仍然依赖磁带存储。

5. 避免云孤岛

行业分析公司 IDC 预测，2015—2020 年，公有云和私有云环境的 IT 基础设施支出的年复合增长率分别为 19％和 10％。随着更多数据迁移到公有云中，预测会有更多用户采用双云厂商策略。企业至少得为关键基础设施组件保留两个来源，才能避免厂商锁定以及灵活性的损失。同样，企业也意识到必须把这种方式扩展到购买云服务中。然而，一个关键挑战就是把公有云和私有云连接到一起，以便它们能够无缝地配置云资源，并在云中迁移负载。没有人希望回到存储孤岛的世界，并面对存储孤岛所带来的管理问题。企业将越来越多地寻求多站点，而且多云的存储与数据管理解决方案。此外，企业也开始把云作为多站点环境托管数据管理工具。

6. 超融合存储

人们越来越关注使用辅助存储来优化主要存储容量。利用辅助存储设备可以释放主存储的压力，使其他应用程序更容易访问数据，还使组织能够更有效地利用旧数据进行重要分析。

通过利用超融合存储基础架构，企业能够获得自建基础架构无法提供的灵活性和便利性。尽管超融合战略的成本更高，但其潜在收益远远超过这些额外成本的价值。例如，在需要同时考虑性能和成本参数的情况下，可以使用自动存储分级（AST）在各种形式的磁盘存储之间移动数据。

【实例分析 9-3：新一代全融合云存储，开启更多无限可能】

基于华为分布式架构的媒体大数据存储 OceanStor 9000 的高清制作解决方案，充分理解电视台行业非线性编辑的高性能、低时延、零丢帧的诉求，最大可以支撑 20 层高清视频同时编辑，或 6 层 4K 视频同时编辑，实现了 4K 制作场景的协同编辑，提升了 4K 节目的制作效率。

通过深入理解电视台业务，华为与伙伴共同设计的解决方案基于公有云的素材快速回传和公有云低码粗编方案，通过专线 /VPN 等链路 + 公有云组合方式，实现外拍节目快速回传，并能够在公有云上进行简单的低码编辑工作。

基于华为 FusionBridge 实现混合云的管理，能够帮助客户实现公有云和私有云的数据协同。

思考题

9-1　存储的必要性是什么？

9-2　媒体存储介质有哪些种类？

9-3　网络存储架构方式有几类？分别有什么样的特点？

9-4　简述云存储分类以及云存储的意义。

9-5　简述数据容灾的意义。

知识点速查

◆ SCSI（Small Computer System Interface，小型计算机系统接口）：一种外设接口协议，广泛应用于服务器和 PC 中。

◆存储介质：指存储数据的载体，比如光盘、DVD、硬盘、U 盘、CF 卡、SD 卡、MMC 卡、SM 卡、记忆棒（Memory Stick）、XD 卡等。

◆ DAS（直接连接存储）：以服务器为中心的存储体系，外部数据存储设备通过 SCSI 接口电缆直接挂接到服务器。

◆ NAS（Network Attached Storage，网络附属存储）：连接在网络上具备信息存储功能的装置，因此也称“网络存储器”。它是一种专用数据存储服务器。它以数据为中心，将存储设备与服务器彻底分离，集中管理数据。

◆ SAN（Storage Area Network，存储区域网络）：采用网状通道（Fibre Channel，FC）技术，通过 FC 交换机连接存储阵列和服务器主机，建立专用于数据存储的区域网络。

◆ IP 存储：通过 INTERNET 协议（IP）或以太网的数据存储。IP 存储使得性价比较好的 SAN 技术能应用到更广阔的市场中。它利用廉价、货源丰富的以太网交换机，集线器和线缆来实现低成本，低风险基于 IP 的 SAN 存储。

◆云存储：在云计算概念上延伸和发展出来的一个概念，是指通过集群应用、网格技术或分布式文件系统等功能，将网络中大量各种不同类型的存储设备通过应用软件集合起来协同工作，共同对外提供数据存储和业务访问功能的系统。

◆公有云存储：第三方数据存储服务的统称，是一种基于 HTTP 协议网络接口上传、下载数据资源，共享带宽、按需扩容的存储服务。

◆私有云存储：是相对公有云存储而言的，是数据放在企业或者个人的磁盘上，能够提供对数据、安全性和服务质量的最有效控制的云存储。

◆混合云存储：采用私有云存储和公有云存储相结合的方法，使用私有云存储关键数据，使用公有云存储用于归档、备份、灾难恢复、工作流共享和分发，从而实现关键任务数据保密。

第 10 章 数字媒体资产管理

本章导读

本章共分 5 节，内容包括媒体资产管理系统、媒体资产管理的应用、版权保护、基于内容的检索技术，以及未来趋势。

首先从媒体资产管理的起源入手，介绍数字媒体资产管理、媒体资产管理系统的概念、相关管理技术；介绍媒体资产管理系统的基本业务流程、应用模式以及媒体资产系统的数字水印、加密的版权保护技术，以及基于内容的检索技术；最后分析了媒体资产管理系统的架构和实例，以及媒体资产管理未来的趋势。

学习目标

- ◆了解数字媒体资产管理的起源；
- ◆了解数字媒体资产管理的应用模式；
- ◆了解数字媒体资产管理的版权保护；
- ◆了解基于内容的检索技术；
- ◆掌握数字媒体资产管理的基本业务流程。

知识要点和难点

1. 要点

数字媒体资产管理的应用模式及版权保护技术。

2. 难点

数字媒体资产管理的业务流程。

10.1 媒体资产管理系统

伴随媒体产业不断发展、数字多媒体的应用、广播频道的扩充、媒体资源的多样性应用和重复使用，媒体资产数字化、信息化、网络化、智能化的改造是当前音像资料管理发展的趋势。

为了长期保存信息、快速检索所需资源、方便管理并具有高保密性和安全性，实现共享、浏览、播放，主要解决多媒体数据资料数字化存储、编目管理、检索查询和资料发布等问题的媒体资产管理系统成为信息数字化过程中不可或缺的部分。

10.1.1 媒体资产的含义

媒体资产主要指内容资产。广播电台、电视台、通讯社、报社、网站等传媒企业，每天都要播放或发布大量的音频、视频、图片、文字等新闻业务数据，描述这些数据的元数据，以及属于企业的版权信息等。

1. 素材（Essence）

素材也称媒体数据，是媒体资产的基本元素。素材是内容不同形式和格式的物理表示。它能够被生产、改变、存储、交换、传输或者播出。在广播环境中，素材被定义为节目原材料。素材拥有不同的形式，如音频、视频、图像、文本形式的素材元素。

2. 元数据（Metadata）

元数据指任何与素材描述相关的信息，但不是素材本身，如一个磁带编码，摄影日期或作者姓名。通常被解释为“关于数据的数据（Data about Data）”，被用于描述实际素材及其不同表现形式。

3. 内容（Content）

内容是原始素材与元数据的结合。

4. 资产（Asset）

资产是内容与权限的结合。

【实例分析 10-1：看得见和看不见的资产——胶片电影数字化】

胶片电影是将感光乳剂涂在片基上，通过感光、显影，将形成的影像放映到银幕上；胶片的工作方式与人的眼睛很相像，它可容纳广泛的反差、色彩范围以及高光和暗部的细节。

胶片解像力一般可达 100 cycles/mm，柯达 50D 能到 200 cycles/mm，而数字影片 2K 的像素是 2 048×1 556，相当于 40 cycles/mm。

数字影片：

□扫描器规格	像素	解像力
□ 2K	2 048×1 556	40 cycles/mm
□ 3K	3 072×2 334	60 cycles/mm

□ 4K　　　　　　　　4 096×3 112　　　80 cycles/mm
□ 8K　　　　　　　　8 196×6 224　　　160 cycles /mm

目前大量使用的是 2K 以下的扫描器，解像力远不如胶片，不能准确还原胶片上的细节，使胶片上的细部层次、质感受到损失，而这种损失是不可挽回的。

数字电影的发行不再需要洗印大量的副本，即避免了从原始素材到副本多次翻制的损失，也免除了运输过程，节约成本又利于环保。

使用胶片存储，数据的密度高，可靠性强，效率高，寿命长。

现阶段数字电影的存储介质多为硬盘，数字媒介厂商明确建议其用户每 5~7 年必须转录一次海量数据以防数据出现问题；海量的数据复制也面临困难。一部 2K 制作的故事片大概需要 2.7 TB 存储空间，我国数字电影年产量 2008 年已经达到 260 部，其数据量几乎就是一个天文数字。

【实例分析 10-2：历史得以保存——素材的存储】

越来越多的组织正面临着怎样处理内容问题。

1. 央视新媒体

“爱布谷”为用户提供网络电视的点播、直播和 7×24 小时回放服务。直播内容覆盖数十个频道的精品栏目，点播每日新增近 300 小时视频。

2. 教育

中国戏曲学院是我国唯一一所培养高级戏曲艺术人才的高校，其教学特点是要求学生学习期间观看大量的戏曲影视资料。长期以来，资料查找非常困难，无法满足多人同时观看使用，严重影响到教学质量的进一步提高。中国戏曲学院运用媒体资产管理系统，实现戏曲资料的数字化存储和教学应用，使得将学校原有的珍贵资料数字化，去除节目资料缺失的危险；充分满足了学校对具有保存价值的资料进行收集、整理、存储和再利用的需求，使图像、声音、文字等方面的资料能有效地为学校教学服务。

10.1.2　媒体资产管理系统建设目标

媒体资产管理系统（Media Asset Management，MAM），简称媒资系统，是一个以管理为核心的计算机网络化应用系统，通过对节目资料的数字化处理形成不同格式的数据化文件，再对其进行保存、分类、索引。其主要目的是为用户提供媒体资料数据的收集、编辑、存储、管理、查询检索和再利用，从而高效地保存和利用媒体资产。它完全满足媒体资产拥有者收集、保存、查找、编辑、发布各种媒体信息的功能要求，为媒体资产用户提供了在线内容的访问方法，实现了安全、完整地保存媒体资产和高效、低成本地利用媒体资产。

其建设目标包括以下内容：

①最大化资产的价值；

②减少分类、检索和保管素材的费用；

③提供跨企业获取的能力，加速制作周期；

④更好的安全防护，提供授权、水印等；

⑤能够更灵活地应对技术和企业业务的发展变化；

⑥集中化、统一的媒体资产管理。

传统的音像资料管理存在以下问题：存储方式、手段和管理落后，使信息得不到充分利用与共享，影响了节目制作的效率，增加了成本；存储方式给节目交换带来不便；信息的检索方式及手段落后；不能为互联网和宽带节目的制作提供便利的支持。媒体资产管理系统可有效解决上述问题。

10.1.3　媒体资产管理系统的组成与功能

媒体资产管理系统的主要功能是实现媒体资产的再利用，同时构建媒体资产系统的数字化上载与转码 / 编目与标引，检索浏览，回迁下载，以及存储管理等。

1. 媒体资产管理系统的主要功能

媒体资产管理系统的主要功能包括：

①既可以管理素材，又可以管理元数据。

②管理素材的主要任务：对高容量、高带宽和一部分对时间敏感的数字化数据的存储、管理和协调，也包括对专业化生产和广播电视系统播出的集成。

③元数据的管理主要涉及描述、存储和定位信息系统以及数据库中与内容相关的数据，包括人工注解、索引信息。

媒体资产管理系统主要包括三项基本任务：①媒体数据产生；②媒体数据管理；③媒体数据发布。具体包括媒体信息输入、编目标引、内容管理、存储管理、检索查询和媒体信息输出，如图 10-1 所示。

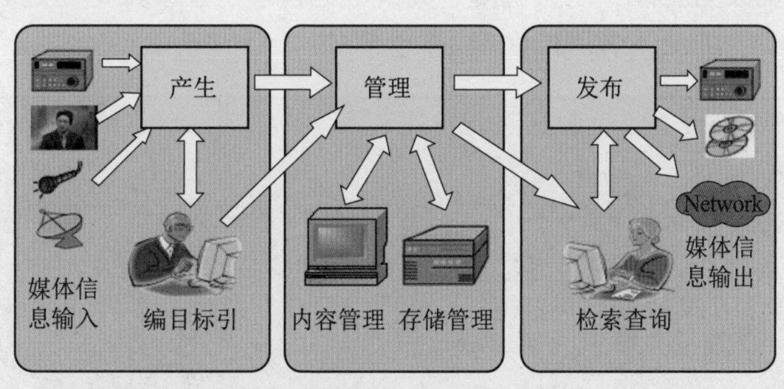

■图 10-1　媒体资产管理系统的基本任务

媒体信息输入——媒体数据的产生是媒体资产的来源。

编目标引——采集的数据必须经过编目才有意义。编目是将媒体资产进行分类，并将其中各个片段加入文字描述，以便于检索。这种分类和描述信息，再加上标题、作者、版权等信息与相关的媒体紧密相关，是媒体资产管理的重要信息，被称为元数据。与图书管理一样，编目需要遵循统一的标准的，即元数据标准。

存储管理——媒体数据产生以后需要将其存放起来，并进行有效的管理，这是存储管理。以电视台为例，一个电视台有多个频道，每个频道每天都有新的节目需要保存，再加上通过交换、购买等方式获得的媒体资产，媒体数据的数据量非常巨大，需要非常大的存储空间。存储空间是需要经济代价的，如何经济有效地进行海量数据的存储并能及时地将媒体资产输入 / 输出是媒体数据管理需要解决的问题。

内容管理——媒体资产系统的内容管理是整个媒体资产系统的核心部分。内容管理包括素材（即媒体信息）的管理和数据（元数据）的管理。

检索查询——想要获取媒体信息首先要检索。检索的手段主要分三种：一种是根据关键字进行精确查找；第二种是根据文字说明进行全文检索；第三种是对视音频内容的检索，称为基于内容的检索。

媒体数据输出——这种输出就是实现媒体数据的再利用，是媒体资产的价值体现。输出实际上就是面向用户的界面。用户通过这个界面查询、浏览、下载所需媒体素材。

2. 媒体资产管理系统的组成

典型的媒体资产管理系统由 5 部分组成：数字化上载与转码、编目与标引、检索浏览、回迁下载和存储管理。

①数字化上载与转码：实现传统信号采集，生成数字化媒体数据并以一种开放的文件格式或压缩编码格式保存在存储介质上。

②编目与标引：编目是对待归档的资料进行统一的、科学的、标准化的编目标引（对节目的描述过程称为标引，包括文字信息描述、关键帧代表帧采集，并将各种描述生成元数据），把无序的信息变为有序的资源。

③检索浏览：使用户快速、准确、全面地查找数据，并进行浏览低码流视音频。

④回迁下载：找到目标数据后，向系统提出调用或下载请求，存储管理系统响应用户并迅速定位高码流节目的位置。

⑤存储管理：实现数据迁移、任务调度、离线数据管理、迁移策略制定等功能。

媒体资产管理系统的基本业务流程如图 10-2 所示

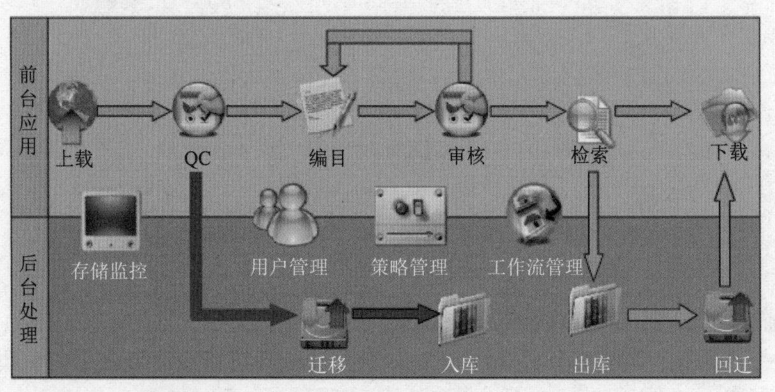

■图 10-2　媒体资产管理系统的基本业务流程

10.1.4 数字媒体资产管理所涉及的技术

数字资产管理技术（Digital Asset Management，DAM）是基于数字信息的采集、加工、存储、发布和管理技术，面向媒体企业实现跨媒体出版和媒体数字资产再利用的计算机应用技术。[①] 其中，数字资产包括文字、图片、视音频、图表和其他结构化与非结构化的数字信息。

①采集技术：把外来的视音频素材通过数据化方式转入到媒体资产管理系统中。

②网络存储技术：采用在线、近线和离线三级存储模式。

③多媒体数据库技术。

④编目技术：让信息资源的形式及内容特征进行分析、选择和记录，并赋予某种检索标识，

① 张乾，顾相军．数字资产管理及其印刷产业链的建立与实施 [J]. 印刷质量与标准化，2014（4）：24-25.

然后再将这些描述信息按照一定的规则有序化地组织起来。编目是检索的基础。

⑤内容检索技术：根据图像、视频的内容和上下文关系，进行数据的快速检索。

⑥版权管理技术：通过采用数字水印技术和数据加密的防复制技术实现版权管理。

⑦内容管理技术：完成对数字化素材存储的管理、安全管理和计费管理。

⑧传输技术：由 FC 网络和以太网组成以存储的媒体资源为中心的传输网络。

⑨压缩编码技术：有 DV、JPEG、MPEG-X、H.264 等方式。

10.2 媒体资产管理的应用

媒体资产管理系统是电视台制作、播出综合网络的资源核心，也是融媒体工作流程高效、安全的关键。媒体资产管理系统结合了存储、网络、数据库、多媒体等多项技术，是一个复杂的系统工程。融媒体建设中的媒体资产管理系统还要提供与其他系统的连接，允许跨平台搜索、检索、采集和传送，包括元数据和素材的交换，并且提供消息和事件处理能力，使媒体业务的工作流能够跨越系统界限，实现无缝连接。

10.2.1 应用模式

媒体资产管理系统建设目的不同，周边配套的系统环境不同，其应用模式也多种多样。就电视台的媒体资产管理系统而言，有两大类主要应用模式：

1. 内容管理的应用模式

内容管理的应用模式也可以概括为面向内容的用于资料长期保存的资料馆型系统。这类媒体资产管理系统通常相对其他生产系统比较独立，或通过较为松散的耦合方式进行一些资源交互，以对节目资料长期保存、稳定提供节目 / 素材为主。

资料馆型媒体资产系统适合省级以上电视台或独立的音像资料馆的应用需求。其主要特点是节目存储量大，存储介质种类繁多，像中央台或一些省级电视台节目存储要求在数十万小时以上，节目原始存储介质有各类录像带甚至胶片；其次是节目种类齐全，一般包含新闻、综艺、体育、电视剧、专题等各类节目，同时需要对传统录像带进行妥善管理。

典型案例及系统特点：中央电视台音像资料馆工艺系统是资料馆型媒体资产管理系统的典型代表，它在设计时就考虑了满足每天较大的上载量。由于存储量大，必须保证较高的上载效率，才能在短时间内尽快完成传统磁带的数字化上载保存，系统的数据传输带宽也要能承载大容量数据并发传输。为满足大容量快速上载的需要，中央电视台音像资料馆采用了一套服务器自动化上载和人工上载工作站结合的复合上载模式，配合一个自动化的传统磁带库，使得系统的上载能力大大增强，每天可完成 120 h 传统录像带上载。

该类型的媒体资产管理系统主要包含以下几个特点：

①系统存储容量巨大，资料类型较为全面，并以成品节目存储为主；

②面向的用户类型广泛，资料再利用模式不确定；

③针对系统节目资料的检索需求较高，检索手段多样。

2. 面向节目生产的应用模式

媒体资产管理系统与节目生产业务紧密结合，建成以媒体资产系统为平台的新型节目生产系统，即是节目生产服务型媒体资产系统 。[①]基于这样的媒体资产系统的有力支撑，使得新型节目生产系统具备了媒体资产技术所带来的诸多特色功能，例如，快速检索素材，嵌入式检索，检索结果可立即调用，资料集所包含的各种相关信息辅助节目制作等，在很大程度上提高了节目生产的工作效率，改进和丰富了节目生产的工作流程。

面向节目生产的媒体资产管理系统由于各自支撑的业务生产模式不同，各自有各自的不同点。按支撑业务类别来区分可以分为面向新闻制播的媒体资产管理系统和面向播出的媒体资产管理系统。

（1）面向新闻制播的媒体资产管理系统

和新闻网络系统结合是电视台媒体资产管理系统应用的一种非常重要的模式。在这种模式下，媒体资产管理系统主要存储和管理新闻素材和成品节目，同时提供临时素材管理、素材整理精选、重要素材深度编目等功能。由于新闻节目自身的重要性和对时效性的要求，对其支持的媒体资产管理系统与其他模式下相比有更加方便、快捷，素材来源多种途径、自动提取和继承元数据、权限认证和流程管理更加全面等特点。

特别是在资料来源方面，既可能是新闻网收录的外来素材，也可能是编辑记者上载的临时素材，还可能是资料管理员整理加工过的必须长期存储的重要素材，通常也需要存储成品节目。多样性的资料来源要求媒体资产管理系统能对它们作不同的存储和管理。系统通常会划分为几个不同作用的存储区：临时素材区、整理加工区、归档存储区。不同存储区域素材的编目详细程度、生命周期和存储管理策略各不相同：收录素材和临时上载的素材首先进入临时素材区，只对其进行最简单的编目描述，给出新闻五要素等即可供编辑记者制作使用；临时素材区中部分重要素材可以迁移到整理加工区进行剪切合并等简单编辑，同时对其进行详细的编目描述，供以后节目制作使用；经过审核的重要素材和编辑完成的节目可以在归档存储区长期保存再利用，归档存储区大部分资料都存储在近线的数据流磁带库中，只有在需要时才回迁供编辑使用 。[②]

【实例分析 10-3：面向新闻制播的媒体资产管理系统典型条例】

南京广播电视台新闻系统改造共涉及 4 个系统：集中收录系统、18 频道新闻系统、新闻中心新闻系统、媒体资产管理系统。系统建设的目的是为 18 频道和新闻中心提供一个集中共享的新闻制作环境，集新闻收录上载、新闻整体制作配音审片、新闻素材归档存储和传统库房管理为一体，搭建一个全数字化的制作环境。

南京广播电视台新闻制作及媒体资产管理系统是新闻制作网络系统与媒体资产管理系统结合的一个典型案例。该项目中，整个网络采用了传统的双网结构，在网络的各关键点均配备了冗余设备，以避免单点故障点，确保系统运行的安全性，主要站点采用了上下载及编辑工作站18台，无卡编辑工作站26台，配音工作站2台。媒体资产管理系统含编目工作站 5 台、存储管理系统 1 套、STK 公司的 L180 一台、数据流磁带 180 盘；整个系统集视音频节目收录、编辑制作、审片、媒体资产管理等功能于一体，并具备与播出系统等直接连接的功能；具备完善的节目制作流程、节目管理和设备管理功能，能够实现设备管理、节目管理、资料管理、字幕、实时二三维特技制作、业务统计、系统人员管理等功能，实现了编辑、配音、审片、包装、新闻文稿和系统流程的无带化和无纸化。

南京广播电视台新闻非编制作网络拓扑图如图 10-3 所示。

① 陈起来 . 宁波电台新型媒资系统的规划和实践 [J]. 广播与电视技术，2014（5）：52-53.
② 徐俭 . 媒体资产管理系统实施与应用探讨 [J]. 有线电视技术，2007（11）：76-78.

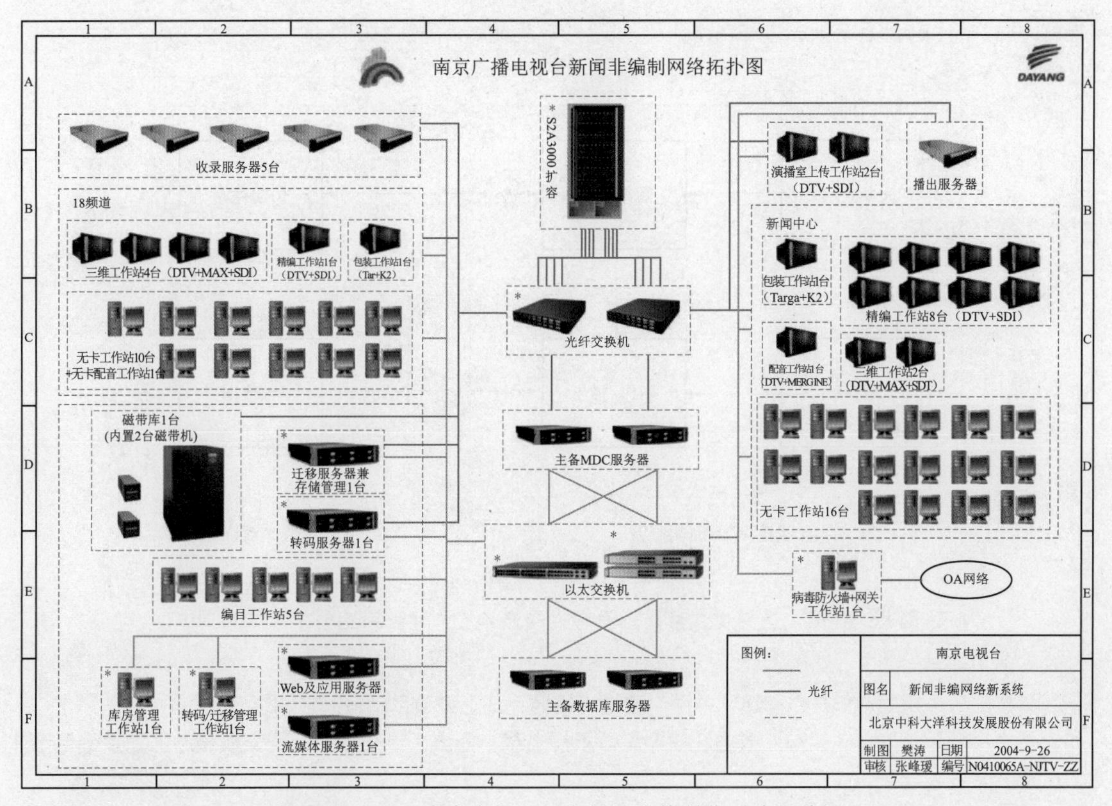

■ 图 10-3　南京广播电视台新闻非编制作网络拓扑图

（2）面向播出的媒体资产管理系统

目前很多电视台正在对播出系统进行数字化改造，其中一个难题就是播出系统的服务器存储容量小，服务器存储容量扩充代价高昂，因此造成上载空间紧张、播出节目无法长期保存共重播使用等问题 。[①]解决的有效途径就是给播出系统配套一个媒体资产管理系统作为扩充存储。媒体资产管理系统可以给播出系统提供上载预存空间，提供需要重播节目的长期存储，播控系统可对在媒体资产管理系统中存储的节目进行检索和统一编单，通过审核后系统自动完成向播出服务器的上载迁移。

由于播出系统对安全性的特殊要求，在播出与媒体资产互联时一般对流程和操作都会有一定限制：流程和操作都以播出系统为主，播出系统提交节目资料的归档存储，媒体资产管理系统只负责接收；播出系统主动检索媒体资产管理系统中的资料，从媒体资产管理系统中将资料取到播出系统中。安全、高效、操作简单是播出和媒体资产互联的最大特点。

【实例分析 10-4：面向播出的媒体资产管理系统典型案例】

图 10-4 为某电视台的一套多频道自动播出系统内嵌媒体资产管理系统的系统框架图。该系统总共为 20 多个频道进行播出服务，考虑素材的管理、存储等多方因素，内部独立建立一套分级存储及播出素材共享管理实现硬盘播出 + 播出素材存储管理的大规模硬盘播出系统。系统内部资源完全共享，并不存在交换和

① 袁峥，钱曙华 . 让我们了解“媒体资产管理”[J]. 兰台世界，2014（S3）：160.

传输的问题，而和外部系统则通过千兆光纤及 FTP 协议完成对外的数据交换。

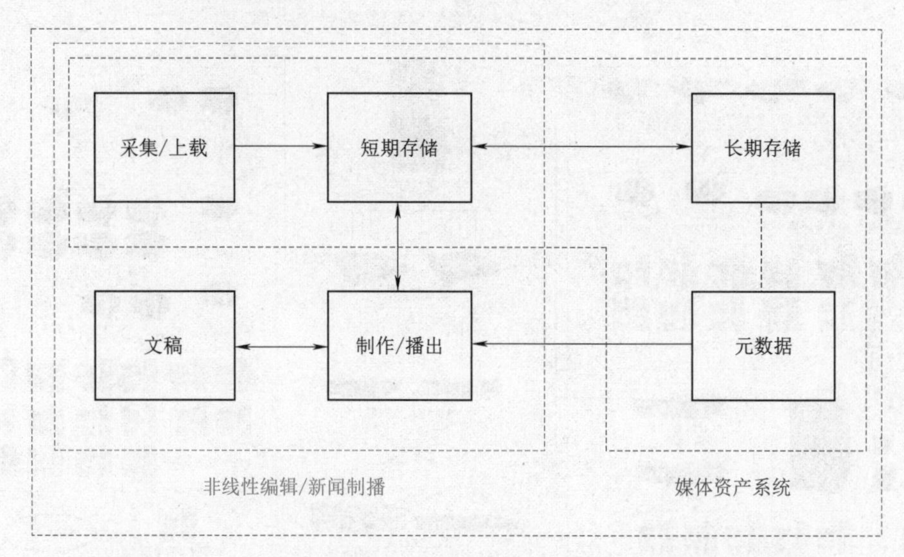

■ 图 10-4　多频道自动播出系统内嵌媒体资产管理系统的系统结构图

该系统主要特点如下：

①采集部分采用 SAN 方式构建，并通过数据迁移器完成上载节目的近线迁移；

②播出部分采用 SAN 架构，数据迁移器可以承担上载、播出、近线以及远程交换缓冲区的各个存储体之间的数据调度和迁移。

10.2.2 基于云计算的媒体资产系统案例

云媒体资产系统是结合 IT 行业蓬勃发展的云计算技术，所提出全新的全媒体资产系统理念。该系统是云计算在广电专业领域中的应用扩展，拟在形成一个以提供服务的交付和使用为建设模式，以资源虚拟化为基本特征，可提供按需服务、按量计费、资源共享、便捷网络访问、弹性扩展、自动管控等各种服务内容；通过建立统一的监管控及应用、处理平台，最大化地实现各业务系统的整合；通过权限和分域等控制手段，辅以资源监管及安全防护技术体系，提供面向图、文、音、像等全媒体资源汇聚、共享平台。

【实例分析 10-5：基于云计算的媒体资产管理系统】

基于云计算架构下的全媒体资产管理系统分别在基础设施云、平台云和应用云三层结构中，构建可提供不同类型服务内容的私有云，并在条件成熟时，扩展成混合云或公有云，以满足不同用户群体的业务需要，从一定程度上降低 IT 设备运营维护成本，提高运行效率，使广大用户能够更加专注于核心业务实现，使系统能够创造最大的价值和更好的用户体验。

云媒体资产管理系统将节目素材、影视资料、教学课件、光盘、图片等媒体内容数字化处理后，通过精细、智能编目整理，提供素材检索、素材浏览及下载再使用功能，满足电视台、资料馆、档案馆、多媒体教室、远程教学等媒体平台内容存储及再利用的需求。系统提供多种版本供用户进行选择，也可先选择指定版本，再根据用户自己的个性化需求进行定制开发。

云计算下的媒体资产管理系统结构如图 10-5 所示。

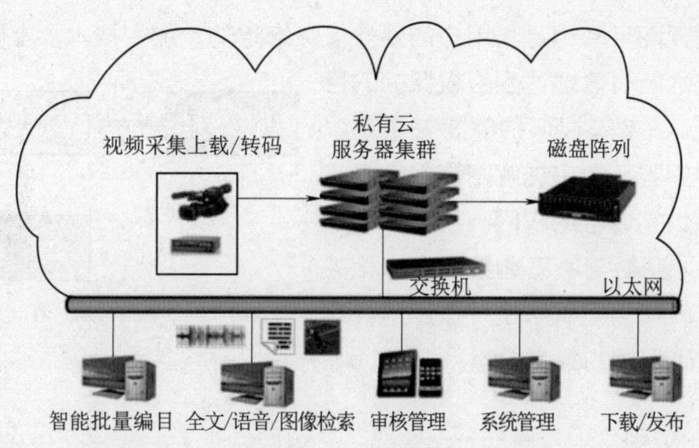

■ 图 10-5　云计算下的媒体资产管理系统结构

10.3 版权保护

数字版权保护技术（Digital Rights Management，DRM）是以一定的计算方法，实现对数字内容的保护，其具体的应用包括 eBook、视频、音频、图片、安全文档等数字内容的保护。在数字版权保护技术方面，网络传播事业部的研究内容主要有 DRM 体系结构研究、数字内容的安全性和完整性、数字内容传输过程的安全性、数字内容的可计数性、数字版权的权利描述及控制、用户身份的唯一性及其适应用等。

数字版权保护方法主要有两类：一类是采用数字水印技术；另一类是以数据加密为核心的防复制技术 。[①]

1. 数字水印技术

数字水印(Digital Watermark)技术是在数字内容中嵌入隐蔽的标记，这种标记通常是不可见的，只有通过专用的检测工具才能提取。数字水印可以用于图片、音乐和电影的版权保护，在基本不损害原作品质量的情况下，把著作权信息隐藏在图片、音乐或电视节目中，而产生的变化通过人的视觉或听觉是发现不了的。数字水印技术主要用于发现盗版后取证，而不是在事前防止盗版。

数字水印技术可以不考虑用户终端的情况，而融入被保护的媒体中，作为其完整的一部分被传输。数字水印技术属于事后追究性质，它依赖于完善的法律体系，当产生版权纠纷时，以检测媒体中是否含有水印信息作为法律上认定侵权的证据。因此，它与加密技术有着本质上的不同。

数字水印技术发展时间较短，但其发展迅速，有大量算法被提出，而且也已经有许多实际应用，比如 DigiMarc 公司的数字水印系统、MediaSec 公司的水印系列产品等，都已经取得了好的效果。

数字水印技术是信息隐藏技术的一个分支，它在强调数据安全性的同时，保持载体的不变性，即将水印信息隐藏到载体中后，载体的特性不发生可见的变化，不产生可感知的失真。

2. 数据加密

数据加密（Data Encryption）为核心的防复制技术，是把数字内容进行加密，只有授权用户

① 敏婕 .DRM 的加密内功 [J]. 软件世界，2007（16）：85.

才能得到解密的密钥，而且密钥是与用户的硬件信息绑定的。加密技术加上硬件绑定技术，防止了非法复制，这种技术能有效地达到版权保护的目的。如图 10-6 所示，数字版权保护需要三个基本要素：加密后的数字内容、用户加解密该数字内容的密钥、用户使用该数字内容的权限。通常，用户通过 DRM 终端完整地获得与所订购数字内容相关的三个基本要素后，就可以正确解密并按照所订购的使用权限正常使用受保护的数字内容。

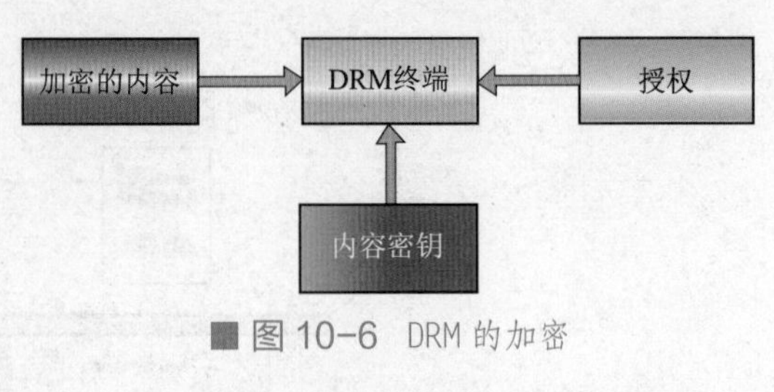

■ 图 10-6　DRM 的加密

【实例分析 10-6：中央电台版权保护——作品“身份代码”】

中央电台在媒体资产系统中应用数字版权保护技术，目的是通过技术手段统计使用的各类作品使用报告，实现向各类权利人科学、合理付酬的目标，为自身及各类权利人维护著作权合法权益提供有力工具。实现上述目标，必须建立完善的技术系统运行机制，制定行之有效的管理措施，保障系统正常运行。[①]

媒体资产管理系统应用版权保护技术的应用取得了一定的成果。

为保护自身和他人著作权各项权益提供了有力工具。中央电台媒体资产系统建设和应用就是利用数字水印技术，在媒体资产系统生产环节添加唯一的水印信息，为节目、素材带上唯一的“身份代码”。当节目中使用他人的作品时，该作品的水印信息可以识别，从而跟踪并监测出各类型作品的使用情况，生成准确的作品使用报告。使用报告可以让权利人清楚地掌握中央电台对作品的使用情况，明明白白地获取报酬；对于中国音乐著作权协会等著作权集体管理组织而言，可以实现著作权使用费的精准分配，从而更好地维护权利人的合法权益。数字版权保护技术在中央电台媒体资产系统中的成功应用，也为解决其他类型作品的合法使用问题奠定了基础。

另外，中央电台本身也是大量作品的著作权人或邻接权人，网络环境下对广播节目的抄袭、盗播、盗卖现象比比皆是，数字水印技术可以追踪节目来源，对侵权者起到极大的震慑作用，有利于广播行业形成健康有序的市场环境。

10.4 基于内容的检索技术

基于内容的检索技术是指根据图像、视频的内容和上下文关系，对大规模图像、视频数据库中的据进行检索。[②]

多媒体信息的“内容”表示含义、要旨、主题、特征、细节等。

①概念级内容：表达对象的语义，一般用文本形式描述。

②感知特征：视觉特征，如颜色、纹理、形状等；听觉特征，如音高、音质、音色等。

③逻辑关系：音视频对象的时间和空间关系，语义和上下文关联等。

④信号特征：通过信号处理方法获得的明显的媒体区分特征。

⑤特定领域的特征：如人脸、指纹等。

10.4.1 图像检索

① 刘振宇．数字版权保护技术在中央电台媒资系统中的应用 [J]. 中国广播电视学刊，2016（11）：23-25.

② 王曙燕，周明全，耿国华．基于内容的多媒体信息检索技术研究 [J]. 现代电子技术，2005（2）：73-75.

基于内容的图像检索（Content-Based Image Retrieval，CBIR）是计算机视觉领域中关注大规模数字图像内容检索的研究分支。

典型的 CBIR 系统允许用户输入一张图片，以查找具有相同或相似内容的其他图片。而传统的图像检索是基于文本的，即通过图片的名称、文字信息和索引关系来实现查询功能。传统的搜索引擎公司如 Google、百度、Bing 等都已提供一定的基于内容的图像搜索产品，如 Google Similar Images、百度识图等。

基于内容的图像检索旨在对图像信息提供强有力的描述，实现视觉信息的结构化，最终达到用户对这些视觉信息内容自由访问的目标。[①]它是一门涉及面很广的交叉学科，包括信号处理、图像处理、机器视觉、数据库、信息检索、模式识别等相关技术。具有如下特点：

①直接从图像媒体内容中提取信息线索。

②基于内容的图像检索实质上是一种近似匹配的技术。

③整个过程是一个逐步逼近和相关反馈的过程。

1. 图像检索的概念

图像检索自 20 世纪 70 年代便成为一个非常活跃的研究领域，其推动力来源于两大研究团体：数据库系统和计算机视觉，它们从基于文本以及基于内容这两个不同的角度对图像检索作了研究。

传统的图像检索过程先通过人工对图像进行文字标注，再利用关键字来检索图像，这种依据图像描述的字符匹配程度提供检索结果的方法简称“以字找图”，既耗时又主观多义。20 世纪 90 年代早期，由于大规模图像数据库的出现，由手工进行图像注解这一方法所带来的困难变得十分尖锐，为了克服这一困难，研究者们提出了基于内容的图像检索。

基于内容的图像检索是指根据图像对象的内容及上下文信息在大规模多媒体数据中检索所需信息。它是一种综合集成技术的应用，通过分析图像的颜色、纹理、形状或空间关系等底层视觉特征，建立特征索引，并存储在特征库中。用户在查询时，只要把自己对图像的模糊印象描述出来，就可以在大容量图像库中找到想要的图像。

基于内容的图像检索克服“以字找图”方式的不足，直接从待查找的图像视觉特征出发，在图像库（查找范围）中找出与之相似的图像，这种依据视觉相似程度给出图像检索结果的方式，简称“以图找图”。

2. 检索工作原理

基于内容的图像检索工作原理如图 10-7 所示。

图 10-7　基于内容的图像检索工作原理

基于内容的图像检索过程就是图像特征的提取、分析及匹配。

①特征提取：提取各种特征，如颜色、纹理、形状、空间、语义等。根据提取的特征不同，采取不同的处理。比如提取形状特征，就需要先进行图像分割和边缘提取等步骤。选择合适的算法，并在效率和精确性方面加以改进，以适应检索的需要，实现特征提取模块。

① 吴宇锋．最大稳定极值区域在图像检索领域的应用研究 [D]. 大连：大连理工大学，2008.

②特征分析：对图像的各种特征进行分析，选择提取效率高、信息浓缩性好的特征，或者将几种特征进行组合应用到检索领域。

③特征匹配：选择合适的模型来衡量图像特征间的相似度。

3. 图像视觉特征

图像特征主要包括颜色、纹理、形状和目标关系等。CBIR 的关键在于选取适当的方法和技术，将这些图像特征进行提取与匹配，然后综合考虑各种特征的匹配指向得到运算结果，从而检索出符合用户需求的结果，如图 10-8 所示。

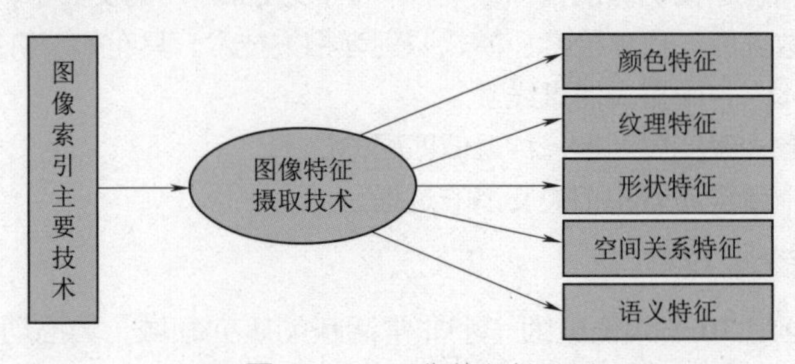

■ 图 10-8 图像特征提取图

（1）颜色特征提取

颜色特征是一种全局特征，描述了图像的表面性质。颜色特征基于像素点，计算简单，对尺寸、方向、视角依赖性较小，故具有紧致性强和稳定性强的特点。但它不能很好地捕捉图像中对象的局部特征。

颜色特征是图像检索中应用最为广泛的视觉特征。与其他特征相比，图像的颜色特征对图像的尺寸、方向依赖较小，且不受图像中物体的位置、形状的影响，具有较好的健壮性。

（2）纹理特征提取

纹理特征也是一种全局特征，同样描述了图像的表面性质。视觉纹理特性主要有粗糙度、对比度、方向度、线向度、规整度、粗略度等。由于图像具有一定的重复性、均匀性和方向性，所以可以把这些颜色和灰度规律变化或分布的局部区域称为纹理元，纹理就是纹理元规律性分布的结果。纹理特征具有旋转不变性，且抗噪能力强，但受图像分辨率的影响较大。

图像的纹理特征描述的是由于图像的局部不规则而在整体上表现出来的规律特征。纹理特征不依赖于颜色和亮度，能从微观上区别图像中的不同物体。

（3）形状特征

形状特征是比颜色和纹理更高层次的特征，主要针对面积、主轴方向、偏心率、圆形率、连通性和正切角等形状特征进行匹配，故表达上更为复杂，需要先对图像进行分割。当前的技术，一般只在特定场合使用，仅限于非常容易识别的对象，例如人脸识别领域。

（4）空间关系特征提取

上述提取的颜色、纹理和形状等多种特征反映的都是图像的整体特征，而无法体现图像中所包含的对象或目标。事实上，图像中对象所在的位置和对象之间的空间关系同样是图像检索中非常重要的特征。比如，蓝色的天空和蔚蓝的海洋的颜色在颜色直方图上非常接近而难以辨别。但是，如果在检索需求中指明是“处于图像上半部分的蓝色区域”，则返回的检索结果就应该是天空，而不是海洋。由此可见，包含空间关系的图像特征可以弥补其他图像特征不能确定物体空间关系的不足。

（5）语义特征提取

人们判断图像的相似性并非仅仅建立在图像视觉特征的相似性上。用户在检索图像时，存在一个大致的概念，这个概念建立在图像所描述的对象上，而不是颜色、纹理等特征（当然视觉特征也可以反映出部分这些概念）。直观地进行分类并判断图像满足自己的需要程度，需要对图像含义的理解，这些含义就是图像的语义特征。图像的语义检索需要有语义信息的支持，而建立这些内容信息的过程则是目前的难点。主要的问题有：图像语义的有效描述方式、图像语义的有效提取方法、语义检索系统的语义处理方法 。[①]利用计算机视觉和机器学习的方法来让系统对某些特定情况做出反应，是很多研究的努力方向。

10.4.2　视频检索

基于内容的视频检索主要通过对非结构化的视频数据进行结构化分析和处理，采用视频分割技术，将连续的视频流划分为具有特定语义的视频片段——镜头，作为检索的基本单元，在此基础上进行关键帧（Representative Frame）的提取和动态特征的提取，形成描述镜头的特征索引。

镜头组织和特征索引一般采用视频聚类等方法研究镜头之间的关系，把内容相近的镜头组合起来，逐步缩小检索范围，直至查询到所需的视频数据。基于内容的视频检索过程如图 10-9 所示。

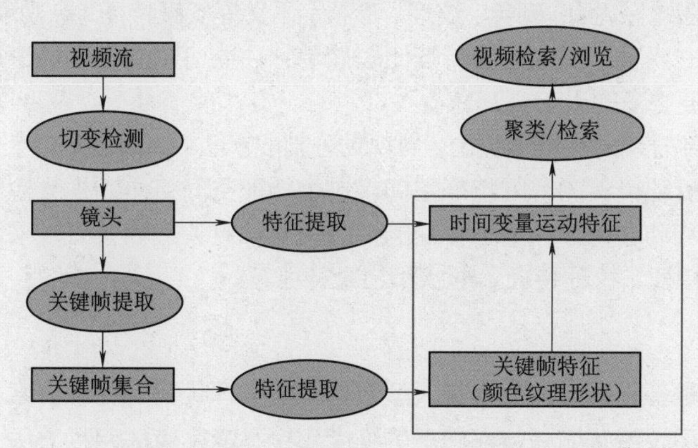

■ 图 10-9　基于内容的视频检索过程图

视频分割、关键帧提取和动态特征提取是基于内容的视频检索的关键技术。

1. 视频的结构化分析

视频的结构由高到低可以分为以下几个方面：视频序列、场景、镜头、帧。一个视频序列一般是指单独的一个视频文件，或一个视频片段。视频序列由若干场景组成。每个场景包含一个或多个镜头，这些镜头可以是连续的或者有间隔的。每个镜头包含有若干连续的图像帧。

场景是由若干相关镜头所组成的视频片段，它可以显示一定的内容。镜头是一系列视频帧的组合，是摄像机从一次开机到关机所拍摄的画面。帧是视频的最小单位，每一帧均可以看成一副独立的静态图像，播放文件时，定格在任意时刻的画面即为一帧图像。

2. 镜头分割

① 袁玉宝 . 基于相关反馈的图像检索技术研究与实现 [D]. 长沙：中国人民解放军国防科技大学，2002.

镜头分割是实现基于内容视频检索的第一步，它是通过对镜头切换点的检测找出连续出现的两个镜头之间的边界，把属于同一个镜头的帧聚集在一起的过程。镜头切换主要有突变和渐变两种方式：突变是指一个镜头与另一个镜头之间没有过渡，由一个镜头瞬间直接转换为另一个镜头；渐变是指一个镜头到另一个镜头渐渐过渡的过程，主要包括淡入淡出溶解和扫换等。

3. 关键帧提取

一个镜头包含大量信息，在视频结构化的基础上，依据镜头内容的复杂程度选择一个或多个关键帧代表镜头的主要内容[①]，因此关键帧（或关键帧序列）便成为对镜头内容进行表示的手段。关键帧的选取方法很多，比较经典的有帧平均法和直方图平均法。

①帧平均法：从镜头中计算所有帧在某个位置上像素值的平均值，然后将镜头中该点位置的像素值最接近平均值的帧作为关键帧。[②]

②直方图平均法：将镜头中所有帧的统计直方图取平均，然后选择与该平均直方图最接近的帧作为关键帧。

4. 视频特征提取

对于不同级别的视频单元，所提取的特征也是不同的。在场景级，提取故事情节；对于镜头是视频检索的最小单位，提取运动对象基本信息（定位形状）及视频的运动信息（对象运动摄像机运动）；在关键帧层次上，提取颜色、纹理、形状、语义等低级特征。纵观现有的特征提取方法，有自动方式和手动方式两种。提取低级特征比较简单，往往可以全自动地进行；高级语义特征的提取难度相当大，需要更多的人工交互。

较常用的特征大部分建立在镜头级上。当视频分割成镜头后，就要对各个镜头进行特征提取，得到一个尽可能充分反映镜头内容的特征空间，这个特征空间将作为视频检索的依据。视频数据的特征分为静态特征和动态特征。静态特征的提取主要针对关键帧，可以采用通常的图像特征提取方法，如提取颜色特征、纹理特征、形状和边缘特征等。

5. 视频聚类

高效的索引技术是基于内容的检索在大型数据库中发挥优势的保证。索引技术随着数据库的发展而发展，提高索引效率有缩减特征向量的维度和聚类索引算法两种方法。针对图像检索需要以下三个步骤：

①进行维度约减。

②对存在的索引方法进行评价。

③根据评价定制自己的索引方式。

目前多维索引技术研究较多的是聚类和神经网络。其中，聚类就是按照一定的要求和规律对事物进行区分和分类的过程，在图像数据库中，聚类就是在研究大量图像特征的基础上通过学习产生出类别，然后按次类别对图像进行分类。它的优势就是可以动态地进行图像分类，而且可以有效地降低维度和查询范围，提高查询效率。

6. 视频检索和浏览

视频检索方法完全不像全文检索，在很大程度上也不同于图像检索。视频的特征决定了视频

---

① 庞志恒，葛友杰，陈春龙，等 . 视频浓缩与基于对象检索技术研究 [J]. 科技信息，2013（2）：62+64.

② 向志敏 . 基于内容的视频拷贝检测的实现 [D]. 北京：北京邮电大学，2009.

检索必须是层次化的，且用户接口是多表现模式的。[①]下面介绍几种常用的检索方法：

①基于框架的方法：该方法通过知识辅助对视频内容建立框架，并进行层次化检索。

②基于浏览的方法：该方法是视频检索中一个不可缺少的方法。如果用户没有明确的查询主题或用户的主题在框架中没有被定义等，则可以通过浏览来确定其大概目的。

③基于描述特征的方法：该方法针对视频的局部特征检索，描述特征包括说明性特征和手绘特征。

④视频的检索反馈在检索的实现中：除利用图像的视觉特征进行检索外，还应根据用户的反馈信息不断学习改变阈值重新检索，实现人机交互，直到达到检索要求。

10.4.3　音频检索

基于内容的音频信息检索技术（Content-Based Audio Information Retrieval，CBAIR）是继基于内容的图像检索之后发展起来的一个新兴研究方向，是指通过音频特征分析，对不同音频数据赋以不同的语义，使具有相同语义的音频在听觉上保持相似，其中基于内容的音乐检索是具有较高实用价值的一个部分。它研究如何利用音频的幅度、频谱等物理特征，响度、音高、音色等听觉特征，词字、旋律等语义特征，实现基于内容的音频信息检索。

音频检索第一步是建立数据库，对音频数据进行特征提取，并通过特征对数据聚类。音频检索主要采用示例查询方式，用户通过查询界面选择一个查询例子，并设定属性值，然后提交查询。系统对用户选择的示例提取特征，结合属性值确定查询特征矢量，并对特征矢量进行模糊聚类[②]，然后检索引擎对特征矢量与聚类参数集匹配，按相关性排序后通过查询接口返回给用户，如图 10-10 所示。

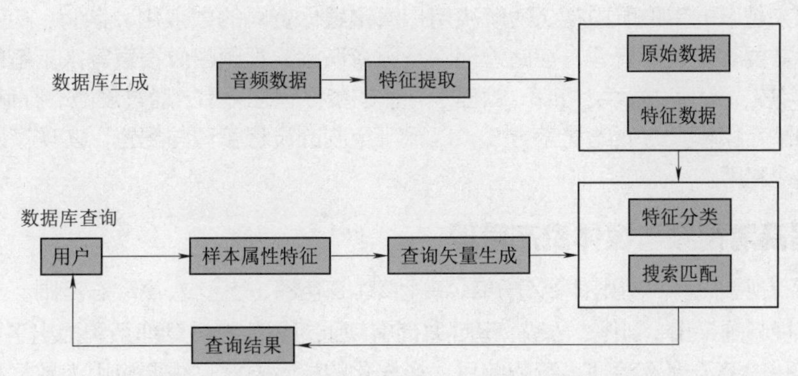

■ 图 10-10　基于内容的视频检索系统结构示意图

基于内容的查询和检索是逐步求精的过程。其存在一个特征调整、重新匹配的过程：

①用户提交查询，利用系统提供的查询方式形成查询条件。

②将查询特征与数据库中的特征按照一定的匹配算法进行匹配。

③满足一定相似性的一组候选结果按相似度大小排列返回给用户。

④对系统返回的一组初始特征的查询结果，用户可以通过遍历（浏览）挑选出满意的结果，也可以从候选结果中选择一个示例进行特征调整，形成一个新的查询，这个过程可以多次进行，直到用户对查询结果满意。

---

① 江荣彻 . 电视台多媒体网络系统 [J]. 西部广播电视，2000（7）：18-20.

② 陈姗姗 . 未来广播中的音频检索技术 [J]. 视听界（广播电视技术），2010（3）：62-64.

1. 音频特征的提取

特征提取是指寻找原始音频信号表达形式，提取能代表原始信号的数据。音频特征提取有两种不同的技术线路：一种是从叠加音频帧中提取特征，由于音频信号是短时平稳的，所以在短时提取的特征较稳定；二是从音频片段中提取，因为任何语义都有时间延续性，在长时间刻度内提取音频特征可以更好地反映音频所蕴涵的语义信息，一般是提取音频帧的统计特征作为音频片段特征。常用的频域特征有能量谱特征、平均功率和功率谱特征以及倒谱特征等。

2. 相似度匹配

音频的相似度匹配是基于内容的音频检索技术的关键环节，匹配算法的性能直接影响着检索结果和整个系统性能。相似度匹配包括精确匹配、模糊匹配、相似度计算、相关度计算等，其性能各不相同，适用范围也不同，通常根据实际需要对其进行组合使用。

基于内容的音频检索是一个新兴的研究领域，仍处于研究、探索阶段。当今时代，多媒体信息可以说是无所不在，不仅数据量大，而且包含有大量的非结构信息，所以高效地检索多媒体信息就显得非常重要。

10.5 未来趋势

随着媒体行业的业务迅猛发展，数字高清、3D 影片已经走入人们的生活。相关信息内容的飞速增长，对媒体内容的保存、格式转换及应用效率等提出了更高、更新的要求。同时，媒体资源的再利用被越来越多的单位所重视。为解决用户海量媒体资料的数字化、存储、检索以及发布所面临的问题，需要实现内容管理、存储管理以及语音识别、视频图像搜索等人工智能技术，提供媒体资料的数字化、编目、检索、存储、管理于一体的资产管理平台。通过规范的存储格式与载体，灵活自定义的编目模板及方便的检索方式，以及可定制的流程管理与配置，实现了对媒体资源的集中管理和快速利用。

10.5.1 超高清视频与媒体资产管理

由于超高清视频内容具有媒体高分辨率、高帧率、高色深、宽色域、高动态范围、三维声等特点，所以在超高清视频的采集、制作、传输、呈现方面客观上对媒体资产管理系统提出了更高的要求，需要支持多样化内容汇聚及管理，智能编目，多样化的检索方式，需要应用大数据技术，能够支撑媒体行业需要完成各种高清视频、数据等资源的整合，从而提供更好的信息服务。

1. 预测分析技术在高清媒体资产系统中的运用

在超高清媒体资产系统中，包含在线素材、近线素材和离线素材这三种素材。其中，在线素材又称热点素材，该种素材的管理需要做到随时调用。

对在线素材及其周期进行合理预测，能为素材的及时调用打下良好的基础。为此，还要解决热点素材识别问题，即根据互联网搜索引擎上的关键词、搜索变化量和用户在素材预览界面的停留时间等内容完成热点素材识别。在此基础上，要确定素材基本信息和衍生信息，如交易信息、编目信息等，并进行模型变量的选择。通过汇集各类数据，则能得到数据集合，然后进行数据模型的设计。按照非结构化数据的星状模型理论，可以将高清媒体资产系统中汇集的数据拆分为数据本身对象和属性对象这两个集合。在数据分析过程中，还要完成模型评估，以确定模型对热点素材预测结果质量的影响。在不改变数据属性类别的基础上，需要结合模型评估结果完成各类别属性内容的调整，以确保预测的准确性和稳定性。

2. 数据挖掘技术在高清媒体资产系统中的运用

在超高清媒体资产系统中，需要通过分析大量数据完成与素材相关的数据资源整合。运用数据挖掘技术，能从大量数据中得到潜在规律和信息，并从不同角度完成数据的观察，进而挖掘大数据的价值。在高清媒体资产系统中，包含有大量的音视频数据。这些数据大多纷繁凌乱，隐藏了包含用户喜好、行为习惯和审美趋势等信息。运用数据挖掘技术，能够完成有价值信息的挖掘，从而更好地结合用户需求提供有价值的产品和服务。运用该技术，首先要将原始数据中的噪声消除。完成数据清理后，还要将各种定量数据集合到一起，以形成相应数据库。根据数据挖掘目标，能从中挑选需要的数据。经过数据变换，可以将相关数据信息汇总成统一数据类型。使用关联规则挖掘法、聚类挖掘法和分类挖掘法等方法，能完成多媒体数据中潜在信息的挖掘。最后，结合相关信息进行用户兴趣的度量，能较好地展现数据挖掘结果。

3. 云计算在高清媒体资产系统中的运用

在高清媒体资产系统运行的过程中，将产生大量的数据，所以数据存储问题将对系统的运行产生重要影响。运用云技术能够通过联合使用集群应用、分布式文件系统和网格技术等功能实现对不同类型数据存储设备的集成，从而为数据存储和业务访问打下良好基础。运用该技术，将以网络为基础实现权限分配和访问控制，确保用户可以通过付费享受无限大的存储空间，并更好地享受在线存储服务。以云计算技术为支撑，云存储可以确保海量数据能够得到安全存储，并且有效防止系统瘫痪和数据丢失等问题的出现。所以，运用云存储可以解决高清媒体资产存储问题，使系统无须反复进行存储系统的重建。此外，由于云存储具有较大容量，并且具有方便、快捷的特点，因此能够为资源共享提供更多便利。在媒体资产管理领域，各地传媒结构都可以利用云存储平台进行高清媒体资产的发布、修改和更新，甚至实现各地媒体资产管理系统的整合，进而实现节目的节约化生产。

10.5.2　经验与展望

如果说在建设之初，媒体资产管理系统通过完善的流程管理和便捷的检索下载实现了对节目制作生产的强大支撑，那么随着媒体资产内容的大量存储，媒体资产管理已经过渡到注重用户体验及使用效果的更高层次阶段，即用户下载统计数据层面的深度挖掘分析，通过强大的统计功能对关键数据进行收集、获取并且解析。从这些看似并无关联的海量统计数据中，媒体资产管理者所关心的、直接关系到提升媒体资产服务质量和管理水平的所有问题，诸如用户使用习惯、使用数量、节目类型、素材使用效率、适配程度等，都可以找到答案。

因此，在媒体资产管理系统提供的检索、下载服务的过程中，需要管理者根据用户的使用习惯进行媒体资产的收集并进行梳理分析，进一步优化检索页面，使得用户可以更加便捷、高效地搜索到所需媒体资产素材，从而大大提高工作效率，提高媒体资产的下载量。

随着科技的不断进步，近年来媒体产业也随之得到快速的发展，数字高清和 3D 内容的进入在丰富媒体的同时，对媒体内容的保存、格式转换和应用效率也提出了相对较高的要求。在媒体资产方面，越来越多的媒体企业开始关注媒体资产的再利用。为了解决用户在数字化、存储、检索和发布海量媒体资产时所面临的重要问题，需要构建基于云计算的存储系统来适应媒体资产的存储，同时大数据技术、云存储、云计算平台已经在各领域得到广泛应用，很快将会对媒体资产管理产生重大的影响。如何利用这些技术，进行更深层次的数据挖掘、归集与分析，在媒体资产业务管理中梳理、整合以及充分利用这些有益的信息，不断优化媒体资产系统，使得媒体资产素材的使用者拥有更加良好的用户体验，这也将是未来研究和追求的方向。

思考题

10-1　什么是素材？什么是元数据？

10-2　什么是媒体资产？

10-3　什么是媒体资产管理？简述媒体资产系统的组成及各部分的功能。

10-4　媒体资产管理系统有哪些应用模式？

10-5　媒体资产管理系统主要有哪些版权保护技术？

10-6　什么是基于内容的检索技术？

10-7　简述基于内容的图像检索系统的流程。

10-8　基于内容的视频检索系统的关键技术有哪些？简述这些技术的主要功能。

知识点速查

◆数字媒体资产：广播电台、电视台、通讯社、报社、网站等传媒企业，每天都要播放或发布大量的音频、视频、图片、文字等媒体信息。这些供编辑制作使用的资料就具有再利用的价值，也就具有资产的属性，称为“媒体资产”。

◆数字媒体资产管理技术（Digital Asset Management，DAM）：是基于数字信息的采集、加工、存储、发布和管理技术、面向媒体企业实现跨媒体出版和媒体资产再利用的计算机应用技术。

◆基于内容的图像检索（Content-Based Image Retrieval，CBIR）：指根据图像对象的内容及上下文信息在大规模多媒体数据中检索所需信息。

◆基于内容的视频检索：主要是通过对非结构化的视频数据进行结构化分析和处理，采用视频分割技术，将连续的视频流划分为具有特定语义的视频片段——镜头，作为检索的基本单元，在此基础上进行关键帧（Representative Frame）的提取和动态特征的提取，形成描述镜头的特征索引。

◆基于内容的音频检索（Content-Based Audio Information Retrieval，CBAIR）：是继基于内容的图像检索之后发展起来的一个新兴研究方向，是指通过音频特征分析，对不同音频数据赋以不同的语义，使具有相同语义的音频在听觉上保持相似。

◆版权保护：就是采取信息安全技术手段在内的系统解决方案，在保证合法的、具有权限的用户对数字信息（如数字图像、音频、视频等）正常使用的同时，保护数字信息创作者和拥有者的版权。

◆数字水印（Digital Watermark）：是在数字内容中嵌入隐蔽的标记，这种标记通常是不可见的，只有通过专用的检测工具才能提取；数字水印技术是用于发现盗版后取证，而不是在事前防止盗版。

传输集成篇

第 11 章

数字媒体传输技术

本章导读

本章共分 8 节，内容包括计算机网络、通信与网络技术、流媒体技术、内容集成分发技术 P2P 技术、IPTV 技术、异构网络互通技术、数字媒体和网络的融合。

本章从计算机网络特点入手，介绍数字媒体在网络中的传播、传输，首先从计算机网络特点与互联网的特点入手，分别介绍数字媒体与网络的融合，以及为适应数字媒体在网络中高速传输的内容集成分发技术；然后介绍 P2P、IPTV 等流媒体技术的特点与网络体系结构，以及这些流媒体技术的典型应用和应用前景；最后介绍为适应流媒体在异构网络中的传输，需要通过转码和解码技术来实现网络互通技术进行解决。

学习目标

- ◆了解计算机网络以及互联网网络组成和特点；
- ◆了解数字媒体与网络的融合；
- ◆了解内容集成分发技术的应用；
- ◆掌握流媒体技术、P2P、IPTV 技术的概念；
- ◆掌握流媒体、P2P、IPTV 的典型应用系统；
- ◆理解异构网络互通的意义。

知识要点和难点

1. 要点

计算机网络，数字媒体与网络的融合，CDN 技术的应用，光网络技术、接入网技术、移动通信技术、数字蜂窝移动通信技术、无线网络技术等用于网络通信的技术应用及特点。

2. 难点

P2P、IPTV 等流媒体技术在网络中的典型应用。

11.1 计算机网络

随着数字媒体产业和信息网络技术的高速发展，数字媒体由最初的文字、图片向视音频、多媒体传输方式发展，数字媒体强调信息媒体的网络传播特性及其数字化特征，因此现代网络成为主要传播载体。数字媒体因为数字媒体网络的融合程度、普及程度以及带宽大小表现出了三个阶段特征。

第一阶段，随着数字媒体内容快速增长，流量增加、带宽增加是这个阶段最主要的特征。

第二阶段，由于数字媒体的普及，数字媒体逐步在多行业运用，构建交流平台，传播文化、知识和新闻，这个阶段内网络技术需要解决管理和发布的问题。

第三阶段，数字媒体跨行业跨网络阶段。这个阶段实现了三网融合，打破了网络的传统界限，使行业应用的空间更加广阔。

目前，人类所处的是一个以计算机为核心的信息时代，其特征是数字化、网络化和信息化。计算机网络的发展水平不仅反映了一个国家的计算机科学和通信技术水平，而且已经成为衡量其国力及现代化程度的重要标志之一。因此，了解计算机网络的定义、功能、分类方式以及硬件组成，掌握计算机网络传输信息的基本原理和过程非常必要。它为构建局域网以及通过网络获取知识奠定了理论基础。

11.1.1 计算机网络

计算机网络的功能主要包括实现资源共享，实现数据信息的快速传递，提高可靠性，提供负载均衡与分布式处理能力，集中管理以及综合信息服务。

1. 计算机网络的定义

一般地，将分散的多台计算机、终端和外围设备用通信线路互连起来，实现彼此通信，且可以实现资源共享的整个体系称为计算机网络[①]，如图 11-1 所示。

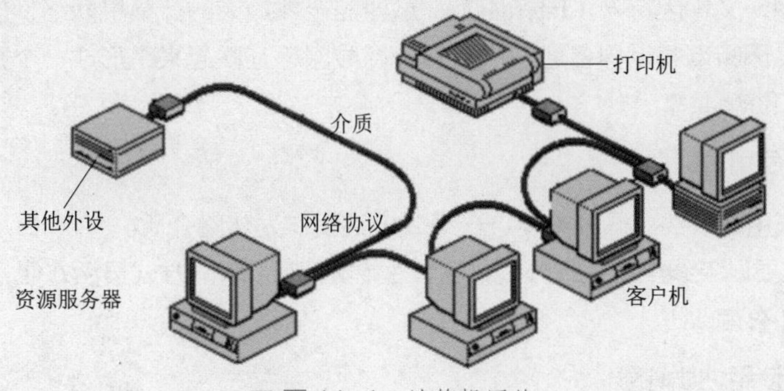

■ 图 11-1　计算机网络

从物理连接上讲，计算机网络由计算机系统、通信链路和网络节点组成。计算机系统进行各种数据处理，通信链路和网络节点提供通信功能。

① 陆文嘉 . 小型非编系统的组成与应用 [J]. 西部广播电视，2014（6）：114.

2. 计算机网络的功能

①数据通信（Communication Medium）：是计算机网络最基本的功能，用于实现计算机之间的信息传送。在计算机网络中，人们可以在网上收发电子邮件，发布新闻消息，进行电子商务、远程教育、远程医疗，传递文字、图像、声音、视频等信息。

②资源共享（Resource Sharing）：计算机资源主要是指计算机的硬件、软件和数据资源，资源共享功能是组建计算机网络的驱动力之一，使得网络用户可以克服地理位置的差异性，共享网络中的计算机资源。共享硬件资源可以避免贵重硬件设备的重复购置，提高硬件设备的利用率；共享软件资源可以避免软件开发的重复劳动与大型软件的重复购置，进而实现分布式计算的目标；共享数据资源可以促进人们相互交流，达到充分利用信息资源的目的。

11.1.2 计算机网络的分类

计算机网络与一般的事物一样，可以按事物所具有的不同性质特点即事物的属性分类。计算机网络是由多台计算机（或其他计算机网络设备）通过传输介质和软件物理（或逻辑）连接在一起组成的。总的来说，计算机网络的组成包括计算机、网络操作系统、传输介质以及相应的应用软件 4 部分。

1. 按网络的覆盖范围划分

①局域网（Local Area Network，LAN）：一般用微机通过高速通信线路连接，覆盖范围从几百米到几千米，通常用于覆盖一个房间、一层楼或一座建筑物。

②城域网（Metropolitan Area Network，MAN）：是在一座城市范围内建立的计算机通信网，通常使用与局域网相似的技术，它一般可将同一城市内不同地点的主机、数据库以及 LAN 等互相连接起来。

③广域网（Wide Area Network，WAN）：用于连接不同城市之间的 LAN 或 MAN。广域网的通信子网主要采用分组交换技术。广域网的数据传输相对较慢，传输误码率也较高。随着光纤通信网络的建设，广域网的速度将大大提高。广域网可以覆盖一个国家或地区。

④国际互联网，又称因特网（Internet），是覆盖全球最大的计算机网络，但实际上不是一种具体的网络技术。因特网将世界各地的广域网、局域网等互联起来，形成一个整体，实现全球范围内的数据通信和资源共享。

2. 按传输介质划分

①有线网：采用双绞线、同轴电缆、光纤或电话线作为传输介质。

②无线网：主要以无线电波或红外线、卫星为传输介质。联网方式灵活方便，但联网费用稍高，可靠性和安全性还有待改进。

3. 按网络的使用性质划分

①公用网（Public Network）：是一种付费网络，属于经营性网络，由运营商建造并维护，消费者付费使用。

②专用网（Private Network）：是某个部门根据本系统的特殊业务需要而建造的网络，这种网络一般不对外提供服务。例如，军队、银行、电力等系统的网络就属于专用网。

11.1.3 Internet 基础

Internet 是通过路由器将世界不同地区、规模大小不一、类型不同的网络互相连接起来的网络，是一个全球性的、开放的计算机互联网络。Internet 联入的计算机覆盖了全球 180 多个国家和地区，且存储了最丰富的信息资源，是世界上最大的计算机网络。

1. Internet 的组成

Internet 是一个全球范围的广域网，同时又可以将它看作由无数个大小不一的局域网连接而成。整体而言，Internet 由复杂的物理网络通过 TCP/IP 协议将分布世界各地的各种信息和服务连接在一起，如图 11-2 所示。

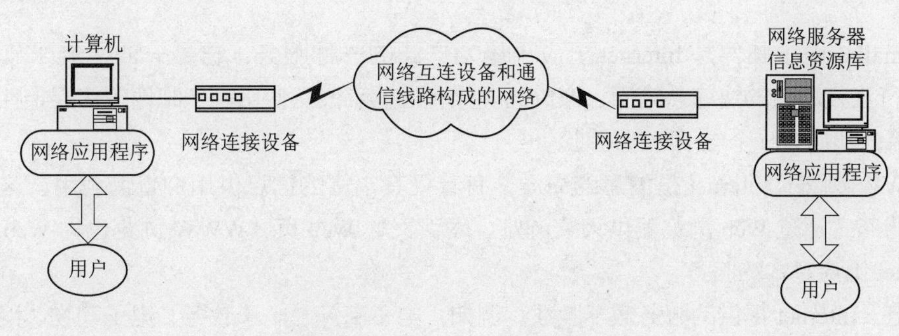

■ 图 11-2　Internet 的组成

2. Internet 中的地址

（1）IP 地址

如前所述，Internet 是通过路由器将物理网络互连在一起的虚拟网络。在一个具体的物理网络中，每台计算机都有一个物理地址（Physical Address），物理网络靠此地址来识别其中每一台计算机。在 Internet 中，为解决不同类型的物理地址的统一问题，在 IP 层采用了一种全网通用的地址格式。为网络中的每一台主机分配一个 Internet 地址，从而将主机原来的物理地址屏蔽掉，这个地址就是 IP 地址。

IP 地址由网络号和主机号组成，网络号表明主机所连接的网络，主机号标识了该网络上特定的那台主机。IP 地址的结构如下：

网络号	主机号

IP 地址用 32 个比特（4 个字节）表示。为便于管理，将每个 IP 地址分为 4 段（一个字节一段），用三个圆点隔开，每段用一个十进制整数表示。可见，每个十进制整数的范围是 0~255。例如，某计算机的 IP 地址可表示为 11001010.01100011.01100000.10001100，也可表示为 202.99.96.140。

（2）域名系统

在 Internet 上，IP 地址是全球通用的地址，但对于一般用户来讲，数字表示的 IP 地址不容易记忆。因此，TCP/IP 为人们记忆方便而设计了一种字符型的计算机命名机制，由此形成了网络域名系统（Domain Name System，DNS）。如四川传媒学院主机的 IP 地址为 118.114.52.4，其域名为 www.scmc.edu.cn/。域名是 Internet 中主机地址的另外一种表示形式，是 IP 地址的别名。

（3）域名解析

域名解析就是域名到 IP 地址或 IP 地址到域名的转换过程，由域名服务器完成域名解析工作。在域名服务器中存放了域名与 IP 地址的对照表（映射表）[①]。实际上它是一个分布式的数据库。各域名服务器负责其主管范围的解析工作。从功能上说，域名系统相当于一个电话簿，已知一个姓名就可以查到一个电话号码，其与电话簿的区别是域名服务器可以自动完成查找过程。

11.1.4 Internet 提供的服务

Internet 之所以具有极强的吸引力，是因为其具有强大的服务功能。遍布全世界的因特网服务提供商（Internet Service Provide，ISP）为用户提供的各种服务数不胜数。常见的两种服务如下：

① E-mail：电子邮件是 Internet 上应用最为广泛的一种服务，它是一种在全球范围内通过 Internet 进行互相联系的快速、简便、廉价的现代化通信手段。使用电子邮件的首要条件是拥有一个电子邮箱，即拥有一个电子邮件地址。

② WWW 浏览：Internet 是信息的海洋，有着极其丰富的信息供用户查询利用，这些信息通常以网页的形式通过 Web 浏览器供大家浏览。网页又称 Web 页，WWW 浏览也称 Web 浏览，是目前 Internet 上最基本的服务。

事实上，Internet 提供的服务数不胜数。例如，电子商务、电子政务、电子刊物、网络学校、金融服务、远程会议、远程医疗、网络游戏等。

11.2 通信与网络技术

计算机网络通信技术是通信技术与计算机技术相结合的产物。计算机网络是按照网络协议，将地球上分散的、独立的计算机相互连接的集合。连接介质可以是电缆、双绞线、光纤、微波、载波或通信卫星。

11.2.1 光纤通信技术

光纤通信是指利用光与光纤传递信息的一种方式。光纤通信不仅可以应用在通信的主干线路中，而且可以在电力通信控制系统中发挥作用，既有经济优势又有技术优势。光纤通信由于超高速、低误码、高可靠、低价格，已成为信息的最重要传输手段和信息社会的重要基础设施。

光纤通信是利用光导纤维传输光信号，以实现信息传递的一种通信方式，属于有线通信的一种。光经过调变后便能携带信息，利用光波作载体，以光纤作为传输媒介，将信息从一处传至另一处，是光信息科学与技术的研究与应用领域。可以把光纤通信看成以光导纤维为传输媒介的“有线”光通信。实际上，光纤通信系统使用的不是单根的光纤，而是许多光纤聚集在一起组成的光缆。玻璃材料是制作光纤的主要材料，它是电气绝缘体，因而不需要担心接地回路。光波在光纤中传输，不会发生信息传播中的信息泄露现象。光纤很细，占用的体积小，这解决了实施的空间问题。

① 王振宇，施东炜．基于 BIND 域名解析服务管理的设计 [J]. 计算机工程，2007（15）：134.

1. 光纤通信的特点

相比传统的有线传输方式，光纤通信具有很多优势，具体如表 11-1 所示。

表 11-1　光纤通信传输特性

特　性	说　明
经济优势	频率资源丰富，通信容量极大。粗略地讲，一根光纤传输数字信号的码速容量在理论上可达 40 Tbit/s（$1T=10^{12}$）
频带极宽，通信容量大	光纤比铜线或电缆有大得多的传输带宽，长波长窗口，单模光纤具有几十 GHz/km 的宽带
损耗低，中继距离长	商品石英光纤损耗可低于 0.2 dB/km, 这样的传输损耗比其他任何传输介质的损耗都低；若采用非石英系统极低损耗光纤，其理论分析损耗可更低。这意味着通过光纤通信系统可以跨越更大的无中继距离；对于一个长途传输线路，由于中继站数目的减少，系统成本和复杂性可大大降低
抗电磁干扰能力强	光波导对电磁干扰的免疫力，它不受自然界的雷电干扰、电离层的变化和太阳黑子活动、人为释放的电磁干扰的干扰。由于能免除电磁脉冲效应，光纤传输系统还特别适合于军事应用
对电气绝缘	光纤是用玻璃材料构造的，它是电气绝缘体，特别是光纤在电气危险环境中得到广泛应用，因为它不会产生电弧和火化
无串音干扰，保密性好	光波在光纤中传输，因为光信号被完善地限制在光波导结构中，而任何泄漏的射线都被环绕光纤的不透明包层所吸收。相邻信通也不会出现串音干扰，同时在光缆外面也无法窃听到光纤中传输的信息
温度稳定性好、寿命长	与铜线和同轴电缆相比，光纤的温度系数极小，其传输特性基本不随温度而变，故光纤传输系统十分稳定可靠，而且不易老化

2. 光纤通信技术的发展趋势

①光接入网通信技术的更进一步发展。现存光接入技术的应用使其成为全数字化且高度集成的智能化网络。

②光纤通信技术中光传输与交换技术的融合——光接入网通信技术的后延。基于光接入网通信技术的成熟发展，在交换和传输方面也呈现迭代更新。

③智能光联网技术的应用。以自动交换光网络（ASON）为代表的智能化光网络是新一代光网络。智能光联网技术可解决互联网在光层上的动态、灵活、高效的组网问题。

光纤遍布全世界，在各种场合都能获得高质量的服务。

11.2.2　接入网技术

1. 接入网

所谓接入网是指主干网络到用户终端之间的所有设备。其长度一般为几百米到几千米，因而被形象地称为“最后一公里”。由于主干网一般采用光纤结构，传输速度快，因此，接入网便成为整个网络系统的瓶颈。接入网的接入方式包括铜线（普通电话线）接入、光纤接入、光纤同轴电缆（有线电视电缆）混合接入和无线接入等。

国际电联电信标准化部门（ITU-T）提出了接入网（Access Network，AN）的概念，目的是将本地交换机、用户环路和中断设备通过有限的标准化接口，将各种用户接入业务节点的问题。接入网量大面广，成为影响网络建设与运行成本最重要的部分，对接入网技术的性能价格比要求很高，接入网技术的开发任务还很重，接入网数字化仍然是任重道远。

2. 接入网分类

接入网的分类方法有很多种，例如，可以按传输媒介分、按拓扑结构分、按使用技术分、按接口标准分、按业务带宽分、按业务种类分等。现在常用的为有线接入和无线接入两类。

11.2.3 数字蜂窝移动通信技术

蜂窝移动通信系统是一种移动通信硬件架构，分为模拟蜂窝系统和数字蜂窝系统。由于构成系统覆盖的各通信基地台的信号覆盖呈六边形，从而使整个覆盖网络像一个蜂窝而得名。

在数字蜂窝移动通信系统中，把信号覆盖区域分为一个个的小区，它可以是六边形、正方形、圆形或其他形状，通常是六边形。这些分区中的每一个被分配了多个频率（$f_1 \sim f_6$），具有相应的基站。在其他分区中，可使用重复的频率，但相邻的分区不能使用相同频率，这会引起同信道干扰。

第二代蜂窝通信系统（2G）：2G网络标志这移动通信技术从模拟走向了数字时代。这个引入了数字信号处理技术的通信系统诞生于1992年。2G系统第一次引入了流行的用户身份模块（SIM）卡。主流2G接入技术是CDMA和TDMA。GSM是一种TDMA网络，它从2G的时代到现在都在被广泛使用。2.5G网络出现于1995年后，它引入了合并包交换技术，对2G系统进行了扩展。

第三代蜂窝通信系统（3G）：3G的基本思想是在支持更高带宽和数据速率的同时提供多媒体服务。3G同时采用了电路交换和包交换策略。主流3G接入技术是TDMA、CDMA、宽频带CDMA（WCDMA）、CDMA2000和时分同步CDMA（TS-CDMA）。

第四代蜂窝通信系统（4G）：广泛普及的4G包含若干种宽带无线接入通信系统。4G的特点可以用MAGIC描述，即移动多媒体、任何时间任何地点、全球漫游支持、集成无线方案、定制化个人服务。4G系统不仅支持升级移动服务，而且支持很多既存无线网络。

第五代蜂窝通信系统（5G）：对于5G和超4G无线网络通信有一系列的设想。一些人认为它将是高密度网络，有着分布式MIMO以提供小型绿色柔性小区。

常见的蜂窝移动通信系统按照功能的不同可以分为三类：宏蜂窝、微蜂窝以及智能蜂窝。通常这三种蜂窝技术各有特点，并根据实际的应用场景，通过这些蜂窝技术的组合构建更合理的无线覆盖。

11.2.4 卫星通信技术

卫星通信利用人造地球卫星作为中继站来转发无线电波，从而实现两个或多个地球站之间的通信。在我国复杂的地理条件下，采用卫星通信技术是一种有效方案。在广播电视领域中，直播卫星电视是利用工作在专用卫星广播频段的广播卫星，将广播电视节目或声音广播直接送到家庭的一种广播方式。

2013年6月20日上午10时许，全中国的中、小学生“享受”了一场中国女航天员王亚平的太空授课。40 min高质量的天地通话，表明我国的卫星通信技术有了长足的进步。

卫星通信是地球上（包括地面和低层大气中）的无线电通信站间利用卫星作为中继而进行的通信。卫星通信系统由卫星和地球站两部分组成。卫星通信的特点是：通信范围大；只要在卫星发射的电波所覆盖的范围内，任何两点之间都可进行通信；不易受陆地灾害的影响（可靠性高）；

只要设置地球站电路即可开通（开通电路迅速）；可同时在多处接收，能经济地实现广播、多址通信（多址特点）；电路设置非常灵活，可随时分散过于集中的话务量；同一信道可用于不同方向或不同区间（多址连接）。

11.2.5　无线网络技术

无线网络是采用无线通信技术实现的网络。无线网络既包括允许用户建立远距离无线连接的全球语音和数据网络，也包括为近距离无线连接进行优化的红外线技术及射频技术，与有线网络的用途十分类似，两者最大的不同在于传输媒介的不同，利用无线电技术取代网线，可以和有线网络互为备份。

1. 无线网络

无线网络技术最近几年一直是研究的热点领域，新技术层出不穷，各种新名词也是应接不暇，从无线局域网、无线个域网、无线体域网、无线城域网到无线广域网，从移动 Ad Hoc 网络到无线传感器网络、无线 Mesh 网络，从 Wi-Fi 到 WiMedia，WiMAX，从 IEEE 802.11，IEEE GSM、GPRS、CDMA 到 3G、超 3G、4G、5G 等。所有的这一切都是因为人们对无线网络的需求越来越多，对无线网络技术的研究也日益加强，导致无线网络技术也越来越成熟。

2. IoT 时代的无线通信技术

网络通信是 IoT 的基础。常见的无线网络通信技术有 Wi-Fi、NFC、ZigBee、Bluetooth、WWAN（Wireless Wide Area Network，包括 GPRS、3G、4G、5G 等）、NB-IoT、Sub-1 GHz 等。它们在组网、功耗、通信距离、安全性等方面各有差别，因此拥有不同的适用场景。NB-IoT 是针对 IoT 设计的下一代网络。

11.2.6　下一代互联网技术

互联网是经济社会发展的重要信息基础设施，互联网的快速发展创造了一种新的经济形式和社会生活方式，对经济发展以及社会生活都起到了重要的推动作用。下一代互联网是不同于当前使用的互联网，而是新一代的互联网，比当前的互联网速度要快千倍以上，体验更好，使用更安全。下一代互联网的关键技术如下：

1. IPv6 技术

IPv6 是 Internet Protocol version 6 的缩写，即互联网协议（Internet Protocol，IP）的第 6 版，也是被正式广泛使用的第二版互联网协议。IPv6 是互联网工程任务组（Internet Engineering Task Force，IETF）设计的用于应对现行版本 IP 协议（Internet Protocol version 4，IPv4）地址段资源枯竭的下一代 IP 协议，具备解决地址耗尽问题、改善网络性能、方便各项业务开展、安全性更高、支持移动等优点，理论上该协议能产生超乎想象数量的网络地址，学术界号称“能使地球上每一粒沙子都分配到一个网络地址”。

2. 智能光网络

智能光网络（Automatically Switched Optical Network，ASON）是新一代在信令控制下具有智能选路和自动交换功能的光网络，它由控制平面、传送平面和管理平面三个独立的平面组成，支持不同的传输速率和不同的信号源。ASON 网络是下一代互联网的重要主干技术。

3. 软件定义网络

软件定义网络（Software Defined Network，SDN）是一种新型的网络架构，是实现网络虚拟化的一种方式。SDN 的主要功能是将网络设备的控制平面与数据平面相分离，达到对网络流量灵活控制的目的，从而使网络变得更加灵活和智能。可以认为，SDN 的本质是让使用者通过软件自定义的形式来控制网络，让网络资源的管理软件化、智能化，从而使 IT 服务响应速度、服务质量进一步提升，使下一代互联网更加灵活。

4. 大数据技术

大数据（Big Data）是一种规模大到在获取、管理、分析方面大大超出传统数据库软件工具能力范围的数据集合。大数据是互联网衍生出的核心价值所在。大数据的原始数据主要来源于互联网，反过来通过大数据挖掘促进互联网的发展，是下一代互联网的重要基础内容。当前互联网已经进入大数据时代，人们的生活数据、企业的运营数据、医疗的记录数据、网站的访问数据都是组成社会大数据的重要部分。一个单一的大数据集的数据量能够达到 PB 级别，并且大数据的规模是增量变化的。大数据可以更快速地推动互联网的演进，大数据催生的新产业会使工作效率及生活质量更高、社会经济更活跃。

5. 云计算

云计算（Cloud Computing）是一种通过 Internet 以服务的方式提供动态可伸缩的虚拟化资源（包括网络、服务器、存储、应用、服务等）的计算模式。简单来说，云计算是未来信息技术的一种主要架构。云端通过集中的资源提供各种服务，各种终端通过互联网接入使用，而不是原来各自维护自己的基础架构，从而使得大规模的并发计算问题得以解决。

6. 物联网

物联网（IoT）的英文名称为 The Internet of Things，就是“物物相连的互联网”。物联网是下一代互联网的重要特征。物联网是利用现有发达的信息通信技术，互联现实存在的或虚拟的物体，并提供有效社会服务的基础设施。首先，物联网的基础是互联网，是在互联网基础之上延伸出的一种新型网络；其次，物联网使用户端扩展到了任何物品与物品之间，进行信息交换。因此，物联网的核心基础还是互联网，物联网通过互联网对实物进行感知、信息传递和智能处理，正在改变着未来的生活方式。

7. 虚拟现实 / 增强现实技术

虚拟现实（Virtual Reality，VR）是一种可以创建和体验虚拟世界的计算机仿真系统。它利用计算机生成一种模拟环境，是一种多源信息融合的交互式的三维动态视景和实体行为的系统。

虚拟现实和增强现实（Augmented Reality，AR）技术可以通俗理解成“虚拟现实是将真实的你放到虚拟世界中去，而增强现实则是将虚拟影像放到真实世界中”。早在 1994 年，就已经有人给出“现实 - 虚拟连续系统”模型，两端分别是真实世界（Real Environment）和虚拟世界（Virtual Environment）：当将虚拟影像加入到真实世界时，人们已经开始走入增强现实；随着虚拟物体在真实环境中添加得越来越多，慢慢将处于扩增虚境（Augmented Virtuality）的状态；当真实世界中添加的虚拟元素足够多时，有可能没有和真实世界接触的必要了。

8. 第五代通信技术

第五代移动通信（5G）是国际移动通信系统（International Mobile Telecommunications，IMT）的下一阶段，国际电信联盟（International Telecommunication Union，ITU）将其正式命名为 IMT-2020。未来，5G 网络将推动互联网向物联网方向发展，随着传感器、人机交互 AR/VR 等技术不断投入使用，一个人与人、人与物、人与媒体互联互通的“万物互联”世界即将形成。在此背景下，直接参与 5G 网络建设与创新 5G 应用产品的每一个组织，都有机会成为未来传播渠道的搭建者、社会交往的推动者、生活服务的提供者、智慧城市的建设者，乃至成为人们参与社会生活的中心枢纽之一。

9. 人工智能技术

人工智能（Artifical Intelligence，AI）就是让机器像人一样的智能、会思考，是机器学习、深度学习在实践中的应用。人工智能更适合理解为一个产业，泛指生产更加智能的软件和硬件。人工智能实现的方法是机器学习。人工智能发展的三个阶段如图 11-3 所示。

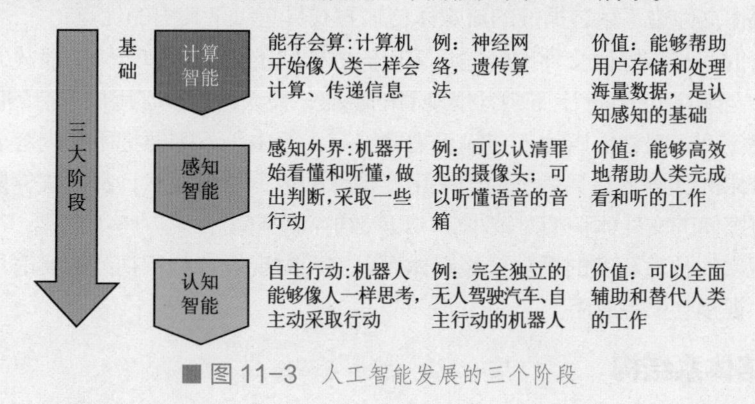

■ 图 11-3　人工智能发展的三个阶段

11.3 流媒体技术

流媒体是多媒体的一种，指在网络中使用流式传输技术的连续时基媒体，如音频、视频或多媒体文件。

流媒体技术的产生是因为 Internet 的固有特性（带宽有限、传输品质无保障等）阻碍了音乐及视频在互联网上的普及应用。流媒体技术就是把连续的非串流格式的声音和视频编码压缩（目的是减少对带宽的消耗）成串流格式（目的是提高音视频应用的品质保障）后放到网站服务器上，让用户一边下载一边收听观看，而不需要等待整个文件下载到自己的机器后才可以观看的网络传输技术。

11.3.1 概述及特点

以前，多媒体文件需要从服务器上下载后才能播放，一个 1 min 的较小的视频文件，在 56 kbit/s

的窄带网络上至少需要 30 min 进行下载，这限制了人们在互联网上大量使用音频和视频信息进行交流。“流媒体”不同于传统的多媒体，它的主要特点就是运用可变带宽技术，以“流”（Stream）的形式进行数字媒体的传送，使人们在 28~1 200 kbit/s 的带宽环境下都可以在线欣赏到连续不断的、高品质的音频和视频节目。在互联网大发展的时代，流媒体技术的产生和发展必然会给人们的日常生活和工作带来深远的影响。

在网络上传输音频和视频等多媒体信息主要有下载和流式传输两种方式。一般音频和视频文件都比较大，所需要的存储空间也比较大；同时由于网络带宽的限制，常常需要数分钟甚至数小时来下载一个文件，采用这种处理方法延迟也很大。流媒体技术的出现，使得在窄带互联网中传播多媒体信息成为可能 。[①]当采用流式传输时，音频、视频或动画等多媒体文件不必像采用传统下载方式那样等到整个文件全部下载完毕再开始播放，而是只需经过几秒或几十秒的启动延时即可进行播放。当音频、视频或动画等多媒体文件在用户机上播放时，文件的剩余部分将会在后台从服务器上继续下载。

所谓流媒体，是指采用流式传输方式的一种媒体格式。流媒体的数据流随时传送随时播放，只是在开始时有些延迟。流媒体技术是网络音频、视频技术发展到一定阶段的产物，是一种解决多媒体播放时带宽问题的“软技术”。实现流式传输有两种方法：顺序流式传输和实时流式传输。

这种对多媒体文件边下载边播放的流媒体传输方式具有以下突出的优点：

①缩短等待时间：流媒体文件的传输是采用流式传输的方式，边传输边播放，避免了用户必须等待整个文件全部从 Internet 上下载才能观看的缺点，极大地减少了用户等待的时间。

②节省存储空间：虽然流媒体的传输仍需要缓存，但由于不需要把所有内容全部下载下来，因此对缓存的要求大大降低；另外，由于采用了特殊的数据压缩技术，在对文件播放质量影响不大的前提下，流媒体的文件体积相对较小，可以节约存储空间。

③可以实现实时传输和实时播放：流媒体可以实现对现场音频和视频的实时传输和播放，适用于网络直播、视频会议等应用。

11.3.2 网络体系结构

1. 流媒体体系结构

现存流媒体解决方案采用的技术是多样的，但其体系结构的本质是相近的。流媒体体系结构如图 11-4 所示。

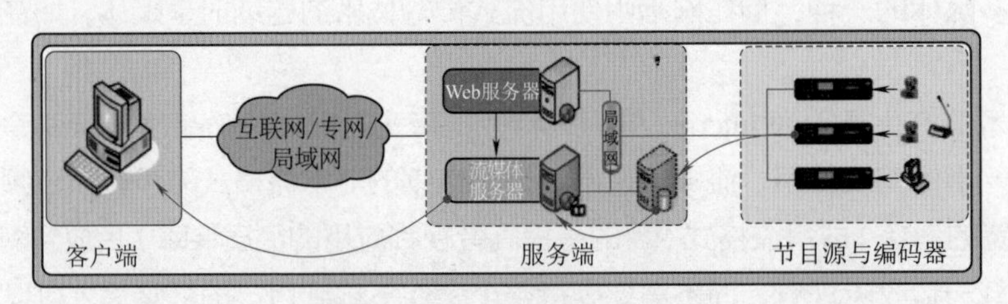

■图 11-4　流媒体体系结构

①编码工具：用于创建、捕捉和编辑多媒体数据，形成流媒体格式，这可以由带视音频硬件接口的计算机和运行其上的制作软件共同完成。

① 赵自强 . 流式传输与局域网络技术在闭路监控系统中的应用 [J]. 冶金动力，2002（3）：68-69.

②服务器：存放和控制流媒体的数据。

③网络：适合多媒体传输协议甚至实时传输协议的网络。

2. 流媒体系统组成

一个基本的流媒体系统包括编码器、服务器和播放器三部分。

①编码器：对原始的音、视频数据进行一定格式的压缩编码，编码的方式有实时和非实时两种。常用的音频编码器主要有 MP3；常用的视频编码器主要有 MPEG-4、H.261、H.263 和 H.264 等，其中，H.264 视频编码器无论是在编码效率还是在图像质量上都优于其他现有视频编码器。

②服务器：负责将编码数据封装成 RTP 数据包发送到网络中。每次从节目中获取一帧数据，然后分成几个 RTP 数据包，并将时间戳和序列号添加到 RTP 包头，属于同一帧的数据包具有相同的时间戳。一旦到达数据包所应播放的时间后，服务器便将这一帧的音视频数据包发送出去，然后再读取下一帧数据。

③播放器：供客户端浏览流媒体文件（通常是独立的播放器和 ActiveX 方式的插件）。

客户端每次从队列头部读取一帧的数据，从包头的时间戳中解出该帧的播放时间，然后进行音视频同步处理。同步后的数据将送入解码器进行解码，解码后的数据被送入一个循环读取的缓存中等待。一旦该帧的播放时间到达，解码数据就会从缓存中取出，送入播放模块驱动底层硬件设备进行显示或播放。

11.3.3 典型应用系统

下面介绍基于传统节目资源的流媒体服务，互联网直播，远程教育和医疗，视频会议，安全监控等五大类流媒体应用系统典型应用。

1. 基于传统节目资源的流媒体服务

这些流媒体服务包括视频直播和视频点播。这是当初应用最广泛的流媒体服务，很多大型的新闻娱乐媒体、酒店都提供此项服务，甚至以此作为网络盈利的依托。最早的流媒体技术应用于视频点播 VOD 系统，如图 11-5 所示。

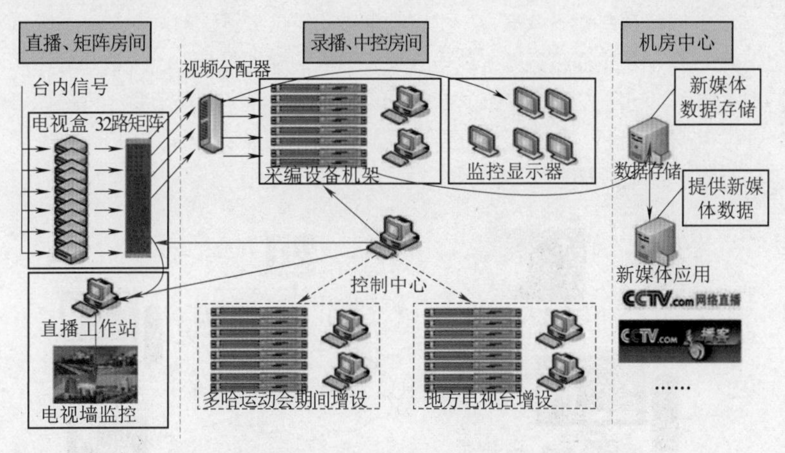

■ 图 11-5 视频点播 VOD 系统

2. 互联网直播

互联网直播指网站在网络上以电视节目的制作手段制作、以流媒体手段播出的节目，这类节目通常以“频道”的形式组织。互联网直播是现在流媒体应用中最成熟的一个。流媒体技术的发展实现了在低带宽环境下提供高品质的影音，互联网用户可以在 Internet 上自主地、直接地收看正在直播的体育赛事、商贸展览、娱乐互动等栏目。互联网直播示意图如图 11-6 所示。

■ 图 11-6　互联网直播示意图

3. 远程教育和医疗

远程教育和医疗是流媒体的一项重要应用，利用流媒体技术开发的系统具有现场实时视频、点播、在线交汇等功能，而且通信的成本远低于传统的远程系统。流媒体技术的产生和发展给远程教育的发展带来了新的机遇，越来越多的远程教育网站开始采用 Real System、Flash、Shock Wave 等流媒体技术作为主要的网络教学方式。教师将视频、音频、文本或图片等需要传送的信息传到远程的学生端，学生在家通过计算机连接网络就可以实现远程学习。

【实例分析 11-1：远程教学和培训——流媒体技术缩短了彼此的距离】

随着（移动）互联网技术的迅速发展，人们增加了更多的知识获取渠道，有限的优质教育资源有了更大的价值发展空间。传统的教育都是线下教育，一个老师辅导的学生数量受时间、地点、交通等方面限制，对于学生来说成本也较高。有了在线视频直播，就可以突破前面的种种限制，一个老师可以同时向全国各地的学生授课，如图 11-7 所示。一些大企业做各个分公司的培训或一些产品发布会，传统做法都是把员工、相关的人员召集到一个地方进行培训，需要花费高额的差旅费。通过视频直播技术进行企业培训能够给企业降低 90% 的成本，同时能够面向更多的员工。

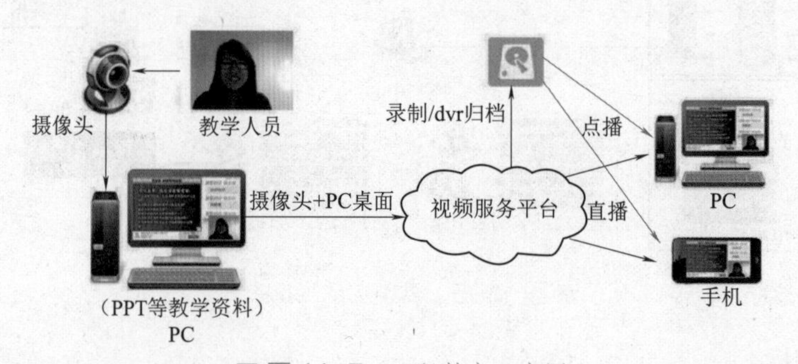

■ 图 11-7　远程教育示意图

4．视频会议

视频会议是流媒体的一个商业用途，通过流媒体技术的量化的可访问性、可扩展性和对带宽的有效利用性，可以很好地满足视频会议的需求。首先，可以使大量的授权流媒体用户参加视频会议，扩大了会议的规模和覆盖面；其次，利用流媒体技术的记录功能，视频会议在召开完以后可以实时存储，流媒体用户可以通过点播的方式来观看会议的内容；最后，降低了视频会议的成本。

5．安全监控

采用流媒体技术实时视频在网上的多路复用传输，并通过设在网上的网络虚拟（数字）矩阵控制主机（IPM）来实现对整个监控系统的指挥、调度、存储、授权控制等功能。流媒体监控领域进入了全数字时代。

11.3.4 应用前景

在互联网大发展的时代，流媒体技术的产生和发展必然会给人们的日常生活和工作带来深远的影响。随着技术的发展，流媒体已不再是指单一的流式传输技术，它衍生出了适合流式传输的网络通信技术、多媒体数据采集技术、多媒体数据压缩技术、多媒体数据存储技术等更多的基础技术。现在的流媒体已经逐渐发展成为一个产业。随着流媒体技术的不断成熟和商业应用市场的不断扩大，带动了诸如流媒体技术、流媒体内容的存储和管理、流媒体终端、流媒体服务商、网络运营商、数字安全等市场的发展。

所有拥有网络基础设施或网络接入能力的公司都有可能利用流媒体来增强它们的业务能力。另外，需要在因特网上传递各种信息的公司也都有可能需要流媒体来丰富它们传递的内容。业务提供商（包括固定网运营商、移动网运营商、托管公司、ISP、广播电视商和交互电视网络商）及内容所有者（包括内容创作者、批发商和零售商）构成了驱动流媒体发展的两大群体。

11.4 内容集成分发技术

随着 Internet 的普及和信息传输技术的快速发展，Internet 上的传输内容已逐渐由单纯的文字传输转变成为包含文本、音频、视频的多媒体数据传输，这样的改变不仅使 Internet 使用者能获得更为丰富多样的信息，同时也代表着多媒体网络时代的来临。以前，多媒体文件需要从服务器上下载后才能播放。由于多媒体文件一般都比较大，下载整个文件往往需要很长的时间，限制了人们在互联网上使用多媒体数据进行交流。面对有限的带宽和拥挤的拨号网络，要实时实现窄带网络的视频、音频传输，最好的解决方案就是采用流媒体的传输方式。

因特网上的传统流媒体系统是基于客户机 / 服务器（Client/Server，C/S）模式的，一般包括一台或多台服务器和若干客户机。系统能同时服务的客户总数称为系统容量，C/S 模式的流媒体系统容量主要是由服务器端的网络输出带宽决定的，有时服务器的处理能力、内存大小、I/O 速率也影响到系统的容量。在 C/S 模式下，由于传输流媒体占用的带宽大，持续时间长，而服务器端可利用的网络带宽有限，所以即使是使用高档服务器，其系统容量也不过几百名客户，根本就不具有经济规模性。另外，由于因特网不能保证服务质量，如果客户机距服务器较远，则流媒体传输过程中的延迟、抖动、带宽、丢包率等指标也将更加不确定，服务器为每一个客户都要单独发送一次流媒体内容，从而网络资源的消耗十分巨大。对此业界相继提出了多种解决方案，比较重要的有内容分发网络（Content Delivery Network，CDN）和 IP 组播（IP Multicast），以及对等网络（P2P）内用其他节点提供的服务内容分发方式等。

内容分发网络的目的是通过在现有的 Internet 中增加一层新的网络架构，将网站的内容发布到最接近用户的网络“边缘”，使用户可以就近取得所需的内容，解决 Internet 网络拥挤的状况，提高用户访问网站的响应速度，从技术上全面解决由于网络带宽小、用户访问量大、网点分布不均等原因所造成的用户访问网站响应速度慢的问题，如图 11-8 所示。

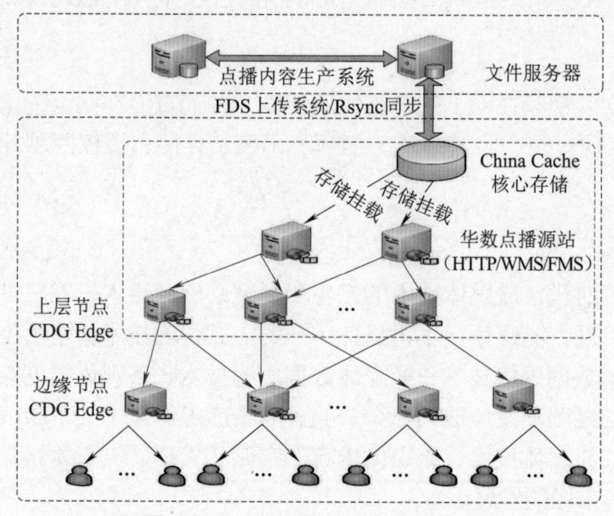

■图 11-8　CDN 内容分发网络示意图

【实例分析 11-2：异于平常的网速——CDN 技术】

是不是经常有用户反映在线观看视频经常出现缓冲需要漫长的时间等待呢？视频网站出现这种情况将直接导致用户无法正常观看视频，必定给用户留下非常不好的印象。

视频网站需要的是流畅地播放，那又如何给用户营造良好的网络环境呢？

CDN 提供的“网站内容访问加速服务”，是让“客户网站”使用 CDN 服务将网站内容投递到 CDN 网络中的各个加速节点，并由各节点主动到“源网站”进行刷新，来保证内容的新鲜。网站访问用户通过 CDN 网络中相对速度最优的“加速节点”来获取“源网站”中的内容资源，使影响访问网站质量的因素尽可能减少，进而提高网页响应时间和传输速度，实现改善服务质量、大大减轻“源网站”的访问负载和带宽消耗目的。

11.5 P2P 技术

P2P 技术已经延伸到几乎所有的网络应用领域，如分布式科学计算、文件共享、流媒体直播与点播、语音通信及在线游戏支撑平台等。

1. 概述及特点

P2P 技术属于覆盖层网络（Overlay Network）的范畴，是相对于 C/S 模式的一种网络信息交换方式。在 C/S 模式中，数据的分发采用专门的服务器，多个客户端都从此服务器获取数据。这种模式的优点是：数据的一致性容易控制，系统容易管理。此种模式的缺点是：因为服务器的个数只有一个（即便有多个也非常有限），系统容易出现单一失效点；单一服务器面对众多的客户端，由于 CPU 能力、内存大小、网络带宽的限制，可同时服务的客户端非常有限，可扩展性差。P2P 打破了传统的 C/S 模式，在网络中的每个节点都是对等的。每个节点既充当服务器，为其他节点提供服务，同时也享用其他节点提供的服务[①]，解决了传统 C/S 模式的弊端。P2P 架构示意图如图 11-9 所示。

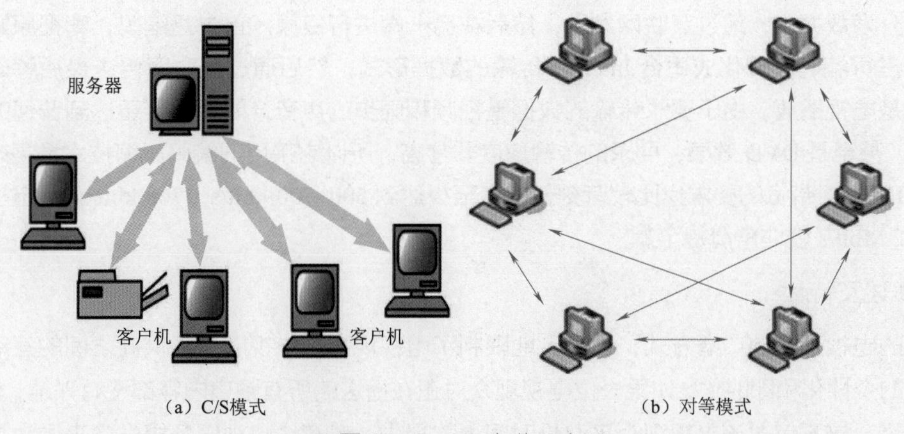

■图 11-9　P2P 架构示意图

2. 典型应用系统

随着 P2P 流媒体技术的日渐成熟，基于 P2P 流媒体的应用越来越普及。P2P 流媒体技术广泛应用于互联网多媒体新闻发布、在线直播、网络广告、网络视频广告、电子商务、视频点播、远程教育、远程医疗、网络电台、网络电视台、实时视频会议等互联网的信息服务领域。

【实例分析 11-3：P2P 文件下载应用】

P2P 文件下载是 P2P 应用中最为广泛的方式之一，它通过在不同用户间直接进行文件交换达到文件共享的目的，如图 11-10 所示。该种方式较之传统 C/S 模式下从公共服务器系统下载文件的方式具有速度快、资源丰富等优势。典型的有 BT、eMule、eDonkey、迅雷等软件，成为用户下载电影、电视剧、软件、资料等的首选工具，用户群非常庞大。

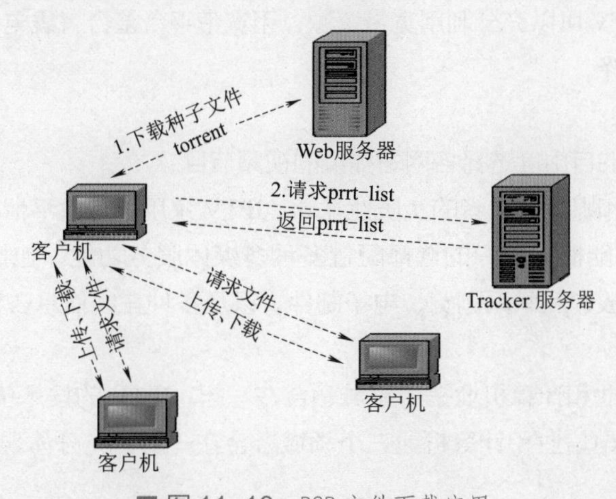

■图 11-10　P2P 文件下载应用

① 魏婷，刘炼 . 关于 P2P 对等网络研究的浅析 [J]. 科技信息，2010（22）：601-602.

11.6 IPTV 技术

IPTV(Internet Protocol Television，交互式网络电视)的工作原理和基于互联网的电话服务相似，它把呼叫分为数据包，通过互联网发送，然后在另一端进行复原。首先是编码，即把原始的电视信号数据进行编码，转化成适合 Internet 传输的数据形式；然后通过互联网传送最后解码，通过计算机或是电视播放。由于要求传输的数据是视频和同步的声音，如果效果要达到普通的电视效果 24 fps，甚至是 DVD 效果，要求的传输速度非常高，所以它采用的编码压缩技术是高效视频压缩技术；IPTV 对带宽的要求也比较苛刻，带宽至少达到 500~700 kbit/s。768 kbit/s 的能达到 DVD 的效果，2 Mbit/s 就非常清楚了。

1. 概述及特点

传统的电视是单向广播方式，它极大地限制了电视观众与电视服务提供商之间的互动，也限制了节目的个性化和即时化。如果一位电视观众对正在播送的所有频道内容都没有兴趣，他（她）将别无选择。这不仅对该电视观众来说是时间上的损失，对有线电视服务提供商来说也是资源的浪费。另外，特定内容的节目在特定的时间段内播放对于许多观众来说是不方便的。一位上夜班的观众可能希望在凌晨某个时候收看新闻，而一位准备搭乘某次列车的乘客则希望离家以前看一场原定晚上播出的足球比赛录像。IPTV 是指利用互联网作为传输通路传送电视节目及其他数字媒体业务，在终端设备观看的技术 。[①]IPTV 用宽带网的基础设施，以家用电视机（或计算机）作为主要终端设备，集互联网、多媒体、通信等多种技术于一体，通过 IP 协议向家庭用户提供包括数字电视在内的多种交互式数字媒体服务。IPTV 是一种个性化、交互式服务的崭新的媒体形态。

IPTV 与传统 TV 节目的最大区别在于“交互性”和“实时性”，实现的是无论何时何地都能“按需收看”的交互网络视频业务。

IPTV 最大的特点是使电视图像业务在高速互联网上的应用成为现实，即 IPTV 给宽带业务注入了电视服务内容。IPTV 可以充分利用宽带资源，用宽带平台整合有线电视资源，为用户提供更多多媒体信息服务的选择。

IPTV 的特点表现在：

①用户有极为广泛的自由度选择各网站提供的视频节目。

②实现媒体提供者和媒体消费者的实质性互动。IPTV 采用的播放平台将是新一代家庭数字媒体终端的典型代表，它能根据用户的选择配置多种多媒体服务功能，包括数字电视节目、可视 IP 电话、DVD/VCD 播放、互联网浏览、电子邮件，以及多种在线信息咨询、娱乐、教育及商务功能。

③将广电业、电信业和计算机业三个领域融合在一起。IPTV 的技术传输遵循 TCP/IP 协议，能够有效地将广电业、电信业和计算机业三个领域融合在一起，充分体现出 IPTV 在未来竞争中的优势。

① 黄浩东，邢建兵 . 中国普天开拓 IPTV 盈利空间 [J]. 移动通信，2006（12）：82-83.

2. 典型应用系统

IPTV 业务充分利用高带宽和交互性的优点，提供各种能满足用户有效需求的增值服务，让用户体验到宽带消费物有所值。IPTV 网络系统如图 11-11 所示。

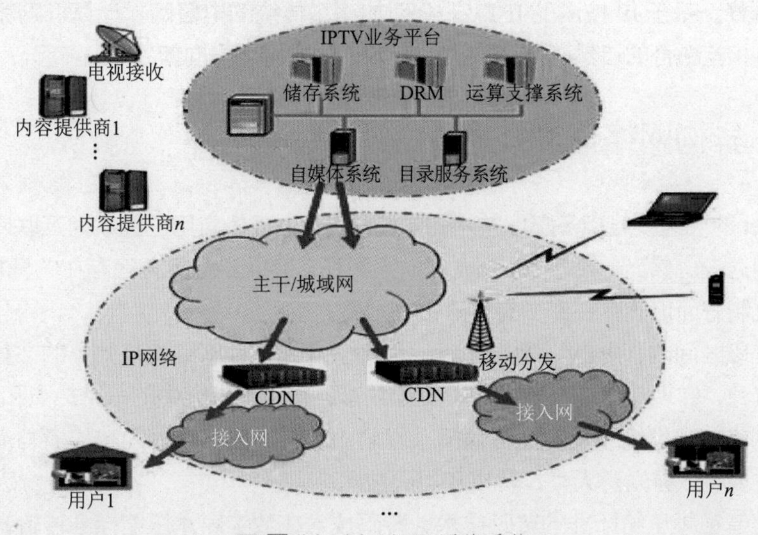

■ 图 11-11　IPTV 网络系统

典型的应用如下：

①电视上网及直播电视。IPTV 业务的出现可以利用机顶盒的无线键盘或遥控器在电视机上享受定制的互联网服务，浏览网页和收发电子邮件，享受高科技带来的丰富的信息资源。

直播电视类似于广播电视、卫星电视和有线电视所提供的服务，这是宽带服务提供商提供的一种基础服务。直播电视通过组播方式实现直播功能。

②时移电视。时移电视能够让用户体验到每天实时的电视节目，或是今天可以看到昨天的电视节目。时移电视是基于网络的个人存储技术的应用。时移电视将用户从传统的节目时刻表中解放出来，能够让用户在收看节目的同时，实现对节目的暂停、后退操作，并能够快进到当前直播电视正在播放的时刻。

③远程教育。IPTV 所具有的点播功能完全符合远程教育的需求，是远程教育课件点播很好的应用平台。随着信息技术的发展，远程教育作为一种新型教育方式为求学者提供了平等的学习机会，使接受高等教育不再是少数人享有的权利，而成为个体需求的基本条件。IPTV 业务的应用更使得远程教育贴近受众，人们坐在家中电视机前即可随时获得想要的学习资料。

3. 应用前景

IPTV 业务使三网产业链条紧密联系起来，使得未来的下一代网络以 IPv6 为纽带，以用户需求为基础，以多网业务融合为出发点，以灵活的用户接入和信息数字一元化的处理模式，逐渐把目前以电路交换为主的 PSTN 网过渡到以分组交换为主的 IP 网，把目前基于 TDM 的 PSTN 语音网和基于 IP/ATM 的分组网进行融合，让电信、电视与数据业务灵活地构建在一个统一的 IP 开放平台上。其综合提供现有 PSTN 网、IP 网、ATM 网以及移动网等异构网上承载的电话和 Internet 接入业务、数据业务、视频流媒体业务、数字电视广播业务和移动等业务，满足人们随时随地实现通信或个人订制的个性化通信业务和服务，并在 IP 这个全业务网络的统一转发平台上，提供端对端的 QoS 质量保证，使网络全面实现基于数据包的传输，同时实现端对端透明的宽带能力，能和以前网络协同工作，支持广泛的可移动性，并为用户提供多个服务商无限制的接入访问和极为广泛的自由度选择。基于 IP 技术的 IPTV，全面加速了传统的电信网、计算机网和有线电视网业务的相互渗透、相互融合的自然延伸和演进，引领下一代网络走向新领域。

11.7 异构网络互通技术

随着 Internet 的飞速发展和多媒体技术的不断成熟，流媒体应用已经成为互联网上最为重要、最具活力的应用之一。然而，由于 Internet 在网络拓扑、终端设备等方面存在的异构性，导致流媒体应用在传输机制方面仍然存在许多有待改进的地方。

在未来的一段时间内，IPTV、数字电视、移动多媒体三种网络将是并存的态势，如何充分利用好各部分的资源，实现有效的互通共用、资源共享，是当前研究中的一个热点和难点。

针对异构网络、异类终端及不同传输需求问题，现有的数字媒体内容传播与消费过程中的共享与互通技术主要可以分为两大类：转码和解码技术。

①兼容已有音视频压缩标准的转码技术。转码技术在数字媒体压缩标准传输链路中增加额外处理环节，使码流能够适应异构传输网络和异类终端。它主要着眼于现有编码码流之间的转换处理。转码技术分为异构转码和同步转码。异步转码指在同一压缩标准的编码码流之间的转码技术，同构转码则指不同压缩标准之间码流的转码。

②面向下一代媒体编解码标准的可伸缩编解码技术。为了适应传输网络异构、传输带宽波动、噪声信道、显示终端不同、服务需求并发和服务质量要求多样等问题，以“异构网络无缝接入”为主要目标的可伸缩编解码技术研究应运而生。

11.8 数字媒体和网络的融合

比较普遍的看法是，所谓网络传播，就是通过国际互联网这一信息传播平台，以计算机、电视机及移动电话等为终端，以文字、声音、动画、图像等形式来传播信息。网络传播可以理解为利用互联网这一媒介进行的信息传递，是一种兼具人际、组织传播内涵的新型大众传播。

网络传播能够在短时间内迅猛发展，主要是由其不同于传统媒体的优势和特点决定的。网络传播信息的速度和规模、影响的地域范围以及表现形式等都远远超过以往的大众媒体，极大地开阔了人们的视野、丰富了人们的文化生活。按照学者们的归纳，网络传播主要有以下优势：

①信息量大，速度快。网络以超链接的方式将存储信息的容量无限放大，而传统媒体却要受版面、频道、时间等因素限制，无法任意扩大和丰富所发布的信息内容。在信息传播效率上，传统媒体所要发布的信息都必须经过采集、筛选、加工等多个环节才能够传递给受众，而网络传播将这个过程大大缩短，网络信息可以实现即时更新，大到国际、国家大事，小到生活琐事，均能在网上得到同步反映 。[①]

① 张克力 . 论网络传播的时代特征及社会影响力双重效应分析 [J]. 甘肃科技纵横，2011（1）：10-11.

②传播手法多样。网络传播不仅集传统媒体传播手段之大成，而且在传播过程中可以把文字、声音、图像等融为一体，实现以往各种传统传播手段的整合，满足了受众多方面需要。

③传播过程多向互动。传统的报纸、广播、电视等媒体是以传播者为中心的单向、线性传播，传播主体和受众之间存在信息不对称。而在网络信息传播中，传播者和受众可以任意互换角色，受众既是信息的接收者，也可以成为信息的传播者。受众的主体地位得以体现，不仅可以主动地获取或发布信息，而且可以实现无时空限制的交流沟通。

④交流具有开放性。在网络上，人们可以在不同国家间就文化传统、思想观念和生活方式等各个方面进行交流。网络传播是完全开放的，全球共享、广泛参与是其鲜明特征。

⑤传播主体广泛。传统信息发布主体是某个具体的电台、电视台或者报社、杂志社。而在互联网上，每个网民都可以是信息发布者。同时，网络还具有传统媒体所没有的虚拟性。

在计算机技术和网络技术的推动下，现代社会的信息生产、传播与接收方式正发生着天翻地覆的变化。最明显的变化是人们对通信的需求由单纯的语音需要向语音、数据、图像、视频等综合需要转变。无论是现代技术的不断革新，还是市场经济浪潮的风起云涌，抑或是经济媒介融合的推动，网络融合都是历史的潮流，大势所趋。当前，为优化配置社会资源，鼓励电信网、广播电视网、互联网等国内主要网络企业在相关法规和政策指导下，技术上互相支持，业务上互相融合。数字媒体依托计算机软件技术得以飞速发展，借助网络融合平台，丰富多彩的数字媒体得以广泛传播。

【实例分析 11-4：传统电视台与互联网融合——全媒体】

四川传媒学院的全媒体交互式演播中心很好地利用网络技术实现了信息接入互动。该系统由短信、微博、微信信息实时采集终端、图文资讯实时播出系统等组成。

传统的播报只能是广播式的播报，不能与观众互动，由于采用了多项新技术手段（如虚拟现实技术、全媒体互动、大屏背景图文包装等），与原来传统的演播室相比，互动播报主要有两种形式：一种是演播室内部各景区之间的互动播报；另一种是通过背景大屏、触摸屏与场外进行互动播报。整个系统设计时，充分考虑了全媒体接入时各种数据类型、多种文件格式的实时对接、识别，包括3D实时在线节目包装、网络视频互动、微信、微博、现场点评、短信参与等各种信号接入。实现了播报手段多种多样，观众参与、媒体互动迅速直接。全媒体交互式演播室的启用，为学院打造一个高端的综合制作应用平台，为多种节目形态的制作打下了良好的基础，也为学院各专业进行教学实践搭建了一个对接平台。

思考题

11-1　什么是流媒体？流媒体与传统媒体相比有何特点？

11-2　简述流媒体的传输过程和基本工作原理。

11-3　流媒体系统包括哪三部分？目前三大主流的流媒体格式及协议是什么？

11-4　什么是 P2P 技术？ P2P 技术有何特点？

11-5　什么是 IPTV？ IPTV 有何特点？

11-6　查阅资料，了解 IPTV 的应用现状和发展趋势。

知识点速查

◆网络传播：所谓网络传播，就是通过国际互联网这一信息传播平台，以计算机、电视机及移动电话等为终端，以文字、声音、动画、图像等形式来传播信息。网络传播可以理解为利用互联网这一媒介进行的信息传递，是一种兼具人际、组织传播内涵的新型大众传播。

◆ CDN，即内容分发网络。其目的是通过在现有的 Internet 中增加一层新的网络架构，通过智能化策略，将中心的内容发布到最接近用户、服务能力最好的网络“边缘”节点，使用户可以就近取得所需的内容，解决 Internet 网络拥塞状况，提高用户访问网站的响应速度。

◆流媒体：多媒体的一种，指在网络中使用流式传输技术的连续时基媒体，如音频、视频或多媒体文件。

◆流媒体技术：就是把连续的非串流格式的声音和视频编码压缩（目的是减少对带宽的消耗）成串流格式（目的是提高音视频应用的品质保障）后放到网站服务器上，让用户一边下载一边收听观看，而不需要等待整个文件下载到自己的机器后才可以观看的网络传输技术。

◆ P2P：一种分布式网络，网络的参与者共享其所拥有的一部分硬件资源（处理能力、存储能力、网络连接能力、打印机等），这些共享资源需要由网络提供服务和内容，能被其他对等节点（Peer）直接访问而无须经过中间实体。在此网络中的参与者既是资源（服务和内容）提供者（Server），又是资源（服务和内容）获取者（Client）。因此，P2P 使网络沟通更畅通，使用户资源获得更直接的共享和交互。

◆ IPTV：指利用互联网作为传输通路传送电视节目及其他数字媒体业务，在终端设备观看的技术。IPTV 利用宽带网的基础设施，以家用电视机（或计算机）作为主要终端设备，通过 IP 协议向家庭用户提供包括数字电视在内的多种交互式数字媒体服务。

传播呈现篇

第12章

未来网络进展情况

本章导读

本章共分4节，内容包括互联网的发展阶段、信息化应用三个阶段、未来网络面临的挑战，以及未来网络聚焦。

本章从互联网发展的三个阶段入手，介绍互联网发展的历程，分别介绍了每个阶段互联网的特点和侧重点，然后引入了与每个阶段相关的信息化应用的三个阶段，分别介绍了信息化应用的三个阶段的信息化内容，以及这些应用的特点；对未来网络面临网络性能、安全、流量方面的严重挑战进行预测；最后，说明未来网络需要具有宽带化、移动化、泛在化、安全性、可用性与可信性的特性，终将成为全球竞争的焦点。

学习目标

- ◆了解互联网发展的三个阶段以及每个阶段的特点；
- ◆了解未来网络面临的挑战内容；
- ◆掌握信息化应用三个阶段的应用内容与特点。

知识要点和难点

1. 要点

互联网的发展阶段以及每个阶段的特点，未来网络面临的挑战内容。

2. 难点

信息化应用的1.0、2.0、3.0三个阶段，所呈现出来的数字化、网络化、智慧化技术特征。

12.1 互联网的发展阶段

互联网是由无数的计算机、固定通信设备以及移动通信设备等各种不同的终端通信设备基于统一的通信协议、标准而相互连接而成的信息通信网络。回顾互联网的发展历史，可以将其划分为以下三个阶段：

1. 门户时代（Web 1.0）

在 Web 1.0 时代，网络是信息提供者，单向性的提供和单一性理解。此阶段最典型的是门户网站。以百度为主的搜索引擎提高了用户获取信息的效率，增加了信息收集的准确程度，互联网生产力得到了极大的提升。

在网络中，人与内容的关系常常受到超链接等外部因素的干扰，因而呈现出偶然性、随意性与跳跃性，信息超载也使内容对于人的持续吸引力不断减弱，人与内容的关系往往是不稳定的，这种关系对人们在网络中的行为方式产生较强的制约作用。

典型代表：新浪、搜狐、网易、开心网等门户网站。

2. 搜索 / 社交时代（Web 2.0）

在 Web 2.0 时代，网络是平台，用户提供信息，其他用户通过网络获取信息。“关系为王”逐渐取代了 Web 1.0“内容为王”的特点，更强调内容的生产。内容生产的主体已经由专业网站扩展为个体，从专业组织的制度化的、组织把关式的生产，扩展为更多“自媒体”随机的、自我把关式的生产，这时内容的生产目的不再是内容本身，而更多的是用内容来延伸自己在网络社会中的关系。

典型代表：博客中国、天涯社区、QQ 空间、Facebook 等。

3. 大互联时代（Web 3.0）

Web 3.0 是以主动性、数字最大化、多维化为特征，以服务为内容的第三代互联网系统。主动性即强调网站对用户的主动提取、并加以分析处理，然后给用户所需要的信息。通过数字最大化可以将商品或者服务以数据的方式进行统计，帮助决策者做出更准确的分析，可解决不同业务场景在时空方面的矛盾问题。多维化是指更丰富的多元化媒体技术或播放形式，如在线视频、虚拟现实、网络直播、网络教育等。

Web 3.0 的典型特点是多对多交互，不仅包括人与人交互，还包括人机交互以及多个终端的交互。Web 3.0 时代由智能手机为代表的移动互联网开端，在真正的物联网时代将盛行。网络成为用户需求理解者和提供者。网络对用户了如指掌，知道用户有什么、要什么以及行为习惯，进行资源筛选、智能匹配，直接给用户答案，形成大互联，即将一切进行互联，如物联网和可穿戴设备。Web 3.0 时代将实现“每个个体、时刻联网、各取所需、实时互动”的状态，也是一个“以人为本”的互联网思维指引下的新商业文明时代。

然而，十多年的发展历程证明，业界对网络资源融合的预期过于乐观。网络资源融合除了存在技术上的障碍（如互操作技术标准体系、信息安全等）外，还受到许多非技术因素的影响（如政策因素、商业模式、利益冲突等）。

互联网发展的三个阶段如图 12-1 所示。

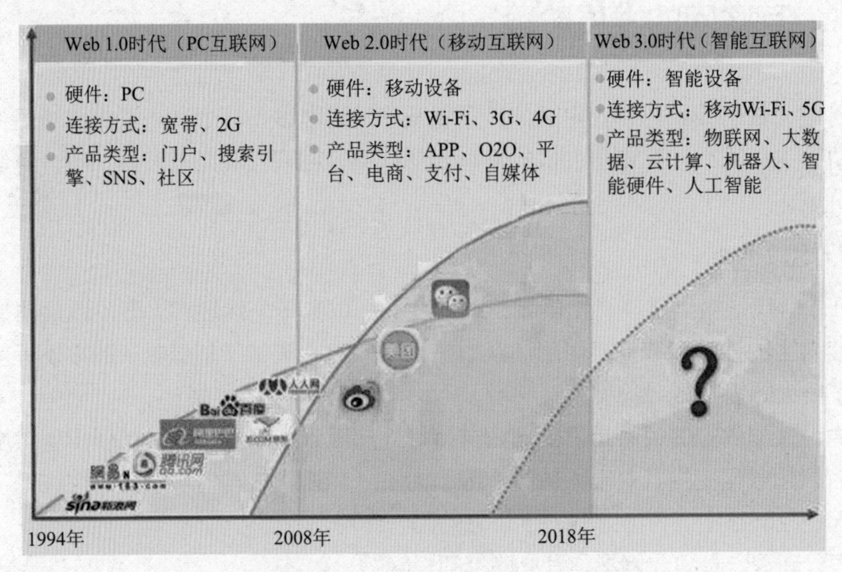

■ 图 12-1　互联网发展的三个阶段

12.2 信息化应用三个阶段

有研究表明，信息技术发展 10 ~15 年为一个周期，信息化建设同样具有周期性。根据信息化建设内容、信息化范围及价值收益，可以将信息化应用划分成三个大的阶段，简称信息化 1.0 阶段、信息化 2.0 阶段和信息化 3.0 阶段。分别从信息化内容、信息化范围、信息化价值三个维度来比较它们的特点，如图 12-2 所示。

信息化应用三个阶段的体现分别是数字化、网络化、智能化。数字化为社会信息化奠定基础，其发展趋势是社会的全面数据化。数据化强调对数据的收集、聚合、分析与应用。数字化奠定基础，实现数据资源的获取和积累；网络化构造平台，促进数据资源的流通和汇聚；智能化展现能力，通过多源数据的融合分析呈现信息应用的人类智能，帮助人类更好地认知事物和解决问题，如图 12-3 所示。

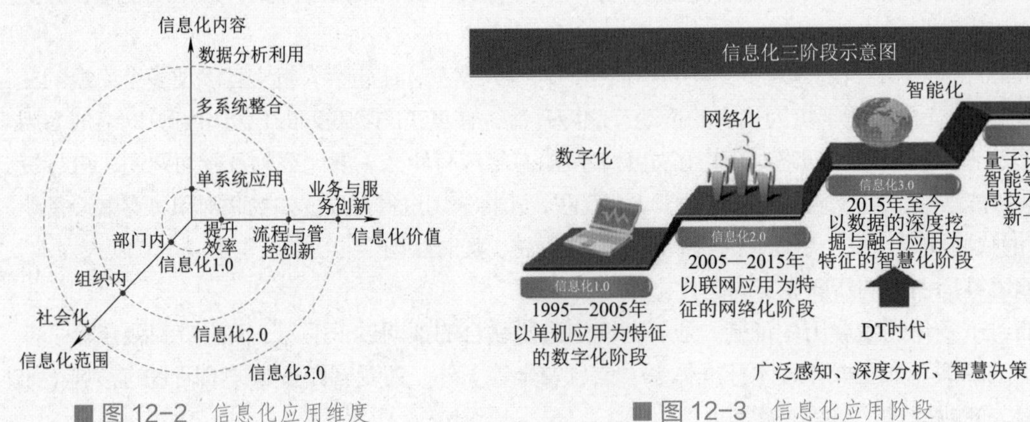

■ 图 12-2　信息化应用维度

■ 图 12-3　信息化应用阶段

1. 信息化 1.0：数字化阶段（1995—2000 年）

信息化 1.0 是以单机应用为主要特征的数字化阶段。信息化 1.0 发生在 20 世纪 90 年代之前，以 PC 进入家庭广泛应用为标志，这个阶段主要应用模式主要是单机处理、数据库为中心的局域网应用，技术平台是单机 / 局域网。

技术平台为个人计算机，应用模式主要为单机处理、数据库和中心局域网模式，通过客户进入服务器模式点击应用部门级信息系统。

20 世纪 80 年代—90 年代中后期，信息化应用的主要特点是单个部门的单系统应用。1981 年，财政部推动提出“会计电算化”概念，国内企业开始开展企业信息化应用。该阶段的应用特点如下：

①从信息化内容角度看，计算机应用主要集中在以财务电算化和档案数字化等个别领域。

②从信息化应用的范围看，主要是单个部门的应用，很少有跨部门的整合与集成。

③其价值主要体现在效率提升方面，在 IT 部门总体地位不高，价值不显著。

目前，大部分的大中型企业都已脱离这一阶段，仅有部分小企业信息化仍处于这一状态。

2. 信息化 2.0：网络化阶段（2001—2014 年）

信息化 2.0 进入了以联网应用为特征的网络化阶段。20 世纪 90 年代中后期开始，信息化进入快速发展时期。这个阶段的应用特点如下：

①从信息化建设内容看，重点是企业级套装软件的实施和开发，大部分企业引入了 ERP、CRM、PDM 及行业特性管理软件，并通过集成平台实现系统的整合与集成，实现了系统间的互联、互通、互操作。

②从信息化建设范围看，信息化首先是跨过部门，实现了企业内部的整合，而后是跨过企业边界，部分实现了供应链上合作伙伴之间的整合。

③从信息化建设角度看，企业 IT 部门的地位随之提升，成为对流程与管控创新有重要影响的部门，IT 成为驱动企业发展的动力之一，主管企业技术的 IT 主管也成为企业高级别的领导，CIO 群体逐步崛起。

目前大部分大中型企业都处于这一阶段。信息孤岛是这一阶段企业面临的主要挑战，集成、整合是工作的重心和难点。

3. 信息化 3.0：智慧化阶段（2015 年至今）

智慧化是信息化的第三个阶段，从数字化到网络化再到智慧化是不断发展的。智慧化是信息技术的大集成，包括传感技术、数据技术、通信技术、数据系统技术、移动终端技术等的集成应用。智慧化发展对经济和社会的渗透将创造巨大价值。该阶段有以下几大特点：

①从信息化内容角度看，建设的重点从前一阶段的系统建设和整合方面转向数据的分析和利用方面，信息化建设从信息技术（Information Technology，IT）阶段向数据技术（Data Technology，DT）阶段进化。

②从信息化建设范围看，从内部资源的集成到外部资源管理的扩展，企业通过建设一体化平台，构建内外融合的生态圈，使应用的边界模糊化。

③从信息化价值看，信息化地位再次提升，已成为战略创新的重要工具和手段。

目前处于该阶段的企业大部分是电商企业和互联网企业，仅有少部分传统企业信息化达到了这一水平。这也是大多数企业未来信息化建设的目标和方向。本节重点分析企业信息化 3.0 阶段的主要特点，以及传统企业如何向信息化 3.0 转型升级。

“互联网 +”以及诸多 IT 新技术的出现，正在触动传统信息化的根基，颠覆传统信息化建设的总体思路、模式、框架、技术及治理方式。信息化 3.0 阶段存在诸多与以前不一致的“新常态”。其中的“新”主要体现在新形势、新技术、新要求、新重心、新方法等几个方面，如图 12-4 所示。

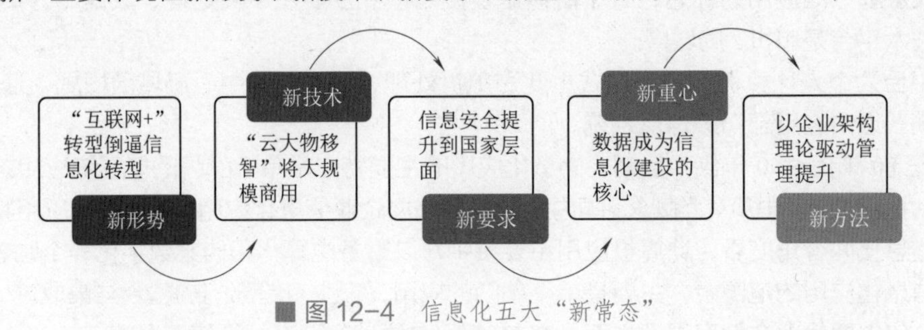

■ 图 12-4 信息化五大“新常态”

12.3 未来网络面临的挑战

从理论，到实践，再到标准建立；从局域网，到软件突破，再到全国性网络建立，互联网的发展与其他技术发展轨迹一样，遵循着同样的道路。

互联网从第一代到第二代再到第三代，其网络功能逐渐从科研型向消费型再向生产型过渡。可以预见，未来网络将与实体经济深度融合（4K/8K/VR/AR、工业互联网、能源互联网、车联网等），互联网正面临可扩展性、可用资源、节能环保、安全性、可控可管等前所未有的挑战，开发全新的网络架构势在必行。未来互联网的挑战如表 12-1 所示。

表 12-1 未来互联网的挑战

挑　战	说　明
挑战 1：网络流量激增、可持续发展面临挑战	据 Cisco 研究报告，2015 年全球每月 IP 总流量达到 59.9 EB，2019 年每月达 168.4 EB。视频流量占据大部分的网络流量。以移动互联网为代表的全球 IP 流量高速增长，给网络基础设施带来巨大压力及挑战，视频服务商（如 OTT）为此支付巨大成本
挑战 2：4K/8K、AR/VR 等新业务需求挑战	4K/8K、AR/VR 等新业务需求不断涌现，对网络协议提出了新挑战
挑战 3：互联网与实体经济深度融合的挑战	安全可靠：工业数据传输对安全性要求很高；实时性：控制 / 调整工业生产信令需实时下达；服务等级区分：付费不同的工厂可以得到不同的 QoS 服务；海量数据处理能力
挑战 4：安全性的挑战	安全性的挑战主要是 Bug 和病毒问题，宽带接入的永远在线特征为病毒和黑客的攻击提供了更多机会，云计算平台一旦出现故障，将使大规模的服务瘫痪
挑战 5：可管可控	可管可控的挑战主要是流量、内容和体制的问题。以视频为代表的宽带业务对实时性和抖动有严格要求，QoS 问题比过去更受关注，但仍未看到突破性的进展。以移动互联网为代表的全球 IP 流量高速增长，给网络基础设施带来巨大压力及挑战，视频服务商承受网络带宽扩容的压力又难以从这些业务中获利。同时，宽带化使得互联网用户不仅仅是消费者，也是网络内容的生产者，加强视频内容的引导与版权管理、净化网络是保证宽带化发展的关键。此外，互联网的治理需要法律支撑

12.4 未来网络聚焦

美国科学基金会（NSF）于 2005 年开始了未来互联网网络设计（Future Internet Network Design，FIND）计划，此计划主要研究面向端到端的网络体系结构和设计；于 2010 年开始了未来互联网体系结构（Future Internet Architecture，FIA）计划，此计划主要研究命名数据网络（Named

Data Networking，NDN）、移动性优先架构（Mobility First）、云架构（NEBULA）和富有表现力的互联网架构（eXpressive Internet Architecture，XIA）；于 2014 年开始了 FIA-NP 计划，此计划主要研究 eXpressive 互联网构架（XIA-NP）、新一期命名数据网络（NDN-NP）、新一期 Mobility First（Mobility First-NP）。

欧盟与地平线 2020（Horizon 2020）发布 FIRE 计划，FIRE 与中国发布“中欧未来互联网一致活动与机遇（EU China future Internet common Activities and Opportunities，ECIAO）”项目，与巴西合作发布“巴西 - 欧洲未来互联网试验（Future Internet testbeds experimentation between BRazil and Europe，FIBRE）”项目，以上项目主要提出关于面向未来互联网的跨平台试验床互操作性方案及标准化建议。

实际上，除美国 FIND 计划、欧盟 FIRE 项目外，世界上各国都从战略出发纷纷布局未来互联网，例如，美国 GENI（全球网络创新环境）、德国 G-LAB（高端网络实验）、中国 CENI（未来网络试验设施）、澳大利亚 NICTA（国家信息和通信）、日本 JGN2plus（开放试验床网络计划）、韩国 ETRI（电子通信研究）等。

以美国的 GENI 项目为例，其以创造新的网络和分布系统体系为使命，要求建立安全与健壮的可信互联网，实现信息接入的高可用性与可信性；要求建立具有移动性普适计算的移动互联网，实现任意时间任意地点的无缝接入；要求建立跨越物理与 Cyber 空间的物联网，实现实时接入物理世界的信息；要求建立自治联网的泛在网，实现动态和挑战环境的信息接入。通过以上几个方面的要求与实现，最终构建具有宽带化、移动化、泛在化、安全性、可用性与可信性的未来网络。

思考题

12-1　互联网发展有哪几个阶段？这几个阶段各有什么特点？

12-2　简述信息化应用三个阶段的应用特点。

12-3　信息化 3.0 阶段具有哪几种新常态？

12-4　未来网络面临哪些方面的严重挑战？

知识点速查

◆第一代互联网：是将分散的多台计算机、终端和外用设备用通信线路互联起来，实现彼此间通信，且可以实现资源共享的整个体系。

◆第二代互联网：万维网出现，实现了网页与网页的连接，此阶段网络以远程大规模互联为主要特点，提高了传统行业效率，改变了商业运作模式、人类生活方式以及知识的获取与形成模式，开始与传统信息传播业分庭抗礼。

◆第三代互联网：以网格技术、Web Services、IPv6 等为代表的新技术不断涌现，实现信息节点之间的大协作，实现信息系统之间的互操作，实现信息平台一体化，从而构成紧密星球（Compact Planet）。

◆信息化 1.0 数字化阶段：技术平台为个人计算机，应用模式主要为单机处理、数据库和中心局域网模式，通过客户进入服务器模式点击应用部门级信息系统。其主要特点是单个部门的单系统应用。

◆信息化 2.0 网络化阶段：信息化进入快速发展时期，技术平台开始从单机局域网拓展到广域网和互联网，应用模式打破了部门和组织的固有边境，强调网络上的信息化的共享、系统化的协同，整体进入网络化应用。技术平台从单机 / 局域网拓展到广域网 / 互联。

◆信息化 3.0 智慧化阶段：以数据的深度挖掘与融合应用为特征，这个阶段的应用模式演变为云感知的软件服务化应用 + 云计算和端计算的融合，技术平台发展为互联网及其延伸所形成的人机物融合环境（云 + 端）。

◆信息化 3.0 阶段的五大新常态：信息化 3.0 阶段存在诸多与以前不一致的“新常态”，其中的“新”主要体现在新形势、新技术、新要求、新重心、新方法等几个方面。

第13章 人机交互技术及应用

本章导读

本章共分 4 节，内容包括人机交互概述、认知心理学和人机工程学、交互设备，以及人机交互技术。

本章从人机交互概述入手，首先介绍了人机交互的定义、人机交互技术与其他学科的关系、人机交互的研究内容；然后阐述了人机交互技术的两大基础学科——认知心理学和人机工程学；再次介绍了人机交互中常用的输入设备、输出设备和虚拟现实交互设备；最后探讨了现阶段人机交互的新技术。

学习目标

◆掌握人机交互的定义和三要素；

◆了解人机交互技术与其他学科的关系；

◆理解认知心理学和人机工程学的定义；

◆掌握人机交互输入设备、输出设备和虚拟现实交互设备的分类及特点；

◆掌握人机交互输入模式、移动设备交互技术、虚拟现实交互技术、体感和手势交互技术、眼动跟踪交互技术。

知识要点和难点

1. 要点

人机交互的定义，人机交互的三要素，认知心理学，人机工程学，人机交互设备，人机交互技术。

2. 难点

人机交互技术。

13.1 人机交互概述

人机交互（Human Computer Interaction，HCI）是一门研究系统与用户之间交互关系的学科，它是计算机科学中最年轻的分支学科之一。所谓系统可以是各种各样的机器，也可以是计算机化的系统和软件。用户通过人机交互界面与系统交流，并进行操作。人机交互界面通常是指用户可见的部分，如收音机的播放按键、飞机上的仪表板、发电厂的控制室等。人机交互从研究用户开始，通过分析用户的生理、心理特征，研究用户的使用习惯，解决人机交互过程中遇到的实际问题。

在计算机发展的开始阶段，人们很少注意计算机的易用性。很多用户认为计算机使用不方便，而计算机生产厂家则认为已耗费大量时间来提高性能，没时间再考虑计算机的易用性了。同时还存在一个重要问题，即不同的用户有不同的使用风格——包括教育背景不同、理解方式不同、学习方法以及具备的技能不同等。此外，还要考虑文化和民族因素。其次，计算机技术的快速发展带动用户界面的同步变化，需要不断更新换代以适应新的变化。最后，当用户逐渐掌握了新的接口时，可能会提出新的要求。这些都对人机交互提出了挑战，所以，人机交互是一门交叉性、前沿性和综合性强的新兴学科，主要包括认知心理学和人机工程学两大科学的相关理论和方法，涉及当前许多热门的计算机技术，如软件工程、人工智能、自然语言处理、多媒体系统等，同时吸收了语言学和社会学的研究成果，成为一个跨学科交叉领域。

13.1.1 人机交互的定义

1. 人机交互的定义

人机交互是指人与计算机之间使用某种对话语言，以一定的交互方式，为完成确定任务的人与计算机之间的信息交换过程。

传统的人机交互是研究用户与计算机系统之间的交互，最终设计和评估用户使用计算机的方便程度。例如，研究用哪个颜色作为计算机界面的背景，执行按钮要放在哪个位置等。随着计算机技术的发展，操作命令越来越多，功能也越来越强，人机交互的范围也得到了拓展。随着模式识别，如语音识别、汉字识别等输入设备的发展，用户和计算机逐渐可以用类似于自然语言进行交互。此外，图形交互等智能化的人机交互的研究也在积极开展。

所以，新的人机交互不仅是人们从计算机上看到的系统模样，而是把多种系统与人们之间所有的交互当作人机交互的对象。个人计算机、手机等所有数字产品、服务及数字信息都可以当作人机交互对象，而人，则包括使用数字系统的个人，使用系统的团体，甚至包括所有社会成员。例如，收发手机微信的个人，或在博客上发表文章来共享创意的团体等，这些参与在线环境的主体都可成为人机交互的对象。人机交互的原则，不是训练每一个人都成为操作计算机的专家，而是赋予计算机软件系统尽可能多的人性。

2. 人机交互的三要素

人机交互系统必须处理好人、交互软件和交互设备之间的关系，以实现计算机与用户之间的交互。所以，人机交互系统将人、交互软件和交互设备称为人机交互的三要素。人机交互三要素如图 13-1 所示。

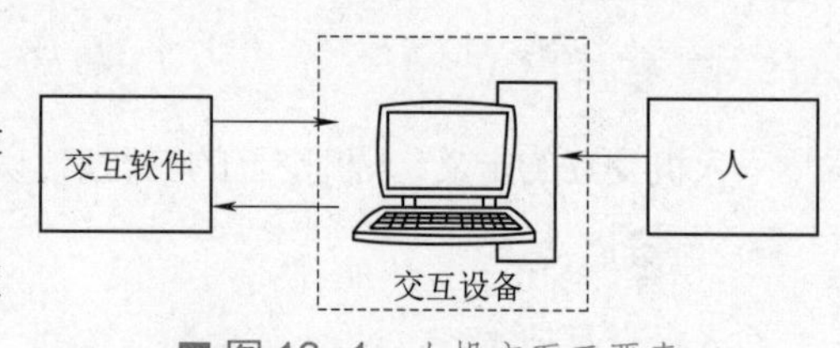

■图 13-1　人机交互三要素

（1）人

人是人机交互的基础。首先，人有很多特点，有不同的文化习俗、不同的教育背景、不同的生活习惯等；其次，人还有许多弱点，容易在操作中出错；再次，不同的人对计算机知识的掌握程度不尽相同；最后，不同的人对操作使用的要求各不相同。这些都是人机交互的各种用户特征，人机交互就是要让各种不同的用户都可以便捷地进行操作，满足用户的使用要求。

（2）交互软件

交互软件是人机交互的核心。软件是一系列按照特定顺序组织的计算机数据和指令的集合，以实现计算机预定的功能。交互软件向用户提供各种交互功能，和其他软件一样可分为系统软件和应用软件，在用户和计算机通信方式上都是采用人机对话方式。

（3）交互设备

交互设备是构成人机对话的基础。人通过各种交互设备向系统输入各种命令、数据、图形、图像、声音等信息，交互设备又向人输出处理结果以及提示、出错等信息，没有这些设备就无法让计算机了解用户的意图。人与计算机之间最自然的交流方式应该与人们相互之间的交流方式一样，这也是人机交互的目标。

13.1.2　人机交互技术与其他学科的关系

人机交互技术是一门交叉性很强的学科，它主要涉及两大学科，即认知心理学和人机工程学，还涉及哲学、语言学、社会学、生物学、电气电子、机械工学、生命工程学、美学、产品设计、视觉设计、环境设计、信息管理、市场营销、大众传媒等众多学科。为便于论述，大致划分为人文社科、技术科学、美学设计和商业管理四大领域。人机交互技术与其他学科的关系如图 13-2 所示。

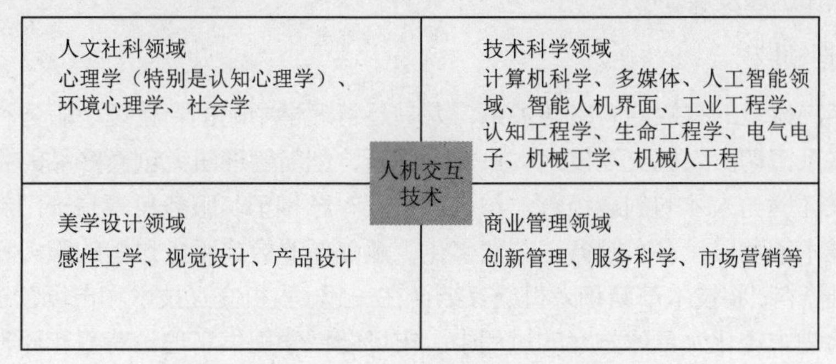

■图 13-2　人机交互技术与其他学科的关系

1. 人文社科领域

人是人机交互的基础。以研究人为目标的心理学成为人机交互技术的一个重要支撑学科，特别是认知心理学，其关于人类信息处理的理论是人机交互的一个重要部分。除此之外，随着计算机使用环境的多元化，环境心理学和社会学变得日益重要，分析这类环境的文化和民俗学方法受到越来越多的关注。社会学主要涉及人机系统对社会结构的影响，人类学涉及人机系统中群体交互活动。人机交互为了给用户提供最佳体验，还要了解身体和精神方面的特征，这涉及精神科学。人机交互是一种交流沟通，关注人与人之间沟通以及人和媒体之间沟通的大众传媒也和人机交互技术有密切联系。另外，伴随着网络的发展，人机交互需要在海量信息中检索信息，文献信息学帮助人机交互技术去构造和设计人们容易理解的信息结构。

2. 技术科学领域

计算机科学是人机交互技术的重要支撑学科之一，尤其是计算机输入 / 输出相关部分直接涉及和人的交互。多媒体和人工智能领域和人机交互技术有着紧密的联系。人机交互中使用了计算机语言学研究的多种类型的语言，包括自然语言、命令语言、菜单语言、填表语言和图形语言等。随着人工智能技术的深入发展，人机交互技术还纳入了智能人机界面的研究成果，包括用户模型、智能人机界面模型、智能用户界面管理系统、智能对话、智能网络界面、智能前端系统、自适应界面等。

在分析人的任务方面，工业工程学是人机交互技术的重要支撑学科之一。认知工程学以对人类认知活动的研究成果为基础，设计系统让人更简单方便地进行认知。生命工程学是对人类活动的环境、使用的工具以及方法步骤等相关系统进行设计的领域，尤其是可用性方面，为人机交互提供必要的、经过实证的基础。随着计算机被越来越多地搭载在通信设备、显示设备内，电气电子、机械工学以及机器人工程在人机交互技术中有着较大影响。

3. 美学设计领域

美学研究美，还研究和艺术相关的各种形态的情感。因此，为了设计让用户在和数字系统交互过程中产生特定感受的系统，必须以美学为基础。人机交互技术和美学关系密切，并发展出感性工学学科，其主要研究的是设计富有亲切感的手机或者舒适感的汽车坐垫等产品，从而给用户带来特定的感受。

视觉设计和产品设计与人机交互技术有着密切关系。人机交互最终要将概念形象化，通过视觉表现出来，给用户提供实际的体验。人机交互设计师越来越重要，那些非传统和基于内容的人机交互设计领域在迅速发展。

4. 商业管理领域

管理学与用户体验的有效性有密切关系，尤其是管理学中的创新管理、服务科学、市场营销等和人机交互联系密切。人机交互技术本身需要创新，创新管理研究创新产品的生产和创新服务的提供过程以及环境与人才的创意经营，与人机交互一脉相承。服务科学是一门新学科，随着网络和无线通信技术的发展，许多服务正在数字化，涵盖新的数字服务过程的服务科学为人机交互提供宝贵的基础资料，将技术革新和人机交互结合在一起。人机交互技术和市场营销学互为补充，在认识需求并将需求转化为具体方案的过程中，市场营销学提供了理论背景和原理，而人机交互提供具体使用数字技术的人机交互步骤信息结构和界面表达方法，让人感到有效、方便和舒适。

13.1.3 人机交互的研究内容

1. 人机交互界面表示模型与设计方法

交互界面的好坏直接影响到软件开发的成败。友好人机交互界面的开发离不开好的交互模型与设计方法。因此，研究人机交互界面的表示模型与设计方法是人机交互的重要研究内容之一。

2. 可用性分析与评估

可用性是人机交互系统的重要内容，它关系到人机交互能否达到用户期待的目标，以及实现这一目标的效率与便捷性。人机交互系统的可用性分析与评估的研究主要涉及支持可用性的设计原则和可用性的评估方法等。

3. 多通道交互技术

在多通道交互中，用户可以使用语音、手势、眼神、表情等自然的交互方式与计算机系统进行通信。多通道交互主要研究多通道交互界面的表示模型、多通道交互界面的评估方法以及多通道信息的融合等。其中，多通道信息整合是多通道用户界面研究的重点和难点。

4. 认知与智能用户界面

智能用户界面的最终目标是使人机交互和人人交互一样自然、方便。上下文感知、眼动跟踪、手势识别、三维输入、语音识别、表情识别、手写识别、自然语言理解等都是认知与智能用户界面需要解决的重要问题。

5. 群件

群件是指帮助群组协同工作的计算机支持的协作环境，主要涉及个人或群组间的信息传递、群组中的信息共享、业务过程自动化与协调，以及人和过程之间的交互活动等。目前与人机交互技术相关的研究主要包括群件系统的体系结构、计算机支持交流与共享信息的方式、交流中的决策支持工具、应用程序共享以及同步实现方法等内容。

6. Web 设计

重点研究 Web 界面的信息交互模型和结构，Web 界面设计的基本思想和原则，Web 界面设计的工具和技术，以及 Web 界面设计的可用性分析与评估方法等内容。

7. 移动界面设计

移动计算、无处不在计算等对人机交互技术提出了更高的要求，面向移动应用的界面设计问题已成为人机交互技术研究的一个重要应用领域。针对移动设备的便携性、位置不固定性和计算能力有限性以及无线网络的低带宽高延迟等诸多限制，研究移动界面的设计方法，移动界面可用性与评估原则，移动界面导航技术，以及移动界面的实现技术和开发工具，是当前的人机交互技术的研究热点之一。

13.2 认知心理学和人机工程学

认知心理学和人机工程学是人机交互技术的两大基础学科。认知心理学是最新的心理学分支之一，其重点在认知的信息处理模式，即一种以心智处理来思考与推理的模式。因此，思考与推理在人类大脑中的运作便与计算机软件在计算机里的运作相似，所以认知心理学理论经常谈到输入、表征、计算或处理，以及输出等概念。人机工程学是运用生理学、心理学和医学等有关科学知识，研究人、机器、环境相互间的合理关系，以保证人们能安全、健康、舒适地工作，达到提高整个系统功效的边缘科学。

13.2.1 认知心理学

1. 认知心理学的定义

广义上的认知心理学包括构造主义认知心理学、心理主义心理学和信息加工心理学；狭义的认知心理学就是信息加工心理学。认知心理学研究人的高级心理过程，主要是认识过程，如注意、知觉、表象、记忆、思维和语言等，从心理学角度研究人机交互的原理，包括如何通过视觉、听觉等接收和理解来自周围环境信息的感知过程，以及通过人脑进行记忆、思维、推理、学习和解决问题等人的心理活动的认识过程。

2. 认知心理学的基本概念

（1）信号的感知

信号的感知是信息加工的第一步。人们对外界的视觉、听觉、嗅觉、味觉、触觉等，是获取信息的第一步，然后对信息做出反应，这种反应又提供新的感觉线索，引起新的循环。视觉和听觉信息感知如图 13-3 所示。外界信息刺激感觉系统，被转换成神经能，短暂地留在感觉库中，并可能被传送到记忆系统进行加工，引起相应的反应，此反应可以成为进一步刺激加工的一部分。

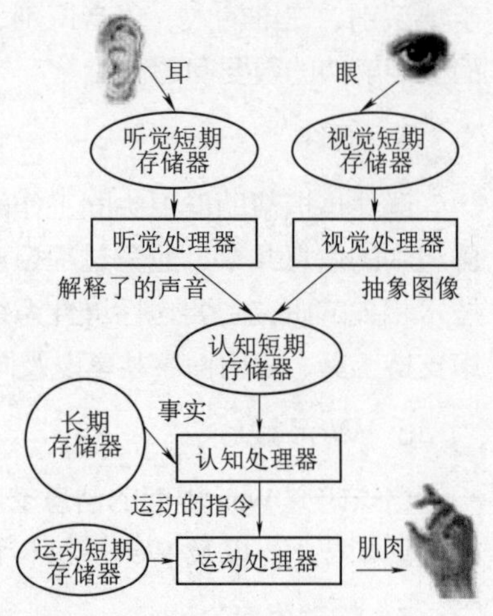

图 13-3 视觉和听觉信息感知

（2）视觉

视觉是人最重要的感觉通道，外界 80% 的信息都是通过视觉获得的。显示器是人机交互中使用最多的人机界面之一。

①视敏度和色彩感知。

视敏度又称视锐度或视力，是指眼睛能辨别物体间距的能力，通常用被辨别物体最小间距所对应的倒数表示。在一定视距条件下，能分辨物体细节的视角越小，视敏度就越大。视敏度是评价人的视觉功能的主要指标，受图像本身复杂程度、光的强度、图像的颜色和背景光等因素影响。

可见光的波长范围是 380~780 nm，根据不同的波长，人能感觉到不同的颜色，但视网膜对不同波长的光敏感程度不同。强度相同而颜色不同的光所呈现的亮度是不一样的，其中波长 555 nm 的黄绿光看起来最亮；接近可见光波长的两端，即 380 nm（红色）或者 780 nm（紫色）时，亮度逐渐减弱。

②视觉模式识别。

视觉模式识别是较高级的信息加工过程，既有进入感官的信息，也有在记忆中存储的信息，对存储的信息与进入的信息进行比较加工的过程，就实现了视觉模式的识别。目前，针对视觉模式识别主要有格式塔、模板匹配、原型匹配、特征分析等相关理论。

• 格式塔（Gestalt）心理学，又称完形心理学，其模式识别是基于对刺激的整个模式的知觉，主要有接近性原则、相似性原则、连续性原则、完整和闭合性原则、对称性原则等。

• 模板匹配（Template Matching）理论。在模式识别的知识中，模板指的是一种内部结构，当它与感觉刺激匹配时就能识别对象。

• 原型匹配（Prototype Matching）理论。原型形成和匹配是取代模板匹配的另一种手段，它是把模式的某种抽象物存储在长时记忆中，起着原型的作用，模式对照原型进行检查，如果发现相似性，模式就被识别。

• 特征分析。它认为刺激是一些基本特征的结合物，在进行模式识别时，个体把知觉对象的基本特征与记忆中的特征相匹配，以确定模式正确与否。

（3）听觉

人类近 15% 的信息是从听觉获得的。听觉与视觉类似，接收信息并对信息进行加工，然后传递到大脑。

①听觉的预处理和听觉系统。

声音能被人类感知的频率范围为 20 Hz~20 kHz。声波是一种机械波，是由声源的振动在介质中的传播产生。人通过耳朵感受听觉，听觉在 1 000~4 000 Hz 时感受性最高，在 500 Hz 以下和 5 000 Hz 以上时，需要更大的响度才能听到。

②声音的理解。

声音的理解与语言的理解是相联系的，都是在大脑的听觉皮层中完成的。通常听觉系统把声音输入分成三类：噪声和可以忽略的不重要的声音；被赋予意义的非语言声音，如鸟叫等；组成语言的有意义的声音。

3. 记忆与学习

（1）记忆的分类

记忆一般分为感觉记忆、短时记忆和长时记忆。信息在这三种记忆之间的流动和转化是认知过程的基础。

①感觉记忆是信息加工的第一个阶段，外界刺激产生的一定信息以真实的形式短暂地存储在感觉记忆中。

②短时记忆相当于计算机的 RAM，它是一种特殊形式的记忆，以信息组块的形式存储，保持的时间较短。

③长时记忆能永久保存知识，它的信息容量几乎是无限的，包括信息的存储和提取，有时信息也无法“提取”，就是通常所说的“遗忘”。

（2）模式识别

模式识别是介于感觉记忆和短时记忆之间的一个过程。它是把进入系统的感觉信息与已掌握的、存储在长时记忆中的信息进行匹配的过程，从而把粗糙的、对系统相对无效的感觉信息，转化成某种对系统有意义的东西。

（3）学习迁移

学习是与长时记忆相关的，学习来的信息必须存储在长时记忆内作为经验积累。学习迁移所造成的对记忆的干扰分为两类，即先学的干扰和后学的干扰。

先学的干扰是指某人先学事物 A，后学事物 B，另一人只学事物 B，结果后者做事物 B 的成绩要优于前者，即先学的事物阻碍了后学事物的学习。

后学的干扰是指后学事物对先学事物的干扰。在后学的干扰中，人们先学事物 A 后学事物 B，但做事物 A 的成绩不如只学了事物 A 的人。

4. 人的易出错性

人为失误和出错是人的弱点之一。一方面人具有功能和行动上的自由度，可以对各种情况进行分析、判断并采取随机应变的措施，而判断的错误及动作的失误都会导致错误产生；另一方面是工作时注意力不集中、开小差、训练不足及素质较差等导致的。

（1）注意

注意的重要功能在于滤掉不重要的输入，选取重要的输入作为进一步的加工，使人能够稳定地集中于所要加工的信息。人的信息通道容量是有限的，不能对所有的输入信息都进行加工，这就是注意发生的所在点。

注意对信息的加工是按顺序进行的，但仍有相当大的并行处理能力，如边开车边说话，在认知处理时，仍然受顺序处理的瓶颈限制。人的注意力除了受外界刺激物的特点、人的精神状态影响之外，还受任务的难度、个人的兴趣和动机的影响。

（2）疲劳

疲劳是由于长时间地执行监控任务、连续的心理活动或执行十分困难的任务时，精神高度集中引起的。疲劳会导致心理机能的紊乱，主要表现在注意力失调、感觉方面失调、动觉方面失调、记忆和思维故障、意志衰退等方面。

疲劳会导致人的工作能力下降，所以在人机交互设计时要注意以下几点：第一，尽量避免长时间执行单调的任务；第二，在执行长时间的连续任务期间有适当的休息间隔，使心理疲劳得以恢复；第三，疲劳还可能由于强光、强噪声、艳丽的色彩等感觉因素引起，应避免使用太多的强刺激。

5. 软件心理学

在软件开发过程中，人们越来越认识到软件人员素质的重要性，因为软件产品极大地依赖人的智慧。软件设计、开发和管理的核心是人，所以在软件开发过程中，对人的决策、认知心理的分析、改进就显得十分重要。软件心理学是采用实验心理学的技术和认知心理学的概念来进行软件生产的方法，即将心理学与计算机系统相结合而产生的一个新学科。

13.2.2 人机工程学

1. 人机工程学的定义

人机工程学是研究人与系统中其他因素之间的相互作用，以及应用相关理论、原理、数据和方法来设计以达到优化人类和系统效能的学科。人机工程学旨在设计和优化任务、工作、产品、环境和系统，使之满足人们的需要、能力和限度。从科学性和技术性方面看，人机工程学研究“人—机—环境”系统中人、机、环境三大要素之间的关系，为解决系统中人的效能、健康问题等提供理论与方法的科学。办公室人机工程学和汽车人机工程学设计模板如图 13-4 和图 13-5 所示。

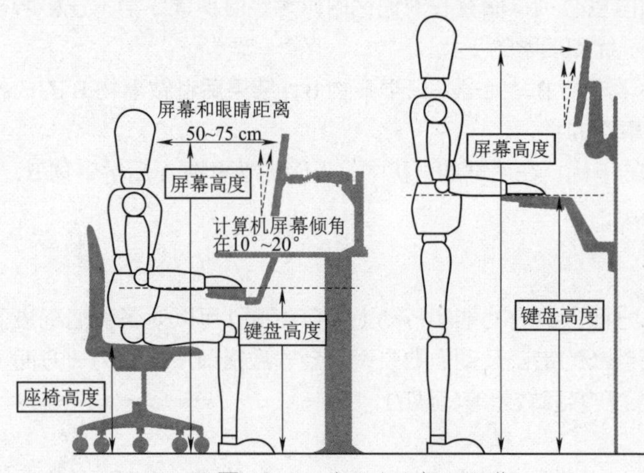

■图 13-4　办公室人机工程学

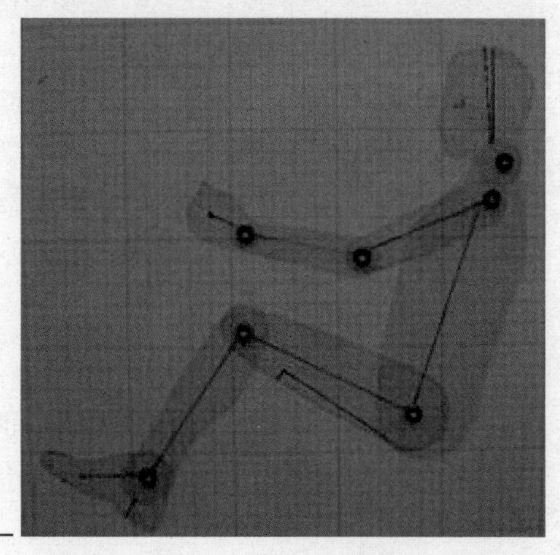

■图 13-5　汽车人机工程学设计模板

人机工程学包括硬件人机工程学和软件人机工程学。硬件人机工程学主要集中在对人体能力、人体限制及其他与设计相关的人体特性信息的应用，以满足设计、分析、测试与评价、标准化，以及系统控制的要求。例如，人体的能力及其限制在与环境的光照、温度、噪声及震动等因素作用中的关系，减少人体工作负荷，增强舒适程度，提高生产率等。软件人机工程学主要研究软件和软件界面，侧重于运用和扩充软件工程的理论和原理，对软件人机界面进行分析、描述、设计和评估等。例如，使软件与人的对话能够满足人的思维模式与数据处理的要求，实现软件的高可用性等。

人机工程学主要解决以下几方面的问题：

①人机之间的分工与配合。

②机具如何更适合于人的操作和使用，以提高人的工作效率，减轻人的疲劳和劳动强度。

③人机系统的工作环境对操作者的影响，使工作环境安全、舒适。

④人机之间的界面、信息传递以及控制器和显示器的设计。

2. 人机工程与人机界面

人机界面的设计集中体现了人机工程学的应用，主要包括以下几个方面：

（1）为“人”的因素提供人体参数

人机界面设计中要对人体结构和机能特征进行研究，提供人体各部分的尺寸、体重、体表面积、比重、重心，以及人体各部分在活动时的相互关系和可及范围等人体结构特征参数，提供人体各部分的发力范围、活动范围、动作速度、频率、重心变化以及动作时的惯性等动态参数，分析人的视觉、听觉、触觉、嗅觉以及肢体感觉器官的机能特征，分析人在劳动时的生理变化、能量消耗、疲劳程度以及对各种劳动负荷的适应能力，探讨人在工作中心理状态的因素，以及心理因素对工作效率的影响等。

（2）为“机”的功能合理性提供科学依据

设计中要解决“机”与人相关的各种功能的最优化，并创建与人的生理和心理机能相协调的界面。例如，工作台的形状、大小、色彩及其布局等。

（3）为环境因素提供设计准则

研究人体对环境中各种物理因素的反应和适应能力，如声、光、热等环境因素对人体的生理、心理以及工作效率的影响程度，确定人在生产和生活中所处的各种环境的舒适范围和安全程度，保证人体的健康、安全、合适和高效。

（4）为人—机—环境系统设计提供理论依据

人机工程在研究人、机、环境三个要素本身特性的基础上，进而将使用“机”的人、设计的“机”以及“人和机”共处的环境作为一个系统来考虑。

3. 显示界面设计

在显示界面设计中，显示与控制联系紧密，其空间关系需遵循以下原则：

①重要性原则：是指把最重要的控制与显示布局在操作者视野和控制区的最佳位置。

②操作频率原则：是指操作越频繁的显示和控制，越应布局在操作者的最佳视野和最佳控制区。

③功能分组原则：是指将功能相关的显示与控制分成若干功能组，然后分区布局。

④操作次序原则：是指显示与控制在操作程序上有次序，可以按照操作顺序进行布局设计。

一般来说，视觉显示界面可以分为数量型、性状型、再现型、警报与信号等几种类型。

4. 控制界面设计

控制界面主要指各种操纵装置，包括手动和脚动操纵装置等。在手动操纵装置中，按运动方式可以分为：

①旋转式操纵器，如旋钮、摇柄等。

②移动式操纵器，如按钮、操纵杆、手柄等。

③按压式操纵器，如按键等。

在控制界面设计中，需要人给予一定的力的作用，并对这些力进行信息反馈，需要考虑以下几点：

①编码设计。为减少操作错误，对操纵器进行编码设计，常用的有形状、大小、颜色和标志编码等。

②控制的基本特性。包括控制 C/R 的比值（即控制的操纵量 C 与显示的反应量 R 的比值）、控制的操作阻力和误操作运动等。

5. 显控协调性设计

显控协调性是指显示和控制的关系与人们所期望的一致性。显控协调性设计应根据人机工程学原理和人的习惯定式等特点，并遵循以下原则：

①空间协调性。主要包括在设计上存在相似的形式特性、在布置位置上存在对应或者逻辑关系。

②运动协调性。根据人的生理和心理特征，人对运动方向有一定的习惯定式，如顺时针旋转或从下向上，认为是增加的方向，反之则减少。

③概念协调性。通常指在概念上与人的期望一致，如绿色表示安全，黄色表示警戒，红色表示危险。

④习惯模式。通常是指人的下意识的行为，是一种条件反射，如控制水等流体的开关，右旋通常为关闭。

当然，完整的人机系统包括人、机、人机界面以及所处的环境。在进行人机界面设计时，不应单纯设计显示与控制，还应该站在系统的高度，从整体去考虑人—机—环境的关系，进行系统设计。

13.3 交互设备

计算机系统的人机交互功能主要依靠可输入 / 输出的外围设备和相应的软件来完成，常见的设备有键盘、显示器、鼠标以及各种模式的识别设备等。随着计算机技术的发展，操作命令越来越多，功能越来越强，随着模式识别如语音识别等输入设备的发展，人与计算机将逐步在类似于自然语言或受限制的自然语言下进行交互。

13.3.1 输入设备

输入设备（Input Device）是指向计算机输入数据和信息的设备总称。它是人与计算机系统之间进行信息交换的主要通道，是计算机与用户或其他设备通信的桥梁。计算机能够接收各种各样的数据，既可以是数值型的数据，也可以是各种非数值型的数据，如图形、图像、声音等都可以通过不同类型的输入设备输入到计算机中，进行存储、处理和输出。输入设备主要包括文本输入设备、语音输入设备、图像 / 视频输入设备、指点输入设备等几大类。

1. 文本输入设备

文本输入是人机交互输入的重要组成部分。在文本输入设备中，键盘是最常见、最主要的文本输入方式，此外还有手写、语音输入设备，它们是更自然的文本输入方式。

（1）键盘

键盘是文本输入的主要方式，键盘布局直接影响文本输入的速度和准确性，键盘的大小还影响着用户满意度和可用性。为了提高键盘在不同场合下的使用舒适度，在设计过程中加入了人机工程学的考量，使之更加人性化。

①键盘布局。19 世纪 70 年代，Sholes 设计出了通用至今的键盘布局方案，即 QWERTY 键盘。其名称来源于该布局方式最上行前 6 个英文字母。这种布局把频繁使用的字母分开安置，增加了手指的移距，降低了输入速度，使按键之间的干扰大大减少。这种布局方式已成为一种事实上的标准。

②人机工程学键盘。随着浏览、无线、游戏、娱乐等功能的增加，键盘布局和外观设计做了改进。微软公司根据人机工程学原理设计了一种自然键盘（Natural Keyboard），在标准键盘的基础上将指法规定的左手键区和右手键区两大板块左右分开，并形成一定的角度，使操作者不必夹紧手臂，保持一种比较自然的形态。人机工程学键盘如图 13-6 所示。

■图 13-6　人机工程学键盘

（2）手写输入设备

手写输入设备主要由手写板、手写笔和手写汉字识别软件三部分组成。手写板目前市场上主要有电容式触控手写板和电磁式感应手写板两种。手写板的质量是通过压感级数、分辨率和书写面积来进行评测。手写笔包括有线笔和无线笔两种，一般在手写笔上带有两个或三个按键，其功能相当于鼠标按键。手写汉字识别软件是手写输入的核心技术，目前识别技术已相当成熟，识别率和识别速度都能满足使用要求。手写笔如图 13-7 所示。

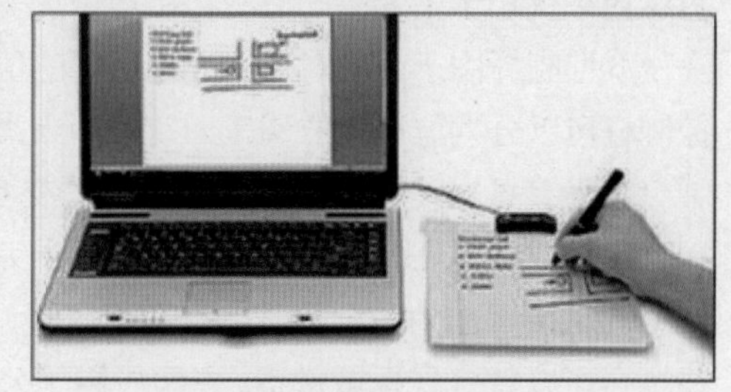

■图 13-7　手写笔

（3）语音输入设备

语音输入设备主要由话筒、声卡和语音识别软件组成。语音输入为文本输入提供了更加自然的交互手段，也许将来可以抛弃键盘，实现人与计算机的“对话”。

2. 语音输入设备

语音输入设备主要由话筒、声卡和语音识别软件组成。在语音录入过程中所涉及的设备主要是话筒和声卡。

①话筒是最基本的语音输入设备。为了在录入过程中过滤掉背景杂音，达到更好的识别效果，许多话筒采用了 NCAT（Noise Canceling Amplification Technology）技术。NCAT 技术是专为语音识别和语音交互软件设计的，采用特殊的结构和电子回路设计以消除背景噪声，强化单一声音的收录效果，提高语音输入的准确性。

②声卡是计算机中基本的声音处理设备，能实现声波和数字信号转换，把来自话筒等设备的原始声音信号加以转换，完成对声音信息的录制与回放。声卡有 MIC IN、LINE IN、LINE OUT、MIDI 等声音输入 / 输出接口。声卡与声音质量和音效有关的参数主要有采样频率、量化比特数、声道数等。

语音识别软件是语音输入的核心技术，除进行语音识别外，还加入了情感分析和身份认证。

3. 图像 / 视频输入设备

图像 / 视频输入是人机交互的另一个重要方式，主要设备有扫描仪和摄像头等。扫描仪可以快速地实现图像输入，经过对图像的分析和识别，得到文字、图形等内容。摄像头是捕捉动态影像的常用工具。

扫描仪已成为计算机不可缺少的图文输入工具之一，其采用光电、机械一体化的设计，方便地进行数字化采集。扫描仪的性能优劣取决于分辨率和扫描速度等指标。

摄像头可以直接捕捉活动影像，然后通过计算机的串口、并口或 USB 接口传送到计算机中。摄像头只有镜头、光电转换部件和简单的数据传输线路，没有存储装置和其他附加控制装置。衡量摄像头质量的关键因素有镜头、感光元器件、像素数、清晰度、视频速度等。

4. 指点输入设备

指点输入设备常用于完成一些定位和选择物体的交互任务，主要设备有鼠标、触摸板、控制杆、光笔、触摸屏、手写液晶屏、眼动跟踪系统等。

①鼠标是最常用的指点输入设备。它有机械式鼠标、光电式鼠标两种类型。鼠标的接口有串行、PS/2 接口、USB 接口和无线等。鼠标按键经历了两键、三键到三键滚轮。

②触摸板能够在一定的区域内感应接触，并将这种接触信号发给计算机处理。触摸板通过电容感应来获知手指的移动情况，使用更加灵活，还可以通过更多的配置来得到更强的功能。

③控制杆由于移动对应的光标所需的位移相对较小，便于跟踪移动目标，同时易于改变方向。控制杆可以分为位移定位和压力定位两大类。

④光笔是一种较早用于绘图系统的交互输入设备，它能使用户在屏幕上指点某个点以执行选择、定位或其他任务，也可以在显示器上完成绘图、修改图形和变换图形等复杂功能。

⑤触摸屏作为一种特殊的计算机外设，提供了一种简单、方便、自然的人机交互方式，在某些场合可以替代鼠标或键盘，主要应用于公共信息的查询，也用于工业控制、军事指挥、电子游戏、点歌点菜、多媒体教学等方面。触摸屏分为电阻式、电容感应式、红外线式、表面声波式 4 种类型。

⑥手写液晶屏是液晶矩阵显示技术和高灵敏度电磁压感技术的结合，可以在屏幕上直接用压感笔实现高精度的选取、绘图、设计制作。在液晶屏幕上附有一层特制保护层，确保屏幕在书写过程中平整不变形，画质不受损。

⑦眼动跟踪系统允许用户仅仅通过凝视的手段来控制计算机选择物体，它需要利用较为复杂的硬件设备及软件算法，包括红外线发光器、高清摄像头、视线方向的矢量算法等。

13.3.2 输出设备

输出设备（Output Device）是把计算或处理的结果或中间结果以人能识别的各种形式，如数字、符号、字母等表示出来。输入 / 输出设备起着与机器之间进行联系的作用。常见的输出设备有显示器、打印机、绘图仪、影像输出系统、语音输出系统、磁记录设备等。

1. 显示设备

显示设备的主要功能是接收主机发出的信息，经过一系列的变换，最后将文字和图形显示出来。常用的显示设备有显示器、数字纸、打印机、绘图仪等。

（1）显示器

显示器是计算机的重要输出设备，是人机对话的重要工具。它分为光栅扫描型显示器、液晶显示器和等离子显示器等类型。

光栅扫描型显示器以点阵形式表示图形，采用专门的帧缓冲区存放点阵，缓冲区按照矩形网格排列，每个网格点对应显示器上的一个像素，由视频控制器负责刷新扫描，这类显示技术称为位图显示。它的图形表现能力是通过光栅图形元素来实现的。

液晶显示器比光栅扫描型显示器具有更好的图像清晰度、画面稳定性和更低的功率消耗，但液晶材质黏滞性比较大，图像更新需要较长响应时间，不适合显示动态图像。

等离子显示器采用等离子管作为发光材料，一个等离子管负责一个像素的显示，即等离子管内的氖氙混合气体在高压电极的刺激下产生紫外线，并照射涂有三色荧光粉的玻璃板，荧光粉受激发出可见光。

（2）数字纸

数字纸也称数码纸。它是一种超薄、超轻的显示屏，可理解为“像纸一样薄、柔软、可擦写的显示器”。数字纸也可看作一个薄薄的内嵌式遥控显示板，可以利用电子仪器在上面书写，即使没有了能量，也能保存书写的内容。

2. 语音输出设备

语音作为一种重要的交互手段，日益受到人们的重视。语音的输出设备包括耳机、声卡、音响、喇叭等。

（1）耳机

耳机是一对转换单元，它接收媒体播放器或接收器所发出的电信号，利用贴近耳朵的扬声器将其转化成可以听到的音波。耳机的结构可以分为封闭式、开放式、半开放式三种。

（2）声卡

声卡是一种安装在计算机中的最基本的声音合成设备，是实现声波 / 数字信号相互转换的硬件，可以把来自话筒、磁带、光盘的原始声音信号加以转换，输出到耳机、扬声器、扩音机、录音机等音响设备，完成对声音信息进行录制与回放。

13.3.3　虚拟现实交互设备

虚拟现实系统要求计算机可以实时显示一个三维场景，用户可以在其中自由漫游，并能操纵虚拟世界中的一些虚拟物体。除了传统的一些控制和显示设备，虚拟现实系统还需要一些特殊的设备和交互手段，来满足虚拟系统中的显示、漫游以及物体操纵等任务。

1. 三维空间定位设备（输入设备）

三维交互设备最基本的特点是具有 6 个自由度。常见的三维输入设备主要有空间跟踪定位器、数据手套、三维鼠标、触觉和力反馈器等。

①空间跟踪定位器，又称三维空间传感器，是一种能实时地检测物体空间运动的装置，可以

得到物体在6个自由度上相对于某个固定物体的位移，包括X、Y、Z坐标上的位置值，以及围绕X、Y、Z轴的旋转值（转动、俯仰、摇摆）。其主要的性能指标有定位精度、位置修改速率、延时等。

②数据手套由很轻的弹性材料构成，紧贴着手。数据手套包括位置、方向传感器和沿每个手指背部安装的一组有保护套的光纤导线，用来检测手指和手的运动。数据手套将人手的各种姿势、动作通过手套上所带的光导纤维传感器，输入计算机中进行分析。

③三维鼠标比一般鼠标结构复杂些，主要由一个盖帽放在带有一系列开关的底座上，转动或侧方向推动盖帽时，用户的这些动作信息传送给计算机，从而控制虚拟环境中物体的运动。三维鼠标能够感受用户在6个自由度上的运动，包括三个平移参数和三个旋转参数。

④触觉和力反馈器提供触觉反馈，以便使用户感觉到仿佛真的摸到了物体，还要考虑到模拟力的真实性、施加到人手上是否安全，以及装置是否便于携带并让用户感到舒适等问题。目前已经有一些力学反馈手套、力学反馈操纵杆、力学反馈笔、力学反馈表面等装置。

2. 沉浸感显示设备

人通过左眼和右眼所看到物体的细微差异来感知物体的深度，从而识别出立体影像。虚拟场景的体验需要立体视觉，立体视觉技术是虚拟现实中一种重要的支撑技术。

立体影像的生成技术主要有主动式模式和被动式模式两种。主动式模式将用户的左右眼影像按照顺序交替显示，用户使用LCD立体眼镜保持与立体影像的同步，这种模式可以产生高质量的立体效果。被动式模式采用两套显示设备和投影设备分别生成左右眼影像并进行投影，不同的投影分别使用不同角度的偏振光来区别左右眼影像，用户使用偏振光眼镜保持立体影像的同步。

虚拟现实立体显示系统主要有头盔式立体显示系统、吊杆式双筒虚拟现实显示系统、洞穴式显示环境等。

①头盔式立体显示系统是一种立体图形显示设备，可单独与主机相连以接收来自主机的三维虚拟现实场景信息。目前最常用的头盔显示器是基于液晶显示原理，分单通道和双通道两种类型，分辨率为360×240像素，采用头戴式并辅以跟踪定位器进行虚拟场景输出效果的观察，同时观察者可做空间上的移动。

②吊杆式双筒虚拟现实显示系统把两个独立的显示器捆绑在一起，用户可以用手操纵显示器的位置，以观察一个可移动、宽视角的虚拟空间。它的优点是分辨率较高，达到1 280×1 024像素，没有延迟和噪声，对用户无佩戴质量方面的负担。

③洞穴式显示环境能提供180°的宽视域和2 000×2 000像素以上的高分辨率，给用户带来震撼性的沉浸感；允许用户在虚拟空间中走动，而不用佩戴笨重的设备；允许在同一个环境中存在多个用户，而且用户间可以自然地交互；一次能显示大型模型，如汽车、房屋等。

3. 协同工作的虚拟现实场景

支持异地用户协同工作的虚拟现实场景可以实现下列功能：

①多种显示环境，三个网络用户分别使用不同的显示系统，可以在同一个场景中进行交互。

②每个用户看到的虚拟场景都是根据自己的视点计算得到的，用户通过自己在虚拟环境中的替身（Avatar）同其他用户交互。

③每个用户同时可以使用不同的交互设备同其他用户自由地交流与协作。

13.4 人机交互技术

人机交互技术是指通过计算机输入 / 输出设备，以有效的方式实现人与计算机对话的技术。人机交互技术包括机器通过输出或显示设备给人提供大量有关信息及提示请示等，人通过输入设备给机器输入有关信息、回答问题及提示请示等。

13.4.1 人机交互输入模式

人机交互功能主要依靠可输入和输出的外围设备和相应的软件来完成，使用的设备主要有键盘、显示器、鼠标、各种模式识别设备等。人机交互部分的主要作用是控制有关设备的运行和理解并执行通过人机交互设备传来的有关的各种命令和要求。人机交互的输入模式包括请求模式、采样模式和事件模式。

1. 请求模式

在请求模式下，输入设备的初始化是在应用程序中设置的，即通过输入设置命令（或语句），对相应的设备设置所需要的输入模式后，该设备才能作相应的输入处理。

在请求方式下，程序和输入设备轮流处于工作状态和等待状态，由程序支配输入设备的启动。

2. 采样模式

当把一台或多台输入设备定义为采样模式后，这些设备会连续不断地把信息输入进来，而不必等待应用程序的输入语句，即信息的输入和应用程序中的输入命令无关。当应用程序遇到取样命令时，就把相应物理设备此时的值作为采样数值。

采样模式的优点：该模式不像请求模式那样要求用户有一明显的动作，它对连续的信息流输入比较方便，也可同时处理多个输入设备的输入信息。

采样模式的缺点：当处理某一种输入耗费的时间较长时，可能会失掉某些输入信息。

3. 事件模式

当设备设置成事件模式后，输入设备和程序并行工作。所有被设置成事件方式的输入数据（或事件）都被存放在一个事件队列中，该队列是以事件发生的次序排列的。当用户在输入设备上完成一个输入动作（如按一下按钮）便产生一个事件，输入的信息及该设备的编号等便被存放到事件队列中。不同的应用程序可到队列中来查询和提取与之有关的事件。

13.4.2 移动设备交互技术

移动互联网时代，移动设备及其相关服务越来越多样化。移动设备主要是指手持式的小屏幕设备，如掌上电脑、个人数字助理和手机。这些移动设备用户可以随身携带，可以随时处理信息，可以通过较小的屏幕进行人机交互。随着技术的发展，屏幕尺寸越来越小，给交互带来了挑战，移动设备交互技术试图更好地利用人类听觉和触觉的能力，让用户与计算机系统进行交互。

1. 触觉交互

手机已经具有简单的触觉交互，如“振动”。将手机设置为“振动模式”，可以为用户提供消息通知等功能，这种方式不会干扰用户的其他工作。触觉交互不仅利用振动通知用户是否有电话呼入，还能利用振动传达更为复杂的信息。例如，通过改变振动的节奏、强度，来判断呼叫者是谁或是呼叫的紧急性；在游戏通关任务快要完成时，通过触屏发出振动信号；在利用移动设备查看地图时，可以通过播放声音模拟地图纸张的移动，并且在到达边缘时，在屏幕上产生一个划痕一样的触觉感受。

基于振动和力反馈模式的交互将在移动设备中普及起来。例如，可以通过扭曲和弯曲移动设备本身来表达用户的需求，可以用双手抓住一个显示屏的两侧，通过向上或向下弯曲，来控制地图或文档的缩放等。触觉交互如图 13-8 所示。

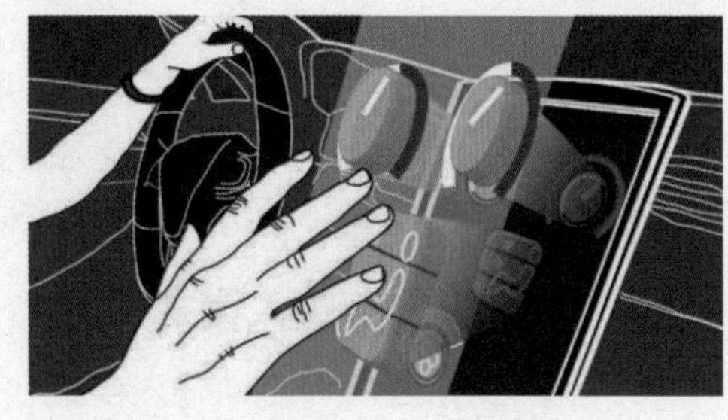

■图 13-8　触觉交互

2. 听觉交互

在移动设备上一直在探索用听觉来增强用户体验，向用户提供反馈。从交互设计的角度来看，基于听觉的输入 / 输出对用户非常具有吸引力。例如，给手机的不同按键设置不同的声音，这种声音的组合可以非常悦耳。对大多数用户来说，最具表现力的交互方式是传达声音和语言，使用户能够使用语音识别技术与设备进行通话，并通过设备的语音合成器进行口语化的输出。

随着语音识别技术的发展，在移动设备上都集成了语音控制功能，例如，用语音来控制手机逐渐成为移动设备的必备功能。人们希望解放双手，通过声音进行交互控制，取代触摸或按键操作，实现更快捷和舒适的人机交互。

13.4.3　虚拟现实交互技术

虚拟现实（VR）技术综合利用了计算机图形学、计算机仿真技术、多媒体、人工智能、计算机网络、并行处理和多传感器等方面的技术，模拟人的视觉、听觉、触觉等感觉器官功能，使人能够沉浸在计算机生成的虚拟环境中，并能够通过语言、手势等自然方式与之进行实时交互，创建了一种适人化的多维信息空间。VR 具有三个基本特征：沉浸（Immersion）、交互（Interaction）和想象（Imagination），即通常所说的“3I”。

虚拟现实系统主要由 5 个部分组成：专业图形处理计算机、输入 / 输出设备、应用软件系统、数据库和虚拟现实开发平台。

1. 虚拟现实关键技术

①立体显示技术。人眼的立体视觉是依靠人眼的双目视差、运动视差、眼睛的适应性调节、视差图像在人脑的融合等要素去感知深度的。借助现代科技对视觉生理的认识和电子技术的发展，可以在虚拟现实系统中通过显示设备还原三维立体效果。目前采用的立体显示技术包括偏振光分光立体显示、图像分时立体显示、图像分色立体显示、光栅立体显示以及其他新型立体显示技术（全息投影技术）等。立体显示技术如图 13-9 所示。

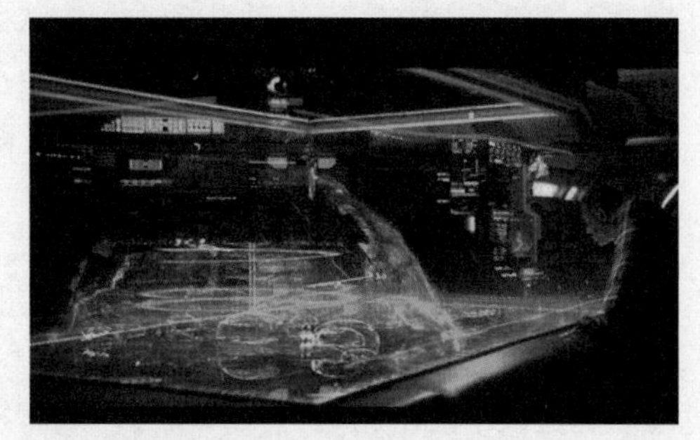

■图 13-9　立体显示技术

②三维建模技术。虚拟环境的建立是虚拟现实技术的核心内容。三维模型不仅要求几何外观逼真，还需要具有较为复杂的物理属性和良好的交互功能，同时具有较高的实时性，这样就必须考虑对模型数据进行简化和优化。主要的三维建模技术有几何建模、物理建模和运动建模等。

③三维虚拟声音技术。三维虚拟声音来自环绕双耳的球形空间中的任何地方，它的主要特征包括三维定位和三维实时跟踪。三维定位是指在三维虚拟环境中，把实际声音信号定位到特定虚拟声源，使用户准确地判断出声源的精确位置。三维实时跟踪是指在三维虚拟环境中，实时跟踪虚拟声源位置关系的变化，当用户转头时，虚拟声音的位置也随之变化，使视觉与听觉同步。

④自然人机交互技术。在虚拟现实系统中，基于多模态技术集成的自然人机交互是指使用眼睛、耳朵、皮肤、手势和语言等感觉器官直接与周围环境进行自然交互。主要技术包括手势识别技术、面部表情识别技术、语音交互技术和基于其他感官的交互技术（如视觉、听觉）等。智能交互技术如图 13-10 所示。

■ 图 13-10　智能交互技术

2. 虚拟现实引擎

虚拟现实系统是一个复杂的系统，其外围设备和各种支持软件很多。虚拟现实引擎是虚拟现实系统的核心，起着组织和协调各个部分运作的作用。虚拟现实引擎是以底层编程语言为基础的通用开发平台，包括各种交互硬件接口、图形数据的管理和绘制模块、功能设计模块、消息响应机制、网络接口等。

虚拟现实引擎需要具备三维场景编辑、交互信息处理、物理引擎、粒子特效编辑、动画和动作处理以及网络交互等功能。虚拟现实引擎包含的子系统主要有：

①图形子系统，将图形在屏幕上显示出来。

②输入子系统，承担处理所有的输入，并把它们统一起来，允许控制的抽象化。

③资源子系统，负责加载和输出各种资源文件。

④时间子系统，实现对时间的管理和控制。

⑤配置子系统，负责读取配置文件、命令行参数或其他被引用到的设置方式。

⑥支持子系统，包括全部的数学程序代码、内存管理等。

⑦场景子系统，包含虚拟现实系统中虚拟环境的全部信息。

目前主流的虚拟现实引擎有 Vega Prime、WTK、Virtools、Unity 3D、VR-Platform、Converse 3D 等。

13.4.4　体感和手势交互技术

体感和手势交互技术作为一种自然的人机交互模式，近年来得到了迅猛发展，它通过人的肢体动作与周围的数字设备直接互动。

1. 体感交互

体感交互技术开始于游戏行业，已成为最热门的人机互动方式之一。它的主要关键技术包括运动追踪、手势识别、运动捕捉、面部表情识别等，具有以下几个特点：

①双向性。用户身体的运动和感觉通道具有双向性，能够做交互动作表达意图，也能感知系统响应、接收信息反馈。

②自然性和非精确性。人体动作具有较高的模糊性，允许用户使用非精确的交互动作，降低了用户的操作负担，提高了交互的有效性和自然性。

③便捷性。交互界面简单易用，便于集中注意力在交互任务的完成过程上。

■ 图 13-11 体感交互技术

此外，体感交互设备还有一些优点：体积小，占用空间少；用户不直接接触设备，交互方式自然，具有较高的自由度；降低了用户操作难度，提高了用户的参与度和情感体验。

随着技术的快速发展，体感交互技术的应用范围越来越广，目前主要应用领域有游戏娱乐领域、教育领域、智能家居领域、医疗辅助与康复领域、线下服务领域等。体感交互技术如图 13-11 所示。

2. 手势交互

手势表达的含义非常丰富，具有直观、方便、自然的特点，手势交互是一种符合人类行为习惯的交互技术。根据手势信息的输入方式不同，手势识别系统主要分为基于数据手套的手势识别系统和基于计算机视觉的手势识别系统两大类。

（1）基于数据手套的手势识别系统

用户需要戴上数据手套，利用数据手套获取手势在空间的运动轨迹和时序信息，还可以在手套的指尖处加上特殊标记，有效识别多种不同的手势。它的优点是手势建模难度低，手势信息有效性高，手势识别率高。其缺点也很明显：需要佩戴昂贵且笨重的手套，限制了手势的自由度，降低了交互体验。

（2）基于计算机视觉的手势识别系统

通过摄像头采集手势图像信息并传输给计算机，系统对视频进行分析和处理，提取手的形状、位置和运动轨迹，选择手势进行分析，根据模型参数对手势进行分类并生成手势描述，驱动交互应用。这种技术对用户的限制少，主要包括手势输入及手势图像预处理、手势分割、特征提取、手势识别等几个方面。

13.4.5 眼动跟踪交互技术

随着计算机技术和图像处理技术的发展，基于视频的眼动跟踪技术成为人机交互技术的主流。一个典型的基于视频的眼动跟踪系统包括一个用于记录眼睛运动图像的摄像机和一台用于分析视频图像、计算眼睛运动方向的计算机。

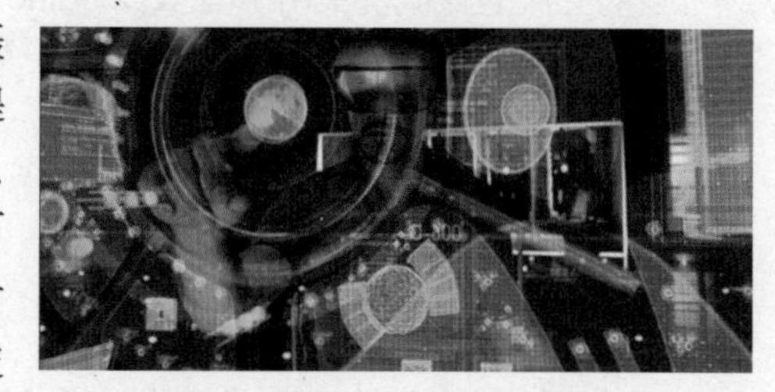
■ 图 13-12 眼动跟踪交互技术

基于视频的眼动跟踪算法主要步骤为：首先利用摄像机获取用户眼睛图像信息，然后通过图像处理算法提取图像中的特征值，常用的特征值有眼睑轮廓、眼角点、瞳孔中心、普尔钦斑、虹膜轮廓等；得到特征值后，可使用基于数学模型或基于机器学习的视线计算方法，计算用户在屏幕上的注视点坐标等信息。眼动跟踪交互技术如图 13-12 所示。

眼动跟踪系统可以分为两大类：基于桌面计算机的眼动跟踪系统和基于移动设备的眼动跟踪系统。

1. 基于桌面计算机的眼动跟踪系统

当前大多数眼动跟踪系统都是基于桌面计算机的，按照部署和使用方式的不同，还可以分为远程式眼动跟踪（Remote Eye Tracking）系统和头戴式眼动跟踪（Head Mounted Eye Tracking）系统两类。

①远程式眼动跟踪系统通过一个或多个外置的摄像头获得人脸与眼睛图像，提取视线特征参数计算用户视线方向。其优点是对用户干扰小，但要求正对摄像头，头部保持相对固定，移动性差。

②头戴式眼动跟踪系统将眼动跟踪设备安装在人的头部，后续处理与远程式类似。其优点是减轻图像处理的难度，但对用户有一定干扰，舒适度下降。

2. 基于移动设备的眼动跟踪系统

基于移动设备的眼动跟踪系统采用添加外部硬件设备实现头戴式眼动跟踪的方法，但外加硬件（如摄像头）也给跟踪系统带来了麻烦。它将增大系统的质量，长时间使用会使用户感到疲劳，影响用户的体验。

另外，可以考虑使用自带硬件实现基于移动设备的眼动跟踪系统，进行较低精度的眼动跟踪。根据眼动跟踪的精度级别由低到高可以分为三个层次：第一层次，基于行为的眼动跟踪，通过计算瞳孔位置或视线变化来进行眼动跟踪；第二层次，基于多区域平均的眼动跟踪，平均划分区域获取人眼模板，通过模板匹配来进行眼动跟踪；第三层次，基于图像特征的眼动跟踪，将瞳孔位置作为特征，通过神经网络学习的方法来进行眼动跟踪。

思考题

13-1　什么是人机交互？

13-2　简述人机交互的三要素和研究内容。

13-3　什么是认知心理学？

13-4　简述视觉模式识别的相关理论。

13-5　简述人机工程学的定义及主要解决的问题。

13-6　简述输入 / 输出设备的概念及主要类型。

13-7　简述虚拟现实交互设备的主要类型。

13-8　简述人机交互的输入模式。

13-9　简述虚拟现实的关键技术。

13-10　虚拟现实引擎包含哪些子系统？

13-11　简述体感交互的特点。

13-12　简述手势交互、眼动跟踪交互技术的类型及特点。

知识点速查

◆人机交互：指人与计算机之间使用某种对话语言，以一定的交互方式，为完成确定任务的人与计算机之间的信息交换过程。

◆人机交互三要素：人机交互系统将人、交互软件和交互设备称为人机交互三要素。

◆认知心理学：研究人的高级心理过程，主要是认识过程，如注意、知觉、表象、记忆、思维和语言等，从心理学角度研究人机交互的原理，包括如何通过视觉、听觉等接收和理解来自周围环境的信息的感知过程，以及通过人脑进行记忆、思维、推理、学习和解决问题等人的心理活动的认识过程。

◆人机工程学：研究人与系统中其他因素之间的相互作用，以及应用相关理论、原理、数据和方法来设计以达到优化人类和系统效能的学科。

◆输入设备的类型：输入设备主要包括文本输入设备、语音输入设备、图像 / 视频输入设备、指点输入设备等几大类。

◆输出设备的类型：常见的有显示器、打印机、绘图仪、影像输出系统、语音输出系统、磁记录设备等。

◆虚拟现实交互设备类型：常见的三维输入设备主要有空间跟踪定位器、数据手套、三维鼠标、触觉和力反馈器等。虚拟现实立体显示系统主要有头盔式立体显示系统、吊杆式双筒虚拟现实显示系统、洞穴式显示环境等。

◆人机交互的输入模式：人机交互的输入模式包括请求模式、采样模式和事件模式。

◆虚拟现实系统的组成：虚拟现实系统主要由 5 个部分组成：专业图形处理计算机、输入 / 输出设备、应用软件系统、数据库和虚拟现实开发平台。

◆虚拟现实的关键技术：主要包括立体显示技术、三维建模技术、三维虚拟声音技术、自然人机交互技术。

◆手势识别系统的类型：主要分为基于数据手套的手势识别系统和基于计算机视觉的手势识别系统两大类。

◆眼动跟踪系统的类型：可以分为基于桌面计算机的眼动跟踪系统和基于移动设备的眼动跟踪系统两大类。

综合应用篇

第14章 数字媒体内容消费及终端参与

本章导读

本章共分 2 节，内容包括数字媒体内容消费和数字媒体终端参与。

本章首先介绍数字媒体内容消费市场，并从数字媒体消费行为的角度进行详细阐述；其次分析数字媒体在电视终端、计算机及显示屏终端、移动智能终端、机器人终端、无人机终端和智能互联汽车终端的参与情况，并提出计算机及显示屏终端、智能移动终端、机器人终端、无人机终端等已成为移动互联网入口之争的重要工具，智能互联汽车将被视为高速移动的超级移动智能终端。

学习目标

◆了解全球数字媒体内容市场；
◆理解用户行为消费的三种模式；
◆熟悉 OTT 服务、程序化广告、服务机器人、智能互联汽车的基本概念；
◆熟悉电视新名词；
◆理解未来电视在家庭数字生态中的作用；
◆掌握智能电视与网络电视的区别；
◆掌握智能手机与 AI 手机的区别；
◆理解移动智能终端为何为移动互联网的入口；
◆理解服务机器人的核心技术领域；
◆掌握智能互联汽车被视为高速移动的超级移动智能终端的原因。

知识要点和难点

1．要点

OTT 服务、程序化广告、服务机器人、智能互联汽车的基本概念，电视新名词，未来电视在

家庭数字生态中的作用，服务机器人的核心技术领域，移动智能终端为何为移动互联网的入口。

2. 难点

用户行为消费的三种模式，智能电视与网络电视的区别，智能手机与 AI 手机的区别，智能互联汽车被视为高速移动的超级移动智能终端的原因。

14.1 数字媒体内容消费

随着受众媒体使用习惯由传统媒体向新媒体转变的加剧，各媒体的媒介策略也随之改变。在此背景下，新的移动设备、新的消费规则、无处不在的无线网络以及更先进的技术，甚至新的商业模式，都赋予了各个年龄层受众不同的意义。在这个“流行”风向随时变化的时代，从人才到流量、从内容到消费者行为，互联网的触手可及使得数字媒体消费越来越多、越来越便捷。

14.1.1 待价而沽的全球数字媒体内容

随着网络技术的发展，数字化成为未来发展的趋势。数字技术正在影响着人类生活的各个领域，越来越多的人开始接触并逐渐适应、习惯、依赖数字环境下的生活。同时，人们的消费行为也正随着媒体的数字化而发生改变。

中国目前是世界第三大数字媒体市场，未来有望成为最大市场。数据显示，2017 年中国在线视频行业市场规模达到 935.2 亿元，同比增长 47%。随着在线视频行业用户规模逐渐扩大，不断提升内容丰富度，增加用户使用黏性，市场规模进一步增长，2018 年中国在线视频行业市场规模突破千亿元，达到 1 220.5 亿元。[①] 2018 年，按媒介投资加权计算，消费者平均媒介消费时长为 9.73 小时，较 2017 年的 9.68 小时有所增加。全球网络媒体消费时长在 2018 年首次超过线性电视。网络和电视将分别占据 38% 和 37% 的份额，其次是广播和报刊。[②] 2019 年，包括显示、在线视频、社交媒体、付费搜索、分类广告等在内的数字媒体广告支出预计将增长 12.0%，达到 2 540 亿美元，在全球广告支出总额中的占比达到 41%[③]。由此可见，广告主将继续将数字媒体看作与消费者进行互动的一个关键平台。2018—2020 年全球广告支出占比按媒体类型细分、2018—2020 年全球广告支出占比按数字媒体子类细分，如图 14-1 和图 14-2 所示。

	2018年实际数据	2019年预测数据	2020年预测数据
电视	35.4 (35.5)	34.1 (34.5)	33.2
报纸	8.0 (8.1)	7.1 (7.2)	6.3
杂志	5.0 (5.0)	4.5 (4.5)	4.1
电台	6.2 (6.1)	6.0 (6.0)	5.8
影院	0.6 (0.6)	0.6 (0.6)	0.6
户外	6.3 (6.2)	6.3 (6.0)	6.2
数字	38.5 (38.4)	41.4 (41.1)	43.8

括号中的数据是我们2018年6月的预测数据

■ 图 14-1　2018—2020 年全球广告支出占比按媒体类型细分（%）

	2018年实际数据	2019年预测数据	2020年预测数据
显示**	13.6 (13.3)	14.6 (14.2)	15.3
在线视频**	6.3 (5.9)	7.2 (6.6)	8.0
社交媒体**	2.9 (3.1)	3.3 (3.5)	3.6
付费搜索**	14.5 (14.5)	15.2 (15.2)	15.6
分类广告**	3.2 (3.2)	3.3 (3.2)	3.3

括号中的数据是我们2018年6月的预测数据

	2018年实际数据	2019年预测数据	2020年预测数据
移动	25.1 (25.2)	28.7 (28.7)	31.9
桌面	14.9 (14.8)	14.0 (14.0)	13.0

■ 图 14-2　2018—2020 年全球广告支出占比按数字媒体子类细分（%）

数据显示，2018 年，四大美国科技公司“FANG”（Facebook、Amazon、Netflix 和 Google）占

① 中商产业研究院 .2018—2023 年中国在线视频行业市场前景及投资机会研究报告 .2018,1.

② GroupM.Introduces State of Digital Report，2018，5.

③ Dentsu Aegis Network.Global A d Spend Forecasts，2018，5.

据新电视和视频营收 2/3 的份额，至少在美国会是如此[①]；OTT 流媒体直播的观影时长将在五年内超过传统广播电视[②]；2020 年，整个 OTT 生态规模可能达到 600 亿元[③]。

14.1.2 数字媒体消费

消费者行为从狭义上讲仅仅指消费者的购买行为以及对消费资料的实际消费行为；从广义上讲指消费者为索取、使用、处置消费物品所采取的各种行动以及先于这些行动的决策过程。

当前，用户行为消费模式正在从“注意商品—产生兴趣—购买愿望—记忆—购买行动”模式（Attention-Interest-Desire-Memory-Action，AIDMA）和“引起注意—产生兴趣—进行搜索—购买行动—体验分享”（Attention-Interest-Search-Action-Share，AISAS）模式转变到“互相感知—产生兴趣—建立连接—购买行动—体验分享”（Sense-Interest&Interactive-Connect&Communication-Action-Share，SICAS）模式。SICAS 模式下，传统媒体可以通过技术手段在全网范围内感知用户、响应需求，信息消费甚至不再是一个主动搜索的过程，而是关系匹配—兴趣耦合—应需而来的过程。SICAS 模型不仅与社会化网络相关，而且是全网、全数字环境下的行为消费模型。整个突围过程中，媒体的数字化、用户的数字化以及媒体数据的赋能化是重要的抓手。此外，还需要传统媒体建设自身的内容聚合与渠道平台，这要求传统媒体在上游内容方面做到开放、资源共享，在下游渠道部分实现分化，即平台的多元化。用户行为消费模型的变化如图 14-3 所示。

■ 图 14-3 用户行为消费模型的变化[④]

媒体数字化促成了消费者行为的改变，消费者行为的改变又进一步刺激了消费市场，企业纷纷调整媒体策略以促进产品销售或服务，加快了传统媒体的数字化进程以及数字化新媒体的研发。在这个过程中，平面媒体、报纸和杂志都有明显的下滑趋势。传统媒体为了在未来获得立足发展

① 2018 年的电视市场将属于互联网视频巨头 .http://v.lmtw.com/mzs/content/detail/id/151786/[2018-12-4].

② Level 3 Communications,Streaming Media,Unisphere Research.2017OTT 视频服务研究 [R]. 2017, 4.

③ 乐播5年历程，构建全新家庭客厅娱乐生态系统.http://kuaibao.qq.com/s/20180201B0XN9R00?refer=spider [2018-12-4].

④ 中国互联网监测研究机构，数据平台 DCCI 互联网数据中心. SICAS: 数字时代的用户行为消费模型，2011，10.

的空间，不得不借用数字技术，比如数字广播、电子杂志、手机报、移动电视等提高对消费者获得信息的影响。传统媒体加快了数字化发展进程，新型媒体形式不断涌现。互联网为用户提供了良好的交互性平台。同时，互联网基于消费者的访问数据，总结出消费者对信息的个性化需求，并及时为消费者提供个性化服务。比如，消费者钟情于某品牌，数字化媒体就会及时为消费者提供关于此品牌产品的最新信息，这也使得市场更为精准地接近受众。

从花费时间上看，消费者对于每周 7 天、每天 24 小时访问移动媒体设备的需求正在增长。2018 年中国人超过 70% 的互联网时间花在移动端上，21% 花在 PC 端，剩下 9% 花在其他非移动端设备上，如联网电视，而花在移动端的时间比例预计将一直上涨。移动终端消费时长持续增长，如图 14-4 所示。这将导致 OTT 公司（Over-the-Top，指通过互联网向用户提供各种应用服务），如苹果、谷歌、亚马逊，充分利用这次变革而处于领先地位，而这些公司如今都为用户提供用于个人存储及访问优质内容的云计算服务。

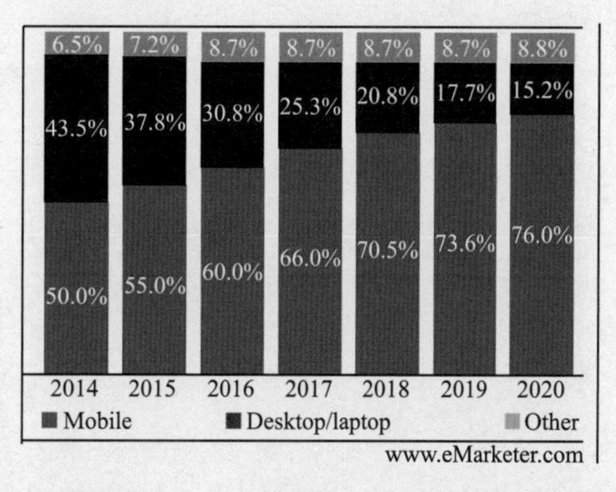

■图 14-4　移动终端消费时长持续增长

从受众购买上看，抖音等短视频 App 广告将推动程序化广告市场大幅增长。抖音 App 等广受欢迎的短视频平台，已经成为中国程序化广告支出中的主要驱动因素。2019 年中国程序化广告支出将增长 33% 以上，达到 2 085.5 亿元人民币（308.6 亿美元）；预计到 2021 年，视频广告支出将超过电视广告支出，视频广告的繁荣也将帮助推进程序化广告的增长。数字广告将从人工走向程序化交易，并大规模颠覆数字媒体广告市场，如图 14-5 所示。因此，程序化运用的领域更为广阔，除了展示广告之外，移动、视频、社交和搜索，甚至开始了传统电视的程序化购买。

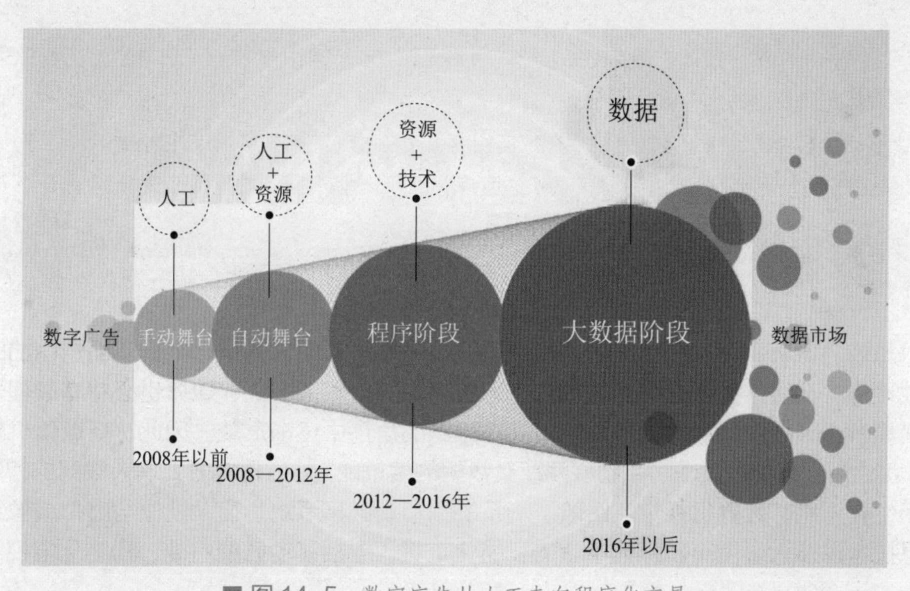

■图 14-5　数字广告从人工走向程序化交易

【延伸阅读 14-1：程序化广告】

程序化广告（Programmatic Advertising）是运用技术手段，对整个数字媒体广告投放过程中的各个环节进行信息化，并通过技术手段衔接为一体的一种工具。购买、投放、报表追踪、持续优化投放等全环节完全可通过程序化的方式来自动完成，从而提升媒介效率。我们要认识到，程序化广告仅仅是广告行业的信息化工具，工具是要被营销人员应用才能发挥效用的，需要将媒介分析及优化策略通过工具落实，进而帮助通过程序化的手段去管理大量广告投放过程。

为方便理解，可以把程序化广告想象成洗衣机。在没有洗衣机的时代，人们是通过手来洗衣服的，而有了洗衣机后就可以用机器来代替人手来洗衣服，不过洗衣过程中搓洗、漂水等环节还是必不可少的，只是效率更高了，按几个按钮就自动完成了。同时，在人手洗衣服的过程中需要抹洗衣粉，对污渍区域要不断观测并加大清洗力度。洗衣粉、水温等就像程序化广告中的大数据，大数据是程序化广告的重要核心。从技术角度看，程序化广告就是自动化工具 + 大数据。

【实例分析 14-1：程序化交易，从购买广告位到购买受众】

当用户点开各大门户网页的新闻时，页面便会根据浏览记录弹出不同内容的广告；当用户在百度、淘宝搜索一个关键词时，搜索结果便会根据关键词显示不同类型的商家信息，精准营销正越来越成为互联网投放广告的主要形式。

当某个用户访问某网站时，该网站所加入的 SSP（供给方平台）会向 ADX（广告交易平台）发送广告请求，ADX 给多个 DSP（需求方平台）发送 RTB 请求（提供广告位信息，包括 User ID、IP 等），DSP 将接收的信息通过数据库（自主或第三方 DMP）进行分析（Cookie Mapping），确定该用户的喜好后解决三个问题：①是否投放广告；②投放哪个广告；③以多少的价格投放该广告。之后再向 ADX 提起竞价。竞拍价格最高的 DSP 将获得广告位，并将最适合该用户的广告投放给网站，整个流程只需要 30~50 ms。

程序化交易的好处是降低交易成本，提高交易效率，便利跨平台投放，充分挖掘数据，实时调整投放，以及更多广告位和广告需求的释放。根据 Zenith 预测，2019 年全球广告主在程序化广告上的投入将达到 840 亿美元，将占所有数字媒体广告支出的 65%；到 2020 年，广告主将在程序化广告上花费 980 亿美元，占整个数字媒体广告支出的比例将达到 68%。[①]

其中，移动端增长将远快于桌面端，视频广告和 Newsfeed 广告快于其他广告格式。对应于广告位获得与否和价格的确定性从高到低，直接优选的增长速度将快于 RTB，RTB 中的封闭交易所将快于公开交易所。

14.2 数字媒体终端参与

技术升级、场景变迁、产品迭代、社交迁徙……媒体人面对的是一个真实而恍惚的时代，它似乎遍地希望，又时常让人充满无力感。在即将来临的新智能时代，媒体也必将有颠覆性革命，这也促使具有极大扩张特征的传媒业新版图在激烈的角逐中逐渐形成。因此，新媒体机构首先必须是智能型企业，具备对互联网和物联网海量数据的搜集能力，依托实时处理大数据的智能系统，综合运用生物识别、计算机视觉、图像识别系统和自动翻译系统、自动成像与虚拟成像系统等新一代信息技术以及大量用于新媒体革命的智能化工具，包括移动智能终端、程序化电视终端、智

① 2019 年全球程序化广告占比将高达 65%. http://www.sohu.com/a/276748096_741327[2018-12-30].

能互联汽车终端、AI 手机终端、机器人终端等，从而完成人机沟通和互动的技术能力，这也将会在促进高效连接的同时，更多地突显出人际传播的重要意义。

新智能时代的媒体，最核心的竞争力就是智能感知、智能搜集、智能处理和智能分析的能力。可以说，人工智能是其突出标志，虚拟现实是其特色，万物互联是其外在表现，数据应用是其内在逻辑，人类和机器都将是新媒体的核心成员。未来的媒体组织，或将不再以机构的形式出现，而是以智能化系统 + 人类分析员等虚拟形式或其他网络自组织形式构成。

14.2.1　智能移动终端

近年来，移动智能终端的功能日益强大，正逐步替代照相机、录音笔、现金支付、电子地图、远程控制设备、电子门票、计算器和记事本等。随着高速无线网络的部署、用户对移动智能终端的认知逐步增强及 App 应用的爆发增长，其市场以无法阻挡的势头迎来了高速发展期。移动智能终端作为用户接入移动互联网的重要工具和主要入口，在很大程度上降低了信息传播的成本，提升了整个社会的信息交互量，加速了网民的普及率增长。移动智能终端正由传统的通信工具向主要的移动互联网应用及服务的载体演进，信息交互与传播的模式也由被动的单向流通转化为分享型的爆炸式传播。

随着移动互联网的深入发展，中国移动互联网从最初的电信运营商主导的“接入为王”，过渡到彩信短信、移动动漫、移动游戏、移动 IM 等移动增值业务主导的“内容为王”，如今伴随各内容的互相竞争及发展和移动智能终端的逐步渗透，基于内容的应用需求不断增多，市场进入了“应用为王”的时代，信息获取、商务交易、交流娱乐、移动物联等应用成为了推动产业发展的核心力量，如图 14-6 所示。

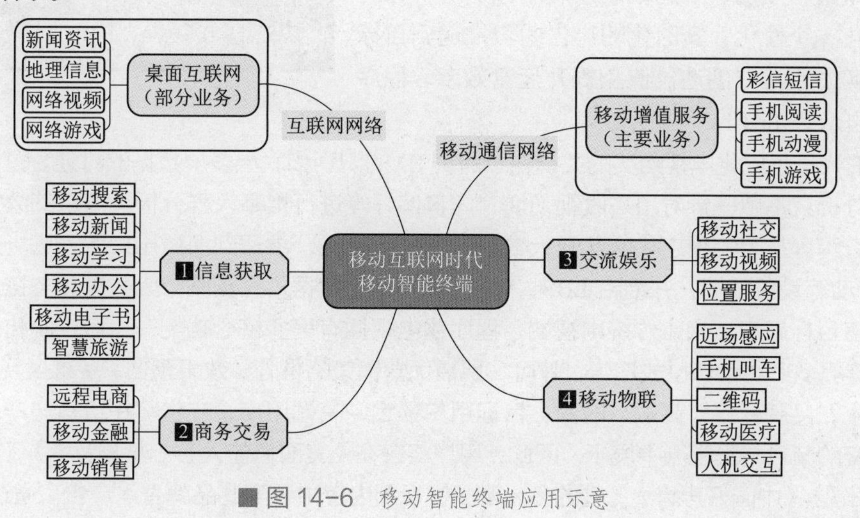

■ 图 14-6　移动智能终端应用示意

移动智能终端除了是信息分享的媒体形式外，还包含个人生活信息分享、商业智能、政府信息化、民生信息化、医疗信息化、物流信息化以及衍生出的体验型互动社区平台等，蕴含在其中的是一个完整的网络社会产业，包括媒体与个人信息的发布、信息的病毒式传播、信息量与信息价值的放大。因此它将引导传统媒体、娱乐、广告、企业营销、政府导向等各个领域发生巨大的变化。

【实例分析 14-2：智能服饰催生户外族群——武装到脚趾】

2015 年国际消费类电子产品展览会（International Consumer Electronics Show，ICES）最令人兴奋的产品出现在服装上——服装的智能化，通过在衬衫、裤子、袜子等服装上以及运动器械植入传感器，各项体征数据和运动数据可以同步到智能手机上，从而为网球、足球、登山、自行车等运动爱好者提供全面的监控信息。

Cambridge 展示了可以监控到关节活动的服装，成为很好的运动辅助工具。Marucci 展示的智能保护帽具有压力感应功能，可以在运动中更好地保护头部。Visijax 则内置了 Led 灯，可以在领子和袖子部位发出亮光，保护骑行者的安全。

Bluejewel 展出了美丽时尚的智能项链，它可以根据需要变成智能戒指或手链，与手机联动。用户可以选择金、银、宝石等不同材质，价格在 100~300 美元之间。与 iPhone 连接，可以测口内酒精含量，从而决定是否适合驾车的酒精测试仪也颇受欢迎。阿迪达斯、ASICS、Under Armour 与 Ralph Lauren 等品牌已经展示过可监控血压、出汗等情况的服装。

总的来看，无处不在的计算、便宜的数字存储、互通性、繁荣的数字设备和传感器化的科技，让智能化技术可应用于各种各样的产品，而互联网络将从手机、可穿戴设备到汽车的任何终端设备都可以相互联系起来，并建立新的智慧生活中心。

14.2.2 程序化电视终端

程序化电视基于技术自动化和数据驱动，在展示的基础上购买和投放电视广告库存。程序化电视并不完全依赖于电视内容，还包括通过网络、移动设备、联网电视提供的数字电视广告，以及通过机顶盒提供的线性电视广告等。程序化电视的远景是获取等同甚至超越基于收视率（GPRs）的目标受众数据信息（如年龄、性别、到达率以及展示频次等），将更加精准化、个性化、实时化的广告内容推送到目标对象，为买方和卖方创造价值和提升运营效率。程序化电视广告示意如图 14-7 所示。

■ 图 14-7 程序化电视广告示意

多屏时代，程序化电视购买的关键在于跨屏 ID 的识别和底层多屏数据的打通。过往互联网电视的用户分析只是单一针对用户收视习惯、内容偏好等进行粗略人群分析。海量的数字媒体资源面前，具有跨屏基因的程序化购买及大数据的场景化升级，渗透到海量用户的家庭场景中，可连接 PC、移动等设备数据，并结合 LBS、Wi-Fi 等场景化数据，完善整个大数据生态链，最大程度地立体覆盖目标用户。相比传统电视端，程序化电视拥有诸多核心功能——可定制化、流程化、自动化、跨屏多形式组合投放广告，并可实现最优营销策略推荐、效果预估、多维展现等。例如，某品牌香水，品牌标签：高端、时尚，目标用户锁定中高端用户，广告将在所有与产品定位和用户定位相符的节目与影视剧中展示。因此，用户将会在《美丽俏佳人》《非诚勿扰》《非你莫属》《中国好舞蹈》《中国好声音》《爱的多米诺》等视频内容中看到此品牌香水广告。通过内容画像、用户画像和广告画像的三者匹配，程序化电视可将特定广告精准推送到特定用户。未来，程序化购买或会从线上走到线下，从原有的 PC、移动、视频、社交，触达互联网电视、楼宇乃至汽车等任何一张屏幕。

【延伸阅读 14-2：智能电视与网络电视的区别】

传统电视被动看节目，只能选择频道，不能点播内容；只能实时按序收看，不能回放重播；只能接收信息，不能互动。智能电视则实现了内容点播、内容管理、双向互动等功能。而以上内容是网络电视也能做到的。

那么网络电视和智能电视区别究竟何在？

智能电视是一个平台，解决的是客厅娱乐的需求。除了电视节目外，智能电视更可能发展成为一个平台，支持客厅娱乐应用，比如游戏、KTV、家庭影院、家庭活动 App、家庭照片管理等。智能电视是有 OS 的，也是支持 App 的，因为这几个属性，所以更加智能。因为它能做的事情，是超过人们想象的，只要是用户在客厅或卧室的需求都可能被满足。

网络电视是将电视机、个人计算机及手持设备作为显示终端，通过机顶盒或计算机接入宽带网络，实现享受数字电视、时移电视、互动电视等服务的设备。网络电视机涉及简单的整机制造，而且涉及后台系统的开发，需要互联网内容提供商和技术提供商的相互合作。

目前网络电视面临的困局：网络电视是通过互联网实现电视内容的点播、管理等。但如今能点播的内容有限，并且面临淘汰，片源更新得也越来越缓慢，无法真正上网应用。这是相对而言，相比于智能电视，网络电视显得落后。网络电视不一定是智能电视，但是智能电视一定是网络电视。

【延伸阅读 14-3：未来电视满足家庭数字生态系统】

电视在以极快的速度改变，10 个理由在不远的将来让你认不出电视：

①频道将不复存在；

②告别遥控器；

③屏幕可以在任何地方做任何事；

④广告转向个人化；

⑤不单是观看，而且可以参与；

⑥可以虚拟地分享；

⑦更多的感官享受；

⑧你的电视听你的；

⑨半专业和业余拍摄的电视将大行其道；

⑩节目制作与观众兴趣和要求同步。

【延伸阅读 14-4：电视新名词】

IPTV	Connected TV	立体电视
Web TV	Internet Enhanced TV	超高清电视
Internet TV	OTT TV	交互电视
Mobile TV	Next Generation TV	点播电视
Mobil phone TV	Future TV	移动电视
Hybrid TV	模拟电视	有线电视
HbbTV	数字电视	卫星电视
OHTV	标清电视	地面电视
Smart TV	高清电视	

【延伸阅读 14-5：电视终端未来应用加载】

在未来，电视终端可在 DVB-C 机顶盒与应用视频云平台的支撑下，为用户提供越来越多基于 3D 的互联网应用、视频应用或桌面应用，如 3D 网页、3D 视频、3D 游戏等，如图 14-8 所示。

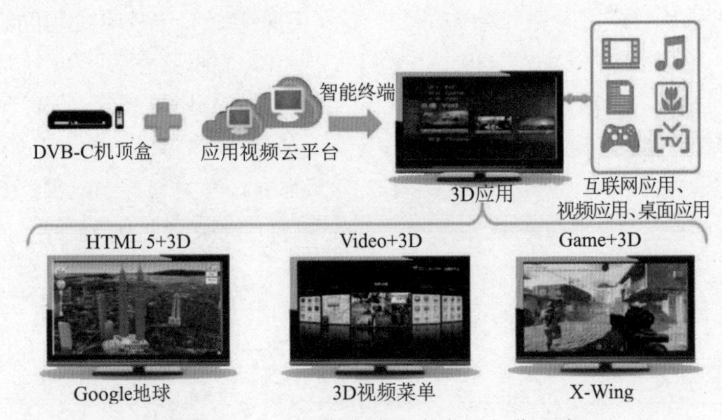

■ 图 14-8　电视终端未来应用加载示意

14.2.3　智能互联汽车终端

智能互联汽车以汽车为载物，融合通信、软件、信息、分析、识别等多种技术跨界参与[①]，是一个集环境感知、定位导航、路径规划、运动控制、规划决策、深度学习多等级辅助驾驶等功能于一体的综合系统。随着全触控车载操作系统、无线充电以及远程遥控停车等技术的扩展，其智能化服务和数据化媒体服务给人类驾乘带来的更安全、更舒适、更便利、更轻松的感受。作为继电视、计算机、手机之后的“第四屏”，智能互联汽车将成为未来移动互联网应用的主要环境和发展的重要节点[②]。当业界用互联网的思维和方式来重新审视未来的汽车时，自然会发现它不再只是一个代步工具，而是一个高度移动的超级移动智能终端[③]，既可以基于感知的信息做出应变，还能应对其他各方面的需求和任务。车联网将重新定义行业边界，如图 14-9 所示。

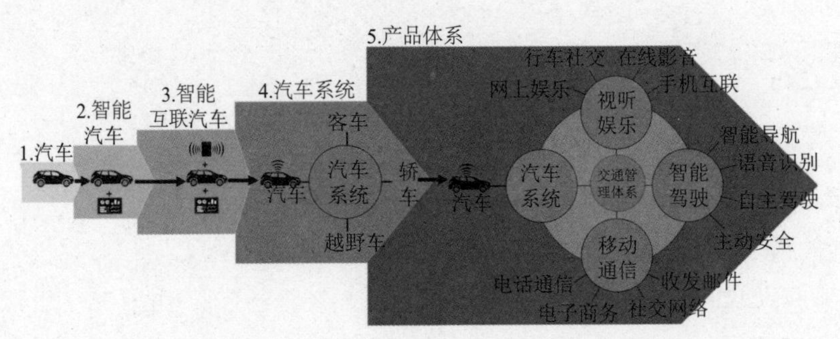

■ 图 14-9　车联网将重新定义行业边界

展望未来，汽车将从功能型电子（传统动力总成控制、车身控制、汽车安全控制等）逐步发展成信息服务交互型电子（视听娱乐、移动通信、智能驾驶、生活服务与安全防护等），未来甚至还将成为集个人计算机、互联网、云计算、大数据、车联网、人工智能、机器学习、场景识别等高端技术于一体的“智能移动机器人”[④]，实现“蛹化蝶”的蜕变。例如，工业 4.0 概念的提出，无疑将给汽车市场一个新的“在线化”制造的视角。驾驶者不仅可借助控制器或语音输

① 陈启书 . 引领下一个智能消费新革命：汽车行业研究报告 [J]. 上海证券 ,2014（12）.

② 吕怡然 . 新闻纸 : 在移动显示屏上落户——电子阅读器读报札记 [J]. 新闻记者，2010（12）：68-72.

③ 陈力丹 . 用互联网思维推进媒介融合 [J]. 当代传播，2014（6）：1-1.

④ 豆瑞星 . 智能互联汽车产业格局“三重奏”[J]. 互联网周刊，2010（18）：38-40.

入指令与车辆对话，实现空调控制、天窗控制、娱乐控制、舒适调节、导航等功能，避免视觉注意力分散所造成的危险；还可通过多点触控、体感动作识别等控制车辆的各项功能，如捏拉缩放、抚屏动作等，将驾驶员彻底从驾驶中解放出来，由此带来更加便捷、安全的驾控体验。此外，在互联网公司抢夺“第四屏”的路上，车载信息系统还承担着“车与车、车与人”以及车内信息处理的重要功能，是智能互联汽车互联化、智能化发展的核心。车载信息系统是汽车联网化、智能化的核心，如图 14-10 所示。

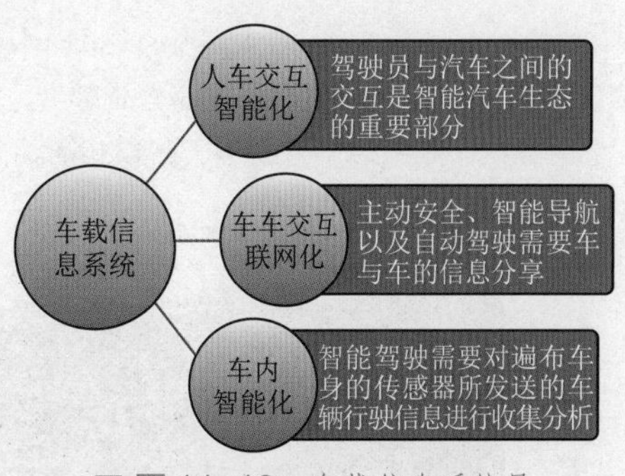

■ 图 14-10　车载信息系统是汽车联网化、智能化的核心

移动智能终端对无线网络用户使用习惯的培养，以及谷歌、苹果等互联网企业的加入，将加速车载信息系统的普及和更新换代。届时，汽车既是数据采集和感应器，又是实时信息的发布者，不同维度数据之间存在天然的联系。智能互联汽车的重要功能之一就是进行持续友好的“车与车、车与人”信息交互，构建车车互联、全方位服务的汽车生态环境，这必使人车互动相关的媒体形态具有更显著的数据化特性，如图 14-11 所示。

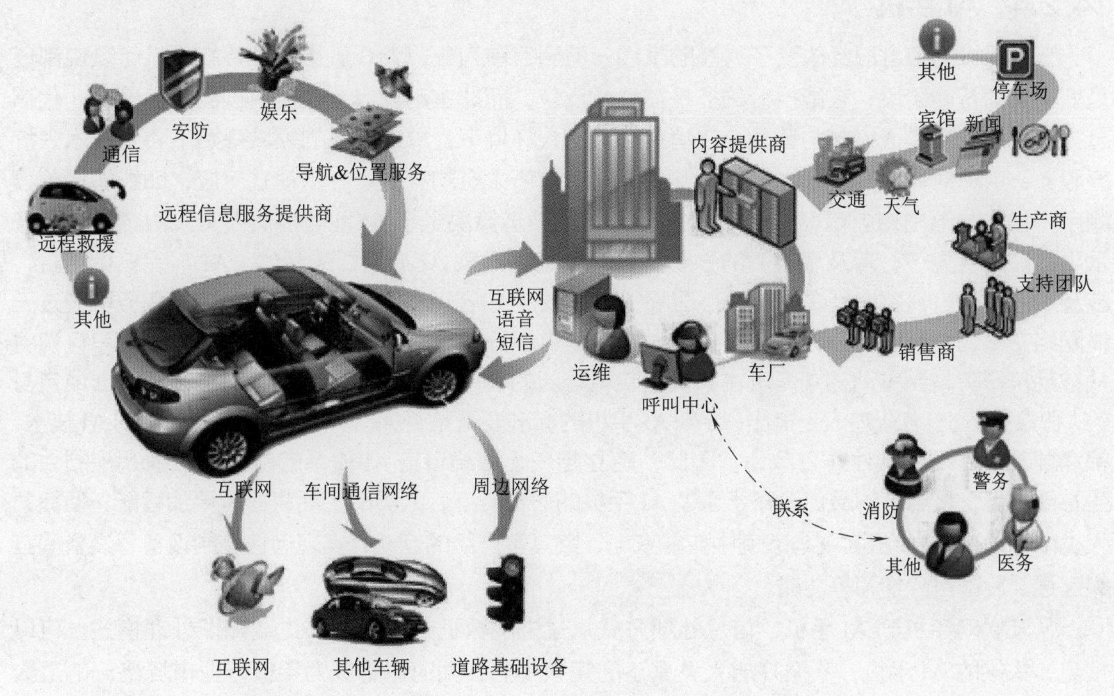

■ 图 14-11　智能互联汽车终端各应用场景数据化媒体服务

【实例分析 14-3：奔驰车载系统 Drive Kit Plus】

随着互联网公司积极涌入，把车载智能设备作为进攻方向之一后，传统车企也积极主动提升自身车载设备的智能化程度，满足当今互联、交互智能的大趋势和消费需求。一方面，传统车企加快了原有车载设备的升级改造，采用智能手机、智能手表等作为连接的入口方式，融入更多的交互智能因子，提升其智能化；另一方面，传统车企以开放的怀抱接纳互联网公司与之合作配合。

奔驰车载系统 Drive Kit Plus 如图 14-12 所示，需下载 Digital DriveStyle App 配合使用。通过 Digital DriveStyle App（奔驰自主研发），驾驶者可以将智能手机的内容直接映射到车载系统的屏幕上，进行更新微博、发布消息、发短信、打电话、听音乐等。驾驶者可以通过 COMAND 手动控制，也可以借助 Siri 发送语音命令。

■图 14-12　奔驰车载系统 Drive Kit Plus

14.2.4　AI 手机

智能手机的面世已经改变了人类的生活。但到目前为止，大众所称谓的智能手机可以说都还是处于被动智能阶段，它能执行的多是被动式反应，而非主动反应或是提前预测。随着新一代信息技术及应用的广泛兴起与普及，在消费升级的大环境下，越来越多的领域开始不断用技术去打磨服务，用户对体验的要求也已经上升到了一个前所未有的高度——主动式反应，即能够提前预测用户需求并给出相应指导。AI 的深度学习与精准运算决定了 AI 能够提供人类无法企及的服务水平，在此背景下，普及率极高的移动手机将会成为搭载 AI 最重要的载体。AI 与手机相结合，涉及用户认证、情感识别、自然语言理解、AI 视觉、内容审查等方面，繁重的计算任务可通过无线网络交由功能强大的云计算负责，并为用户提供更好的数据保护和电源管理功能，用户行为将从被动执行跨越到主动感知，可在手机上实现全新的智能人格化、智能化、超态化乃至形成自身的“智慧”生态。有业内人士指出，评判 AI 手机的标准要看是否拥有 AI 芯片，但再强大的 AI 技术，都需要与之匹配的硬件作为载体。因此，建立起一个围绕自身 AI 体系的能够施加强大控制力的生态圈手机，是当下的最优选择。通过 AI 手机的语音交互，人类的生活将变得更加智能、便捷，人类能够通过 AI 手机实现与家庭中智能家电、家具等产品的互动，实现远程控制设备、设备间互联互通、设备自我学习等功能。

从互联网手机到 AI 手机，信息处理方式从过去的数据处理模式演进成知识处理模式。可以预见，未来的 AI 手机，不但开启人类真正的智慧生活，同时也将成为手机行业市场格局的最大变数。例如，Apple 推出的 iPhone X 搭载的 A11 仿生处理器集成了一个每秒运算次数最高可达 6 000 亿次的神经网络引擎，能够让 Face ID 人的面部特征变化实现主动适应，并植入了更加智能的 Siri 语音服务，能提供提醒、查询等服务，Siri 甚至可以直接帮用户发微信，彻底解放了用户的双手。三星推出了融入 Google Assistant 人工智能语音助手功能 Bixby 2.0 与具备“指纹 + 虹膜 + 人脸”多种身份识别方式的旗舰手机，用户可通过 Bixby 操作手机，同时 Bixby 还能够对用户行为进行收集、分析和学习，从而为用户提供更多智能化服务。华为荣耀 Magic 搭载的 Magic Live 智慧系统将代表性智能算法的处理速度和性能功耗比提升一万倍，在移动端实时完成图像、语音和文本的理解和识别，拥有知晓用户"想做什么、要做什么，并主动提供服务与帮助"的能力，Magic Live 智慧系统还能通过外界感知反馈驾驶状态、识别主人的信息显示、靠近快递柜时自动呈现取件码等人性化服务。（荣耀 Magic 可实现的部分功能见表 14-1）

表 14-1　荣耀 Magic 可实现的部分功能

<table>
<tr><th>功　能</th><th>详　细</th><th>模　式</th></tr>
<tr><td>感知亮灭屏</td><td>拿起手机，眼睛看它的一瞬间，自动亮屏；放开手机，自动息屏</td><td rowspan="7">硬件监测
• 系统分析
• 硬软件反馈</td></tr>
<tr><td>智能锁屏</td><td>手机发现你在看屏幕时，屏幕不会自动熄灭</td></tr>
<tr><td>来电智能提醒</td><td>开车时来电，语音播报来电人，可直接语音控制接听 / 挂断</td></tr>
<tr><td>手握来电</td><td>手握时来电，手机仅震动提醒，铃声静音</td></tr>
<tr><td>Face Code</td><td>有新消息时，只有预先录入人脸信息的主人能看到详情；否则隐蔽</td></tr>
<tr><td>Auto Light</td><td>感知到弱光环境时，手电筒自动处于待命状态</td></tr>
<tr><td>Magic Auto</td><td>自动检测到用户处于驾驶状态，提示切换为 Magic Auto 驾驶模式</td></tr>
<tr><td>快递跟踪</td><td>识别手机中的快递，全流程跟踪，快递柜前一步取件</td><td rowspan="7">信息识别
• 系统分析
• 软件反馈</td></tr>
<tr><td>临时联系人</td><td>将手机内所有数据打通，如快递打电话来可显示快递名单和物品信息</td></tr>
<tr><td>智慧输入法</td><td>对聊天内容进行识别，定位位置或者天气信息，并且显示在输入法上</td></tr>
<tr><td>智慧推荐</td><td>识别社交软件中的关键词，提供扩展信息或购买渠道</td></tr>
<tr><td>智慧比价</td><td>识别购物时，在全网对同一商品进行比价</td></tr>
<tr><td>随行服务</td><td>如影随形的服务，辨识环境，变形成为用户当下需要的功能界面</td></tr>
</table>

14.2.5　服务机器人

根据国际机器人联盟的定义，服务机器人是一种半自主或全自主工作的机器人，它能完成有益于人类健康的服务工作，但不包括从事生产的设备，服务机器人的定位就是服务。服务机器人具有人机交互及识别、环境感知以及运动控制三大模块。交互模块包括语音识别、语义识别、语音合成、图像识别等，相当于人的大脑；感知模块借助于各种传感器、陀螺仪、激光雷达、照相机、摄像头等，相当于人的眼、耳、鼻、皮肤等；运控模块包括舵机、电机、芯片等。从机器人的功能特点上来讲，服务机器人与工业机器人的一个本质区别在于，工业机器人工作环境是已知和结构化的，而服务机器人工作环境是未知的，需要通过大量的传感器判断环境情况，从而做出反应。服务机器人需求场景根据市场化程度，可分为原有需求升级、现有需求满足与未知需求探索三类。服务机器人主要有专业服务机器人（特殊用途、国防用途、农业用途、医疗用途等）和个人 / 家庭服务机器人（家庭用途、娱乐休闲用途等）。目前，不同的行业应用产生了不同的服务机器人业态。未来，服务机器人将成为人类认知自然与社会、扩展智力，走向智慧生活的重要伴侣。数据显示，目前世界上至少有 48 个国家在发展机器人，其中 25 个国家已涉足服务型机器人开发。

服务机器人的核心技术包括人机交互、导航及路径规划、多机器人协调、人工智能、云计算等，其中人机交互是服务机器人场景化不可或缺的关键环节。在以机器人为中心的世界，用户体验从基于点击的行为转向会话（文本或者语音）以及互动从网络或面向应用转向消息或语音平台。人机对话中，尤其是多轮人机对话，涉及语音理解、语义分析、情感分析、动作捕捉等多个维度。随着语音交互、视觉图像交互、动作交互、脑电波交互等多模态人机交互技术的逐步发展和成熟，服务机器人正在酝酿一股可以彻底改善人们生活环境的力量，有望成为继计算机、手机之后的新一代移动智能终端，但与智能手机相比有质的飞跃，是真正具有自动或者自主功能的平台，甚至具有“人格化”的特征，或将成为人的替身。服务机器人是人工智能从虚拟世界联系物理世界的重要载体，是人类辅助终端从PC、智能手机质变成为“人格化”智能自主平台。PC和手机的大发展依赖于操作平台的统一，未来服务机器人同样可能基于某几类平台，快速增加应用。而服务机器人的人工智能处理和深度学习则无须本体来完成，其可以通过云端服务器来实现计算。服务机器人有望成为新一代移动智能终端，如图14-13所示。

思考题

14-1　简述用户行为消费的三种模式。

14-2　简述OTT服务的基本概念及其未来发展展望。

14-3　简述程序化广告的基本概念及其未来发展展望。

14-4　简述智能电视与网络电视的区别。

14-5　简述智能手机与AI手机的区别。

14-6　简述服务机器人的基本概念及其未来发展展望。

14-7　如何理解未来电视能满足家庭数字生态系统？

14-8　如何理解智能移动终端已成为移动互联网入口之争的重要工具？

14-9　为何智能互联汽车被视为高速移动的超级移动智能终端？

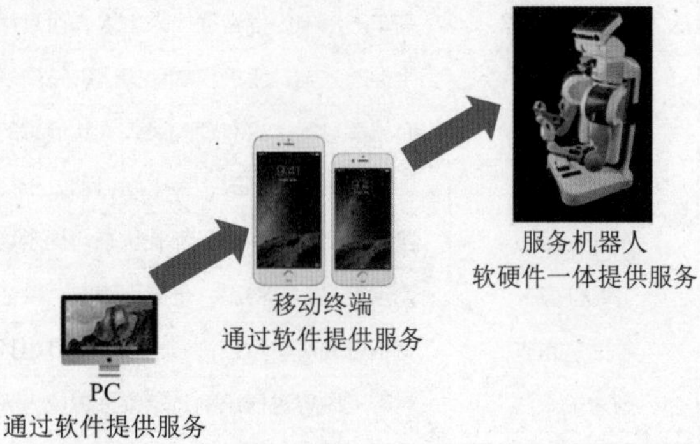

PC
通过软件提供服务
移动终端
通过软件提供服务
服务机器人
软硬件一体提供服务

■图14-13　服务机器人有望成为新一代移动智能终端

知识点速查

◆用户行为消费的三种模式：“注意商品—产生兴趣—购买愿望—记忆—购买行动”的模式（Attention-Interest-Desire-Memory-Action，AIDMA）、“引起注意—产生兴趣—进行搜索—购买行动—体验分享”（Attention-Interest-Search-Action-Share，AISAS）模式、“互相感知—产生兴趣—建立连接—购买行动—体验分享”（Sense-Interest&Interactive-Connect&Communication-Action-Share，SICAS）模式。

◆ OTT服务：指“Over-the-Top”服务，通常是指内容或服务基于基础电信服务之上但不需要网络运营商额外的支持。该概念早期特指音频和视频内容的发布，后来逐渐包含了各种基于互联网的内容和服务。典型的例子有Skype、Google Voice、App Store、微信等。

◆程序化广告（Programmatic Advertising）：是运用技术手段，对整个数字媒体广告投放过程中的各个环节进行信息化，并通过技术手段衔接为一体的一种工具。购买、投放、报表追踪、持续优化投放等全环节完全可通过程序化的方式来自动完成，从而提升媒介效率。程序化广告仅仅是广告行业的信息化工具，工具是要被营销人员应用才能发挥效用的，需要将媒介分析及优化策略通过工具落实，进而帮助通过程序化的手段去管理大量广告投放过程。

◆智能移动终端：随移动互联网的深入发展，中国移动智能终端将从“接入为王”时代向“内容为王”过渡，并最终进入“应用为王”的时代，信息获取、商务交易、交流娱乐、移动物联等应用成为推动产业发展的核心力量。

◆程序化电视是基于技术自动化和数据驱动，在展示的基础上购买和投放电视广告库存。程序化电视并不完全依赖于电视内容，还包括通过网络、移动设备、联网电视提供的数字电视广告，以及通过机顶盒提供的线性电视广告等。程序化电视的远景是获取等同甚至超越基于收视率（GPRs）的目标受众数据信息（如年龄、性别、到达率以及展示频次等），将更加精准化、个性化、实时化的广告内容推送到目标对象，为买方和卖方创造价值和提升运营效率。

◆智能互联汽车终端：展望未来，汽车将从功能型电子（传统动力总成控制、车身控制、汽车安全控制等）逐步发展成信息服务交互型电子（视听娱乐、移动通信、智能驾驶和汽车安全等），甚至还将成为集个人计算机、互联网、车联网、人工智能等高端技术于一体的“智能移动机器人”。

◆智能互联汽车以汽车为载物，融合通信、软件、信息、分析、识别等多种技术跨界参与，是一个集环境感知、定位导航、路径规划、运动控制、规划决策、深度学习多等级辅助驾驶等功能于一体的综合系统。随着全触控车载操作系统、无线充电以及远程遥控停车等技术的扩展，其智能化服务和数据化媒体服务给人类驾乘带来的更安全、更舒适、更便利、更轻松的感受。作为继电视、计算机、手机之后的“第四屏”，智能汽车将成为未来移动互联网应用的主要环境和发展的重要节点。

◆服务机器人是一种半自主或全自主工作的机器人，它能完成有益于人类健康的服务工作，但不包括从事生产的设备，服务机器人的定位就是服务。服务机器人具有人机交互及识别、环境感知以及运动控制三大模块。

◆服务机器人的核心技术包括人机交互、导航及路径规划、多机器人协调、人工智能、云计算等，其中人机交互是服务机器人场景化不可或缺的关键环节。在以机器人为中心的世界，用户体验从基于点击的行为转向会话（文本或者语音）以及互动从网络或面向应用转向消息或语音平台。

第15章 影响媒介的技术创新

本章导读

本章共分3节，内容包括新一代传送与计算技术、新一代多媒体呈现技术，以及新一代人工智能技术。

近年来，以移动互联网、社交网络、云计算、大数据为特征的第三代信息技术架构蓬勃发展。本章从新一代计算技术的云计算入手，分别介绍大数据、物联网、IPv6等计算和下一代网络内容；然后通过数据可视化、虚拟现实、增强现实、混合现实等技术介绍新的多媒体呈现技术的内容和应用；最后通过人工智能、深度学习、区块链等新的人工智能技术的介绍，全面介绍了这些技术的内容和应用，旨在通过阐述，突出新一代信息技术的“新”在网络互联的移动化和泛在化、信息处理的集中化和大数据化、信息服务的智能化和个性化。

学习目标

- ◆了解新一代传送与计算技术的内容和应用；
- ◆了解新一代多媒体呈现技术的内容和应用；
- ◆了解新一代人工智能技术的内容和应用；
- ◆掌握云计算、大数据、5G技术内容和应用；
- ◆掌握可视化、VR/AR、MR的典型应用；
- ◆理解人工智能、深度学习、区块链等的典型应用。

知识要点和难点

1. 要点

云计算、大数据、5G、物联网等传送与计算技术的应用；数据可视化、虚拟现实、增强现实、混合现实、全息影像、柔性显示等多媒体呈现技术的应用，给媒介的内容创造了更直观、丰富的呈现方式；理解人工智能、深度学习、生物识别、计算机视觉、用户画像、知识图谱、区块链等技术应用。

2. 难点

云计算、大数据、5G 技术的应用，可视化、VR/AR、MR 的典型应用。

15.1 新一代传送与计算技术

伴随网络互联的移动化和泛在化，近几年互联网的一个重要变化是手机上网用户超过桌面计算机用户。移动互联网的普及得益于无线通信技术的飞速发展。5G 无线通信不只是追求提高通信带宽，而是要构建计算机与通信技术融合的超宽带、低延时、高密度、高可靠、高可信的移动计算与通信的基础设施。未来信息网络发展的一个趋势是实现物与物、物与人、物与计算机的交互联系，将互联网拓展到物端，通过泛在网络形成人、机、物三元融合的世界，进入万物互联时代。

15.1.1 云计算

云计算是一种通过 Internet 以服务的方式提供动态可伸缩的虚拟化的资源（包括网络、服务器、存储、应用、服务等）的计算模式。云，是网络、互联网的一种比喻说法，即互联网与建立互联网所需要的底层基础设施的抽象体。“计算”当然不是指一般的数值计算，而是指一台足够强大的计算机提供的计算服务（包括各种功能，资源，存储）。“云计算”可以理解为：网络上足够强大的计算机提供的服务，这种服务是按使用量进行付费的。

云计算基本上实现了时间灵活性和空间灵活性，实现了计算、网络、存储资源的弹性。计算、网络、存储常称为基础设施，因而这个阶段的弹性称为资源层面的弹性，如图 15-1 所示。

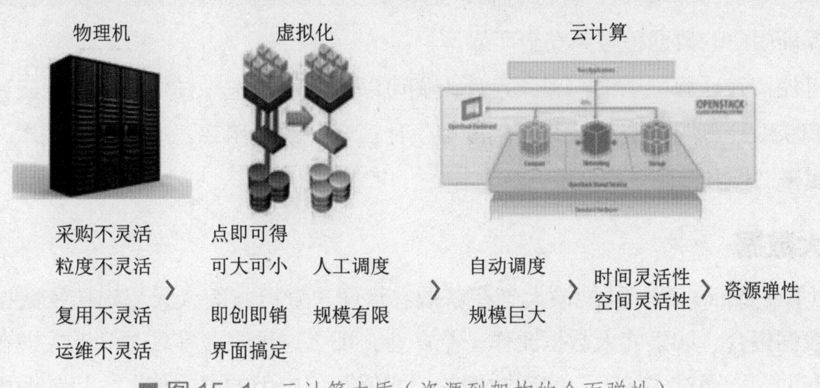

■图 15-1　云计算本质（资源到架构的全面弹性）

通常来讲，云计算具有按需自助服务、广泛的网络接入、快速弹性、资源池以及按使用量计费服务 5 个基本特征，具有混合云、私有云、社区云及公有云 4 种部署模式，同时包括基础设施即服务、平台即服务和软件即服务 3 种服务模式。云计算的基本概念如图 15-2 所示。

云计算有以下 5 个特性：

①基于互联网络：云计算是通过把一台台的服务器连接起来，使服务器之间可以相互进行数据传输，数据就像网络上的“云一样”在不同服务器之间“飘”。同时通过网络向用户提供服务。

■图 15-2 云计算的基本概念

②按需服务：“云”的规模是可以动态伸缩的。在使用云计算服务的时候，用户所获得的计算机资源是按用户个性化需求增加或减少的 。

③资源池化：资源池是对各种资源（如存储资源、网络资源）进行统一配置的一种配置机制。从用户角度看，无须关心设备型号、内部的复杂结构、实现的方法和地理位置，只需关心自己需要什么服务即可。从资源的管理者角度来看，最大的好处是资源池可以近乎无限地增减和更换设备，并且管理、调度资源十分便捷。

④安全可靠：云计算必须要保证服务的可持续性、安全性、高效性和灵活性。故对于提供商来说，必须采用各种冗余机制、备份机制、足够安全的管理机制和保证存取海量数据的灵活机制等，从而保证用户的数据和服务安全可靠。

⑤资源可控：云计算提出的初衷，是让人们可以像使用水电一样便捷地使用云计算服务，极大地方便人们获取计算服务资源，并大幅度提供计算资源的使用率，有效节约成本，使得资源在一定程度上属于“控制范畴”。

15.1.2 大数据

大数据（Big Data）是一种规模大到在获取、管理、分析方面大大超出传统数据库软件工具能力范围的数据集合。如果将大数据比作一个产业，那么这种产业实现盈利的关键在于提高对数据的“加工能力”，通过“加工”实现数据的“增值”和应用的“价值”。目前业界对大数据尚未形成公认的准确定义，但对其主要特征已有初步认定，即“8V”。

15.1.3 物联网

越来越多的研究机构致力于这样一个想法：一系列设备可以相互连接以收集和分享它们的感官信息。这些设备可以包括家电、汽车、建筑、相机和其他东西。这是一个技术和无线网络连接设备的问题，人工智能可以为了智能的、有用的目的去处理和使用所产生的大量数据。目前这些设备使用的是各种不兼容的通信协议。

物联网（Internet of Things，IoT）是互联网、传统电信网等信息承载体，让所有能行使独立功能的普通物体实现互联互通的网络。物联网是新一代信息技术的重要组成部分，是指借助 RFID 和传感器等信息传感设备，按照约定的协议，把任何物品与互联网连接起来，进行信息交换和通信，以实现智能化识别、定位、跟踪、监控和管理。物联网要求每一物件均可寻址，每一物件均可通信，每一物件均可控制，关注网络计算、汇聚、连接、通信、收集以及内容等，强调认知并主要体现在“8A”服务方面——Anytime（任何时间）、Anywhere（任何地点）、Anybody（任何人）、Anything（任何事件）、Anyservice（任何服务）、Anycontent（任何内容）、Anydevice（任何设备）以及 Anyconnection（任何网络）。

物联网具有三个层面的技术特性：全面感知、可靠传送、智能处理。全面感知依赖于无所不在的传感器，旨在更透彻、全方位地感知物质世界；可靠传送技术依托于互联网、移动通信网、云计算平台等，实现信息的实时、有效传递；智能处理技术利用大数据、云计算、模式识别等智能计算技术，对物质状态做出智慧回应，从而真正实现人与物、物与物的对话。物联网作为一种联通人与万物的媒介技术，将“人的延伸”发展到极致，也将会对整个社会的信息传播过程产生深刻影响。

物联网又使得万事万物进入信息互联当中，当物联网技术应用到传媒行业中，将对传媒产生新的影响，主要表现在以下几个方面：

①物联网使信息生产形式得到延伸：物联网的应用将增加信息资源的来源，扩大新闻生产主体。

②物联网使媒介与社会的融合更加深入：物联网的应用让传播终端无所不在，让媒介终端的场景化，LBS、传感器、大数据等物联网技术将无限拓展媒介终端的场景化基因，推动媒体更加智能化。

③物联网使用户的概念更加清晰：让用户平台得以延伸，用户分析得以多维化。要看到物联网和传媒在深远方向上的融合。传媒代表了大众化和信息化的一种载体，传媒领域可以为国家物联网的发展提供一个很好的支持，这个过程离不开传媒领域的梳理和引导。

15.1.4　IPv6

1. IPv6 的优势

计算机技术和通信技术的融合发展使 Internet 的应用和规模飞速发展，随着互联网创新应用的不断涌现，人们对互联网的规模、功能和性能等方面的需求越来越高。目前以 IPv4 协议为核心技术的互联网面临重大的技术挑战，包括地址资源紧缺、网络安全漏洞多、网络服务质量不高、网络性能和带宽无法满足用户需求等。

为了克服上述固有缺陷，IPv6 作为下一代互联网协议，其在地址空间、安全性、路由表空间大小、组播制作特性等方面有明显的改进。以 IPv6 技术为核心来建设和发展下一代互联网，这已经成为全球的共识。

IPv6 相比 IPv4 的技术优势如表 15-1 所示。

表 15-1　IPv6 相比 IPv4 的技术优势

IPv6 相比 IPv4 的优势	具体技术细节
更大的地址空间	IPv4 中规定 IP 地址长度为 32，即有 $2^{32}-1$ 个地址；而 IPv6 中 IP 地址的长度为 128，即有 $2^{128}-1$ 个地址
更小的路由表	IPv6 的地址分配一开始就遵循聚类的原则，这使得路由器能在路由表中用一条记录表示一片子网，大大减小了路由器中路由表的长度，提高了路由器转发数据包的速度
增强的组播支持以及对流的支持	这使得网络上的多媒体应用有一长足发展的机会，为服务质量控制提供了良好的网络平台
加入了对自动配置的支持	这是对 DHCP 协议的改进和扩展，使得网络（尤其是局域网）的管理更加方便和快捷
更高的安全性	在 IPv6 网络中，用户可以对网络层的数据进行加密并对 IP 报文进行校验，这极大地增强了网络安全

2. IPv6 引发信息传播新革命

下一代互联网技术将以 IPv6 为核心，成为产业发展的基础，以其他技术为先导，直接支撑移动互联网以及物联网的发展，引发社会新需求，改变社会发展方式。IPv6、移动互联网和物联网有着不可分割的密切联系，最终将改变人类信息的生产、传播、接收、应用等各个环节。

（1）移动互联网

IPv6 的出现从根本上解决了网络地址不够用的问题。同时，IPv6 在移动性方面的改进也让移动互联网更加稳定。而安全性的提高也让人们可以随时随地享受移动支付带来的便捷。移动互联网用户可以使用各种移动设备（如手机、平板计算机或者车载终端等）通过移动网接入网络，随时随地享用公共网络的服务。同时，移动互联网所提供的终端即时通信、视频、游戏、音乐、位置服务、移动广告等应用将得到爆发式的增长，互联网结合移动通信在业务上也将得到更为深度的融合，所衍生出的应用也会越来越多。

移动互联网这些重大变化对信息传播领域的影响也是巨大的，它将带来基于位置的信息传播革命。目前具有这种基于位置的信息传播模型式的程序已经出现，如微信、打车软件等。在未来，信息的传播、接收是随时随地进行的，移动互联网将是发布信息的基础。

（2）物联网

IPv6 的产生给物联网带来了新的突破。从传媒信息传播的角度，物联网对信息传播的各个环节也将产生巨大影响。就传播者和受众来讲，物联网会进一步拓展与扩大人类传播信息的能力。物联网通过信息技术手段扩大了互联网的意义，实现人与物的交流与对话，形成一个无处不在的网络环境。同时，新的视听体验与阅读方式也将产生，传统媒体的信息生产方式也要顺应新的阅读方式，生产出能满足用户需求的媒介内容。

对于媒介而言，物联网是新的媒介融合平台。物联网将突破互联网的限制，融入信息技术的各个领域，包括报纸、电视、互联网等传统媒介。在这种背景下，信息提供将突破单一的渠道，用户信息选择渠道也因此向多样化发展。

15.1.5　第五代移动通信

简单说，5G 就是第五代通信技术，主要特点是波长为毫米级、超宽带、超高速度、超低延时。1G 实现了模拟语音通信，“大哥大”没有屏幕只能打电话；2G 实现了语音通信数字化，功能机有了小屏幕可以发短信了；3G 实现了语音以外图片等的多媒体通信，屏幕变大可以看图片了；4G 实现了局域高速上网，大屏智能机可以看短视频了。1G~4G 都是着眼于人与人之间更方便快捷的通信，而 5G 将实现随时、随地、万物互联，让人类敢于期待与地球上的万物通过直播的方式无时差同步参与其中。5G 技术演进如图 15-3 所示。

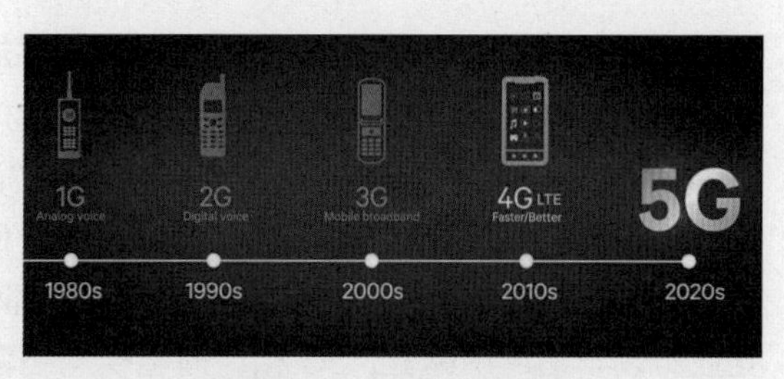

■ 图 15-3　5G 技术演进

5G 意味着什么？如果说 4G 改变的是人类生活，那么 5G 将会改变社会。因为它能够真正地实现人以及设备之间的相互连接，让整个世界都能变成一种“在线”状态。简单地讲，若 1G、2G 代表短信时代，3G 是照片时代，4G 是视频时代，那么 5G 将迎来虚拟现实与万物互联时代。5G 在未来行业的应用如表 15-2 所示。

表 15-2　5G 在未来行业的应用

行　业	说　明
物联网	由于 5G 技术具有更高的吞吐量，给万物互联提供了更高的可能性，智慧城市和智能家居就有可能实现并普及
自动驾驶	5G 低延时（车辆之间实现快速的数据同步以避免事故）、高速率（大量数据交换），使自动驾驶具有无限潜力
虚拟现实技术	VR 的实时传输需要很大的带宽，5G 技术 10 Gbit/s 的速率使虚拟现实实时传输成为可能（包括影视、直播和社交）
远程医疗	5G 的低延时，结合机器人技术，远程手术为拯救生命获得宝贵的时间

未来，5G 网络将推动互联网向物联网方向发展，随着传感器、人机交互、虚拟现实、增强现实等技术不断投入使用，一个人与人、人与物、人与媒体互联互通的“万物互联”世界即将形成。在此背景下，直接参与 5G 网络建设与创新 5G 应用产品的每一个组织，都有机会成为未来传播渠道的搭建者、社会交往的推动者、生活服务的提供者、智慧城市的建设者，乃至成为人们参与社会生活的中心枢纽之一。5G 应用演进如图 15-4 所示。

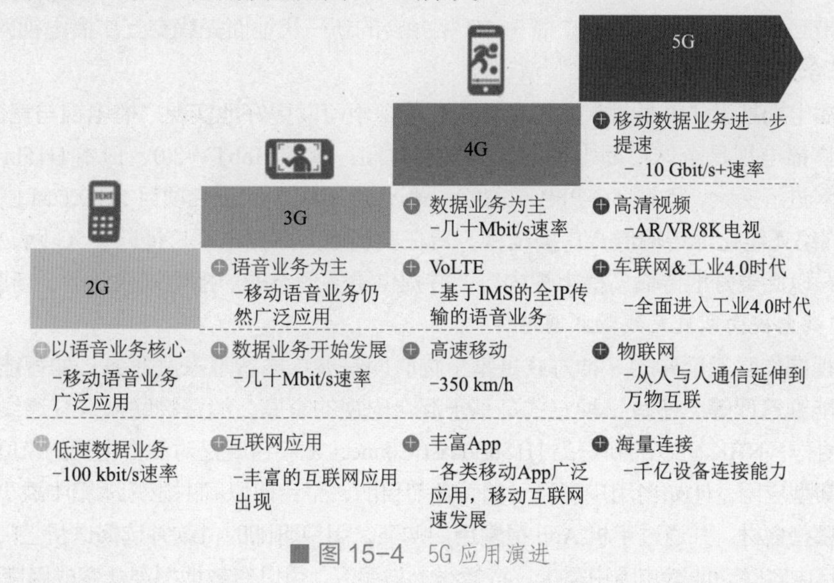

■ 图 15-4　5G 应用演进

15.1.6　广电 5G

随着 5G 独立组网标准正式发布，第一阶段标准化工作基本完成，全球 5G 进入产业全面冲刺阶段，世界范围内对 5G 的研发应用加速展开。

5G 的三大应用场景——eMBB（增强型移动宽带）、mMTC（海量机器类通信，如物联网）、uRLLC（超高可靠与低时延通信，如车联网与自动驾驶）均有着丰富的可以以广播 / 组播方式实现的用例，这使得广播电视业务与 5G 的融合发展想象空间巨大。

5G 的发展定位是“通用型”技术，即任何行业都可以受益于 5G 技术的使用，比如各主流运营商都把广电行业作为 5G 重要的垂直行业发展对象。对于广电网络，需要开展个性化、交互业务以丰富用户体验，5G 和广播电视网络融合逐渐成为研究热点。从 2018 年开始，CCBN、NABShow、IBC 等全球三大广播影视技术设备展积极跟进，引领行业探讨 5G 时代的广播电视发展方向。与 5G 技术的融合对“智慧广电”业务的发展提升，面临重大机遇。国际上看来，5G 与广电业务的融合发展呈现出以下七大趋势。

（1）注重平台构建、内容建设

平台构建是一个很重要的发展方向。 在国内，由工信部、发展改革委、科技部多部门共同支持成立的 5G 推进组对 5G 在各个重要垂直行业的应用进行探索研究，“视频新媒体”即是其中一大垂直领域。为向 5G 用户提供优质的视频服务，欧美运营商已着手进行优质内容储备，如 Comcast 收购欧洲付费电视机构 Sk15、美国第二大移动通信运营商 AT&T 收购时代华纳，都是在以优质的电视内容为即将到来的 5G 商用做战略储备。

（2）发展全 IP 广播电视

广播电视节目内容的 IP 分发是全球一大发展趋势，下一代数字电视标准、下一代卫星数字电视标准都是全 IP 传输。一种被广泛看好的是端到端的全 IP 广播电视，云、管、端协同布局实现全 IP 贯通。下一代的无线广播电视趋于在应用层实现个性化的全媒体呈现及应用，在协议层进行统一的全媒体内容耦合并采用全 IP 传输方式，在物理层着重考虑与 5G 系统相兼容的数据帧结构设计以及窄带回传技术，最终实现广播与 5G 相融合的新一代地面无线交互广播电视网络。

（3）混合广播电视向“无线化”演进

混合广播电视基于“IP 插播”功能和无线化的探索可以更好地实现广播电视与宽带的“无缝”融合。混合广播电视是全球广播电视的重要发展方向，欧洲 HbbTV 2.0、日本 H15bridcast 2.0 等都在基于固网进行探索，欧盟 5G-PPP（5G 公—私合作组织）的研究项目 5G-Xcast 已经在探索如何通过 5G 网络无线化地传输混合广播电视，旨在实现地面数据电视广播网、5G 网、无线宽带网的无缝融合，以此更好地传输广播电视内容，并提供更多形态的广播电视新业务、新服务。

（4）广播电视向家庭无线物联网延伸

广播电视向物联网延伸的一种方式是基于物联网开展广电智慧家庭业务，如智能家居、家庭安防、家庭能源管理等。还有一种方式是基于混合电视的家庭、消费物联网，打通线上线下，有助实现台网协作。NHK 研发的新产品 H15bridcast Connect X 平台就是对混合电视的家庭、消费物联网的一种创新型应用，比如当用户观看一档美食节目时，平台可以同时感知冰箱中缺少烹饪节目中美食所需的哪些食材，并通过手机 App 提醒用户购买，用户可即时付款并选择送货上门。这样通过结合电视节目内容联动地感知用户需求，打通线上与线下，可以有效地把观众变成用户。

（5）广播电视向车联网延伸

车联网与广播电视的结合具有广阔的市场和应用空间，也有着较强的实践操作性。车联网能够增强驾驶人的行车安全，更趋智能化地完成驾驶任务，同时也是媒体内容消费的潜在场景。进入 5G 时代，汽车会逐步发展为自动驾驶，车载新型显示屏幕技术也在快速发展，广播电视可发挥媒体内容优势与车联网相结合，快速圈定用户，提供车辆信息服务和车内媒体服务。

（6）广播电视向更强沉浸感演进

随着技术、业务和终端产品的发展革新，广播电视业务向着能够提供给用户更强沉浸感的方向演进。欧洲最大的有线电视网络公司 Libert15 Global 在 IBC 2017 期间发布的报告指出，增强现实、虚拟现实将兴盛于千兆接入时代，5G 网络千兆的实际体验速率刚好可以满足其需求。除了分发传输，下一步还要推动虚拟现实内容、终端价格、使用体验的发展甚至质变。

（7）广播电视与人工智能结合应用

人工智能（AI）与广播电视的结合运用非常广泛，在语音播报、新闻采编、电视语音指令控制、家庭安防、电视陪伴机器人等领域有着巨大的发展前景。此外，人工智能与家庭安全管理相结合，能够进一步加强家庭居住的安全性和舒适性。AI 技术与 5G 技术融合，形成“广播电视 +5G+AI”的组合，“威力”将会更强大。比如，通过部署 5G 无线摄像头可以触及有线网络难以达到的盲区，运用 5G 高速传输网络下的高清图像给予人工智能技术（如计算机视觉）高质量的判别基础，在紧急的情况下，还可以对入侵行为直接报警。

总之，无论是广播电视台，还是有线电视网络公司，都对 5G 的发展以及广播电视与 5G 的融合非常关注。可以预见，在即将到来的 5G 时代，广播电视与 5G、物联网、人工智能、大数据分析等的融合，必将助力“智慧广电”更好更快发展。

15.1.7 SDN

软件定义网络（Software Defined Network，SDN）是一种软件集中控制、网络开放的三层体系架构，如图 15-5 所示。应用层实现对网络业务的呈现和网络模型的抽象；控制层实现网络操作系统功能，集中管理网络资源；转发层实现分组交换功能。应用层与控制层之间的北向接口是网络开放的核心，控制层的产生实现了控制面与转发面的分离，是集中控制的基础。

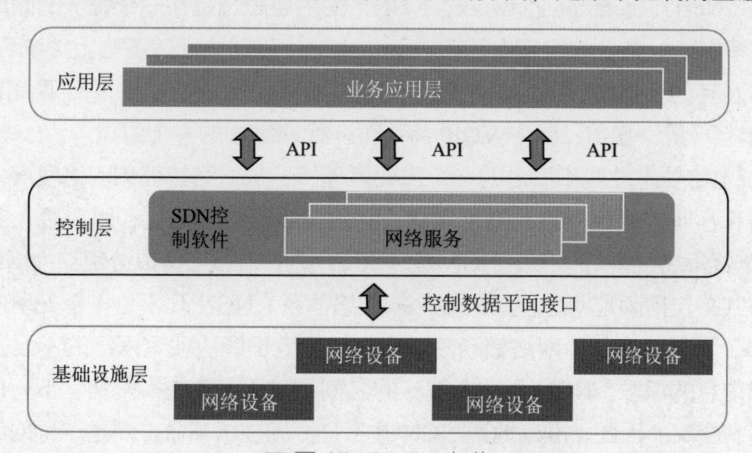

■图 15-5 SDN 架构

SDN 是一种新型的网络架构，它的设计理念是将网络的控制平面与数据转发平面进行分离，从而通过集中的控制器中的软件平台去实现可编程化控制底层硬件，实现对网络资源灵活的按需调配。在 SDN 网络中，网络设备只负责单纯的数据转发，可以采用通用的硬件；而原来负责控制的操作系统抽象为独立的网络操作系统，负责对不同业务特性进行适配，而且网络操作系统和业务特性以及硬件设备之间的通信都可以通过编程实现。

5G 带来的不仅仅是更高的带宽和更低的延迟，其灵活、敏捷、可管理等特性，还将为运营商打造更多创新服务，以更好地应对 OTT 的冲击。SDN 将是实现这一切的基础，其同时改变了传统的一个应用一个硬件的“烟囱”架构。目前已经有越来越多的 5G 架构开始基于 SDN 理念构建，例如移动通信网 NGMN 设想的架构，借助硬件和软件分离，以及 SDN 和 NFV 提供的可编程能力，全面覆盖 5G 的各个方面，包括设备、移动 / 固网基础设施、网络功能等，从而实现 5G 系统的自动化编排。

15.1.8　三网融合

三网融合是指以 Internet 为代表的数字通信网、以电话网（包括移动通信网）为代表的传统电信网和以有线电视为代表的广播电视网在向下一代电信网、下一代互联网、下一代广播电视网演进过程中，三大网络通过技术改造，其技术功能趋于一致，业务范围趋于相同，网络互联互通、资源共享，能为用户提供语音、数据和广播电视等多种服务的融合网络。

三网代表现代信息产业中三个不同行业，即电信业、计算机业和有线电视业。三网融合打破了此前广电企业在内容输送、电信在宽带运营领域各自的垄断，明确了互相进入的准则——在符合条件的情况下，广电企业可经营增值电信业务、比照增值电信业务管理的基础电信业务、基于有线电视网络提供的互联网接入业务等；电信企业在有关部门的监管下，可从事除时政类节目之外的广播电视节目生产制作、互联网视听节目信号传输、转播时政类新闻视听节目服务，IPTV 传输服务、手机电视分发服务等。

15.1.9　下一代网络

下一代网络（Next Generation Network，NGN）的主要思想是在一个统一的网络平台上以统一管理的方式提供多媒体业务，整合现有的市内固定电话、移动电话的基础上（统称 FMC），增加多媒体数据服务及其他增值型服务。其中话音的交换将采用软交换技术，而平台的主要实现方式为 IP 技术，逐步实现统一通信，其中 VOIP 将是下一代网络中的一个重点。

NGN 是传统电信技术发展和演进的一个重要里程碑。从网络特征和网络发展上看，它源于传统智能网的业务和呼叫控制相分离的基本理念，并将承载网络分组化、用户接入多样化等网络技术思路在统一的网络体系结构下实现。NGN 是以软交换为控制核心、以分组交换网络为传输平台、结合多种接入方式（包括固定网、移动网等）的网络体系。NGN 几乎是一个无所不包的网络，将电话网、移动网、互联网等各种网络都涵盖进来，目的就是解决现有网络的不足，满足人类对移动性和大数据量信息的需求。NGN 是一个宽泛的名词，包括了软交换网络、下一代互联网以及下一代移动网的所有含义。因此，准确地说 NGN 并不是一场技术革命，而是一种网络体系的革命。

15.1.10　下一代互联网

下一代互联网（Next Generation Internet，NGI）是为解决传统的基于 IPv4 的互联网面临的系列问题而提出的，是指比现行的互联网具有更快的传输速率、更强的功能、更安全和更多的网址，能基本达到信息高速公路计划目标的新一代互联网。NGI 的发展远景是将彩色视像、声音和文字等多媒体集成在大型计算机上，以便能在网络上展示，建立一个工作、学习、购物、金融服务以及休闲的环境。这种环境的界面一致，系统安全、可靠和保证隐私。用户可以经过选择得到不同水平的服务。站在技术的视角来看，NGI 将是高速、宽带、可支持全业务、不面向连接、无复杂流程的混合网结构，具有可管理性、可维护性、能保证服务质量的电信级 IP 网。

中国下一代互联网（China's Next Generation Internet，CNGI）与国外进行的 NGI 试验有所不同。由于中国电信运营商的积极参与，CNGI 更加重视支持服务质量的体系和技术的研究，在意对无线和移动业务的支持，以走向商业应用为目标关注网络和业务的可控可管。CNGI 项目在国际上第一次提出鼓励开展旨在促进 NGI 与 NGN 在技术发展方向上协调的研究试验，实际上 CNGI 在探索 NGI 与 NGN 融合之路。

15.1.11　下一代广播电视网

中国下一代广播电视网是由科技部和新闻出版广电总局联合组织开发建设，以有线电视网数字化整体转换和移动多媒体广播电视（China Mobile Multimedia Broadcasting，CMMB）的成果为基础，以自主创新的"高性能宽带信息网"核心技术为支撑，构建的适合中国国情的，"三网融合"的，有线无线相结合的，可同时传输数字和模拟信号的，具备双向交互、组播、推送播存和广播 4 种工作模式的，可管可控可信的，全程全网的宽带交互式下一代广播电视网络。NGB 具备网络（全程全网、宽带双向、扁平汇聚、混合传输、智慧家庭等）、管控（内容可管、业务可控、网络可信、服务可靠等）、终端（家庭网关、高清呈现、多模接入、智能交互、透明计算等）以及业务（互联互通、开放共享、个性互动、智能提供等）4 方面基本特征。

NGB 的核心传输带宽将超过 1 Tbit/s、保证每户接入带宽超过 40 Mbit/s，可以提供高清晰度电视、数字视音频节目、高速数据接入和话音等"三网融合"的"一站式"服务，使电视机成为最基本、最便捷的信息终端，使宽带互动数字信息消费如同水、电、暖、气等基础性消费一样遍及千家万户。同时，NGB 还具有可信的服务保障和可控、可管的网络运行属性，能够满足未来 20 年每个家庭"出门就上高速路"的信息服务总体需求。

15.1.12　OTT

OTT 是"Over The Top"的缩写，是指通过互联网向用户提供各种应用服务。这种应用和目前运营商所提供的通信业务不同，它仅利用运营商的网络，而服务由运营商之外的第三方提供。目前，典型的 OTT 业务有互联网电视业务、苹果应用商店等。

OTT 服务也称 OTT 业务。OTT Service 是指 Over-The-Top 式服务，通常指一种架构在网络运营商提供的网络之上的服务业务，如 Skype、Google Voice、QQ 等。它可以由网络运营商提供，也可以由第三方提供。目前第三方提供的更多，网络运营商由于 OTT 业务的兴起，日益被管道化。它被称为 OTT 服务，是因为它运营在用户已经获得的网络之上，而且不需要网络运营商额外的商业 / 技术支撑。

OTT 业务的鼻祖来源于 Skype 公司，当年，Skype 发明了网络电话，可以让人们免费高清晰与其他用户语音对话，也可以拨打国内国际电话。后来谷歌等互联网企业也都效仿，利用运营商的宽带网络发展自己的免费语音通话业务。在国内，腾讯的微信崛起，并以社交业务的形式出现，但仍是典型的OTT业务，因为微信可以实现免费语音通话。

15.2 新一代多媒体呈现技术

今天的互联网无疑是一个多姿多彩的平台，各种图片、声音、视频乃至互动式应用都已为人们所熟识。不过，人们的欲望似乎永无止境，很多时候，人们还是会对不同平台、过于繁复的互联网应用体验而懊恼，这也就呼吁着新一代统一的互联网应用平台技术的再次升级。

虚拟现实、增强现实、混合现实、数据可视化、全息影像、柔性显示、全媒体技术等技术的应用，为图片、声音、视频乃至人与机器互动不仅是可视化呈现，而且带来立体、多方位的深度互动、沉浸体验，提升了用户体验。

15.2.1 数据可视化

数据可视化，是指将相对晦涩的数据通过可视的、交互的方式进行展示，从而形象、直观地表达数据蕴含的信息和规律。可视化技术是利用计算机图形学及图像处理技术，将数据转换为图形或图像形式显示到屏幕上，并进行交互处理的理论、方法和技术。它涉及计算机视觉、图像处理、计算机辅助设计、计算机图形学等多个领域，成为一项研究数据表示、数据处理、决策分析等问题的综合技术。

人类利用视觉获取的信息量，远远超出其他器官。人类的眼睛是一对高带宽巨量视觉信号输入的并行处理器，拥有超强模式识别能力，配合超过50%功能用于视觉感知相关处理的大脑，使得人类通过视觉获取数据比任何其他形式的获取方式更好。大量视觉信息在潜意识阶段就被处理完成，人类对图像的处理速度比文本快6万倍。传统统计方法（平均值、中位数、范围等）处理的数据，人们很难看出规律，可视化可以帮助发现数据的规律以及更好记忆。

数据可视化可以是静态的或交互的。几个世纪以来，人们一直在使用静态数据可视化，如图表和地图。交互式的数据可视化则相对更为先进：人们能够使用计算机和移动设备深入这些图表和图形的具体细节，然后用交互的方式改变他们看到的数据及数据的处理方式。

数据可视化不仅是一门包含各种算法的技术，而且是一个具有方法论的学科。一般而言，完整的数据可视化流程（见图15-6）包括以下内容：

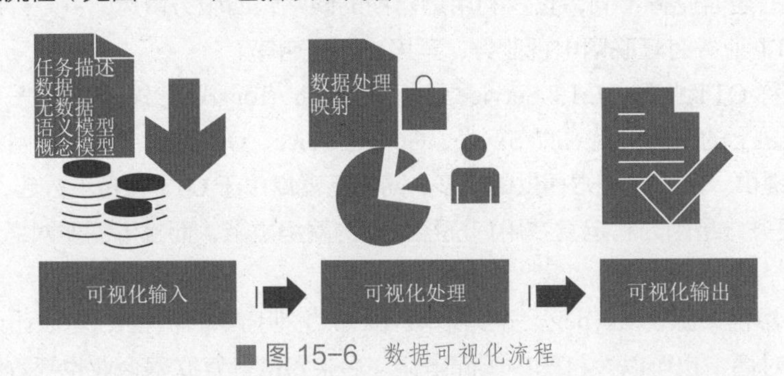

■图15-6　数据可视化流程

①可视化输入：包括可视化任务的描述，数据的来源与用途，数据的基本属性、概念模型等。

②可视化处理：对输入的数据进行各种算法加工，包括数据清洗、筛选、降维、聚类等操作，并将数据与视觉编码进行映射。

③可视化输出：基于视觉原理和任务特性，选择合理的生成工具和方法，生成可视化作品。

15.2.2　虚拟现实

虚拟现实技术（VR）是一种基于计算机生成的沉浸式交互环境，具体地说，就是采用以计算机技术为核心的现代高科技生成逼真的视、听、触觉一体化的特定范围的虚拟环境，用户借助必要的设备以自然的方式与虚拟环境中的对象进行交互作用、相互影响，从而产生身临其境的感受和体验。VR 效果呈现如图 15-7 所示。

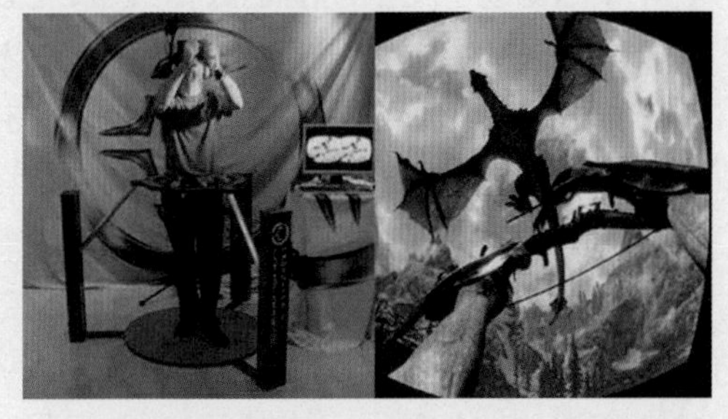

■ 图 15-7　VR 效果呈现

虚拟现实技术不仅仅是这些工具和显示器、传感手套的技术，还应包括一切与之有关的具有自然模拟、逼真体验的技术与方法。它要创建一个酷似客观环境又超越客观时空，能沉浸其中又能驾驭其上的和谐人机环境，也就是一个由多维信息所构成的可操纵空间。它的最终目标是真实的体验和方便自然的人机交互，能够达到或部分达到这样目标的系统就称为虚拟现实系统。

VR 系统一般包括用户控制系统，如人体运动监测、控制杆、键盘、鼠标等控制设备，视觉、听觉、触觉、嗅觉、味觉等人类感觉方面的仿真反馈系统、处理系统，以及人类感知的信息显示系统，即显示器、音响、三维座椅等。其中，视觉、听觉的控制和仿真是目前 VR 较为主要的发展方向，而头盔式增强型随身看显示系统则是用户使用的主要产品形式。VR 已经广泛应用于航天、医学、军事、工程等各种尖端科技领域中，并将作为一种先进的技术手段更为广泛地应用于视频、游戏、新媒体、室内设计、房产、地理、教育等领域。VR 虚拟现实系统特点包括：沉浸感、交互性。

虚拟现实技术演变发展史大体上可以分为 4 个阶段：有声形动态的模拟是蕴涵虚拟现实思想的第一阶段（1963 年以前）；虚拟现实萌芽为第二阶段（1963—1972 年）；虚拟现实概念的产生和理论初步形成为第三阶段（1973—1989 年）；虚拟现实理论进一步的完善和应用为第四阶段（1990—2004 年）。

15.2.3　增强现实

增强现实（AR）是在虚拟现实的基础上发展起来的，是一种将真实世界信息和虚拟世界信息“无缝”集成的新技术，其将计算机生成的虚拟物体、场景或系统提示信息叠加到真实场景中，从而达到超越现实的感官体验。AR 综合运用计算机图形、光电成像、融合显示、多传感器、图像处理、计算机视觉等多门学科，具备虚实结合、实时交互、三维注册三大特点，真实的环境和虚拟的物体被实时地叠加到了同一个画面或空间并在其中同时存在。VR 强调的是虚拟世界给人的沉浸感，强调人能以自然方式与虚拟世界中的对象进行交互操作；AR 则强调在真实场景中融入计算机生成的虚拟信息的能力，其并不隔断观察者与真实世界之间的联系。相比之下，AR

技术还处在发展初期阶段，较 VR 要滞后 5~11 年。AR 应用示意如图 15-8 所示。

■图 15-8　AR 应用示意

VR 和 AR 将颠覆传统模式，提供终极的个人运算体验，成为新一代人机交互平台。良好的用户体验是人机交互的核心诉求，而键盘、鼠标、显示屏等传统设备又不能满足数据维度日益增加的要求，因此 VR 和 AR 这类具有“卓越沉浸体验，让计算机去适应人”的科技将成为人机交互新的接口。其中，VR 致力于与虚拟世界中的物体进行自然的交互，从而通过视觉、听觉、触觉等获得与真实世界相同的感受；AR 以 VR 为基础，将实现虚拟世界与现实世界的交互，将真实的环境和虚拟的物体实时地叠加到同一个画面或空间从而使其同时存在。考虑到成本和传输两大问题，VR/AR 设备将脱离计算机手机，并成为类似手机、平板计算机一样的移动智能终端，存在平台化趋势。VR 与 AR 原理比较如表 15-3 和图 15-9 所示。

表 15-3　AR 与 VR 的对比

区　别　点	AR	VR
交互区别	AR 是现实场景和虚拟场景的结合，所以基本都需要摄像头，在摄像头拍摄的画面基础上，结合虚拟画面进行展示和互动	纯虚拟场景，所以 VR 装备更多的是用于用户与虚拟场景的互动交互，更多的使用是位置跟踪器、数据手套、动捕系统、数据头盔等
技术区别	AR 应用了很多 Computer Vision 的技术，AR 设备强调复原人类的视觉的功能，比如自动去识别跟踪物体，而不是手动去指出	VR 类似于游戏制作，创作出一个虚拟场景供人体验，其核心是 Graphics 各项技术的发挥，主要关注虚拟场景是否有良好的体验

AR 本身是一项技术，围绕着 AR 的技术，从底层的硬件，到工具链，包括现实增强的算法、开发框架、AR 识别、导航等，一直到云平台、内容分发，到在各个领域的应用，如娱乐、营销、工业、医疗、教育等方面，可以说 AR 是作为重要技术渗透到各行各业之中的。

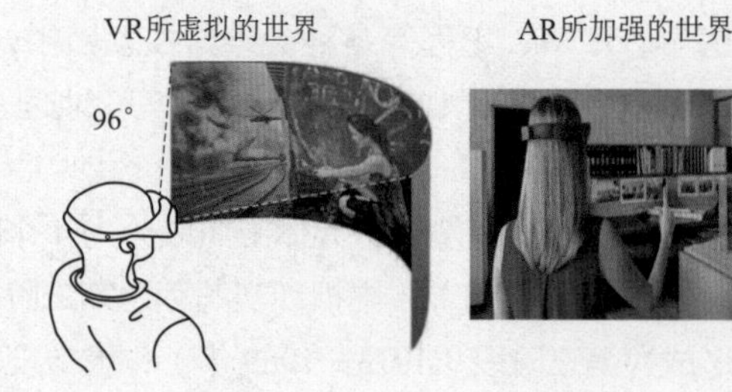

■图 15-9　VR 与 AR 原理比较

随着 VR 设备沉浸感的增强，用户在家里即可通过一台 VR 头盔去完成许多以往无法完成的事情，从而不再受时间和空间的束缚。例如，用户可以通过 VR 设备在家里观看电影，从而减少了去电影院的次数；足不出户就可以欣赏到名胜古迹的风景，从而降低了外出轻度旅游的频率；在家网购时结合 AR 系统完成虚拟试衣，从而省去了去实体店的试穿的时间；通过 VR 设备学习减少了去学校或者补习班的次数；远程会议将避免用户商务出行的麻烦；通过 AR 呈现广告信息将降低对 LED、广告牌等资源的消耗。新的交互方式，将会促使生活方式的变革。

15.2.4　混合现实

混合现实（Mixed Reality，MR）是由“智能硬件之父”多伦多大学教授 Steve Mann 提出的介导现实，全称 Mediated Reality。在 20 世纪七八十年代，为了增强简单自身视觉效果，让眼睛在任何情境下都能够“看到”周围环境，Steve Mann 设计出可穿戴智能硬件，这被看作初步对 MR 技术的探索。VR 是纯虚拟数字画面，而 AR 是虚拟数字画面加上裸眼现实，MR 是数字化现实加上虚拟数字画面。从概念上来说，MR 与 AR 更为接近，都是一半现实一半虚拟影像。MR 技术结合了 VR 与 AR 的优势，能够更好地将 AR 技术体现出来。

混合现实是基于增强现实和虚拟现实之后更先进的一种技术，将几种不同的类型的技术，包括传感器的使用、更先进的光学设备和最先进的计算机结合到一起。所有这些技术将被整合成一个单一的设备，为用户提供增强全息实时数字内容，并且增加到虚拟空间中，带来一种让人难以置信的现实和虚拟场景。混合现实概念图如图 15-10 所示。

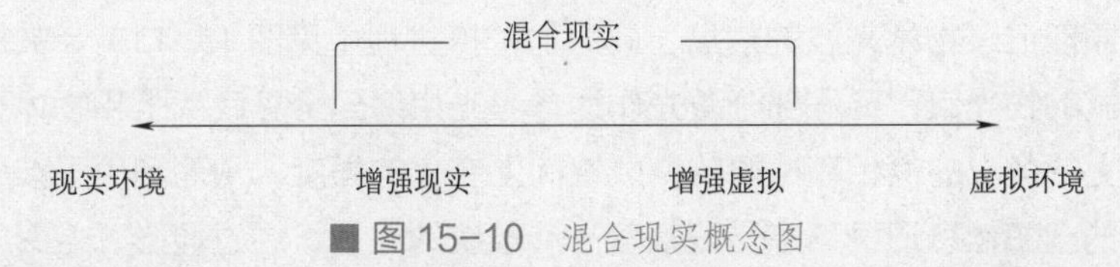

■ 图 15-10　混合现实概念图

AR 往往被看作 MR 的其中一种形式，因此在当今业界，很多时候为了描述方便或者其他原因，就把 AR 也作为了 MR 的代名词，用 AR 代替了 MR。二者的区别在于虚拟物体的相对位置是否随设备的移动而移动。如果是，就是 AR 设备；如果不是，就是 MR 设备。例如，如果 AR 技术显示墙上有一个钟表，用户肯定是能分辨出那是设备投射出来的；而通过 MR 系统投射的虚拟钟表，无论用户怎么动，它都会待在固定的位置，随着用户的旋转可以看到它不同的角度，还会投射影子到墙上，就好像那里本来就有一个真正的钟表一样。

MR 在众多领域都有无限的应用前景，如体育、音乐、电视、艺术、时尚、商业、教育、医学、室内设计、零售、建筑和房地产等。混合现实将逐渐取代移动设备，并且慢慢取代生活中的电视、笔记本和平板电脑等。

混合现实将不仅仅是另一个先进的游戏控制台。例如，图 15-11 所示机器人在墙上撞毁，并向用户发射武器。

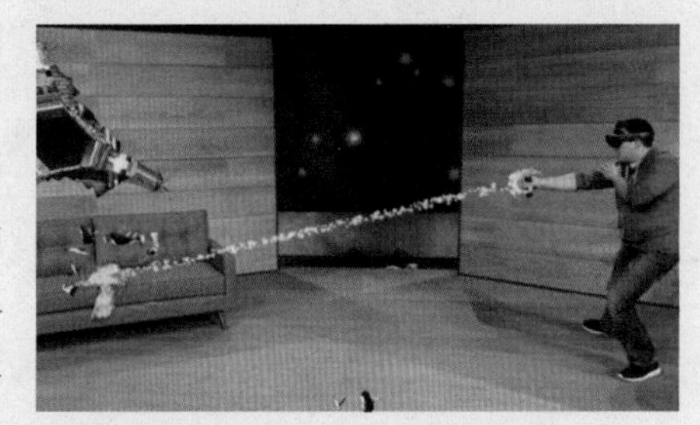

■ 图 15-11　MR 游戏示意图

混合现实是 VR 和 AR 的混合体。例如，虽然它使用像 VR 一样的耳机，透过半透明的视口或玻璃，但它也会在我们的环境中投射视觉效果。同为现实增强技术，MR 可以将现实世界中很难体验到的信息（如画面、声音、味道、触觉等）通过模拟仿真后再叠加，将虚拟的信息应用到真实世界，被人类感官所感知，从而达到超越现实的感官体验。随着电子产品的普及和广泛应用，这一技术的前途无可限量。

15.2.5　全息影像

随着科学技术的发展和进步，研究人员发明了一种基于全息技术的衍生技术——全息投影技术。全息影像可以说是科幻电影或电视剧里必含的元素之一，无论是星球大战还是星际迷航都不例外。澳洲国立大学（Australian National University）的研究人员发明了一种微型设备，可创造出高画质的全息影像，在不久的将来亦可以像科幻电影里的角色一样，将全息图应用在日常生活当中。相较于一般照片和计算机屏幕只能显示部分的二维信息，全息图能存储和重现三维影像中光所携带的全部信息，因此能执行复杂的光线操作，如图 15-12 所示。

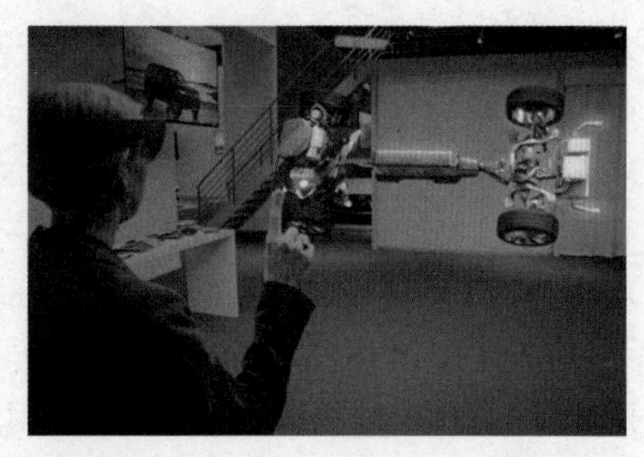

■ 图 15-12　最真实的虚拟——全息投影

全息投影（Holography）是一种通过激光干涉原理，把被摄物体反射 / 透射光波中的全部信息记录在胶片上，并用特定的方式再现出来的影像技术。

全息影像的基本原理：

①利用干涉原理记录物体光波的信息，此即为拍摄过程（见图 15-13）。被摄物体在激光的照射下形成漫射式的物光束；另一部分激光作为参考光束射到全息底片上和物体光束叠加产生干涉，把物体光波上的各点的位相和振幅转换成空间上变化的强度，从而利用干涉条纹间的反差和间隔将物体光波的全部信息记录下来。记录着干涉条纹的底片，经过显影、定影等程序后，便形成了一张全息图。

②利用衍射原理再现物体光波信息，此即为成像过程（见图 15-14）。在成像过程中，全息图受相干激光照射，形成原始像和共轭像两个图像，其再现的图像有很强的立体性和视觉效果。由于全息图的每一部分都记录了物体上各点的光信息，因此全息图的每一部分都能再现原物体的整个图像，经过多次曝光后还可以在同一张底片上记录多个不同的图像，而且能互不干扰地分别显示出来。

目前全球已知的全息投影技术有三种，分别是 360° 全息显示屏技术、空气投影技术、激光束投射技术。

① 360° 全息显示屏技术最容易理解，它是将图像投射镜子上，再让镜子进行高速旋转，从而产生 3D 立体影像。

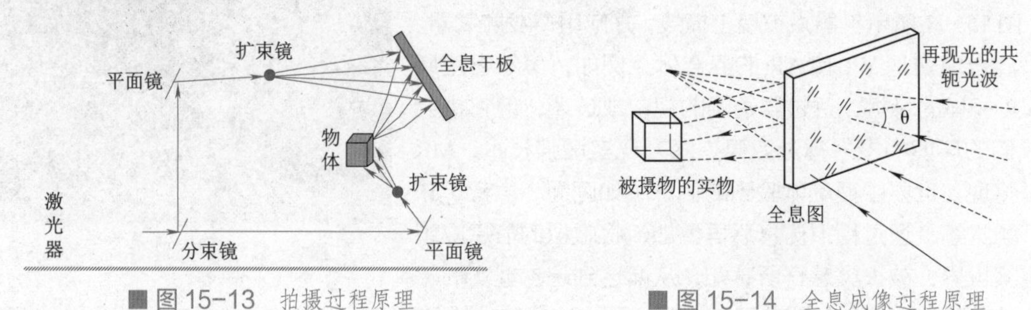

■ 图 15-13　拍摄过程原理　　■ 图 15-14　全息成像过程原理

②空气投影技术是利用水蒸气，将影像投射在水蒸气上，由于分子之间的震动不均衡，所以可以形成立体图像。

③激光束投射技术是最为复杂的，它是利用氮气和氧气在空气中散开时，混合成的气体变成灼热的浆状物质，并在空气中投射出 3D 影像，但这种技术显示的时间很短暂。

全息影像在一些领域进行了应用，如表 15-4 所示。

表 15-4　全息影像应用领域

应用领域	说　明
军事领域	可模拟战场环境，为指战员提供分析决策与行动的支持；可以制造出一种新型的幻觉武器，通过投影虚拟武器平台、军事目标等要素，迷惑敌人，从而达到战术上的欺骗；还可用于军用视觉伪装，增加作战人员在战场上的存活率
教育领域	全息投影技术可以突破有限的空间，用动态的、具有时间性和故事性的虚拟影像将历史文化展示出来，并使学生参与体验，寓教于乐。全息投影技术在教学中的应用，对于解决传统教学的局限性、提升教师的教学能力和发展学生思维具有巨大潜在的优势
影视领域	全息影像技术能使人通过沉浸感和存在感不断强化体验的真实感，这将给影视传媒领域带来巨大变化。在超大屏幕的影院里，无须戴上特制的眼镜，就可以超大立体画面配合环绕立体声音效让观众融入影片中，带来身临其境的真实感
展示空间领域	将全息投影运用在室内空间的展示，全息投影系统可以让客观环境变成一个“隐形”的显现界面，在视觉心理上使任何存在于虚拟环境的事物发生在现实生活里。未来还会出现全息投影照片，其将传统的二维平面图像转换为三维的动态图像，消费者可用全息投影框来存放全息投影照片
医学领域	目前的医学诊断基本依靠于二维图像，即使有计算机构建的三维图像，对一些疑难杂症的分析和判断也还存在缺陷，全息投影将很好地解决这一问题，帮助医护人员更加迅速准确地分析诊断

15.2.6　柔性显示

柔性显示技术主要应用柔性电子技术，将柔性显示介质电子元件与材料安装在有柔性或可弯曲的基板上，使得显示器具有能够弯曲或卷曲成任意形状的特性，有轻薄且方便携带等特点。按照使用的情况，柔性显示器可以分为平坦式、微弯曲式、弯曲式与可卷式类型。

柔性显示具有众多优点，例如轻薄、可卷曲、可折叠、便携、不易碎等，而且便于进行新型设计。柔性显示技术将革命性地改变消费电子产品的现有形态，让大量的潜在应用成为可能，对未来的人机交互方式带来深远的影响。此外，柔性显示的新型工艺技术（如印刷或辊对辊等制备工艺）将有助于未来显示产品低成本的量产制造。

当前，随着智能手机、可穿戴设备、车载显示、AR/VR 等搭载柔性显示的电子产品快速发展和普及，中小尺寸产品市场呈现旺盛的需求态势，特别是以 AMOLED 技术为代表的高性能新型显示技术，正以其在显示性能、轻薄、可弯曲等方面独有的性能优势，加速进军高端智能手机及可穿戴设备等智能终端市场。柔性显示器如图 15-15 所示。

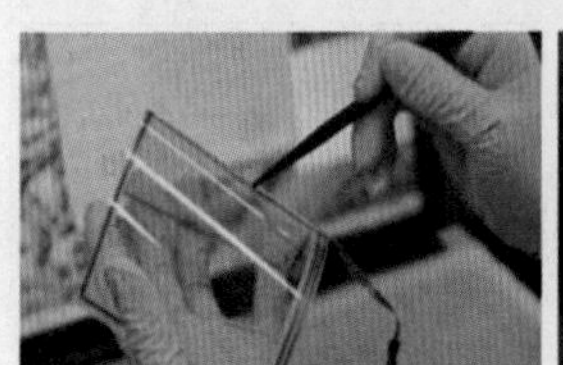

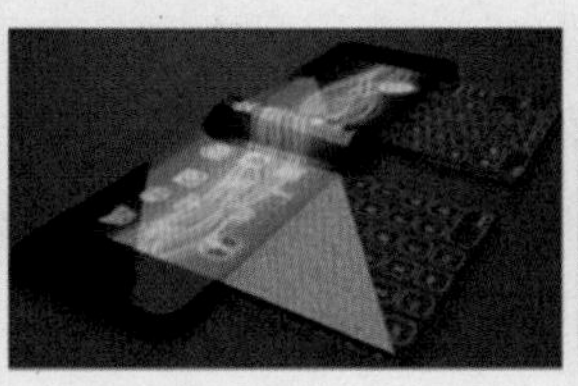

图 15-15　柔性显示器

柔板显示是非常具有前景的显示技术，通过很多的研究者和工程师的努力开发，柔性显示技术发展迅速。在不久的将来，柔性显示技术的发展将使得信息的显示更加灵活多样。目前研究较多的实现柔性显示的主要技术包括液晶显示（Liquid Crystal Display，LCD）、有机电电子纸、致发光（Organic Light Emitting Devices，OLED）。这些技术各自具有的特点及技术概览如表 15-5 所示。

表 15-5 柔性显示技术特点及技术概览

柔性显示技术	优 点	缺 点	主要应用
柔性 LCD	制作工艺简单，成本低廉，可实现彩色显示，可用无源或有源矩阵驱动	玻璃基板柔韧性差，面板的弯曲会影响图像质量，难以保证屏幕亮度均匀	智能手机、平板电脑等移动设备
电子纸	显示效果接近自然纸张效果，双稳态效果，轻薄、可弯曲、低耗电	色彩单一，显示精细度、视频播放、手写和触摸输入技术不完善	电子书阅读器、电子标签、信息板
柔性 OLED	轻薄，可弯曲，不易破损，高亮度、高彩色饱和度、广视角、较短响应时间，制造工艺简单	寿命与稳定性较差，萤光发光效率低，制程技术有待提高	智能手机、平板电脑、可穿戴设备、电视、公共标牌

15.2.7 全媒体

"全媒体"（Omnimedia）的"全"不仅包括报纸、杂志、广播、电视、音像、电影、出版、网路、电信、卫星通信在内的各类传播工具，涵盖视、听、形象、触觉等人们接受信息的全部感官，而且针对受众的不同需求，选择最适合的媒体形式和管道，深度融合，提供超细分的服务，实现对受众的全面覆盖及最佳传播效果。

全媒体是在各种信息、通信和传输协议得以广泛应用和普及的条件下，交互地综合采用文字、图形、声音、图像、动画和视频等多种媒体表现手段（多媒体），来全天候、全方位、立体地展示传播内容，同时通过文字、声像、网络、通信等传播手段，进行不同媒介形态（纸质媒体、广播媒体、电视媒体、网络媒体、手机媒体等）之间的融合（业务融合），产生的一种新的、开放的、不断兼容并蓄的媒介传播形态和运营模式，通过融合的广电网络、电信网络以及互联网络（三网融合）为用户提供电视、计算机、手机等多种终端的融合接收（三屏合一），实现随时、随地用最适合自己的方式来获取所需的信息，使得用户获得更及时、更准确、更精良、更多角度、更多听觉和视觉满足的媒体体验。全媒体之"全"，是产品之全，介质之全，终端之全，其关键在于实现全媒体生产、全介质传播、全方位运营。电视媒体的新媒体化和 4.0 全媒体体系如图 15-16 所示。

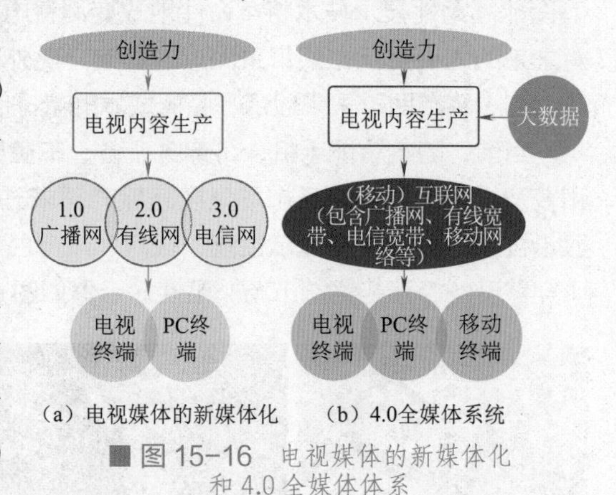

图 15-16 电视媒体的新媒体化和 4.0 全媒体体系

全媒体时代，一切能传递信息的介质都是媒体。全媒体融合（融合传统电视媒体和网络新媒体），还将导致媒体的名称发生改变：Radio（广播）变成 Audio（音频），Television（电视）变成 Video（视频），Media（媒体）变成 Platform（平台）。

从时间维度、空间维度、主体维度、效能维度来观察，全媒体有 4 个基本特征：全程媒体、全息媒体、全员媒体、全效媒体，如表 15-6 所示。

表 15-6　全媒体特征表

全媒体类型	特　征
全程媒体	指由于信息传输技术的飞速发展和移动网络技术迭代升级，使媒体基本可以同步记录、传输，新闻报道、信息传播无时不有，实现了信息或事件的全程记录、几乎同步传播
全息媒体	指由于物联网、多维成像等技术的成熟和大数据技术的应用，实现了信息或物体的全方位呈现和多角度同步传播
全员媒体	指由于手机等智能终端的普及应用，人人都是媒体，个个都有话筒，成为媒体生态和舆论场现实场景
全效媒体	指多种媒体载体、技术的丰富应用，媒体给受众更广泛的体验认识和释放更强大的效能。一是文字、图片、声音、图像等信息交叉综合更丰富、更立体、效果更全面；二是移动化、分众化、碎片化融合传播使人们感受更直观、更鲜明，效率更快捷；三是服务功能融为一体，使内容形式更符合需要、方法手段更适应需求、媒体受众效益更满足期待；四是因为受众的参与、互动、联动使媒体传播效果更全面、更有体验感、更有获得感

15.3 新一代人工智能技术

人工智能、深度学习、计算机视觉等新一代人工智能技术促进用户信息获取和信息接收内容和方式的改变，使新闻生产更加高效，信息分发更加精准，革新了新闻内容的生产流程、媒体运营方式、新闻产品形态。随着人工智能的内涵、技术梯度及其在新闻传播领域中的应用，智能传媒将导致传播内容从单一向全息传播转变，传播方式从同质化向分众化、精准化转变，传播主题从受众向人机协同转变。

15.3.1 人工智能

人工智能是人工通过高强度的计算能力，并基于大量的环境数据、行为数据、历史数据等大数据支持，或是一定规则的自学习机制，来分析特定输入的情况下，事物的相关性、影响和可能处理方法，从而使机器不只是进行简单的运算，而是能够在某种程度上进行类智能的思考和运作。这些技术包括自然语言处理和翻译、视觉感知、模式识别、决策制定等，其应用的数量和复杂性在快速增长。

2016 年 3 月，AlphaGo 计算机程序战胜围棋九段棋手李世石，立刻引发全世界的讨论。这一里程碑事件向世界证明，机器可以像人类一样思考，甚至比人类做得更好。乐观人士相信人工智能技术的突破将极大推动生产力的提高。但同时也激发了对人工智能或将取代人类工作的焦虑情绪，甚至有人担心人类最终会创造出连自己都无法控制的智能机器。在纷繁的观点背后，有一点毋庸置疑：人工智能有着改变全球社会的巨大潜力。

人工智能技术通常由 4 个部分组成，即认知、预测、决策和集成解决方案，如图 15-17 所示。认知是指通过收集及解释信息来感知并描述世界，包括自然语言处理、计算机视觉和音频处理等技术。预测是指通过推理来预测行为和结果。举例而言，此类技术可用来制作针对特定顾客的定向广告。决策则主要关心如何做才能实现目标。

■图 15-17　人工智能技术

人工智能技术应用场景分类如表 15-7 所示。

表 15-7　人工智能技术应用场景分类

类　别	说　　明						
人机交互	语音识别	人脸识别	指纹和其他生物特征识别	NLP 自然语言处理	动作追踪	视觉追踪	穿戴设备 / VR 追踪
识别分析	机器视觉	运动监测	化学分析	概率统计	相关性分析	行为分析	质量追踪 / 问题溯源
增强仿真	视像渲染	语音渲染	变频输出	仿真设计	增强 / 虚拟现实	服务机器人	
决策辅助	预防性维护	智能交通	智能制造	辅助驾驶	环境调节	精算支持	高频交易
形成意识	思考						

①人机交互：人机交互就是如何操作机器并获得结果的方法。AI 使机器能够像智慧生物一样进行交流，而不是触摸、键盘等机械式交互。目前很多的 AI 应用，其实就是将进行交互方式基于 AI 的进行重构。

②识别分析：是指通过 AI 的辅助，协助机器完成对周边环境的感知，以及通过大数据，完成各种行为的相关性分析，从而实现有限程度的结果推演（天气预测也属于此范畴）。

③增强仿真：是指基于 AI 识别输出的类型和场景，按预先设定的优化方案，或是不断的机器学习得到的优化方案，通过算法影响原先的输出结果，从而获得更好的视听效果。

④决策辅助：预防性维护、智能交通、智能制造、辅助驾驶、环境调节、精算支持、高频交易。

⑤形成意识：人工智能是让计算机学会人类的行为模式，以便推动很多人眼中的下一场技术革命——让机器像人类一样“思考”。未来对人工智能的要求不仅仅只是体现计算机的运算能力，而是机器需要跨越一个巨大的鸿沟，产生自主的意识。

15.3.2　深度学习

深度学习（Deep Learning，DL）的概念源于人工神经网络的研究，其动机在于建立、模拟人脑进行分析学习的神经网络[①]，它模仿人脑的机制来解释数据，例如图像、声音和文本。其名称中

① 袁晓雨，雷涛 . 人工智能时代来临 [J]. 机器人产业，2016（01）：40-46.

的“深度”某种意义上就是指人工神经网络的层数。深度学习本质上是基于多层人工神经网络的机器学习算法。深度学习是建立输入和输出数据之间的映射关系，在实际应用中，社交媒体、软件服务协议、硬件、网站 Cookies 以及应用程序权限等为训练神经网络提供了大量数据。实际上人类很多智能或者技能都是先通过学习经验积累（即可抽象为大量数据训练的过程），再举一反三应用到其他领域（泛化至其他输入数据），所以，随着深度学习等新一代信息技术及应用的广泛兴起与普及，人类诸多需依靠经验积累的能力都可以逐步依靠深度学习来实现。随着大数据的普及、图形处理器（Graphics Processing Unit，GPU）强大计算能力的发展，深度学习能够从社交媒体、软件协议以及应用程序等“亿级”海量数据（标注数据、弱标注数据或仅数据本身）中自发学习、抽象、总结、调整以及泛化，对内容、观点与逻辑实现深度理解以及关联度计算，理解视频、搜索引擎、标签等多个领域的复杂语义特征，即把原始数据浓缩成某种知识，已取得显著成效。深度学习的映射关系如图 15-18 所示。

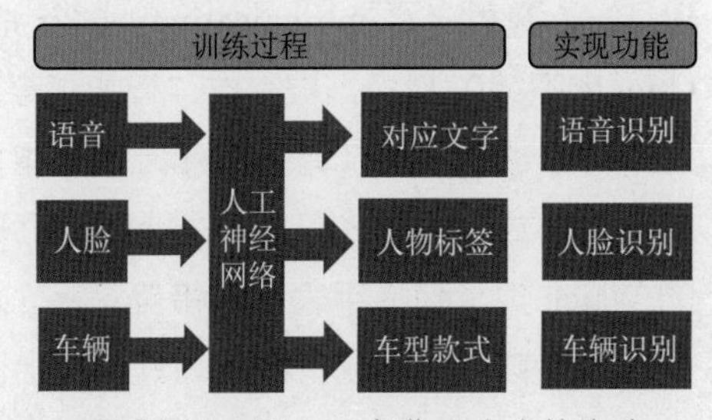

■ 图 15-18　深度学习的映射关系

深度学习是本轮人工智能爆发的关键技术。人工智能技术在计算机视觉和自然语言处理等领域取得的突破性进展，使得人工智能迎来新一轮爆发式发展。深度学习是实现这些突破性进展的关键技术。其中，基于深度卷积网络的图像分类技术已超过人眼的准确率，基于深度神经网络的语音识别技术已达到 95% 的准确率，基于深度神经网络的机器翻译技术已接近人类的平均翻译水平。准确率的大幅提升使得计算机视觉和自然语言处理进入产业化阶段，带来新产业的兴起。

深度学习是大数据时代的算法利器，成为近几年的研究热点。和传统的机器学习算法相比，深度学习技术有着两方面的优势。一是深度学习技术可随着数据规模的增加不断提升其性能，而传统机器学习算法难以利用海量数据持续提升其性能。二是深度学习技术可以从数据中直接提取特征，削减了对每一个问题设计特征提取器的工作，而传统机器学习算法需要人工提取特征。因此，深度学习成为大数据时代的热点技术，学术界和产业界都对深度学习展开了大量的研究和实践工作。

深度学习各类模型全面赋能基础应用。卷积神经网络和循环神经网络是两类获得广泛应用的深度神经网络模型。计算机视觉和自然语言处理是人工智能两大基础应用。卷积神经网络广泛应用于计算机视觉领域，在图像分类、目标检测、语义分割等任务上的表现大大超越传统方法。循环神经网络适合解决序列信息相关问题，已广泛应用于自然语言处理领域，如语音识别、机器翻译、对话系统等。

15.3.3　可穿戴设备

可穿戴设备即直接穿在身上，或是整合到用户的衣服或配件的一种便携式设备。可穿戴设备不仅仅是一种硬件设备，更是通过软件支持以及数据交互、云端交互来实现强大的功能，可穿戴设备将会对人们的生活、感知带来很大的转变。

可穿戴设备具有极强的数据搜集能力，能够将人类生活、运动、身体、思维等信息数据化的功能，是探索人和科技全新的交互方式，并通过准确定位和感知每个用户的个性化、非结构化数据，形成每个人随身移动设备上独一无二的专属数据计算结果，并以此找准直达用户内心真正有意义的需求，最终通过与中心计算的触动规则来展开各种具体的针对性服务。可穿戴设备通常具备持续性（Constancy）、增强（Augmentation）以及介入或调解（Mediation）三种方式和非独占性（Unrestrictive）、非限制性（Unmonopolizing）、可察觉性（Observable）、可控性（Controllable）、环境感知性（Attentive）以及交流性（Communicative）6个基本属性。2012年因Google眼镜的亮相，被称作"智能可穿戴设备元年"。

可穿戴设备多以具备部分计算功能、可连接手机及各类终端的便携式配件形式存在，主流的产品形态包括以手腕为支撑的Watch类（包括手表和腕带等产品），以脚为支撑的Shoes类（包括鞋、袜子或者将来的其他腿上佩戴产品），以头部为支撑的Glass类（包括眼镜、头盔、头带等），以及智能服装、书包、拐杖、配饰等各类产品形态，如图15-19所示。

■图15-19　可穿戴设备形态

随着新一代信息技术及应用的广泛兴起与普及以及用户需求的变迁，可穿戴式智能设备的形态与应用热点也在不断变化。若按照主要功能的不同，智能穿戴设备产品可以划分为以下几类：运动健康类、体感交互类、信息资讯类、医疗健康类和综合功能类等，每类设备针对不同的细分市场和消费人群。运动和医疗健康类的设备有运动、体侧腕带及智能手环，主要消费人群为大众消费者；体感控制和综合功能类的设备有智能眼镜等，消费人群以年轻人为主；信息咨询类的设备有智能手表，主要消费人群为大众消费者。可穿戴设备不仅仅是一种硬件设备，更是一种传统事物的升级，将会改变现代人的生活方式与感知。

15.3.4　生物识别

生物识别（Biometric Identification Technology）技术就是通过计算机与光学、声学、生物传感器和生物统计学原理等高科技手段密切结合，利用人体固有的生理特性（如指纹、人脸、虹膜等）和行为特征（如笔迹、声音、步态等）来进行个人身份的鉴定。

传统的身份鉴定方法包括身份标识物品（如钥匙、证件、ATM卡等）和身份标识知识（如用户名和密码）。由于主要借助体外物，一旦证明身份的标识物品和标识知识被盗或遗忘，其身份就容易被他人冒充或取代。生物识别技术比传统的身份鉴定方法更具安全、保密和方便性。生物特征识别技术具不易遗忘、防伪性能好、不易伪造或被盗、随身"携带"和随时随地可用等优点。

与传统的密码检验方式相比，生物识别技术基于人的生物特性，具有易测量、排他性以及终身不变的特点，拥有检验快速、结果更准确的优势。主流的生物特征识别技术主要有人脸、指纹、静脉、虹膜、掌纹、声纹、步态识别六大类，每一种识别技术都有其各自的特点与优势。生物识别的技术对比如表15-8所示。

表 15-8　生物识别的技术对比

技术名称	基本原理	优　点	不　足
人脸识别	基于人的脸部特征信息进行身份识别，主要包括人脸图像采集及检测、人脸图像预处理、人脸图像特征提取以及匹配和识别	● 采集速度快、方便直观 ● 非接触式识别，易于配合	● 受外界环境如光照、方向、角度等影响较大 ● 对采集设备的要求比较高
指纹识别	通过比对指纹的细节特征点来进行身份鉴别，主要包括指纹图像采集、指纹图像增强、指纹图像特征提取和指纹图像匹配	● 识别准确率高，实用最早的识别技术，成熟度高 ● 指纹特征稳定，不易随年龄等发生变化 ● 指纹特征易于提取，且设备小巧，成本低	● 物理接触式识别，容易留下痕迹 ● 指纹信息比较容易被伪造
静脉识别	利用人体静脉血液中的血红素具有对近红外光吸光的特性，先使用特定波长的光线对要采集部位进行照射得到采集部位静脉的清晰图像，进而对获取的图像进行分格处理得到相关部位静脉的生物特征，实现对人的身份识别	● 完全，准确率极高 ● 通过近红外光照射采集人体内部样本，受外界环境影响小	采集方式受到自身特点限制，对采集设备具有特殊要求，设计相对复杂，成本偏高
虹膜识别	基于眼睛中的虹膜（位于黑色瞳孔和白色巩膜之间的圆球状部分）进行身份识别，每个人的虹膜都包含独一无二的水晶体、冠状等特征，主要利用的是虹膜的差异性和终身不变性	● 非接触式识别 ● 极难伪造，有很好的活性识别性 ● 如果设置合理，认假率几乎为 0，准确率极高	● 设备昂贵 ● 使用时需要用红外光或可见光照射眼睛，容易被排斥，采集比较困难，使用场景有限
声纹识别	人在讲话时使用的发声器官差异很大，所以任何两个人的声纹图谱都有差异。利用这一特点，将声音输入到声谱仪中，使不同频率的机械振动变成频谱图像，显示在荧光屏或记录在纸上（即声纹），进而达到进行身份鉴别的目的	● 不会遗失或忘记，不需记忆，使用方便 ● 非接触式采集，接受程度高	● 容易受到语速、语气等的影响 ● 可以被伪造，如磁带录音
步态识别	通过身体体型和走路姿态对监控对象进行身份识别，其分为人形监测、分割、识别、跟踪 4 个部分	● 远距离识别技术，使用范围广 ● 受体型等限制，人的步态难伪装 ● 一般摄像机即可，设备成本低	● 采集速度较慢，需采集到步态图像的序列 ● 起步较晚，技术成熟度较低，尚未有大规模商业化应用

大多数生物特征识别技术都已比较成熟，每一种生物特征识别技术都有其不同的技术短板与应用场景，单一生物特征识别技术的局限性比较大，而多模态的复合生物识别可以确保更高的安全性、准确性和有效性，或可成为未来的主流发展方向。例如，将步态识别与人脸识别结合，应用于安防监控中，可极大弥补人脸无法拍摄等问题。目前市场上已经出现人脸和指纹复合识别、指纹和指静脉复合识别等技术，未来，以复合生物特征识别技术将得以大量应用。

15.3.5　计算机视觉

计算机视觉（Computer Vision Technology）是一门研究如何使机器“看”的科学，更进一步来说，就是使用摄像机和计算机代替人眼对目标进行识别、跟踪和测量等机器视觉，并进一步做图形处理，使计算机处理成为更适合人眼观察或传送给仪器检测的图像。作为一门科学学科，计算机视觉研究相关的理论和技术，视图建立能够从图像或者多维数据中获取信息的人工智能系统。计算机视觉应用人脸识别如图 15-20 所示。

■图 15-20 计算机视觉应用人脸识别

计算机视觉最核心部分就是理解，人类的视觉首先是通过眼睛看到一幅图片，大脑来理解这个图片。对于计算机来说，就会通过摄像头或摄像机获取这张图片，然后利用计算机算法来看图片，读取信息计算机视觉应用相当广泛，包括并不限于图像分类、人脸识别、车辆检测、行人检测、语义分割、实例分割、目标跟踪、视频分割、图像生成、视频生成。

①图像分类：分类任务是基础任务，而图像分类问题就是给输入图像分配标签类别的任务，这是计算机视觉的核心问题之一。一般说来，经典的图像分类算法是通过手工特征或者特征学习方法对整个图像进行全局描述，然后使用分类器判断是否存在某类物体。现在更多的是用端到端的深度学习技术。

②物体检测：物体检测是视觉感知的第一步，也是计算机视觉的一个重要分支。物体检测的目标，就是用框去标出物体的位置，并给出物体的类别。物体检测和图像分类不一样，检测侧重于物体的搜索，而且物体检测的目标必须要有固定的形状和轮廓。图像分类可以是任意的目标，这个目标可能是物体，也可能是一些属性或者场景。

③物体定位：如果说图像识别解决的是 What，那么，物体定位解决的则是 Where 的问题。利用计算视觉技术找到图像中某一目标物体在图像中的位置，即定位。目标物体的定位对于计算机视觉在安防、自动驾驶等领域的应用有着至关重要的意义。

另外，物体定位的延伸目标跟踪，是指在给定场景中跟踪感兴趣的具体对象或多个对象的过程。简单来说，给出目标在跟踪视频第一帧中的初始状态（如位置、尺寸），自动估计目标物体在后续帧中的状态。该技术对自动驾驶汽车等领域显得至关重要。

④图像分割：图像分割指的是将数字图像细分为多个图像子区域（像素的集合，也称超像素）的过程。图像分割的目的是简化或改变图像的表示形式，使得图像更容易理解和分析。更精确地说，图像分割是对图像中的每个像素加标签的一个过程，这一过程使得具有相同标签的像素具有某种共同视觉特性。

另外，“图像语义分割”是一个像素级别的物体识别，即每个像素点都要判断它的类别。它和检测的区别是，物体检测是一个物体级别的，只需要一个框，去框住物体的位置，而通常分割是比检测要更难的问题。

⑤图像标注：图像标注是一项引人注目的研究领域，它的研究目的是给出一张图片，并用一段文字描述它。近几年，工业界的百度、谷歌和微软以及学术界的加州大学伯克利分校、多伦多大学都在做相应的研究。

⑥图像生成—文字转图像：可以从图片产生描述文字，也能从文字生成图片。在深度学习模型 GAN 被研发出来之后，这个任务也有更多的方法来解决。

近年来，计算机视觉的发展越来越迅猛，大大小小的应用也越来越多，从日常超市条码检测、上下班指纹考勤、人脸识别考勤、电影特效制作、工业生产自动化检测、医学影像检测，到航空天文领域，航空遥感测控地形地貌等，计算机视觉的研究和应用更加激动人心，更加贴近人们生活的方方面面。

15.3.6 用户画像

用户画像，即用户信息标签化、拟人化，就是企业通过收集与分析用户的社会属性、行为和观点等主要信息数据之后，从每种类型中抽取出典型特征，经过不断叠加、更新，抽象出完整的信息标签，组合并搭建出一个立体的用户虚拟模型。用户画像为企业提供了足够的信息基础，能够帮助企业快速找到精准用户群体以及用户需求等更为广泛的反馈信息。用户画像构建的基本流程包括基础数据收集（网络行为、服务内行为、用户内容偏好、用户交易等）、行为建模（数据分析和加工、提炼关键要素）和画像呈现（给目标用户群体打标签、显性与隐性特征）三个方面。

用户画像是根据用户的属性、用户偏好、生活习惯、用户行为等信息而抽象出来的标签化用户模型。随着互联网的发展，现在所说的用户画像又包含了新的内容和意义。通常用户画像是根据用户人口学特征、网络浏览内容、网络社交活动和消费行为等信息而抽象出的一个标签化的用户模型。构建用户画像的核心工作，主要是利用存储在服务器上的海量日志和数据库里的大量数据进行分析和挖掘，给用户贴“标签”，而“标签”是能表示用户某一维度特征的标识。某网站给其中一个用户打的标签如图 15-21 所示。

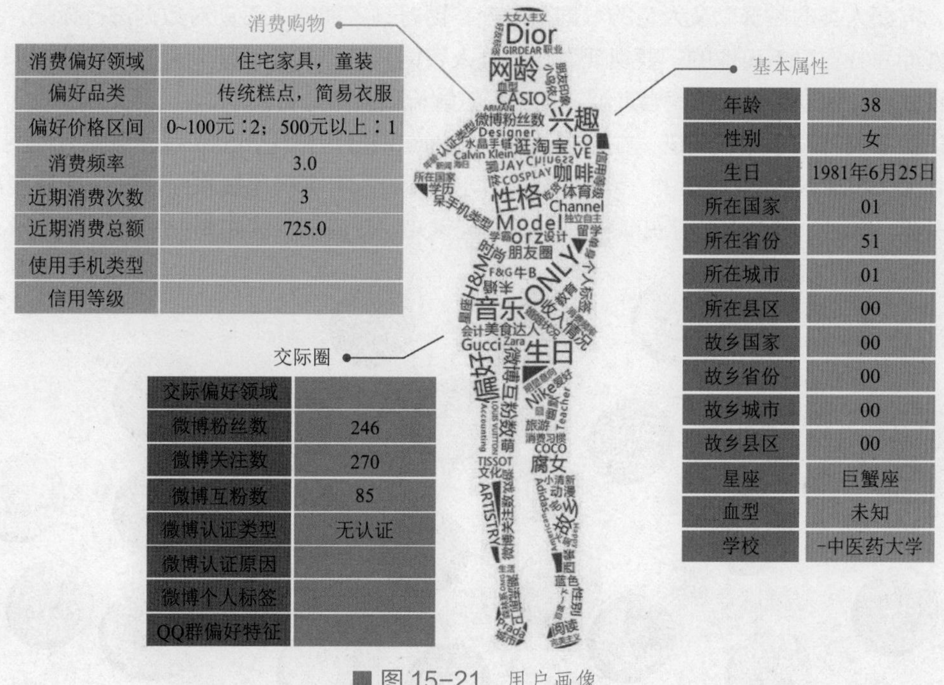

消费购物

消费偏好领域	住宅家具，童装
偏好品类	传统糕点，简易衣服
偏好价格区间	0~100元：2；500元以上：1
消费频率	3.0
近期消费次数	3
近期消费总额	725.0
使用手机类型	
信用等级	

基本属性

年龄	38
性别	女
生日	1981年6月25日
所在国家	01
所在省份	51
所在城市	01
所在县区	00
故乡国家	00
故乡省份	00
故乡城市	00
故乡县区	00
星座	巨蟹座
血型	未知
学校	-中医药大学

交际圈

交际偏好领域	
微博粉丝数	246
微博关注数	270
微博互粉数	85
微博认证类型	无认证
微博认证原因	
微博个人标签	
QQ群偏好特征	

■ 图 15-21 用户画像

用户画像包含的内容并不完全固定，根据行业和产品的不同所关注的特征也有不同。对于大部分互联网公司，用户画像都会包含人口属性和行为特征。人口属性主要指用户的年龄、性别、所在城市、教育程度、婚姻情况、生育情况、职业等。行为特征主要包含活跃度、忠诚度等指标。

用户画像在互联网、电商领域常用来作为精准营销、推荐系统的基础性工作，其作用总体包括：

①精准营销：根据历史用户特征，分析产品的潜在用户和用户的潜在需求，针对特定群体，

利用短信、邮件等方式进行营销。

②用户统计：根据用户的属性、行为特征对用户进行分类后，统计不同特征下的用户数量、分布，分析不同用户画像群体的分布特征。

③数据挖掘：以用户画像为基础构建推荐系统、搜索引擎、广告投放系统，提升服务精准度。

④服务产品：对产品进行用户画像，对产品进行受众分析，更透彻地理解用户使用产品的心理动机和行为习惯，完善产品运营，提升服务质量。

⑤行业报告 & 用户研究：通过用户画像分析了解行业动态，比如人群消费习惯、消费偏好分析、不同地域品类消费差异分析。

用户画像的使用场景较多，可以用来挖掘用户兴趣、偏好、人口统计学特征，主要目的是提升营销精准度、推荐匹配度，终极目的是提升产品服务，提升企业利润。用户画像适合于各个产品周期，包括从新用户的引流到潜在用户的挖掘、从老用户的培养到流失用户的回流等。

15.3.7 知识图谱

尽管人工智能依靠机器学习和深度学习取得了快速进展，但这些都是弱人工智能，对于机器的训练，需要人类的监督以及大量的数据来喂养，更有甚者需要人手动对数据进行标记，对于强人工智能而言，这是不可取的。要实现真正的类人智能，机器需要掌握大量的常识性知识，以人的思维模式和知识结构来进行语言理解、视觉场景解析和决策分析。

知识图谱又称科学知识图谱，在图书情报界称为知识域可视化，或知识领域映射地图，用来显示知识发展进程与结构关系的一系列各种不同的图形，用可视化技术描述知识资源及载体，挖掘、分析、构建、绘制和显示知识及其关系。国家知识图谱示意图如图 15-22 所示。

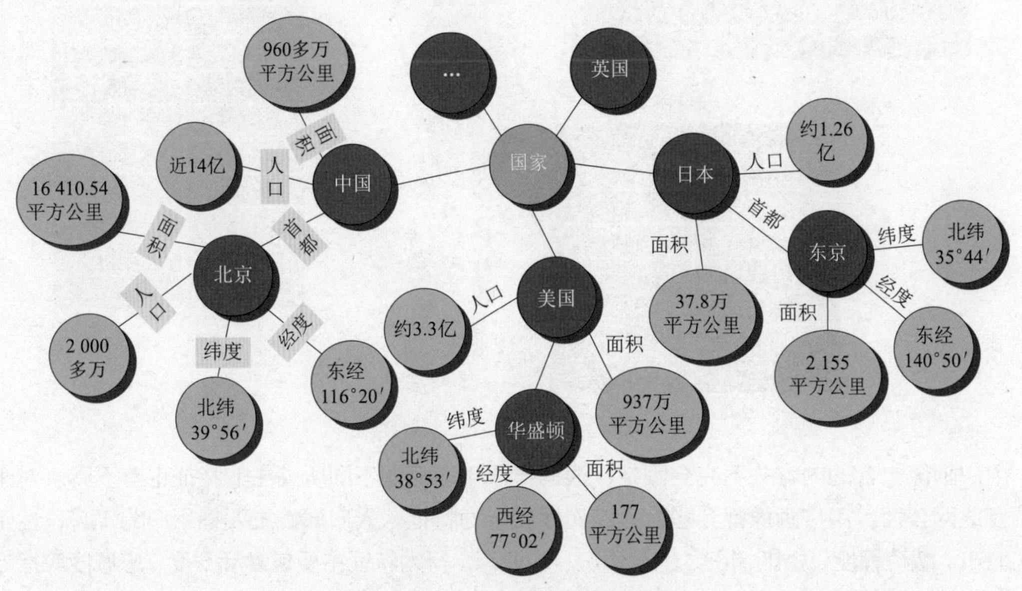

■图 15-22 国家知识图谱示意图

本质上，知识图谱旨在描述真实世界中存在的各种实体或概念及其关系，其构成一张巨大的语义网络图，节点表示实体或概念，边则由属性或关系构成。现在的知识图谱已被用来泛指各种大规模的知识库。

知识图谱是 AI 领域的一个分支，很多人觉得它和 CV（计算机视觉）、ASR（语音识别）、NLP（自然语言处理）一样，都是特指的某一项技术，其实这么理解并不准确，它应该算是多种技术融合后的一种综合型技术。

知识图谱的诞生可追溯到 2012 年，由 Google 公司提出主要用于提升搜索引擎的检索效率，但随着其发展其背后更深刻意义，远不仅是提高检索效率这么简单，而是整个搜索引擎结构的整体转型：将传统基于关键字的搜索模型转向基于语义的搜索升级。

如今针对知识图谱的技术方案已被国内外多家搜索引擎公司所采用，如美国的微软必应，中国的百度、搜狗等，纷纷宣布了各自的“知识图谱”产品，足以看出这革新对整个搜索引擎界的整体影响。

现在这项技术的应用并不仅拘泥于搜索引擎领域范围，很多数据分析软件、CRM 系统也开始采用基于知识图谱的模式去处理数据，从而去深入发现数据更大的价值。知识图谱为互联网上海量、异构、动态的大数据表达、组织、管理以及利用提供了一种更为有效的方式，使得网络的智能化水平更高，更加接近于人类的认知思维。

知识图谱的作用主要体现在三方面：

①知识图谱把复杂的知识领域及知识体系通过数据挖掘、信息处理、知识计量和图形绘制显示出来，表示该领域的发展动态及规律，为该领域的研究提供全方位、整体性、关系链的参考。

②知识图谱是智能社会的重要生产资料。如果把人工智能比作一个“大脑”，那么深度学习是“大脑”的运转方式，知识图谱则是“大脑”的知识库，而大数据、GPU 并行计算和高性能计算等支撑技术就是“大脑”思维运转的支撑。

③知识图谱是真实世界的语义表示，其中每个节点代表实体，连接节点的边则对应实体之间的关系，异构数据通过整合表达为知识，图的表达映射了人类对世界的认知方式。知识图谱非常适合整合非结构化数据，从零散数据中发现知识，从而帮助组织机构实现业务智能化。

知识图谱的体系架构是指其构建模式结构，如图 15-23 所示。其中虚线框内的部分为知识图谱的构建过程，也包含知识图谱的更新过程。知识图谱构建从最原始的数据（包括结构化、半结构化、非结构化数据）出发，采用一系列自动或者半自动的技术手段，从原始数据库和第三方数据库中提取知识事实，并将其存入知识库的数据层和模式层。

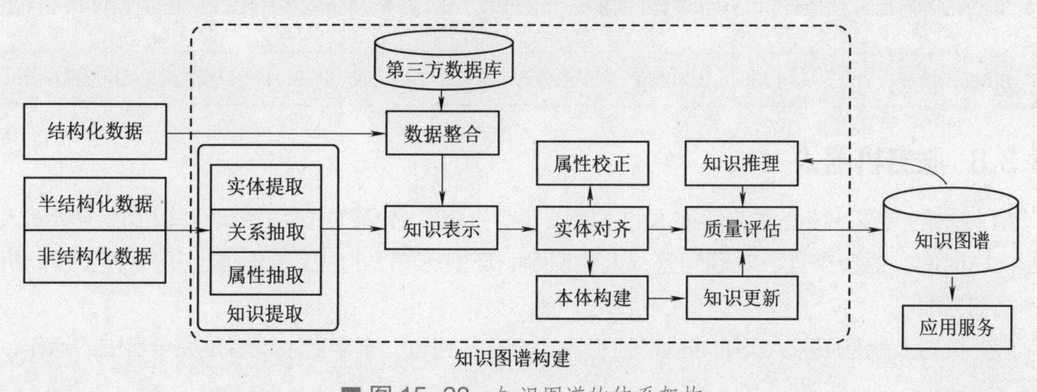

■图 15-23　知识图谱的体系架构

构建知识图谱是一个迭代更新的过程，根据知识获取的逻辑，每一轮迭代可分为三个阶段：

①信息抽取：从各种类型的数据源中提取出实体、属性以及实体间的相互关系，在此基础上形成本体化的知识表达。①

②知识融合：在获得新知识之后，需要对其进行整合，以消除矛盾和歧义。比如，某些实体可能有多种表达，某个特定称谓也许对应于多个不同的实体等。

③知识加工：对于经过融合的新知识，需要经过质量评估之后（部分需要人工参与甄别），才能将合格的部分加入知识库中，以确保知识库的质量。

目前，知识图谱已在智能搜索、深度问答、社交网络以及一些垂直行业中有所应用，成为支撑这些应用发展的动力源泉。例如，天眼查、企查查的企业知识图谱，数据包括企业基础数据、投资关系、任职关系、企业专利数据、企业招标数据、企业招聘数据、企业诉讼数据、企业失信数据、企业新闻数据。知识图谱在人工智能和个性化推荐方面的应用场景如表 15-9 和表 15-10 所示。

表 15-9　知识图谱的人工智能方面的应用

应　用	说　　明
搜索	这也是 Google 提出知识图谱的初衷
聊天机器人	如微软的小冰
问答	如 IBM Watson
私人助理	如苹果手机里的 Siri、微软的小娜、百度的小度
穿戴设备	如 iWatch
出行助手	如“出门问问”

表 15-10　知识图谱的个性化推荐方面的应用

应　用	说　　明
个性化推荐	实现千人千面，比如根据游戏来推荐游戏的道具
任务型的推荐	比如用户买了牛肉卷或者羊肉卷，假设他实际上是要做一顿火锅，这时系统可以给他推荐火锅底料或者是电磁炉
冷启动问题	推荐系统的冷启动一直是比较难以处理的问题，通常的做法是根据新用户的设备类型，或者他当前的时间、位置等，或者外面的关联数据来做推荐
跨领域的推荐问题	新浪微博有些用户会经常发布黄山、九寨沟、泰山等照片，可推测他可能是一位登山爱好者，淘宝就可以给他推荐登山的装备，如登山杖、登山鞋等，利用这些背景知识，能够打通不同平台之间的语义鸿沟
知识型的推荐	基于知识，比如百度、阿里和腾讯都属于 BAT 级互联网公司，基于百度、阿里就可以推荐腾讯

15.3.8 服务机器人

AI 技术的突破、核心零部件成本的下降以及“先驱”产品的出现，带动了智能服务机器人的兴起。一时间，语音交互、对话问答、人脸识别、环境感知、自主定位导航，几乎成了智能机器人产品的标配。

服务机器人就是服务人类的非生产性机器人。它是通过一个半自主或者是完全自主的运作，为

① 何萍 . 区域医疗专家预约云服务系统的建模与优化研究 [D]. 上海：东华大学，2017.

人类的健康或者设备良好的状态提供有帮助的服务，但不包括工业性的操作。服务机器人的定位就是服务，跟工业机器人的区别在于工业机器人的工业环境是已知的，而服务机器人所面临工作环境很多是未知的。在未知的环境下，服务机器人有非常大的挑战。未来的服务机器人有望成为继计算机、手机之后的下一代智能终端，同时具备现实服务功能、大数据处理和云端信息传输。

服务机器人的发展最早是出现在 1920 年。人工智能经历了三个重要的阶段，现在处于第三个阶段：第一个阶段是在 1950—1970 年，处于一个推理的时代；1970—1990 年，处于一个知识工程的时代；现在的人工智能处于一个数据挖掘的时代，在这个数据挖掘时代的基础之上，诞生了很多各行各业的机器人，服务机器人也处在了一个爆发的阶段。

过去，承载人工智能的机器人从科幻想象逐渐走到人们眼前，未来技术成熟后将走入普通家庭生活。但应用种类的增长很慢，与此同时，日益复杂的人工智能也被部署到了已有的应用之中。从应用场景进行划分，人工智能的进步常常从机械的革新中获取灵感，而这反过来又带来了新的人工智能技术。未来机器人行业将朝着家用服务、个人护理以及商用办公这三大方向发展，如表 15-11 所示。

表 15-11　未来机器人行业分类

方　　向		说　　明
家用服务机器人	感知型	以 Walker 机器人为例，机器人的四肢包括手指部位都可以像人一样灵活转动，此外，它还有视觉、听觉等感知能力，内置 AI，可实现全方位的人机交互
	陪伴型	以 Bocco Emo 机器人为例，它能读取短信、控制智能家居设备，并在门锁上时通知用户。它还可以根据说话人的语调识别说话人的情绪状态，并做出相应的反应，显得“善解人意”，更有表现力
	清洁型	如 ILIFE 智意的 A9 系列扫地机器人通过内置的震动马达，配合拖布有力度地贴近地面反复擦拭，媲美人工擦地效果
个人护理机器人	健康护理型	三星公司的 Bot Care 是一个关注家庭用户健康的机器人，它可以与用户进行语音交互，监测用户生命体征，测量血压等功能
	穿戴式	LG 公司推出更新版穿戴式机器人 CLOi SuitBot。机器人的工作原理是首先检测人类腰部的弯曲角度何时会超过预设的阈值。当用户的腰部自然调整以吸收被上举重物带来的负载时，机器人就会额外施加预设水平的力，提供对拉力的支持
商用办公机器人	教育型	如悟空机器人，实现了人工智能语音、人脸识别、物体识别等技术在人形机器人上商业化应用，不仅具有灵活的运动能力，还具有语音交互、智能通话、人脸识别、绘本识别、视频监控、物体识别、AI 编程等强大功能
	智能巡检	京东智能巡检机器人集成了六自由度可升降机械臂、视觉检测照相机、深度摄像头、红外照相机、温湿度传感器等多个工作单元和传感器，结合先进的深度学习算法和领先的机器视觉技术，能够胜任在机房内进行设备检测、环境检测、资产盘点、人员安防等工作

除了规模将会急速上升，服务机器人的发展趋势也会呈现多元化。未来将会呈现五大趋势（见图 15-24）：一是服务机器人更加拟人化，这是陪伴机器人；二是更加体贴化，不仅要拟人，而且要体贴关怀人；三是专业化，服务行业的专业化、特色化；四是超能化，不仅要拟人，而且要超过人；五是广泛化，指应用更加广泛化。

15.3.9　区块链

区块链应该是人类科学史上最为异常和神秘的发明和技术，因为除了区块链，到目前为止，现代科学史上还没有一项重大发明找不到发明人是谁。

区块链（Blockchain）是一种开源分布式共享数据库（数据分布式存储和记录），利用“去中心化”“数据可靠”等功能高效记录买卖双方的交易，并保证这些记录是可查证且永久保存的。该方案让参与系统的任意多个节点，通过一串使用密码学方法相关联产生的数据块（即区块，Block），每个数据块中包含了一定时间内的系统全部信息交流的数据，并生成数据“密码”用于验证其信息的有效性和链接下一个数据库块，以便于身份验证、防止数据篡改并保证其高度安全。区块链的基本原理包括：一是交易（Transaction），一次操作，导致账本状态的一次改变，如添加一条记录；二是区块（Block），记录一段时间内发生的交易和状态结果，是对当前账本状态的一次共识；三是链（Chain），由一个个区块按照发生顺序串联而成，是整个状态变化的日志记录。在典型的区块链系统中，数据以区块为单位产生和存储，并按照时间顺序连成链式数据结构，所有节点共同参与区块链系统的数据验证、存储和维护。区块链的核心技术包括区块和链、数学加密、分布式结构、证明机制等。本质上，区块链是一项高度可信的变革性技术，提供了一种在不可信环境中进行信息与价值传递交换的机制，是对当前世界底层逻辑的再造，更是构建未来价值互联网的基石。世界经济论坛发布的白皮书《实现区块链的潜力》指出，区块链技术能够催生新的机会，促进社会价值的创造与交易，使互联网从信息互联网向价值互联网转变（数字货币＋数字资产＋生态系统）。因此，区块链技术也被麦肯锡视为继蒸汽机、电力、信息和互联网科技等核心技术之后，最有可能触发的全球第五轮颠覆性革命。区块链应用多点开花，如图 15-25 所示。

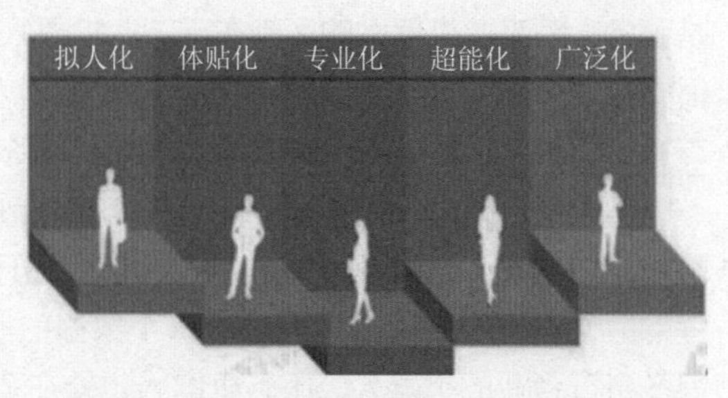

■图 15-24　服务机器人五大发展趋势图

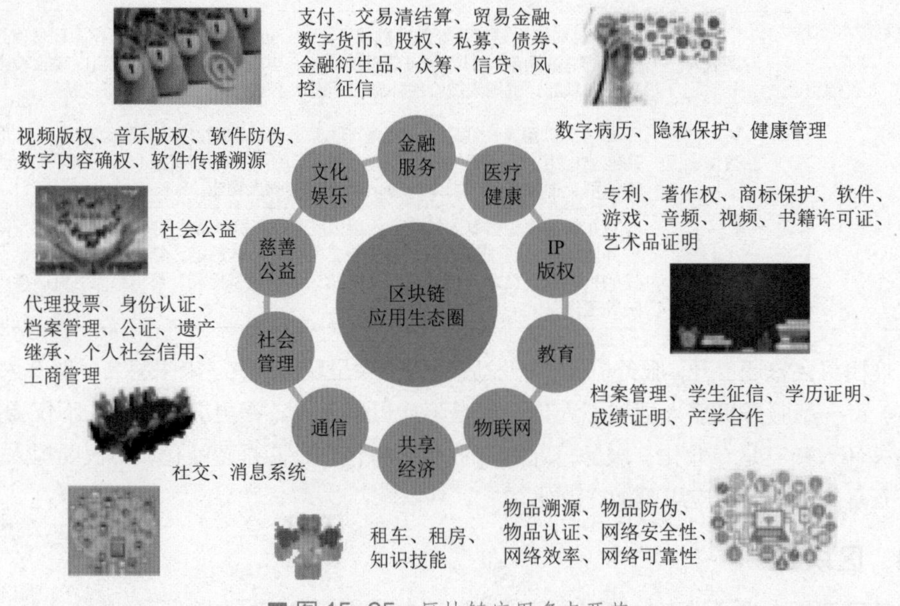

■图 15-25　区块链应用多点开花

业界通常把区块链看作三层：一是技术，账本、密码学、认证机制；二是商业模式，基于区块链重构的商业生态圈，就好像互联网出来之后大量的传统商业模式被阿里腾讯这样的企业颠覆；三是哲学，是理念，任何一种生产力的革命，最后必然会被抽象、升华，成为形而上的生产关系。

在实际应用时，区块链通常按照如下流程进行：首先由卖家发起交易请求，然后交易信息中心在数字空间将其存储为交易区块，与此同时该区块还会向对等网络发布广播并等待确认，之后将对买方身份和交易进行多方核查以完成网络验证，再后将验证完成的区块添加到区块链中提供永久的交易记录，最后是向卖方付款，完成交易。区块链工作流程图如图 15-26 所示。

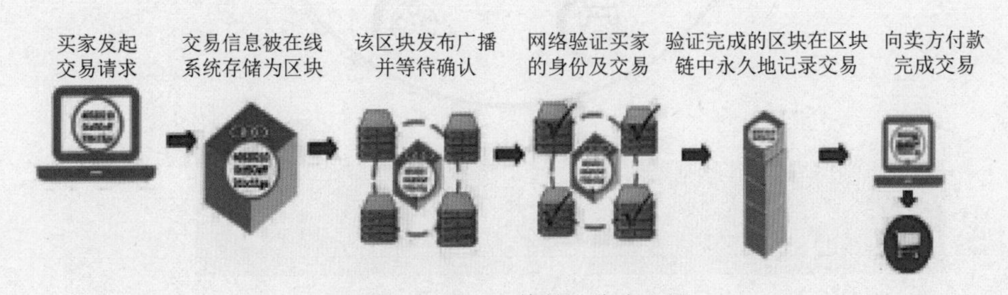

■ 图 15-26　区块链工作流程图

2016 年 12 月，国务院印发的《“十三五”国家信息化规划》（国发〔2016〕73 号）中首次提到区块链技术，并指出数字化、网络化、智能化服务将无处不在。从数字货币加速渗透至其他领域以及和各行各业创新融合，这意味着去中心化、信息完备透明、分布式存储、可编程脚本等特征的区块链在顺应未来数字化、网络化、智能化的过程中将起到重要的作用，并天然具有重塑金融、网络安全、供应链管理、传媒运营等领域的基因。

未来，区块链将彻底改造行业，重新定义公司和经济。在金融领域，区块链技术公开、不可篡改的属性，为去中心化的信任机制提供了可能，具备改变金融基础架构的潜力，各类金融资产均可以被整合进区块链账本中，成为链上的数字资产，在区块链上进行存储、转移、交易，使其在金融领域的应用前景广阔；在网络安全领域，去中心化的方式改变了信息传播的路径，确保了数据来源的真实性，同时保证了数据的不可拦截（不可篡改或伪造）；在供应链领域，所具有的数据不可篡改和时间戳的存在性证明的特质能很好地运用于解决供应链体系内各参与主体之间的纠纷，实现轻松举证与追责；在传媒领域，则可围绕公民新闻审核、数字版权保护、付费内容订阅、传播效果统计、用户隐私保护、数字资产管理等一系列应用，在用户、传媒运营商、传媒客户之间建立一个更高效和更可靠数字供应链，从而实现媒体信源认证，例如内容分发、作者酬劳支付和知识产权保护等。区块链与智能媒体相结合，智媒链平台生态如图 15-27 所示。

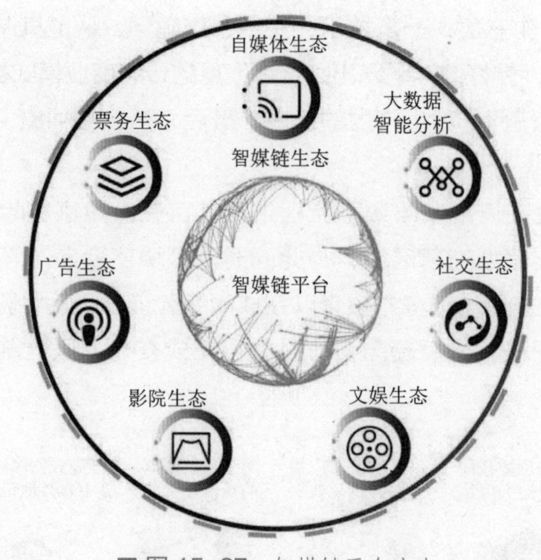

■图 15-27 智媒链平台生态

思考题

15-1 什么是云计算？简述云计算的本质。

15-2 简述大数据有哪些方面的具体应用。

15-3 简述物联网在传媒方面的应用。

15-4 什么是数据可视化？数据可视化有何特点？

15-5 试举例说明 VR、AR、MR 有哪些典型的应用。

15-6 什么是人工智能？简述人工智能有哪些新的应用。

15-7 描绘“新媒体”的知识图谱。

15-8 查阅资料，了解区块链应用现状和发展趋势。

知识点速查

◆云计算：是通过网络上足够强大的计算机提供动态可伸缩的虚拟化的资源（包括网络、服务器、存储、应用、服务等）服务，只是这种服务是按需分配及行付费。

◆大数据：是一种规模大到在获取、管理、分析方面大大超出传统数据库软件工具能力范围的数据集合。大数据的主要特征为“8V”。

◆物联网：是互联网、传统电信网等信息承载体，让所有能行使独立功能的普通物体实现互联互通的网络。物联网是新一代信息技术的重要组成部分，是指借助传感器等信息传感设备，按照约定的协议，把任何物品与互联网连接起来，进行信息交换和通信，以实现智能化识别、定位、跟踪、监控和管理的一种网络。

◆ 5G 第五代移动通信：是国际移动通信系统（International Mobile Telecommunications，IMT）

的下一阶段的称呼。

◆数据可视化（Data Visualization）：是利用计算机图形学和图像处理技术，把复杂繁冗的结构或非结构数据转换成更加直观的图形或图像的方式呈现，涉及计算机图形学、图像处理、计算机视觉与计算机辅助设计等多个领域，是研究数据表示、数据处理、决策分析等一系列问题的综合技术。

◆虚拟现实（Virtual Reality，VR），也称人工环境，其结合多领域前沿技术（计算机图形和仿真、图像与视觉、人机交互技术、传感器技术、人机接口技术、人工智能技术等），借助适当装备，通过欺骗人体感官的方式（三维视觉、听觉、嗅觉等），创造出完全脱离现实的世界，并与其进行体验和交互。

◆增强现实（Augmented Reality，AR）：是在虚拟现实的基础上发展起来的一种将真实世界信息和虚拟世界信息"无缝"集成的新技术，其将计算机生成的虚拟物体、场景或系统提示信息叠加到真实场景中，从而达到超越现实的感官体验。

◆混合现实：是基于增强现实和虚拟现实之后更先进的一种技术，将几种不同的类型的技术，包括传感器的使用、更先进的光学设备和最先进的计算机结合到一起，所有这些技术将被整合成一个单一的设备，为用户提供增强全息实时数字内容，并且增加到虚拟空间中，带来一种让人难以置信的现实和虚拟场景。

◆人工智能（Artificial Intelligence，AI）：是对人的意识、思维的信息过程的模拟，其是一门研究、开发用于模拟、延伸和扩展人的智能的理论、方法、技术及应用系统的技术科学。

◆深度学习：是建立、模拟人脑进行分析学习的神经网络，它模仿人脑的机制来解释数据，例如图像、声音和文本。其名称中的"深度"某种意义上就是指人工神经网络的层数，深度学习本质上是基于多层人工神经网络的机器学习算法。

◆区块链（Blockchain）：是一种开源分布式共享数据库（数据分布式存储和记录），利用"去中心化""数据可靠"等功能高效记录买卖双方的交易，并保证这些记录是可查证且永久保存的。该方案让参与系统的任意多个节点，通过一串使用密码学方法相关联产生的数据块（即区块），每个数据块中包含了一定时间内的系统全部信息交流的数据，并生成数据"密码"用于验证其信息的有效性和链接下一个数据库块，以便身份验证、防止数据篡改并保证其高度安全。

第16章 媒体融合和全媒体

本章导读

本章共分 6 节，内容包括信息技术代际变迁和媒体融合升级转型、媒体融合从相“加”到相“融”、融合发展及其内涵、全媒体、未来发展路径探索，以及县级融媒体中心建设的基本情况。

本章从信息技术代际变迁与媒体融合升级转型的 4 个维度入手，首先阐述了媒体融合的基本概念以及媒体融合的诞生、4 个层面与政策环境，其次分析了从“互联网 +”的视角探讨了以互联网为基础的数字媒体平台的融合发展与变化，揭示了融合媒体思路下用户价值核心、技术内容驱动、无界交互趋势等在内的数字媒体发展内涵，再次探讨了包括全媒体概念、发展战略、核心竞争力及传播 4.0 在内的全媒体及其发展，最后提出了数字媒体未来与数据、互联网、各种网络和其他设备结合控制的基本发展路径。此外，还就县级融媒体中心建设的基本情况进行了梳理和总结。

学习目标

- ◆熟练掌握信息技术代际变迁与媒体融合升级转型的 4 个维度；
- ◆熟悉媒体融合的诞生；
- ◆掌握媒体融合的 4 个层面；
- ◆熟练掌握媒介融合的基本概念；
- ◆掌握媒体与媒介的区别；
- ◆理解媒体融合的政策环境；
- ◆理解从“互联网 +”到“传媒 +”的融合与变化；
- ◆熟练掌握媒体融合发展的内涵；
- ◆熟练掌握全媒体的概念；
- ◆熟练掌握全媒体发展战略；
- ◆掌握全媒体发展核心竞争力；
- ◆熟练掌握全媒体的传播 4.0 模式；

◆掌握广播电视节目制作发展的 4 个阶段；
◆理解数字媒体未来发展路径；
◆熟练掌握为何重视媒体融合的“最后一公里”；
◆熟练掌握如何扎实抓好县级融媒体中心建设。

知识要点和难点

1. 要点

媒体融合的诞生，媒体融合的政策环境，从“互联网 +”到“传媒 +”的融合与变化，数字媒体未来发展路径，党的十八大以来媒体融合发展成就。

2. 难点

信息技术代际变迁与媒体融合升级转型的 4 个维度，媒体融合的 4 个层面，媒介融合的概念，媒体与媒介的区别，媒体融合发展的内涵，全媒体的概念，全媒体发展战略媒体战略，全媒体发展核心竞争力、全媒体的传播 4.0 模式，广播电视节目制作发展的 4 个阶段，为何重视媒体融合的“最后一公里”，如何扎实抓好县级融媒体中心建设。

16.1　信息技术代际变迁和媒体融合升级转型

传播学“扩散 S 曲线理论”理论告诉我们：随着时间的推移，一种新产品（服务）一般会呈现出“起步—渗透率迅速提升—逐渐饱和”的曲线现象。从三网融合到“互联网 +”再到“传媒 +”，从新媒体到全媒体再到智慧媒体，从数字化到网络化再到平台化、数据化与智能化，新型媒介在管理模式和运作方式上均已呈现出扩散 S 曲线的过程，并出现远超传统媒介的“高维”特征。[①]

16.1.1　系统技术的纵深化与融合化

一方面，包括互联网技术在内的诸多信息技术作为独立的技术领域，必将遵循客观发展的规律，向着立体纵深的方向前进，越来越智能。另一方面，伴随着 iABCD（物联网、人工智能、区块链、云计算、大数据）以及计算机视觉、生物识别、深度学习、VR/AR/MR 等新兴科技的发展壮大，其将与包括网络直播、全景视频、媒体无人机、全息影像等在内的传媒产业发展加速融合，而传媒产业的发展又会使信息技术能够向更前沿、更纵深、更先进的方向发展，如此正向循环，推动以信息技术服务平台为特征的媒体平台整体代际变迁。

16.1.2　信息处理的云集化与泛在化

一方面，初期的信息处理在单一服务器上进行，后分散到多台服务器上，而随着云计算虚拟化技术的快速推进和广泛普及，信息处理呈现出集中化、云化、网随云动的发展趋势。另一方面，数据化的智慧中心技术日益成熟和大规模应用，将促使网络互联不再局限于桌面，用户可以通过

① 喻国明 . 互联网是一种“高维”媒介：兼论“平台型媒体”是未来媒介发展的主流模式 [J]. 新闻与写作，2015（2）：41-44.

手持设备、可穿戴设备或其他常规、非常规设备无障碍地享用计算能力和信息资源。通用的信息接入（包括媒体内容、业务交互等）、个人通信（包括个人与终端的移动性等）和能灵活控制的泛在设备（包括传统的通信终端，以及大连接的“万物”）将存在于未来泛在网络之中，继而推进各级媒体在机器新闻、数据新闻、传感器新闻等传媒领域的发展。

16.1.3 信息服务的共性化与个性化

一方面，初期的信息服务以单向线性为主，更多地呈现出“线下、单向、广播”的共性化特点。另一方面，数据网络的广泛普及以及人类分解信息能力的提高，信息技术已使媒介逻辑从以时间面向为主导、以传播效果为目标的单向转化为基于日常生活的以空间面向为主导的多元实践逻辑，把“受众”变为了“用户”，并能为用户全面、高效地提供个性化、实时化、精准化服务，让其在轻松接受媒体信息的同时能够参与到媒体中并与其进行交互，更多地呈现出“线上、互动、社群”的个性化特点，并将推进各级媒体在可穿戴设备、短视频、场景化新闻、个性化新闻等传媒领域的发展，未来信息服务或将拥有与人类器官相近的媒介体验。[①]

16.1.4 平台供给的协同化与智能化

一方面，以互联网为基础的数字平台，将促使各级媒体实现更多元的连接、更高效的感知、更智能的融合以及包括协同创新、用户创新等在内的可持续发展创新，引发资源的重新配置，并促使中心成为区域综合智慧平台。另一方面，将实现从人机单向信息传达的单一自动化到人与物之间和谐自然且自发的交互关系的转化，促使人与人、机器与机器、人与机器的交流互动更加频繁，并建立以个人为中心的智能共享网络，建立起全新的智能服务模型，在实现成本、效率、体验的升级的同时，实现区域信息治理体系和信息治理能力的现代化。

16.2 媒体融合从相“加”到相“融”

今日的传统媒体，历史上曾经是新兴媒体；今日的新兴媒体，辩证来看也会成为传统媒体。改革开放之初，报刊、杂志是传统媒体，广播是新兴媒体；进入20世纪90年代，电视因即时性、双重信息传播以及媒介兼容传播等优势，取代广播成为新兴媒体；20世纪末21世纪初，互联网、移动智能终端因交互型、快捷性、海量性以及便携性等优势，取代电视成为当前新兴媒体。如今，融合和分化，双向流程都在加速，媒体融合也逐步从“你中有我，我中有你”的初步融合阶段迈向“你就是我，我就是你”的深度融合阶段。

16.2.1 媒体融合的诞生

当今世界由两个重要的关键词构成：技术革命与全球化。基于互联网的技术革命正在开启第三次产业革命，同时正以令世人瞩目的迅猛之势改写着人类历史，改变着信息交流的结构和模式，改变着人类的生活状态、思维方式和连接形式。尤其近来以互动电视、电子杂志、微博、三维可视化、全息影像等新兴媒体通过交互新闻、计算机辅助报道、数字设计等方式以黑马的姿态迅速充斥着媒体界，对传统媒体的既有传播理念、新闻信息采制与传播方式、盈利模式带来冲击，用户的主

① 许志强. 智能媒体创新发展模式研究 [J]. 中国出版，2016（12）：17-21.

动性、参与性、互动性及个人偏好越来越强。

2014 年 8 月，中共中央审议通过《关于推动传统媒体和新兴媒体融合发展的指导意见》，意见强调应强化互联网思维，坚持优势互补，加快传统媒体和新兴媒体的深度融合发展，构建立体多样与融合发展并重的现代传播模式。至此，媒体融合成为国家战略的重要部署，是传播社会主义核心价值观、扩大宣传文化阵地的重要途径。该意见可谓立足当下谋划长远，凸显国家领导层对意识形态领域前所未有的重视，将以中国媒体融合发展的起点写入历史，将对中国现有传媒产业格局产生深远的影响。

所谓“媒体融合”（Media Convergence)，最早由尼古拉斯・尼葛洛庞蒂提出。美国麻省理工学院教授伊契尔・索勒・浦尔（Ithiel de Sola Pool）认为媒介融合是指各种媒介呈现多功能一体化的趋势。其概念应该包括狭义和广义两种，狭义的概念是指将不同的媒体形态“融合”在一起，会随之产生“质变”，形成一种新的媒介形态，如电子杂志、博客新闻等；广义的“媒介融合”则范围广阔，包括一切媒介及其有关要素的结合、汇聚甚至融合，不仅包括媒介形态的融合，而且包括媒介功能、传播手段、所有权、组织结构等要素的融合。也就是说，“媒体融合”是信息传输通道多元化下的新作业模式，是把以报刊为代表的平面媒体、以电台为代表的音频媒体和以电视台为代表的视频媒体等传统媒体，与互联网、手机、移动智能终端等新兴媒体传播通道有效结合起来，资源共享、集中处理，衍生出不同形式的信息产品，然后根据用户个性化的需求，通过不同的平台进行传播。媒体融合是媒体增加新闻和信息平台的数量，使稀缺的媒体资源得到最优配置。媒体融合模式的典型特征是一个传媒集团拥有多个媒介平台，实现内容的多平台出口，实现媒体资源效益与传播能力的最大化。

喻国明教授在《传媒经济学教程》中认为，媒介融合是指报刊、广播电视、互联网所依赖的技术越来越趋同，以信息技术为中介，以卫星、电缆、计算机技术等为传输手段，数字技术改变了获得数据、现象和语言三种基本信息的时间、空间以及成本，各种信息在同一个平台上得到了整合，不同形式的媒介彼此之间的互换性与互联性得到了加强，媒介一体化趋势日趋明显。

实际上，“媒体融合”与“媒介融合”是有区别的。媒介是信息传播所需要的载体、介质或通道。媒体是媒介 + 内容体系的组合，拥有后端内容架构、生产流程、编读互动等系统支撑。因此，在掌握多种媒介的处理技术之外，必须要有一个内容体系来支撑处理工艺，最终实现内容和通道的良好结合。

16.2.2　媒体融合的四个层面

媒体融合的发展主要体现在立体传播 + 讲好故事、“中央厨房”+ 数据分析、社交媒体 + 读者互动以及人才培训 + 品牌影响 4 个领域。媒体力图把故事讲好，最大程度吸引用户，推动传播理念、手段、技术、平台、运行机制不断创新，传播新闻内容的手段由单一、平面变为多维、立体，文字、图片、音频、视频等传播手段叠加运用，报纸、杂志、广播、电视、网站、手机短信、移动客户端等各种媒体交叉融合传播。同时，积极利用社交媒体平台，尝试用新的方式，能够更有创造性地发布新闻内容。此外，还应极为重视对编辑记者视频拍摄和新媒体编辑能力的培训。

从 2013 年开始，我国也愈加意识到媒体融合的必要性。当前，中国媒体融合呈现出新的特点和趋势。

1. 技术化与全能化

媒体融合首先是技术的融合，媒体融合根本的和直接的诱因是数字技术的成熟，新一代信息技术及应用的广泛兴起与普及成为媒体融合的直接推动力。因此，媒体融合表现出鲜明的技术特征。互联网时代，技术成为媒体融合过程中不可回避的重要环节，技术的进步促使媒体格局由零散的需求“碎片”再度聚合（如智能匹配、定向推送、中央厨房、内容整合等），原有的新闻生产方式、媒体格局和舆论生态都发生全新变革，传统媒体解构与重构，新媒体倒逼传统媒体创新转型。依托于不同媒介的文化形态竞争与融合，表现出多元文化的技术性与全能性。它不仅体现着大众文化的精神，也兼容并包着大众文化、精英文化、世俗文化、高雅文化与娱乐文化的精髓，从而呈现出一种全能文化的形态。

2. 内容融合与渠道融合

内容从物理形态上看，可以分为文字、声音、图片、图像等；从媒介载体上看，可以分为报纸、广播、电视、互联网、手机等媒体上的内容。互联网时代，传统媒体很难全面覆盖到各种目标人群，在受众“重聚”的过程中，新媒体又可将用户的终端、行为、习惯、偏好等各种个性化数据暴露于网络，使得用户需求可以通过互动的平台洞察并实现重聚。在内容使用环节，同一内容或大致相同的内容在多个不同的终端上使用，内容产品的多层次利用亦可提高内容产品的使用效率。报业集团和广电集团可以发展成为拥有各种传播介质的跨媒体跨地域传媒集团。渠道融合是指传统媒体通过现代传播网络和新的终端构建新的渠道。渠道融合贯穿于传媒内容生产的全过程，主要是网络和终端的融合。从人民网研究院推出的《2016 中国媒体融合传播指数报告》可以发现，传统媒体不仅重视传统终端的内容传播，而且着力于加强在 PC 互联网和移动互联网上的传播，在内容融合和渠道融合上取得了很大的进展，极大地提升了传统媒体的传播力。

3. 跨界合作与反向融合

融合代表着开放和包容，代表着优势资源的整合，因此，在媒体融合过程中，跨界合作成为一种必然选择。伴随着计算机技术的发展和互联网时代的到来，传统媒体受到不同程度的冲击，也在积极寻求跨界合作，以期能够实现共赢。传统媒体与影视、金融、科技各种跨界合作中，表现最为突出的是掌握渠道通信技术商和拥有技术实力的网络公司的跨界合作。与此同时，2015 年后出现反向融合和倒融合现象，由电信、互联网企业发起针对传统媒体的收购与兼并，电信、互联网企业在资金、技术、用户、市场数据等层面，掌握了融合的主动权，传统媒体逐渐成为互联网巨头战略布局的重要一环。

4. 集约生产与全民写作

媒体融合改变了内容的生产模式与传播模式。融合媒体意味着不同类型的媒体从各自独立经营转向多媒介联合经营，以最大限度地降低生产成本，一种新的新闻传播模式“融合新闻”（Multiple Journalism）由此产生。融合新闻与传统的单一媒介的新闻传播活动有着巨大差异，其主要特点是将多种媒介的新闻传播活动整合进行，采用多媒体、多渠道的方式传播新闻。媒体融合在内容的集约化生产方面，不仅表现在传媒组织的合作，而且表现为内容生产的全民写作。在传统大众媒介垄断新闻传播与文化生产的时代，为新闻媒介提供信息的主要是政府机构、社会团体和企业组织，承担采集与发布新闻信息的主要是职业新闻工作者及作为“准新闻工作者”的新闻通讯员。

16.2.3　媒体融合的政策环境

2014 年被称为媒体融合元年。一系列新政的出台，表明中央和管理部门对推动媒体融合发展的决心和力度空前。

2014 年 8 月，中央全面深化改革领导小组第四次会议审议通过了《关于推动传统媒体和新兴媒体融合发展的指导意见》，习近平总书记在会上强调，要遵循新闻传播规律和新兴媒体发展规律，强化互联网思维，坚持传统媒体和新兴媒体优势互补、一体发展，坚持先进技术为支撑、内容建设为根本，推动传统媒体和新兴媒体在内容、渠道、平台、经营、管理等方面的深度融合，着力打造一批形态多样、手段先进、具有竞争力的新型主流媒体，建成几家拥有强大实力和传播力、公信力、影响力的新型媒体集团，形成立体多样、融合发展的现代传播体系。①

2015 年 3 月，国家新闻出版广电总局、国家财政部印发《关于推动传统出版和新兴出版融合发展的指导意见》（新广发 [2015]32 号），指出：推动传统出版和新兴出版融合发展，把传统出版的影响力向网络空间延伸，是出版业巩固壮大宣传思想文化阵地的迫切需要，是履行文化职责的迫切需要，是自身生存发展的迫切需要。强调要将传统出版的专业采编优势、内容资源优势延伸到新兴出版，依托先进的技术和渠道，借力推动出版融合发展，建立健全一个内容多种创意、一个创意多次开发、一次开发多种产品、一种产品多个形态、一次销售多条渠道、一次投入多次产出、一次产出多次增值的生产经营运行方式，激发出版融合发展的活力和创造力，由此国家把媒体融合提升到了文化战略的高度。

2015 年 9 月，中共中央办公厅、国务院办公厅印发《关于推动国有文化企业把社会效益放在首位实现社会效益和经济效益相统一的指导意见》（中办发 [2015]50 号），指出：抢占文化科技融合发展制高点……推动出版、发行、影视、演艺集团交叉持股或进行跨地区跨行业跨所有制并购重组，突出内容建设，强化技术支撑。推动传统媒体与新兴媒体融合发展，强化互联网思维，实现跨媒体、全媒体发展。

2015 年 11 月，《中共中央关于制定国民经济和社会发展第十三个五年规划的建议》发布，指出要繁荣发展文学艺术、新闻出版、广播影视事业……推动传统媒体和新兴媒体融合发展，加快媒体数字化建设，打造一批新型主流媒体。

2016 年 2 月，习近平总书记在新闻舆论工作座谈会上强调，党的新闻舆论工作必须创新理念、内容、体裁、形式、方法、手段、业态、体制、机制，增强针对性和实效性；要适应分众化、差异化传播趋势，加快构建舆论引导新格局；要推动融合发展，主动借助新媒体传播优势。②

2016 年 3 月，在第十二届全国人民代表大会第四次会议上，国务院总理李克强在政府工作报告中明确指出：发展文学艺术、新闻出版、广播影视、档案等事业，促进传统媒体与新兴媒体融合发展，培育健康网络文化，深化中外人文交流，加强国际传播能力建设等。③媒体融合写入政府工作报告，升至国家战略高度。

① 习近平：共同为改革想招　一起为改革发力　群策群力把各项改革工作抓到位 [EB/OL]. http://jhsjk.people.cn/article/25490968.

② 习近平在党的新闻舆论工作座谈会上强调：坚持正确方向创新方法手段　提高新闻舆论传播力引导力 [EB/OL]. http://jhsjk.people.cn/article/28136289.

③ 李克强：促进传统媒体与新兴媒体融合发展 [EB/OL]. http://www.china.com.cn/lianghui/news/2016-03/05/content_37943959.htm.

2016 年 3 月，中国报业协会向中央宣传部、国家新闻出版广电总局行文报送的《中国报业“十三五”信息化建设与媒体融合发展规划建议书》（中报协字 [2016]12 号）指出：要整合报业内部不同的网络平台，实现安全、高速、互联互通，避免产生“信息孤岛”和重复建设。要加快采编流程集约化、数字化改造，移动采编和媒体采编系统升级，融合运用大数据、可视化、虚拟现实等多种技术，建立统一指挥调度、高效整合采编资源、适应多介质新闻生产的新型多功能一体化智能采编平台和扁平化的高效运行机制。要加快研发媒体传播效果分析系统，利用分析结果指导新闻生产，从而改进传播策略，提升媒体传播力和影响力。

2016 年 7 月，国家新闻出版广电总局印发《关于进一步加快广播电视媒体与新兴媒体融合发展的意见》（新广电发 [2016]124 号），指出：要在坚持正确导向、坚持社会效益优先的前提下，大力推动传统广电媒体与新兴媒体深度融合、一体共生，尽快实现广播电视媒体与互联网从简单相“加”迈向深度相“融”的根本性转变。提出总体目标：力争两年内，广播电视媒体与新兴媒体融合发展在局部区域取得突破性进展，形成几种基本模式。在“十三五”后期，融合发展取得全局性进展，建成多个形态多样、手段先进、具有竞争力的新型主流媒体，打造出数家拥有较强实力的新型媒体集团，基本形成布局合理、竞争有序、特色鲜明、形态多样并具有可持续发展能力的中国广播电视媒体融合新格局。

2017 年 12 月，中国国家标准化管理委员会发布第 32 号中国国家标准公告，包括《报道策划及新闻事件置标语言》（2018 年 3 月 1 日起实施）、《中文新闻图片内容描述元数据规范》（2018 年 4 月 1 日起实施）以及《统一内容标签格式规范》（2018 年 4 月 1 日起实施）三项新闻信息技术国家标准，其作为媒体信息化建设顶层设计和统筹规划的重要抓手，将有效促进新闻业务流程管理、信息处理和媒体融合等的健康发展，发挥标准的引领作用。

2018 年 3 月，中国共产党第十九届中央委员会第三次全体会议在京召开，审议并通过了《深化党和国家机构改革方案》，方案提到“撤销中央三大台建制，即撤销中央电视台（中国国际电视台）、中央人民广播电台、中国国际广播电台的事业编制，整合重组为中央广播电视总台”。此次合并改革后，对内仍保留原有呼号，而对外则统称为“中国之声”，力求实现优势互补、达到“1+1+1 > 3”的效果，旨在讲更好的“中国故事”。由此，从中央层面实现了广播与电视、国内与国外传播机构的融合，从而提供了广播电视在国家层面的改革示范案例，并为国际传播能力建设奠定了坚实的基础。中央三大台合并如图 16-1 所示。

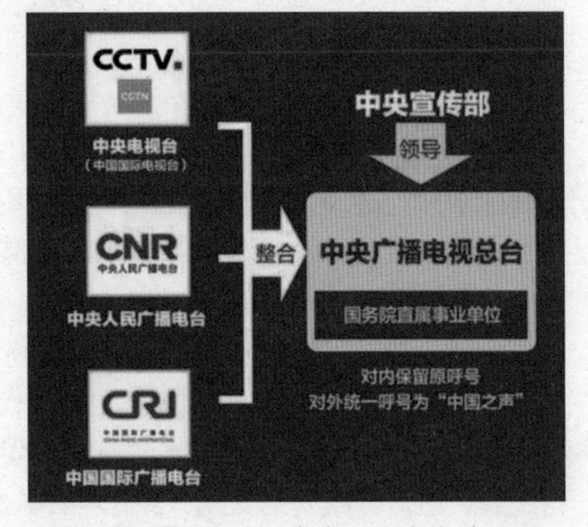

图 16-1　中央三大台合并

与此同时，国家对媒体融合方面的财政支持力度大大增强。据国务院新闻办发布的数据，近年来，各级财政对文化事业投入逐年加大，速度逐年提升，中央文化产业发展专项资金累计支持新闻出版项目近千个，资助金额超过 76 亿元。仅 2014 年，新闻出版项目就获得 21 亿元的财政支持。

2019 年 1 月 25 日，中共中央政治局就全媒体时代和媒体融合发展举行了第十二次集体学习，这次学习更是把“课堂”设在了媒体融合发展的第一线。中共中央总书记习近平在主持学习时强调，推动媒体融合发展、建设全媒体成为我们面临的一项紧迫课题。要运用信息革命成果，推动媒体融合向纵深发展，做大做强主流舆论，巩固全党全国人民团结奋斗的共同思想基础，为实现“两个一百年”奋斗目标、实现中华民族伟大复兴的中国梦提供强大精神力量和舆论支持。[①]

16.2.4 从“互联网 +”到“传媒 +”

数字化时代，互联网已经成为核心工具，扩大和提升了信息交流的空间和速度，从而提升了传统产业的生产效率和消费效率，即所谓工业 3.0 时代的特征。互联网发展至今，其不仅是一种传媒媒介、传播渠道或平台，而且是一种可以与物质、能量相提并论的核心生产要素，是重新构造世界的结构性力量。[②]

对传媒产业而言，“互联网 +”意味着互联网向传统传媒产业输出优势供能，使互联网思维和方式在传媒产业中得到充分运用，融入渗透到传媒的生产、营销、经营等各个环节。传统媒体可逐步对外开放并与互联网、电信、金融等企业开展合作，成为媒体转型重要途径；与此同时，“互联网 +”让更多“非媒体”具备了媒体的信息传播属性，在以网络空间为主的社会信息传播系统中作用凸显。互联网与传媒产业的融合如图 16-2 所示。

随着“互联网 +”行动计划深入各个领域，中国媒体融合的理念与形态也变得更加丰富。媒体融合曾经的 4 个层面：技术化与全能化、内容融合与渠道融合、跨界合作与反向融合、集约生产与全民写作正在向更纵深的方向发展，传媒正在实践中发展产业融合的理念，社会上也出现了一批具备独特、多样且动态社会化媒体。与此同时，这些包含用户原创内容（User Generated Content，UGC）、平台功能（Function）以及社会化商业的融合模式（Social Business：用户原创内容 + 平台功能支撑 + 意见领袖影响）三类运营模式的社会化媒体又较大规模地渗入各个产业领域，初步实现了全员创新和平台化发展的转型升级，“传媒 +”的形态已经初显。2017 年中国社会化媒体格局概览如图 16-3 所示。

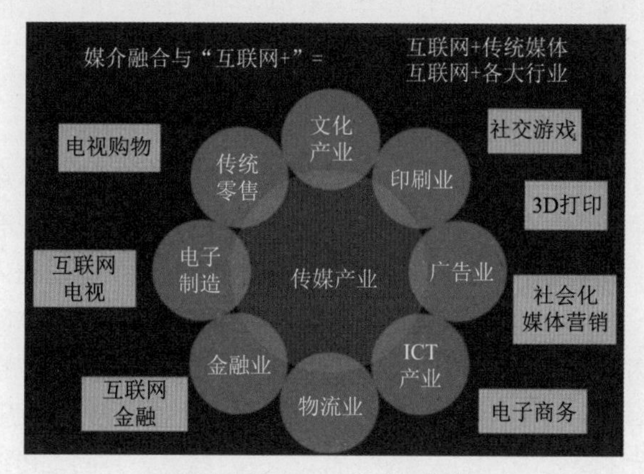

■ 图 16-2　互联网 + 媒体

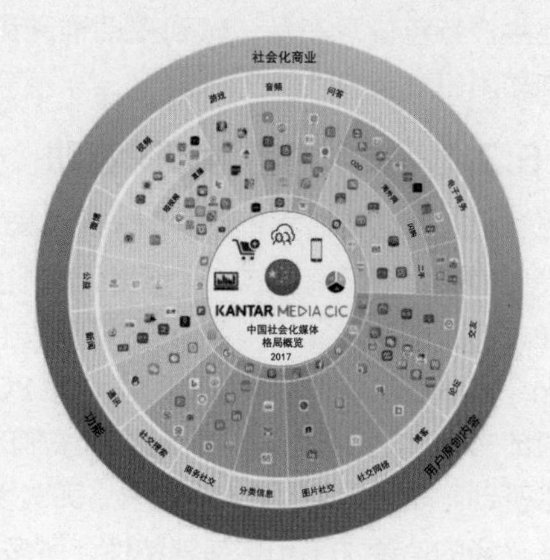

■ 图 16-3　2017 年中国社会化媒体格局概览[③]

① 新华社 . 习近平：推动媒体融合向纵深发展 巩固全党全国人民共同思想基础 .[EB/0L]http://www.gov.cn/xinwen/2019-01/25/content_5361196.htm[2019-1-30].

② 喻国明，马慧 . 关系赋权：社会资本配置的新范式——网络重构社会连接之下的社会治理逻辑变革 [J]. 编辑之友，2016（9）：5-8.

③ Kantar Media CIC.2017 年中国社会化媒体格局 [Z].2017，7.

"传媒 +"时代，是一个去中心、去垄断的时代，是一个参与、互动与分享的时代，无论是创新还是治理，都需要大家的协同参与，媒体融合正是在这种协同之中为传媒创造出新的价值。伴随着海量信息几乎无成本的全球流淌，"传媒 +"社会应该是一个更加趋近于人性的社会，同时也应是一个需要更好地把握人和技术、人和社会、人和自然之间关系的社会[①]，将在更高水平、更深层次上影响信息的传播模式以及人与人的关系模式。

16.3 融合发展及其内涵

随着"互联网 +"时代的到来，传媒业界必须尊重"海量信息、实时更新、双向互动"的网络传播特点，用全新的互联网思维来谋划和推进融媒进程，实现各种媒介资源优势互补、创新发展，实现功能的融合和相互渗透，以满足细分市场下、特定人群的差异性需求。

16.3.1 用户价值为运营核心

技术进步从需求和供给两个维度极大地改变了用户，移动设备、3G/4G/5G 网络的普及更使得用户随时随地处于"连接"和"在线"的状态。"互联网 +"时代是"体验为王"的时代，用户的需求和用户的群意志是真正意义上的核心要素，针对用户个性化定制的应用服务和营销方式将成为发展趋势，将催生全新的应用服务体系。要采用互联网思维强调连接，首先就是"人"的连接、用户和用户的连接、媒体人和用户的连接等。传媒从业者应坚持"明确目标人群一强化用户关系一形成核心用户池"的路径，通过云计算和大数据等新一代信息技术深入发现和追踪用户偏好、行为、心情和需求差异等方面的信息，挖掘和分析可贵的数据资源，为内容的传播决策提供全面、系统、准确、前置的参考数据，并把内容重新打包以适应新平台，有针对性地生产特色信息产品，做到主动推送和被动点播相结合，以提高用户的关注度和参与度，从而推动用户变革。

16.3.2 技术内容为双轮驱动

美国著名传播学者威尔伯·施拉姆曾根据经济学"最省力的原理"为基础提出的计算受众选择传播媒介的概率公式：可能得到的报偿 ÷ 需要付出的努力 = 选择的概率[②]。这表明，媒体只有通过不断创新与完善服务内容并拓展与改进传播渠道，才能提升其竞争力和影响力。中国已进入光纤宽带时代、移动互联网时代、后 PC 时代、云计算时代和大数据时代，全面刷新了 Web 2.0 阶段的常态[③]，正在引发全球范围内深刻的技术和商业变革，为创新内容生产开辟了广阔空间。在技术驱动方面，新媒体具有开放性、即时性、隐匿性、便捷性、低成本、交互性与碎片性以及多信源、多途径的信源加工和传递等特性，可多维度描述媒体内容的矢量化信息；在内容优势方面，传统媒体具有真实性、权威性、公信力等优点，这些势必在知识领域引发诸如知识海量与无知递增、经验研究与规范研究、知识总体化与碎片化等多重的张力[④]。传媒从业者应充分利用新媒体的技术

① 付玉辉 . 后移动互联网时代：数字文明融合新阶段 [J]. 互联网天地，2012（3）：48-49.
② 王庚年 . 4G 时代媒体融合发展须经六个途径 [Z]. 在 4G 时代广电媒体发展论坛上的主旨演讲，2014 年 8 月 .
③ 闵大洪 . 中国网络媒体 20 年：从边缘媒体到主流媒体 [J]. 新闻与写作，2014（3）：5-9.
④ 唐海江 . 互联网革命与新闻传播学科重构之反思：一种技术自主性的观点 [J]. 社会科学战线，2016（7）：143-149.

优势 + 传统媒体的内容优势，尽快打造新型全媒体平台，实现从“信息服务商”到“内容服务商”的蜕变。[①]各级媒体也应该以媒体转型和多业态发展方向为主导，注重新技术开发、新设备应用和新内容形态创造。

16.3.3 无界交互为主要趋势

在互联网发展之前，电视是人们接收信息的主要“屏”媒；从互联网到移动互联网，人们接收信息的媒介终端变得丰富；而从移动互联网到其后万物互联的时代，将有更多的内容、更多的观看方式、更多的传感设备以及移动终端随时随地地接入网络，视机交互（3D 互动）、脑机交互（脑电波）和情感交互（情感分析）将成为无界交互的趋势。通过云服务可获得更为详细的节目信息和数据服务，将大大提高移动互联网用户的体验，为用户提供强大的存储和计算能力，确保不同终端获得最佳视频体验效果。分析用户的偏好和需求，实现从“一云多屏”到“以用户为中心”的“无界交互”，并以此打通电视观众与新媒体用户两大用户群，从而确保他们做出合适的决策。基于云端的大数据分析和情景感知的终端相互结合，将实现“跨终端、跨时空、跨应用、跨行业、跨领域”的整合，实现个性化需求与服务、智能化服务和自然和谐的人机交互。电视节目多网络、多屏幕传播趋势如图 16-4 所示。

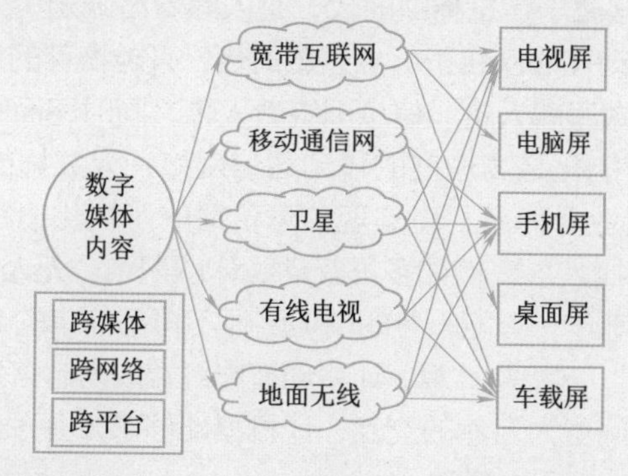

■ 图 16-4 电视节目多网络、多屏幕传播趋势

16.3.4 数据网络是发展主线

数据被认为是新时期的基础生活资料与市场要素，重要程度不亚于物质资产和人力资本。现在的 Web 还是以粗粒度的文档、页面所构成的网络，是以文件信息创造、利用、传播、再创造、再传播、再利用为主体活动的网络；而下一个 10 年，数据是关注的焦点。数据的创造、利用、传播、再创造、再传播、再利用将会是人们使用 Web 的主要目的。数据驱动的媒体将会是下一个 10 年媒体的主体，将逐渐变现为独特的流通货币；数据驱动的政府将会是下一个 10 年各国政府努力的目标，利用数据去构建公众服务将会是政府和企业合作的方向；数据驱动的生活将会是下一个 10 年每个人可以切身体会到的，用户的一切都碎片化地被记录在不同服务中。通过用户行为监控，运用大数据技术对用户的关系和需求进行“画像”，如图 16-5 所示，这些数据可以被再创造成为群体性的统计数据再被传播利用构建新的知识，使得内容表现方式更直观、更美观，更能直指

① 黄艾，曹三省 . 报业全媒体进程中的若干现实问题 [J]. 传媒，2013（3）：9-11.

重点，反过来帮助用户更好的解决生活中的问题。

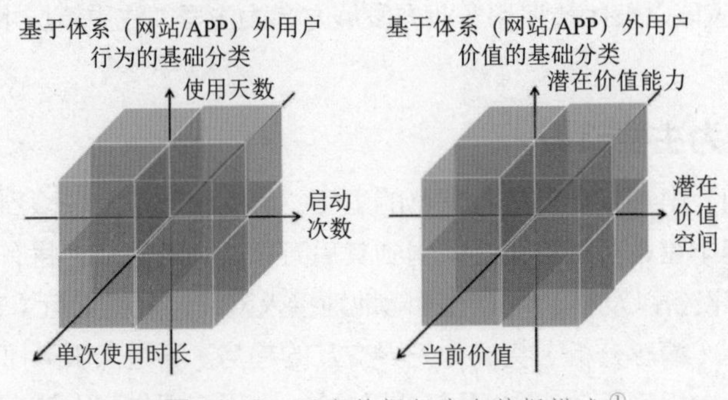

■ 图 16-5　用户数据行为全数据描述①

16.3.5　智能计算重塑人机交互体验

智能计算是指通过软件和算法，对系统的基础功能加以扩展和升级，基于现场情景或主观意图灵活、自动实现相关资源的组织、配置和动作执行，意味着数字世界与实体世界走向融合。智能计算是信息革命正在推进的趋势，贯穿终端、网络、计算、存储等基础设施和企业侧、消费侧的各种应用。过去 PC 互联网属于信息稀缺时代，是人跟着终端走、人围绕着信息转，是“人找内容”，效率低下；现在移动互联网属于信息过载时代，兴趣推荐的资讯系统仅仅是裹上了算法外衣的初级智能推荐，是终端跟着人走、信息围绕着人转，同时还面临“信息偏食”与“信息茧房”的困境；不久将来的智能化是高速度的移动通信网络，大数据的存储、挖掘、分析能力和智能感应能力共同形成全新业务体系，可实现信息传播的可视化追踪，提供个性化、极简化、极致化与智能匹配的“内容找人”，例如多屏互动、体感识别、无人驾驶、实时交通等，彻底解放人类众多体力劳动。未来十年，智能服务的落地路径不再是简单的 to B 或 to C，而可能还是 to B to B to C，无处不在的终端、网络与计算，让移动智能终端成为感官系统（视觉、听觉、触觉等）的延伸，从而实现人与设备间更为自然的交互，让机器能够感知并预测到人的行为，从而塑造计算体验，让人类工作更轻松、生活更精彩。

16.4　全媒体

从传统媒体到新媒体再到全媒体，如果把它们视为一种代际变迁，就会发现时代改变的速度越来越快；如果把它们视作一场互联网革命，一个令人兴奋又忧伤的现实是——曾经的革命者快速沦落为“被革命”的对象。本节将从全媒体的概念入手，探讨全媒体发展战略、核心竞争力及其传播 4.0 模式，以期为我国全媒体平台建设提供参考和借鉴。

16.4.1　全媒体的基本概念

随着 2014 全国卫视马年春晚全媒体收视、2014“两会”全国卫视全媒体传播指数、“马航失联”全国省级卫视全媒体传播指数的发布，全媒体在电视界的应用越来越广泛，已普遍为业界所接受。但在 2019 年之前，国内学术界对“全媒体”的概念还没有达成共识。

① 易观智库 . 大数据下的用户分析 [R]. 2015.

2019 年之前，学界对全媒体的认知为：在各种信息、通信和传输协议得以广泛应用和普及的条件下，交互地综合采用文字、声音、图形、图像、影像、动画和网页等多种媒体表现手段(多媒体)，来全天候、全方位、全覆盖地展示传播内容，同时通过文字、声音、影像、网络、通信等传播手段，进行不同媒介形态(纸质媒体、广播媒体、电视媒体、网络媒体、手机媒体等)之间的融合(业务融合)，产生的一种新的、开放的、不断兼容并蓄的媒介传播形态和运营模式，通过融合的电信网、因特网和广播电视网(三网融合)为用户提供电视、手机、PC、PAD 等多种智能终端的融合接收(三屏合一)，真正实现随时随地用最适合自己的方式即时获取所需的信息，使得受众获得更及时、更准确、更精良、更多角度、更多听觉和视觉满足的媒体体验。[①]全媒体之“全”，是产品之全，介质之全，终端之全，其关键在于实现全媒体生产、全介质传播、全方位运营[②]，如图 16-6 所示。

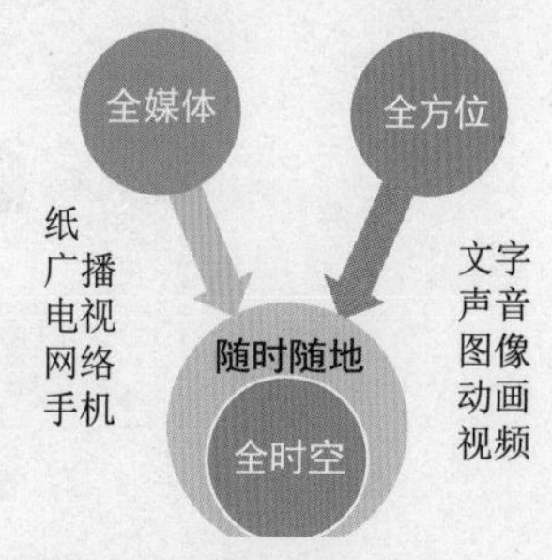

■图 16-6　全媒介、全方位、全时化的表现手段

2019 年 1 月 25 日，习近平总书记在中共中央政治局第十二次集体学习时，深刻诠释了“全媒体”的概念：“全媒体不断发展，出现了全程媒体、全息媒体、全员媒体、全效媒体。”[③]从传播的角度看，互联网的发明是继文字、印刷术、电信技术之后的又一次革命，各种有形介质都数字化，实现了多种媒体技术的整合。“全程”，突破了时空尺度，零时差、“五加二”、“白加黑”，传播随时随地都可以发生；“全息”，突破了物理尺度，所有信息都可以变成数据，用一个手机就可以获得；“全员”，突破了主体尺度，从“我说你听”的一对多传播，变成了多对多传播，互动性也大大增强；“全效”，突破了功能尺度，集成了内容、信息、社交、服务等各种功能，成为“信息一条街”。由此可见，全媒体让信息无处不在、无所不及、无人不用，导致舆论生态、媒体格局、传播方式发生深刻变化。

16.4.2　全媒体发展战略

新一轮信息技术创新加速了广电传统媒体的信息化、数字化、网络化、全媒体化进程，以及与网络媒体、手机媒体、互动性电视媒体和新型媒体群等新媒体之间的聚合，将引发社会资源的新型配置机制，需要全新的协同技术和智慧的运营体系高效运转，以应对瞬息万变的市场风云。大数据时代滚滚而来，媒体的内外部环境发生了重大变化，在全媒体的多元传播环境中，要求传统媒体和新兴媒体并驾齐驱，以用户和市场为导向，以技术和商业为驱动，以网络为基础，以 OTT 创新为核心，以开放思维为保障，充分驾驭和利用各种数据，用多元化、立体化的内容产品扩大受众覆盖面[④]。在 OTT 的三足鼎立布局中，终端、互联网、管道的有机结合一定是最完美的体验。在不断变化增长的需求发展趋势下，全媒体发展需要新的“内容聚合—端—管—云”战略。基于三网融合的全媒体战略架构如图 16-7 所示。

1. 内容聚合战略

内容聚合，指内容的重新组合，关键是信息的生产和传播。全媒体是从多媒体、新媒体、跨媒

---

① 王庚年．关于全媒体的认识与探索 [J]. 中国广播电视学刊，2012（11）.
② 刘长乐．全媒体时代的思维转变与战略实施 [J]. 中国记者，2011（5）.
③ 习近平主持中共中央政治局第十二次集体学习并发表重要讲话 [EB/OL]. http://www.gov.cn/xinwen/2019-01/25/content_5361197.htm.
④ 王庚年．关于全媒体的认识与探索 [J]. 中国广播电视学刊，2012（11）.

体的概念演变而来的，其内容的内涵与外延都已发生变化，衡量内容的标准也已发生变化，新闻内容的种类和形式都将更加丰富与多样。“内容为王”仍然是全媒体时代所要遵循的另一个重要原则。

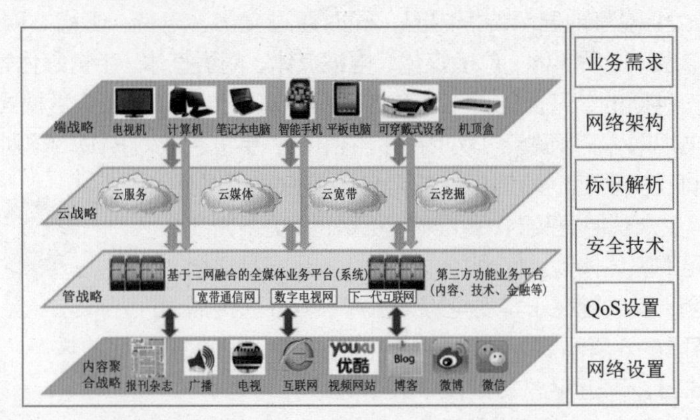

■图 16-7　基于三网融合的全媒体战略架构

随着社会化媒体（如博客、视频网站，尤其是微博、微信）在中国的迅速发展，网络信息的来源已经从单一、固定的渠道转变为丰富、分散的多中心，信息的传播主体从专业人士走向草根群众。从前作为受众的消费者能够很方便地参与内容生产，让内容受众和内容生产者走向融合并可以实现瞬间互换与即时反馈。对传统媒体而言，内容聚合生产战略在全媒体发展中具有不容忽视的“轴心”地位。应以互联网为中心，实现所有未加工稿件、网络供稿、外部抓取数据、成品数据、历史数据、线索数据等所有资源高度整合，并内嵌智能数据分析系统，实现全媒体内容在采、编、存、管、输出等诸多环节上的有机融合，形成数字影视、内容出版、增值业务内容聚合和分发的加工，完成新闻线索、新闻编审、新闻任务、新闻策划以及多通道发布渠道的融合，为用户有效过滤、集成、进而获得更加个性化、按需提供内容的“个众媒体”提供可能，形成各有特色的全媒体产品。全媒体内容汇聚流程图如图 16-8 所示。

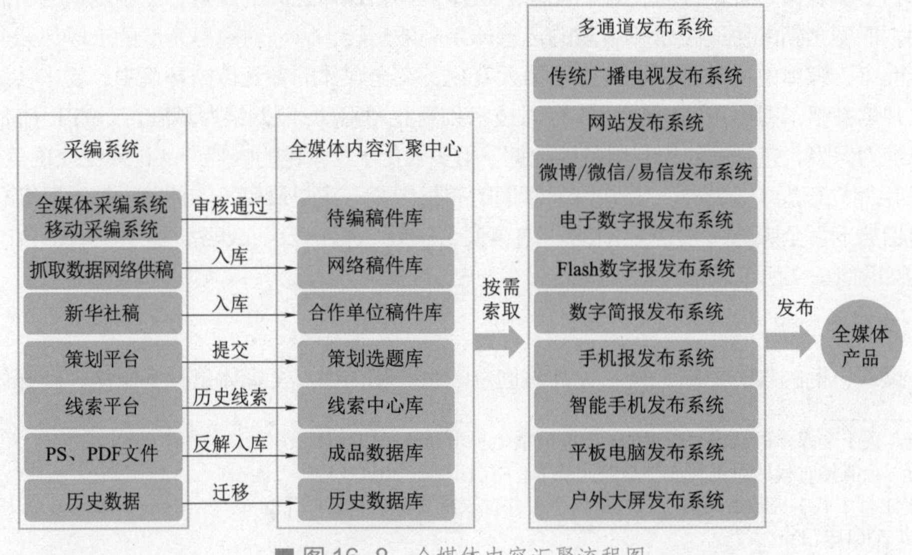

■图 16-8　全媒体内容汇聚流程图

未来的竞争是基于三业融合大平台的角逐和较量，只有加速发展自身的业务拓展和商业模式迁徙，才能让消费者得到高于竞争对手的不可替代的价值。优秀的企业既要依靠自己的传统优势，又要思考通过合纵连横或自我生长去渗透到其他两个领域，适应终端移动化、内容可视化、传播分众化的特点，完成大一统的“云—管—端—内容聚合”的大布局。全面打通云与端，端带动云，云丰富端，进行全景式、多维度、立体化报道。随着终端用户越来越多，产生的数据给云，云根据数据分析用户需求，以云实现用户线下生活的线上平移，依此来丰富终端的内容。不断地聚敛需求并交互需求，像雪球一样自我滚动自我强化，周而复始。

【延伸阅读 16–1：北京电视台基于云架构的全媒体节目生产平台】

北京电视台于 2014 年建设完成了一个基于云架构技术开发的面向互联网 / 办公网的全媒体业务生产平台，如图 16–9 所示，该平台是北京电视台制播网络系统的外延平台。该项目首次提出了新一代“私有云平台 + 多应用 + 多终端生产”的全新节目业务生产模式。

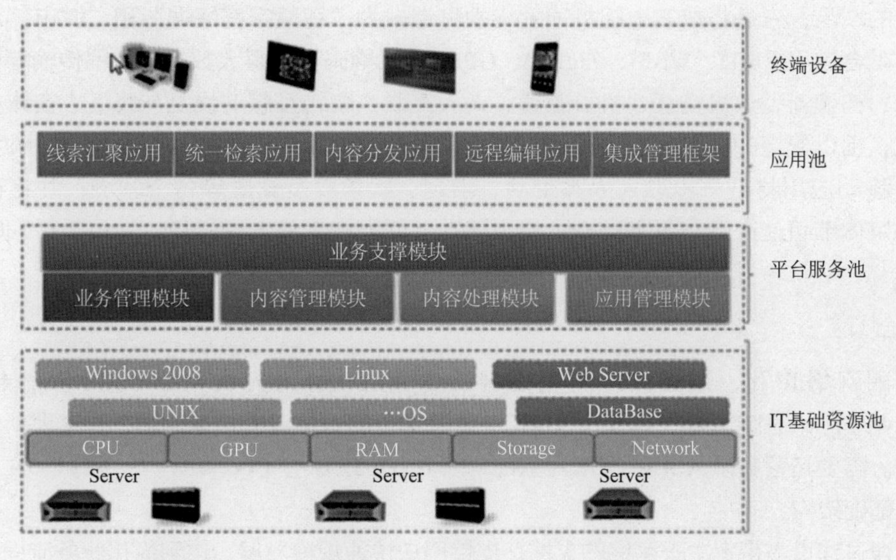

■ 图 16–9　北京电视台基于云架构的全媒体节目生产平台

“平台”的搭建定位于支撑各种外延应用的需要，通过抽象全媒体节目生产所需的各类业务应用交互方式和数据类型，制定了应用注册与发布的统一标准，提供了各类基础业务的支撑能力，致力于满足各类应用的接入需要。

“多应用”指各类挂接在云平台上的业务支撑服务及相关工具，用以实现诸如互联网信息获取、信息统一检索、远程编辑、移动写稿、移动审片、手持终端抢拍回传等业务。

“多终端”则指通过 PC、手机、XPad 等多种方式对应用进行访问，不再仅仅局限于 PC 端的访问方式。

该项目通过构建“私有云”平台，提供了在办公网环境下面向全媒体的基本支撑服务，并有针对性地选择了“线索汇聚”“统一检索”“内容分发”“远程编辑”“集成框架”等应用，可支持多种终端的访问，平滑实现制播体系与办公体系的融合发展。

该项目的成功实施为制播网络系统的发展方向做了有益探索，对国内其他台制播网络系统建设具有一定的借鉴意义。

2. 端战略

端，即终端的智能化，是链接一切互联网用户的直接载体，其经历了PC、移动终端（智能手机、平板等）、物联网终端（车、智能家居、可穿戴、机器人等）的变迁，关键是信息的多媒体呈现，将大规模地在各行业得到应用。整合性的移动智能终端呈现了全媒体带来的发展变革——新旧媒体融合、媒体界限消失。未来，用户可能需要某种设备来集中管理生活中的所有数字娱乐设备。因此，任何媒体都将关注点集中在用户至上、终端为王。用户欲望倒逼渠道和内容按照终端的需求进行调整，“终端为王”将成为全媒体时代所要遵循的一个重要原则。①

一是指控制终端的接入面，从单一终端向多终端拓展，并实现网络融合和业务融合，实现计算机、手机、电视三个平台之间的无缝转接；二是指实现终端的多元化，既要开发能力强、智能化的强终端，又要开发超低成本的PC终端，配合云系统，努力向客户提供高速低成本、敏捷适应性的产品；三是将数字电视机顶盒终端打造成为“智慧家庭终端”和“城市信息化的主平台”，融合应用RFID、Wi-Fi、ZigBee、GPRS、二维码、传媒大数据、远程传输等电子信息通信技术，构建新型人机交互、机机互通、人人互联、物物互感的线上与线下、实体与虚拟运营的模式，提供便捷的多媒体综合服务；四是借助现有的用户资源大力开发整合各种移动App产品，让移动应用将进一步融入人类生活、学习、娱乐以及健康等各个领域，并将社交属性引入传统媒体节目使产品与服务结合，抢占移动互联网在家庭的主导权，实现手机归家的全面渗透。

3. 管战略

管，即网络IP化，是连接应用和终端的传输层，分为无线网络（2G、3G、4G、5G、WLAN、Wi-Fi）和固定网络（FTTx、xDSL），关键是海量信息的传送问题，是实现新架构的基础和前提。需要运营商以ALLIP技术为基础，以HSPA/LTE、FTTx、IP+光、NG-CDN构建新一代的网络基础架构。

一是通过建设高带宽主干网络的支撑，支持用户快速规模发展，达到优化业务流程、提高服务质量、降低投资成本、改善服务质量、寻找最佳业务实践等目的；二是在接入网络发展中，从只关注接入带宽，转化到注重控制接入管道；三是要提升网络的智能性，做“用户可识别、业务可区分、流量可调控、网络可管理”的管道，按照用户和业务灵活进行资源调度，主动提升运营商整体商业价值。基于三网融合的全媒体业务平台架构如图16-10所示。

4. 云战略

云，即数据汇聚，是建立在互联网数据中心（International Data Corporation，IDC）和虚拟化技术上的通信基础土壤，主要指公有云、私有云、数据中心等需要用到的神经网络专用服务器，关键是海量信息的处理问题，将成为未来信息服务架构的核心。云技术的广泛应用将是大势所趋，

① 黄升民.三网融合下的“全媒体营销”[J].新闻记者.2011（1）：43-45.

必须依托资源优势自主创新，及时、准确、全方位提供跨网络、跨屏幕、跨平台、跨地区、跨行业的互联互通和融合服务，构建“云服务平台、云媒体平台、云宽带平台和云挖掘平台”，为智慧城市、智能家庭的发展提供助推力。

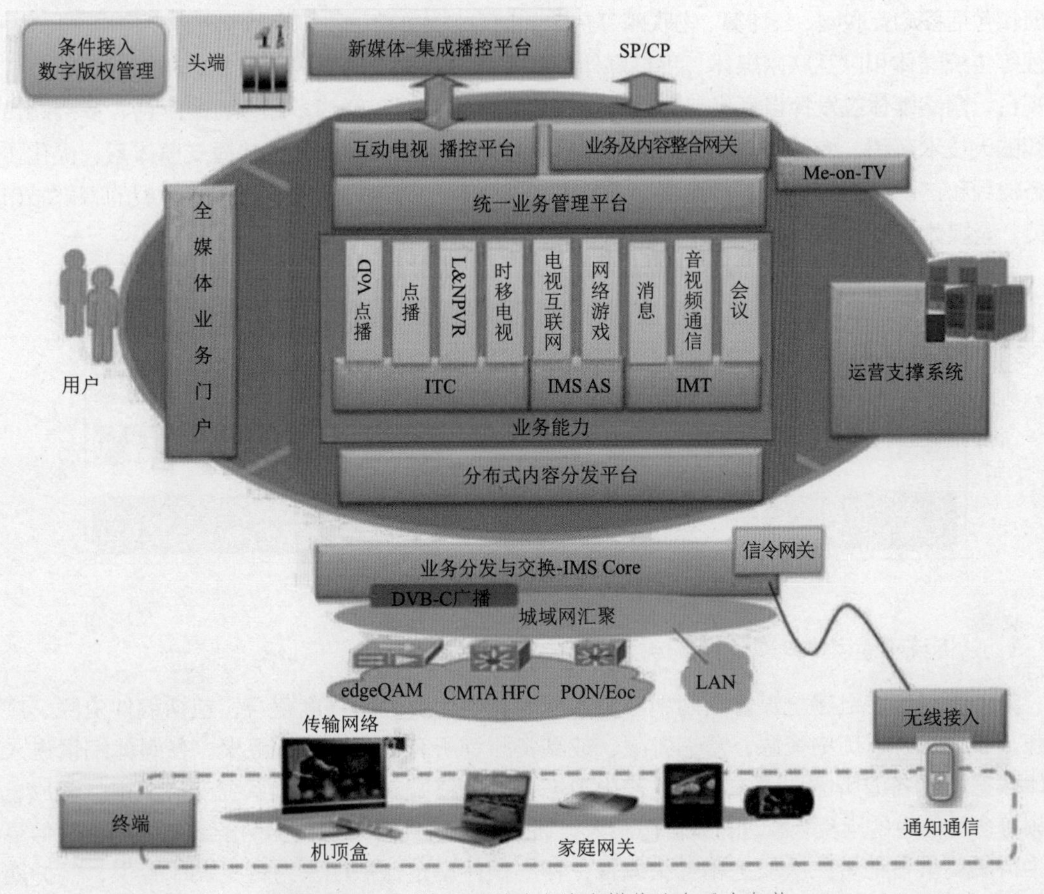

■图 16-10　基于三网融合的全媒体业务平台架构

“云”一般包括 IaaS 层的存储计算，PaaS 层的平台和 SaaS 层的服务应用，其核心功能围绕信息存储及计算处理展开。

一是云服务，将各类接收终端作为用户利用网络技术沟通世界以及享受服务的最佳平台，为用户提供强大的存储和计算能力，及时、充分、持续地满足用户多样化、个性化、信息化的需求；二是云媒体可实现全业务模式下内容丰富性、形式多样性和内容加载的舒适性，实现电视端、PC 端和手机端三屏跨界联动和断点续播，使用户能够随时随地、安全便捷地实现诸如双向、互动、高清、3D、个性化和高端信息化服务等功能；三是云宽带支持不同链接方式（有线、无线）、不同操作系统的不同终端，提供海量互联网数据业务缓存、镜像、节点，提升广电宽带业务竞争力；四是云挖掘实现显示与控制分离，基于云端的大数据分析和情境感知实现智能化服务，方便快捷地享受到健康、舒适、安全、节能的生活环境，从而将用户体验提升到一个新高度。

16.4.3 全媒体核心竞争力

美国麻省理工学院教授浦尔(Ithiel de Sola Pool)曾经指出:“分化与融合是同一现象的两面。”随着全媒体发展的推进，未来更需要关注的可能是与“合”伴生的“分”。随着传媒事业的蓬勃发展和包括移动互联网、云计算、物联网等在内的信息技术的不断发展，人类也进入了报刊、广播、电视等传统媒体和以互联网媒体、手机媒体等新媒体共存融合的全媒体时代。各大通讯社、广播电视台、网络媒体应发挥自身优势，通过加快建设能够整合和联通多媒体、多平台、多终端传播资源的大技术系统、构建符合新媒体传播和高新技术应用的全媒体技术传播支撑体系、优化传播业务流程和产品体系等方式，打造核心竞争力，推动新一代高端智能、可持续发展的智慧城市的建设。全媒体核心竞争力提升策略分析如图 16-11 所示。

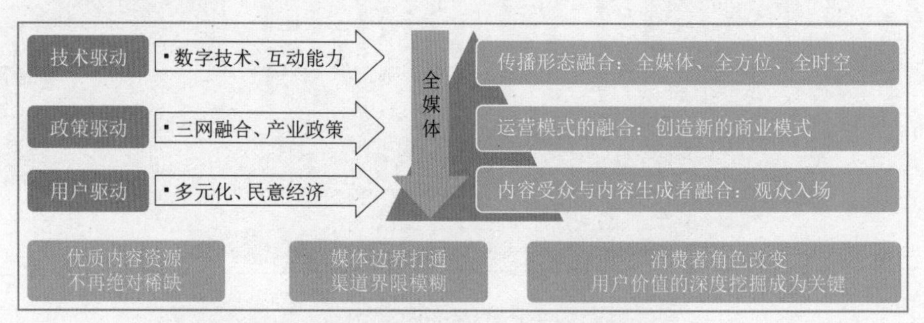

■图 16-11 全媒体核心竞争力提升策略分析

1. 从传统平面媒体向现代立体传媒转变

新媒体时代应组建全媒体新闻中心，实现所有媒体资源的高度整合，包括稿件资源、广告资源、线索资源、历史资源、营销资源、成品资源等所有资源的统一汇聚。各媒体编辑进入全媒体数据库后各取所需选取内容，生产出形态各异的终端新闻产品。系统支持文字、图片、音视频等多种信息的远程 / 本地的编辑与录入，通过待编稿件和特约稿件两条线向中心传输信息，其中待编稿供各记者二次加工和二次编辑，特约稿件设定保护期，为特定媒体专供，保护期内其他媒体无法看到。由此，运用整合的思维去运用媒体，推动传统媒体与新媒体的互动与融合，加快实现由传统媒体为主，集报刊、广播、电视、互联网、手机一体化发展的新格局，既可以实现“一次生产、多渠道发布”的理想，使传统的媒体资源在各类新媒体上得到综合利用，提高信息资源的生产效率和利用率，降低内容成品的生产成本，又可以满足受众个性需求和喜好，从而实现传播效果的精准化和最大化，谋取经济效益与社会效益双赢，有效提升媒体的核心竞争力。

2. 由传播内容向传播渠道转变

新的传播形式应拥有新的运营理念，应从传统的“内容为王”到“渠道为王”再到“终端为王”转变和过渡，已成为目前传媒业的一项紧迫任务。终端为王，要求媒体必须成为一个真正的“信息服务商”而不是传统的“内容服务商”，为消费者提供真实准确、优质高效的满足信息获取、商务交易、交流娱乐、移动物联等不同应用需求的同时，还要采取合适的渠道保证信息、服务的有效到达。这就需要顺利实施全媒体战略，实现全媒体内容生产与价值增值的良性互动，既要发挥传统媒体深度、高端的文字报道和强大的影视节目制作能力见长的优势，又要发挥新媒体用户思维关注多元和互动的用户体验，建立起一个全方位的消费者信息反馈和科学的信息搜捕与控制平台，将自身打造为复合交叉型的全媒体集团，实现内容、渠道、技术、运营模式的融合，激发市场主体活力和创造力，挖掘新的商业价值、提升盈利能力。

3. 由单屏广播向多屏互动转变

多屏互动是指利用具有不同操作系统（Android、iOS、Windows Phone、Windows 7/8/10 等）的多种终端（智能手机、平板电脑等），为使用者提供双向多元化的服务内容，并可以利用智能终端控制设备等一系列操作，实现多个不同屏之间的互动体验。随着高速无线网络的部署、用户对智能终端的认知逐步增强及各类 App 应用呈爆发式增长，多屏呈现以无法阻挡的势头迎来了高速发展期。对于通信运营商来说，应充分利用其众多用户资源的优势更多参与对内容的深加工，不断给用户带来更多新鲜感受；对于广电运营商来说，应将网络改造成双向超宽带多媒体接入网，引入互联网内容，并增加内容和用户管控手段及数字版权管理，把广电内容引入电视以外的其他智能终端，形成多屏一体化的用户体验，打造新盈利点。

4. 由经营媒体向经营品牌转变

在产品严重同质化的今天，媒体围绕受众、内容及其品质展开形象塑造是培育核心竞争力的最佳手段和途径。加强传播手段建设、打造核心文化品牌，是建设全媒体的重要举措，也是传统媒体向全媒体转型的主要抓手和克敌制胜的必备武器。传统媒体应明确媒体品牌建设总体规划和实施方案，开拓在统一品牌和内容属性框架下的媒体资源共享与互动，充分整合各种社会资源，为用户系统性、持续性的个性化服务，运用多元信息创造价值，全方位实现品牌塑造。以各个栏目 / 节目为单元模块，建设完整媒体、特色品牌和新的服务关系，逐渐摆脱目前仅仅依靠广告的单一盈利模式，真正形成新媒体与新产业开发并举、基于互动关系的多元化盈利模式，开放思维、创新体系，最终形成若干具有重要影响力的品牌媒体集群。

16.4.4　传播 4.0 时代

广播电视媒体在过去五十余年的发展中，经历了从 1.0 广播媒体（以单向线性传播为主）、2.0 交互媒体（以双向交互传播为主）、3.0 互联网媒体（双向传播和非线性播出）三个阶段。随着移动互联网时代的到来，电视媒体正在经历 4.0 全媒体阶段，该阶段的媒体不仅呈现出基于移动互联网的新形态，能够主动找到用户，想用户所想，为用户服务，更能够后向兼容，将 1.0~3.0 阶段的媒体特性和功能包容其中。1.0~3.0 时代的媒体发展，从本质上来说应称为“电视媒体的新媒体化”，其并没有颠覆传统电视从生产到分发的单向流程，仍是开环的架构；4.0 全媒体则构建了“大数据 + 全媒体”的电视媒体平台，囊括了人的创造力和大数据支撑的科学体系，形成了全新的电视媒体体系。传播 4.0 全媒体体系如图 16-12 所示。

【延伸阅读 16-2：广播电视节目制作发展的 4 个阶段】

广播电视节目制作发展的 4 个阶段：传统设备、数字化业务系统、数字化网络化全台网和全媒体融合平台，如图 16-13 所示。

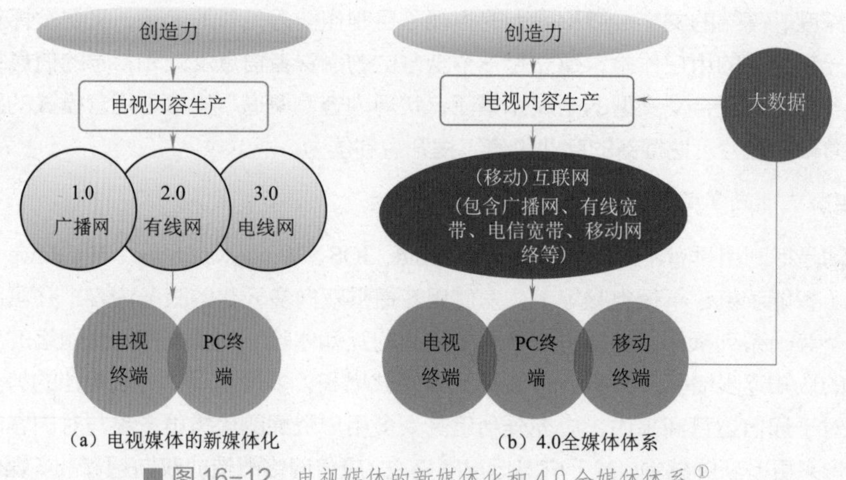

■ 图 16-12 电视媒体的新媒体化和 4.0 全媒体体系[①]

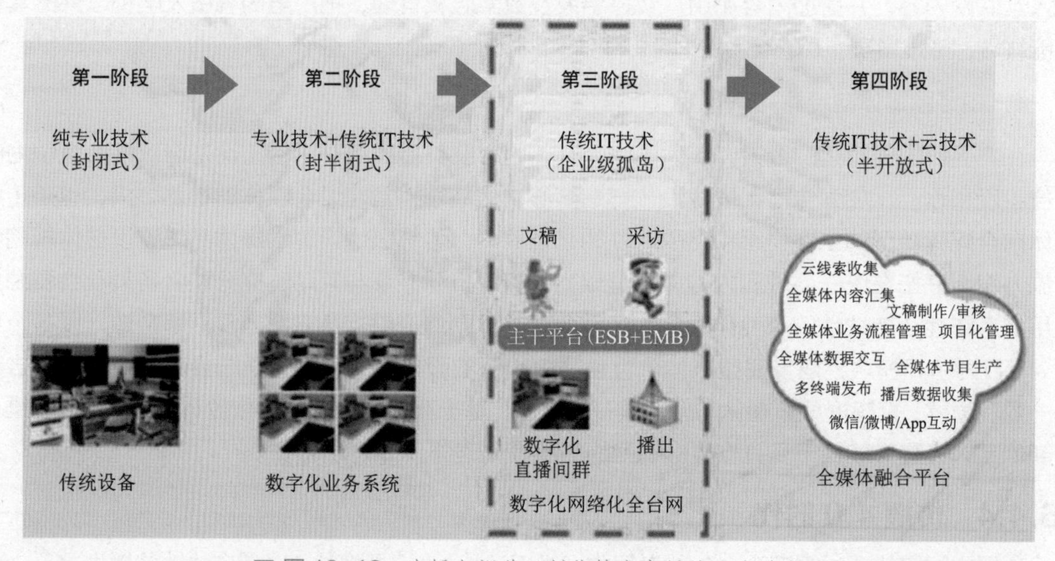

■ 图 16-13 广播电视节目制作技术发展的 4 个阶段

16.5 未来发展路径探索

“互联网 +”时代，数字媒体的技术、平台、商业模式和应用以极快的速度在改变，将全面改变人们的工作、生活、交流、教育以及医疗等方式。在未来，电视频道将不复存在，用户将全面告别遥控器，电视屏幕将成为用户和媒体中心交互的平台，成为可视的使用工具，成为家庭的娱乐中心、社交窗口和控制终端，以满足用户更多的感官享受。未来媒体，将在新技术的应用下改变运营模式，将增强与数据应用的结合、与互联网的结合、与其他设备结合控制以及与各种网络的联系。数字技术让未来媒体充满想象，如图 16-14 所示。

① 黄思钧，黎文，叶秋知 . 构建“移动互联 + 闭环生产”的全媒体平台 [J]. 中国广播影视，2014（9）.

墙面媒体

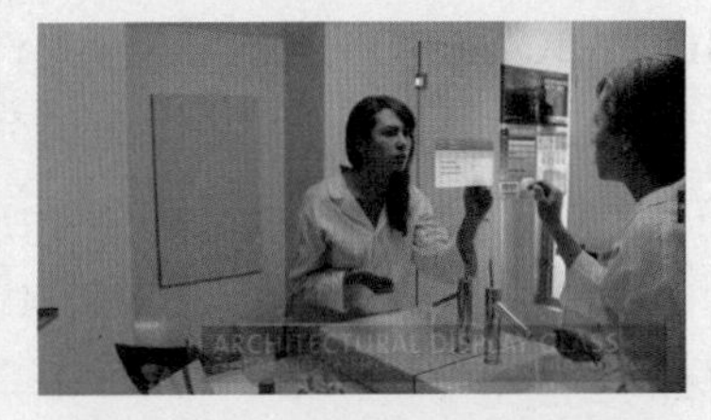
镜面媒体

触摸媒体

桌面媒体

车载媒体

手机媒体

■ 图 16-14　数字技术让未来媒体充满想象

16.5.1　与数据应用结合

数字时代，传统产业纷纷面向数字化、网络化、融合化与智能化转型升级，竞争和博弈亦从物理空间延展到了信息空间。以互联网为基础的智能融媒体平台，将现代传媒中包括连接、激活、分享及表达在内的诸多属性表现得淋漓尽致，激发着用户从“沉默的螺旋”到积极主动参与，其价值不断彰显。从连接属性看，互联网让“人—机—物”三者彼此间能够被检索、被发现、被整合；从激活属性看，每位用户又可与互联网上具有相同兴趣与价值观的用户连接，聚合成社群；从分享属性看，点对点、即时性的分享可在瞬时内把信息、态度、心情、资源等无限放大；从表达属性看，极具便捷性的释放平台和渠道，让每位用户都拥有了自由表达的权利。未来，比特的持续流动将继续占据媒介领域，推动更为广泛的重混。

随着人类社会的各类设备在不停地感知、传输、存储数据，大数据在指数级倍增。移动应用正在迅速成为许多数字服务的主要接入点，未来媒体将越来越多地与数据应用相结合。电视观众将转变为用户，电视频道继而转变为视频 App 产品，类似手机端的各类 App 应用，基于用户思维不断更新与迭代，为用户提供个性化的最佳体验，积聚最大量的用户群体，在规模用户的基础上方可以实现商业运营。

16.5.2　与互联网结合

NHK 日本广播协会采用 Hybridcast 技术（混合广播和宽带系统）把电视节目信息展示在电视屏幕上，也能在类似智能手机、平板等的第二屏幕上显示，为用户提供个性化节目业务、多屏连接业务、社交电视业务和节目推荐业务。韩国 OHTV 技术（Open Hybrid TV）采用公共互联网加数字电视（DTV）方式，为用户提供基于广播的集 TV+ 互联网 + 内容 / 应用商店于一体的智能电视（Smart TV），如苹果的 iTV。欧洲 HbbTV 技术（Hybrid broadcast broadband TV，混合广播宽带电视）开放和业务中立技术平台，取代由硬件厂商提供的私有平台，基于现有标准和互联网技术（Open IPTV Forum，CE-HTML、W3C、DVB）。

互联网使信息的不对称和碎片化不复存在，应把传统电视传播转型为运营，把渠道转变为平台。移动环境下的内容、关系、服务三者的交融，使移动媒体的平台成为趋势。与互联网结合，可为用户提供更简化操作接口。视频的多屏分发、跨界互动以及信息通信网络宽带的泛在化，将开发出新的商业模式，并从个性化媒体消费趋势中获利。

16.5.3 与各种网络的联系

家庭数字生态系统中的诸多设备将人、物和服务完美联系在同一张三维网络中，逐步实现与互联网、移动网、服务网整体互联互通，实现行为匹配和数据积累，使得媒体终端从功能转向情景及智能感知。电视的收视终端将全面智能化，或将全面颠覆观众的行为习惯与内容形式，包括智能电视机、智能机顶盒、各类液晶屏、PC/PAD、智能手机等都将成为媒体收视终端。用户也将看到其他可穿戴设备和传感器，领域涉及健康监测及家庭控制（灯光控制、能源控制、娱乐系统控制、家庭保安控制等）。

与此同时，用户还可把废弃的智能手机变成高性能家庭自动化 / 监测系统或将 Android 智能手机变成婴儿监视器等，以提高客户体验并创造出新收入，或直接产生出新东西。例如，美国 FiOS TV 和互联网订户在登录其账户时可以看到推广广告，该业务可以用任何有互联网连接的手机或平板电脑查看和控制家里的电子产品和电器等；摩托罗拉提供 Verizon 家庭监控 4Home 平台，向用户提供家庭联网服务，包括能源管理、家庭安全和监控、媒体管理和家庭保健等。今天，移动互联网终端是手机、平板，未来移动互联网将是一个万物皆终端的时代。

16.5.4 与其他设备结合控制

随着高性能终端设备的普及，由遥控器控制设备的格局将彻底改变。智能手表、智能眼镜、家用电器、家庭娱乐系统、HUD（平视显示器）、传感器、智能车辆、智能服装等越来越多的东西通过智能手机控制。语音控制、手势控制、眼球控制以及其他设备的控制（手机、平板电脑等）等也将逐渐盛行。可以预见，类似 Siri 语音控制等技术将整合到苹果的电视机中，以便让观看者使用云音手势来选择 / 控制节目。

可穿戴设备的发展一直得益于支持计算和其他电子产品的压缩技术（可减小设备质量，使之适于佩戴）的增强，这些增强型技术与个人风格匹配（特别是在消费电子产品领域）、网络改进和应用发展（如基于位置的服务和增强现实）相结合。类似微软 HoloLens 除实现全息影像的呈现外，还可以通过指针、手指拨动、环境音、语音控制等方式实现对虚拟物体的控制，连接数字和现实世界，可广泛地应用到生活的方方面面。这将再造用户与数字媒体的交互方式：搜索、导航、发现、共享和控制。

16.6 县级融媒体中心建设的基本情况

2018 年 8 月，习近平总书记在全国宣传思想工作会议上强调：“要扎实抓好县级融媒体中心建设，更好引导群众、服务群众。”[①]2018 年 9 月，中宣部部署县级融媒体中心建设，要求 2020 年底基本实现全国的全覆盖，2018 年先行启动 600 个县级融媒体中心建设。2019 年 1 月，《县级融媒体中心建设规范》《县级融媒体中心省级技术平台规范要求》同时发布，为媒体融合向纵深推进提供了根本遵循和强大动力。由此可见，县级融媒体中心建设已全面上升到“国家战略”高度。

16.6.1 为何重视媒体融合的“最后一公里”

为何国家如此重视打通媒体融合的“最后一公里”呢？笔者认为至少有三层因素。首先，从功能视角看，县级媒体是媒体的最基层单元，是连接用户的“最后一公里”，相较于主干媒体在空间向度上更易于了解民众所思、所想、所盼与所急；其次，从传播视角看，由于县级媒体面临体制机制瓶颈、技术基础薄弱、营运能力局限、后备人才不足等困境，导致其思想宣传和舆论引导工作呈现出弱化趋势；最后，从生存视角看，县级媒体虽从物理增量上建设了以“两微一端”为代表的新媒体平台，但由于对县级融媒体中心的本质和核心定位并不清晰，导致其在内容生产、传播效果、用户黏性等领域未能产生良好的质变反应，造血功能衰减，面临着严重的生存危机。

16.6.2 如何扎实抓好县级融媒体中心建设

扎实抓好县级融媒体中心建设，关键在于充分利用媒体的“四全”特性（全程、全息、全员、全效）[②]，实现“融为一体、合而为一”。首先，应以“媒体 +”思维，全面整合报刊、广播、电视、网站、“两微一端”、第三方账号等公共媒体平台资源，按照“中央厨房”模式分布式采集、统一上传、分类加工、多元传播，盘活不同端口的资源共享能力，完善传播矩阵建设；其次，应以“用户 +”思维，打通交通、医疗、教育、金融等公共体系，通过垂直类信息服务渗透到社区和个人，释放县域各项资源的综合活力，回归“内容为王”的媒体本质；最后，应以“互联网 +”思维，实现互联网技术下沉，打通县级融媒体中心与省 / 中央级平台的连接，形成上下贯通、旁系融通的复合传播体系，从而使传统主流媒体掌握网络空间舆论主导权。

思考题

16-1 简述信息技术代际变迁与媒体融合升级转型的四个维度。

16-2 简述媒体与媒介的区别。

16-3 简述媒介融合、全媒体的基本概念。

16-4 互联网 + 时代的典型特征是什么？

16-5 简述媒体融合的 4 个层面。

16-6 简述媒体融合发展的内涵。

16-7 智能计算是什么？

---

① 习近平：举旗帜聚民心育新人兴文化展形象 更好完成新形势下宣传思想工作使命任务 [EB/OL]. http://jhsjk.people.cn/article/30245212.

② 习近平在中共中央政治局第十二次集体学习时强调：推动媒体融合向纵深发展，巩固全党全国人民共同思想基础 [N]. 人民日报，2019-1-26（1）.

16-8　简述广播电视节目制作发展的 4 个阶段。

16-9　全媒体发展战略是什么？

16-10　全媒体发展核心竞争力是什么？

16-11　简述广播电视媒体传播经历的 4 个阶段。

16-12　为何重视媒体融合的“最后一公里”？

16-13　如何扎实抓好县级融媒体中心建设？

知识点速查

◆媒体与媒介的区别：媒介是指信息传播所需要的载体、介质或通道，媒体则是指媒介 + 内容体系的组合，拥有后端内容架构、生产流程、编读互动等系统支撑。

◆媒介融合：指报刊、广播电视、互联网所依赖的技术越来越趋同，以信息技术为中介，以卫星、电缆、计算机技术等为传输手段，数字技术改变了获得数据、现象和语言三种基本信息的时间、空间以及成本，各种信息在同一个平台上得到了整合，不同形式的媒介彼此之间的互换性与互联性得到了加强，媒介一体化趋势日趋明显。

◆全媒体，即全程媒体、全息媒体、全员媒体、全效媒体。“全程”，突破了时空尺度，零时差、“五加二”、“白加黑”，传播随时随地都可以发生；“全息”，突破了物理尺度，所有信息都可以变成数据，用一个手机就可以获得；“全员”，突破了主体尺度，从“我说你听”的一对多传播，变成了多对多传播，互动性也大大增强；“全效”，突破了功能尺度，集成了内容、信息、社交、服务等各种功能，成为“信息一条街”。

◆互联网 + 时代的典型特征：“互联网 +”时代是以互联网以及移动互联网为主，智能硬件、可穿戴设备为辅的新时代，“万物互联”是其典型特征。“+”其实是代表了一种能力，或者是一种外在资源和环境，是传统行业的升级换代，形成更为广泛的经济发展新形态。

◆媒体融合的 4 个层面：技术化与全能化、内容融合与渠道融合、跨界合作与反向融合、集约生产与全民写作。

◆智能计算：指通过软件和算法，对系统的基础功能加以扩展和升级，基于现场情景或主观意图灵活、自动实现相关资源的组织、配置和动作执行，意味着数字世界与实体世界走向融合。智能计算是信息革命正在推进的趋势，贯穿终端、网络、计算、存储等基础设施和企业侧、消费侧的各种应用。

◆媒体融合发展的内涵：用户价值为运营核心、技术内容为双轮驱动、无界交互为主要趋势、数据网络是发展主线、智能计算重塑人机交互体验。

◆广播电视节目制作发展的 4 个阶段：传统设备、数字化业务系统、数字化网络化全台网和全媒体融合平台。

◆全媒体发展战略：内容聚合战略、端战略、管战略及云战略。

◆全媒体发展核心竞争力：从传统平面媒体向现代立体传媒转变、由传播内容向传播渠道转变、由单屏广播向多屏互动转变、由经营媒体向经营品牌转变。

◆广播电视媒体传播经历的 4 个阶段：广播电视媒体在过去五十余年的发展中，经历了从 1.0 广播媒体（以单向线性传播为主）、2.0 交互媒体（以双向交互传播为主）、3.0 互联网媒体（双向传播和非线性播出）三个阶段。随着移动互联网时代的到来，电视媒体正在经历4.0全媒体阶段（大数据 + 全媒体）。

◆信息技术代际变迁与媒体融合升级转型的 4 个维度：系统技术的纵深化与融合化、信息处理的云集化与泛在化、信息服务的共性化与个性化、平台供给的协同化与智能化。

第 17 章

智能媒体

本章导读

本章共分 5 节，内容包括数字媒体变革的思考、智能媒体概述、传统媒体生态环境变化和演进、机器智能：数字浪潮下的“智能”和“生态”思维演变、智能媒体创新发展模式研究，以及“点 · 线 · 面 · 体”：传统媒体的创新和突破。

本章从移动互联媒体和智能媒体的视角入手，首先阐述了对数字媒体变革的思考；其次分析了传统媒体与颠覆式创新、大数据背景下的智能媒体生态系统；从未来媒体进化和智能媒体分层体系的角度探讨了数字浪潮下的“智能”与“生态”思维演变；再次从内容生产、内容消费、制播体制、传播体系、观看体验、用户体验等 8 个维度深层次揭示了智能媒体创新发展模式；最后提出了传统媒体的创新与突破的“点 · 线 · 面 · 体”生态体系。

学习目标

◆熟悉移动互联媒体及智能媒体的发展背景；
◆掌握 Web 1.0（内容媒体）、Web 2.0（关系媒体）、Web 3.0（服务媒体）的典型特征；
◆理解智媒时代的信息传播走向；
◆熟练掌握智能媒体的典型特征；
◆了解智能体与智能组；
◆掌握传统媒体与智能媒体的优缺点；
◆掌握大数据背景下的智能媒体生态系统；
◆理解信息传播技术视域下的扩散 S 曲线理论；
◆了解未来媒体的智能化进化；
◆理解智能媒体的分层体系；
◆熟练掌握智能媒体的创新发展模式；
◆掌握“点 · 线 · 面 · 体”智能媒体生态体系。

知识要点和难点

1. 要点

移动互联媒体及智能媒体的发展背景，智媒时代的信息传播走向，智能体与智能组，信息传播技术视域下的扩散 S 曲线理论，未来媒体的智能化进化，智能媒体的分层体系。

2. 难点

Web 1.0（内容媒体）和 Web 2.0（关系媒体）及 Web 3.0（服务媒体）的典型特征，智能媒体的典型特征，传统媒体与智能媒体的优缺点，大数据背景下的智能媒体生态系统，智能媒体的创新发展模式，“点 · 线 · 面 · 体”智能媒体生态体系。

17.1 数字媒体变革的思考

从“+ 互联网”的初步探索，到“互联网 +”的全媒体生态融合，再到“人工智能 +”的智慧升级，以互联网为基础的数字平台以及连接一切、跨界融合、创新驱动、开放生态等信息技术逻辑，已成为新技术、新应用引领和推动媒体融合发展的基本逻辑，正持续深刻地加速媒体生态圈重塑。把握数字媒体发展的逻辑和趋势，已成为媒介格局发展变化中媒介研究和媒介实践中的关键步骤。

从某种意义上说，PC 互联网是获取资讯的一种生产力工具（外部环境），其核心价值在于帮助用户“节省时间”；而移动互联网更像是一种生活方式（肢体的延伸），其核心价值在于占据用户更多时间并体现“在场感”。

2016 年互联网占据了中国用户 55% 的媒体时间，移动互联网使用时长超过电视；中国移动互联网用户每日在线时长合计超过 25 亿小时，同比增长 30%，增速远超网民数量[①]；截至 2017 年 10 月，约 70% 的用户现在在智能手机上观看电视和视频，是 2012 年的两倍[②]；2017 年 12 月，移动视频用户规模达到 5.48 亿，占网络视频用户规模 94.8%[③]；2018 年，中国消费者在移动端花费的时间堪比电视[④]；预计到 2020 年，中国移动工具应用覆盖用户规模将达到 9 亿，移动屏幕对收视数量的贡献将超过 50%，其中 50% 将出自智能手机[⑤]；到 2030 年，全球 75% 的人口将会拥有移动网络连接，60% 的人口将会拥有高速有线网络连接[⑥]。2045 年，将有超过 1 000 亿台机器和设备进行互联，全球数据总量将超过 40 ZB，这一数据量是 2011 年的 22 倍[⑦]，人类社会将发现由此产生的数据与当前所体验到的数据完全不在一个数量级上。事实上，从 1994 年 Web 1.0 时代开始，在移

① Mary Meeker. Internet Trends 2017. 2017-5-31.
② Ericsson ConsumerLab. TV AND MEDIA 2017: A consumer-driven future of media. 2017，10.
③ 2018 年中国在线视频行业总体发展情况分析预测 . http://www.chyxx.com/industry/201806/651386.html[2018-7-8].
④ GP. Bullhound. 2018 Technology Predictions. 2017，12.
⑤ 易观智库 . 中国移动工具市场趋势预测 . 北京：北京易观智库网络科技有限公司，2018，1.
⑥ FutureScout. Emerging Science and Technology Trends: 2016-2045-A Synthesis of Leading Forecasts Report，2016-6-16.
⑦ 市场研究公司 IDC. 数字宇宙研究报告 [R]. 2012，12.

动设备增长、网速提升、带宽费用降低等大背景下，越来越多的 PC 业务和服务一直在朝移动端迁徙。移动互联网使得每一个人个性化的数据大量地集中到云端。因此，“移动”也成为 2016 年中国新媒体发展的三大关键词之一[①]。互联网连接的演进如图 17-1 所示。

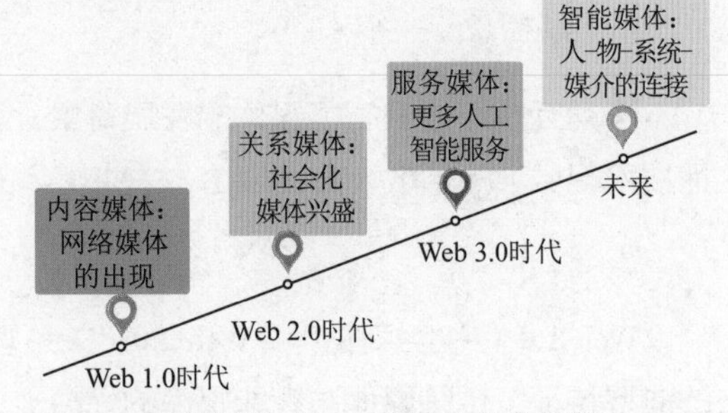

图 17-1　互联网连接的演进

Web 1.0 以静态、单向浏览为特征，其主要特征是大量使用静态的 HTML 网页发布信息并开始使用浏览器获取信息，强调用户对信息聚合、联合、搜索的需求，可谓“内容媒体”；Web 2.0 以交互、分享的实时网络为特征，其由原来自上而下的一系列网站演化成一个成熟的自下而上的由广大用户集体智慧和力量主导的互联网体系，强调用户的参与、在线的网络协作、社会关系网络、RSS 应用以及文件的共享，可谓“关系媒体”；Web 3.0 以网络化和个性化为特征，提供更多的智能化服务，其进一步深度挖掘信息并使其直接从底层数据库进行互通，让信息服务更加精准化、个性化与智能化，实现了信息的分割与裂变，强调用户深度参与与众创、生命体验以及体现网民参与的价值，可谓“服务媒体”。

从文字、图片到视频 / 短视频、VR/ 直播，从报纸、电视、广播到计算机、手机以及其他智能设备，全球网络与云端技术进一步加强了协同效应，智能手机与云端计算正在改变人类与数据相处的方式。从 Web 1.0 到 Web 2.0 再到 Web 3.0，移动互联网现在几乎覆盖了地球上任意地点，将数十亿潜在客户和重要 AI 技术连接起来，囊括了人的创造力和大数据支撑的科学体系，形成了全新的移动互联体系。在移动互联支撑下的媒体也不断凸显“内容媒体 + 关系媒体 + 服务媒体”一体化的发展态势。例如，微信早已超越了应用软件的范畴，而是一个为用户提供服务的入口。人们通过公众号文章、新闻推送等了解时事新闻或某方面知识，表现了微信作为内容媒体的性质；通过朋友圈动态更新了解亲朋好友的最新动态，通过对话聊天、添加好友等表现了微信作为关系媒体的性质；微信中自带的功能和支持小程序，让其演变为一个综合了从订车、订餐到捐赠慈善机构等各种服务及支付的平台，则表现了微信作为服务媒体的性质。

17.2 智能媒体

从信息传播渠道来看，智能媒体具有智能、互动、开放、新颖等特性，包含了智能终端上的软件及所传播的内容，以及联系两者的人工关系。简单地说，智能媒体是能够感知用户并为用户带来更佳体验的信息客户端与服务端的总和。

传统媒体时代，以报纸、图书为载体的连接路径被不断解构，信息传递中以“日”为单位的路径正重新构建，信息传播方式是覆盖性的点对面的大众传播；新媒体时代，以用户思维思考产品生产，开放性的社交媒体成为主流，媒体发布与传播过程变为内容深度交互和深度发酵再创造

① 唐绪军. 中国新媒体发展报告（2017）[R]. 北京：社会科学文献出版社，2017.

的过程。信息传递中的“内容为王”不断被解构的同时，“终端为王”正被重新构建与创新，信息传播方式由过去的大众传播分化成分众传播。

互联网设计之初只考虑支持尽力而为的数据业务，现在的互联网应用已发展到智能化阶段，各类媒体形态正形成“协同进化”的关系。以人工智能（数据大量增加、算法进步显著、计算机硬件性能得到巨大提升等）为主要技术支撑的智能媒体，不仅仅作为传递信息的介质出现，还将集“单向广播 + 双向交互 + 智能引擎”三种特点于一体，在媒体融合中注入智能思维，从不同维度将内容、渠道、资源、媒体和受众连在一起，解构需求的社会关系链的“用户洞察”。智媒时代，从人与人之间的通信演变为人与物、物与物、人与系统、人与现实环境之间的连接与交互，从点与点的连接到社会服务网络的编织，多维时空隔阂将被打通，形成价值匹配、功能整合与万物互联的“泛在网络”①，一个前所未有的“人人即媒介，媒介即信息，信息即媒体”的智能媒体大时代正在加速到来，人类将全面进入数字化生存的时代。信息传递中的“终端为王”不断被解构的同时，“受众为王”正在被重新构建与创新。

从“内容为王”到“终端为王”再到“受众为王”，面向消费者的主要数字平台正在转变，如图 17-2 所示。人工智能将重新塑造人与媒体、人与信息的关系，为用户提供特定场景下最优化的需求供给匹配，即构建一个有效而可个性化连接的数据通路②。传播主体将由人主导深化演绎为人在智能机器的辅助下进行传播，带来新的组织形式、生产方式、产品形态以及“游戏规则”，推进媒体融合的颠覆式创新与媒体生态的再造与重构③，驱使媒体快速进入 3.0 智媒时代。在未来，聊天机器人可为用户更新最新的资讯、订出租车或者叫外卖，这些服务不需要下载任何单独的应用软件即可实现。新华社客户端联合百度智能机器人“度秘”共同推出机器人智能问答，在人机对话中帮用户解读两会信息；Amazon Echo 等语音助手已经成为新闻消费的新平台，在美国、英国和德国，已经超过了智能手表；Intel 正研发 3D 笔记本摄像头可追踪眼球读懂情绪；婴儿穿戴设备可用大数据去养育宝宝；日本公司开发新型可监控用户心率的纺织材料；支付宝开始支持人脸识别付款；苹果发布的 iPhoneX 已可支持脸部解锁（Face ID）。

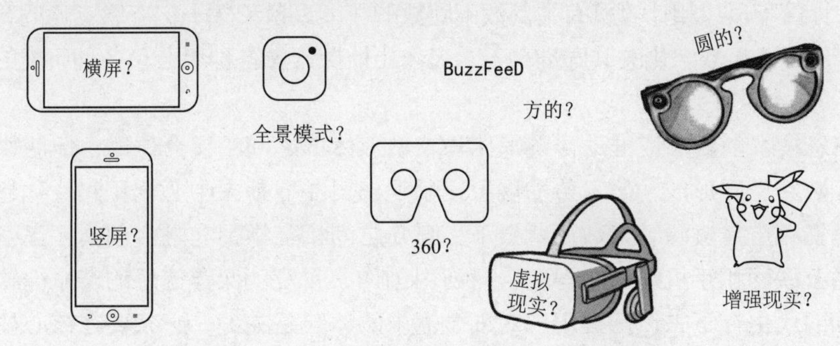

■图 17-2　面向消费者的数字平台正在转变

智能媒体的发展使人们进一步认识到：一切生命的本质都只不过是符号的操作和信息的传播。④

① 许志强 . 智能媒体创新发展模式研究 [J]. 中国出版，2016（6）：17-21.

② 喻国明 . 智能化：未来传播模式创新的核心逻辑 [J]. 新闻与协作，2017（3）：41-45.

③ 谢国明 . 人工智能：媒体的机遇和风险 [J]. 新闻战线，2017（13）：2-3.

④ 张雷 . 从“地球村”到“地球脑”：智能媒体对生命的融合 [J]. 当代传播，2008（6）：10-13.

也可通过组合更简单的事物来解释智能媒体：单独来看，一个单一、线性的媒体形态，用户仅仅是一个打开或关闭其他媒体形态的简单程序；从外部看，作为智能媒体，用户可以通过互相帮助，完成它所有下级媒体能完成的事。智能体与智能组如图 17-3 所示。

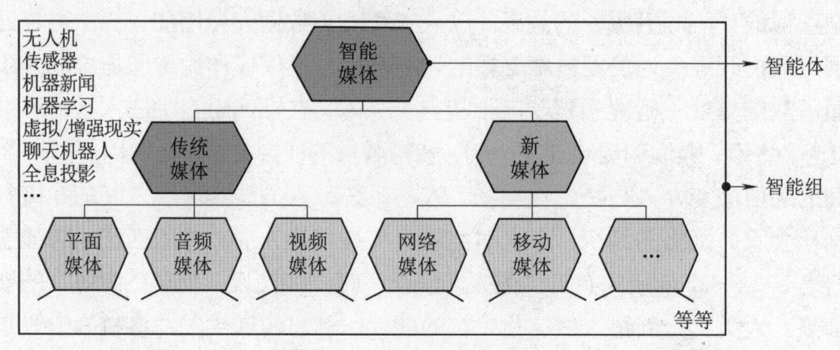

■图 17-3　智能体与智能组

17.3 传统媒体生态环境变化和演进

以经济和科技领衔的全球化正在将国际社会缩小为"地球村"，互联网已成为思想文化信息的集散地。大数据时代，网络传播的海量性造成信息选择的多样性和价值取向的多元性，导致媒介传播的生态环境和传播走向发生改变。互联网生态引领者唯有真正实现科技、文化、互联网的完美融合，通过打破三者的边界来产生全新的元素和价值。

17.3.1 传统媒体与颠覆式创新

2015 年 3 月，《经济学人》杂志发表了一篇名为《手机之星球》的文章，指出：目前世界上 50% 的成年人都拥有一台智能手机，当今世界上有 20 亿左右的智能手机用户。伴随着"互联网 +"的不断渗透，计算不再只和计算机有关。数不胜数的智能设备和数十亿互联互通的智慧大脑连接在一起，在摩尔定律和数字化的共同推动下，无休止地探索着各种组合和各种可能的重组式创新机会。

新一轮信息技术创新加速推动传统媒体与新型媒体群之间的聚合传播，促使物理空间平行的网络天地和数字世界形成，信息传播现象正呈现出日益显著去中心化和碎片化趋势，成倍放大视频内容消费和广告资源。大数据背景下，媒介之间相互学习与融合创新，正引导媒介一步一步地见证由互联网和手机媒体主导的，可自由创作、收发、保存信息的革命性转型。传统媒体要在大数据时代生存下去，把握用户对细微需求的体验是关键，必须要在核心技术和数据资源方面积累。在即将来临的新智能时代，媒体也必将有颠覆性创新。传统媒体与颠覆式创新如图 17-4 所示。

17.3.2 大数据背景下的智能媒体生态系统

历史上，媒体传播方式的每一次变革都与科技的重大进步密不可分，都以新的传播手段和发明创造为依托。大数据背景下，媒体融合发展正在经历从 1.0 电视媒体（2012 年之前，广播电视

播出 + 新媒体发布）、2.0 融合媒体（2012—2017 年，媒体融合生产与运营）到 3.0 智能媒体（2017 年之后，数据挖掘 + 用户感知 + 精准推送）的转变。所孕育的媒体生态系统正在或已经催生新的技术模式和方法，激发众多传媒新产品和新型服务的诞生。大数据的分析和应用将成为构建智能媒体的基础，通过数据挖掘和分析技术，便可打造基于大数据的信息智能匹配平台，在不断分析与优化用户信息需求的基础上，实现信息和用户需求的相互关联与智能匹配。数字内容和业务生态系统成熟度与互联网普及率如图 17-5 所示。

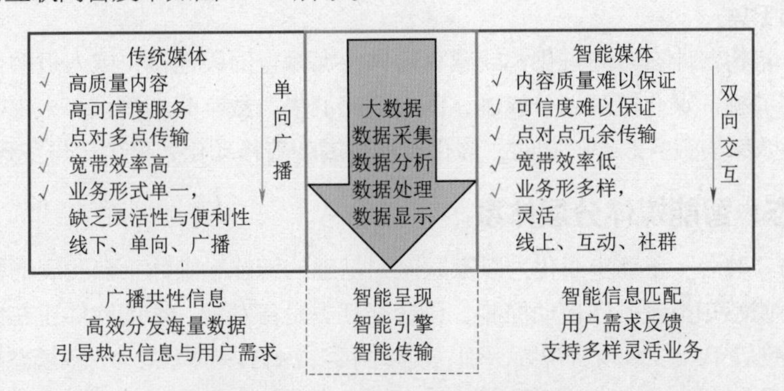

■ 图 17-4　传统媒体与颠覆式创新

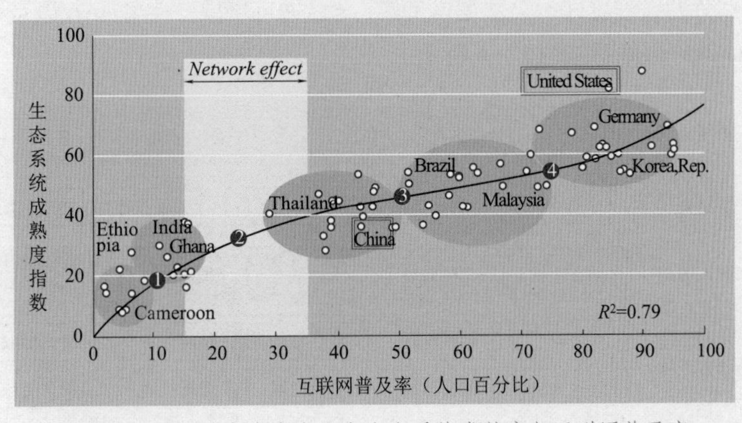

■ 图 17-5　数字内容和业务生态系统成熟度与互联网普及率

17.4　机器智能：数字浪潮下的“智能”和“生态”思维演变

当前，ICT 持续蓬勃发展、广泛渗透和深度融合，成为中国经济增长的关键驱动力，驱动着全球数字浪潮。其中，iABCD（物联网、人工智能、区块链、云计算、大数据）等新一代信息技术突破传统行业范畴，提供普适性的网络基础应用，已成为构建媒体业务创新能力、助推智能化与实体经济深度融合的重要力量。①

传播学“扩散 S 曲线理论”告诉我们：随着时间的推移，一种新产品（服务）一般会呈现出“起步—渗透率迅速提升—逐渐饱和”的曲线现象。从三网融合到“互联网 +”再到“传媒 +”，

① 许志强，刘彤，万春梅 . 赋能与嬗变 : 新兴科技驱动与媒体创新发展 [J]. 电视研究，2018（5）：8-11.

从新媒体到全媒体再到智慧媒体，从数字化到网络化再到平台化、数据化与智能化，新型媒介在管理模式和运作方式上均已呈现出扩散 S 曲线的过程，并出现远超传统媒介的“高维”特征。[①]

17.4.1 智能：未来媒体进化

未来，网络越来越像是一种存在，无处不在，永远开启，暗藏不现，正在并更多地成为满足融媒体业务开展、平台资源调度一体化、融媒体业务创新变化、融媒体业务增长、融媒体平台开放性需求的关键工具。

未来媒体，将朝着什么方向进化？或感官延伸，媒体全时段连接；或人机融合，随时随地获取信息；或边界消解，媒介接触划分族群，语言隔阂消失，数字鸿沟消灭。未来媒体，将在提升资源效率、传播效率与服务效率的同时，催化传播渠道朝着移动化、平台化与多元化方向演变。

17.4.2 生态：智能媒体分层体系

“智能”与“融合”正逐步演化为以互联网为基础的智能融媒体平台发展的核心特征。新型智能硬件正由环境感知类设备向自动控制、语音交互类设备发展，智能软件正在由语音识别、动作识别、人脸识别等单点技术向音视频识别、视频摘要、融合识别等主动、多模态融合技术发展。未来媒体，或是建立在 iABCD 等技术之上，集感知、认知、决策于一体的高度智能化的媒体，并可根据主要功用划分为智能感知、自然语言理解、动态知识图谱、智能交互以及智能决策等多层体系。智能化媒体的分层体系如图 17-6 所示。

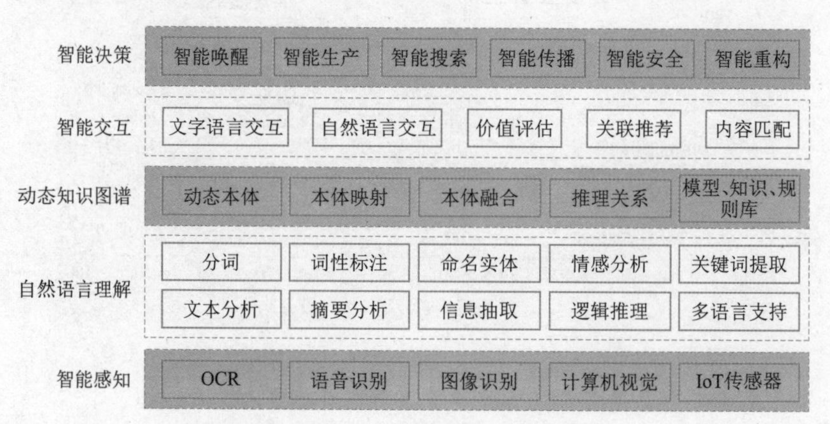

图 17-6 智能化媒体的分层体系

①智能感知：主要指各类数据的采集，包含 OCR 识别、语音识别、图像识别、计算机视觉、声纹识别、IoT 传感器等。

②自然语言理解：主要指通过机器智能的方式对采集到的数据进行分析处理，包括分词、语性标注、情感分析、关键词提取、特征抽取、逻辑推理等。

③动态知识图谱：主要指采用大数据的思维和工具对数据本体进行动态更新（对象、属性和关系等），包括动态本体、本体验证、本地映射、本体抽取、本体融合、事实关系、推理关系以

① 喻国明 . 互联网是一种“高维”媒介：兼论“平台型媒体”是未来媒介发展的主流模式 [J]. 新闻与写作，2015（2）：41-44.

及模型、知识与规则库等。

④智能交互：主要指突破海量异构媒体一致性描述、内容关联以及多维度聚合，实现“人—机—物”三者之间的智能化交互，包括文字语言交互、自然语音交互、价值评估、关联推荐、生成片花、网络监测、内容匹配以及选材与剪辑等。

⑤智能决策：主要指机器智能环境下的决策，主要包括智能生产、智能专题、智能搜索、智能传播、智能安全与智能重构等。

17.5 智能媒体创新发展模式研究

彼得·德鲁克认为，创新是一个企业不断发展壮大的力量源泉，创新的价值在于其在市场中的成功与否。智能媒体的发展创新需要一个跨领域多维度的创新过程，从媒体内容生产、内容消费，到制播体系、传播体系，再到直播体验、屏幕内容、用户体验、媒介功能，力求打造“平台＋内容＋终端＋应用”的完整生态系统，为用户创造更多文化交融、愉悦感官、价值共享、新知及便利，让视频的内容突破娱乐化的单面维度，向生活化、社会化服务发展。未来智能媒体需要生态创新，将更智能、更迅速、更多维、更跨界、更全息，将覆盖视频产业链拍传转存发播全流程、全终端、一站式端到端的个性化视频云服务。智能媒体创新发展模式如图 17-7 所示。

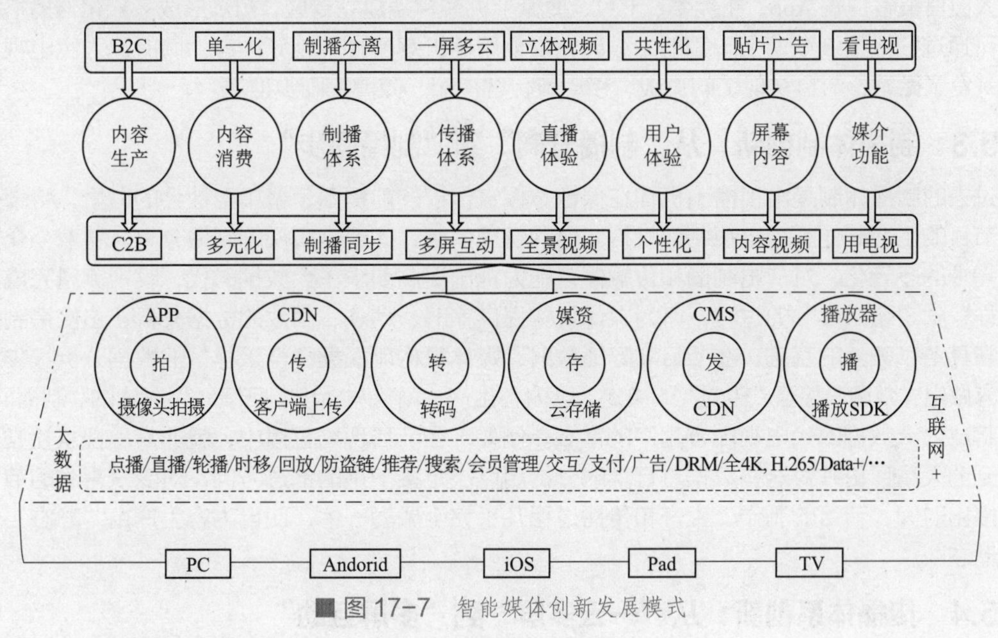

■图 17-7 智能媒体创新发展模式

17.5.1 内容生产创新：从“B2C”到“C2B”

过去的内容生产是根据导演主观的意识进行拍摄制作后向消费者传播，是一种典型的 B2C 模式。大数据时代，在线视频网站可以对常年积累的大量用户观影数据（包括用户习惯、用户喜好、观看内容、观看时间、使用设备、持续时长等）进行挖掘，以了解用户的喜好、潜在需求等，并通过大数据应用场景进行智能策划与信息关联，从而对自制剧题材、剧本等内容做出推测。大数据时代，媒体从内容生产到一系列内容匹配、一系列的图像越来越智能。范·哈克等人认为公众的普遍参与，以 UGC（用户生产内容）的方式进行事实查证、过滤，并通过解释和分析来创造意义。例如，视频网站 Netflix 的首部原创剧《纸牌屋》之所以能大获成功，重要原因就是其每一步都基于 3 000 万北美用户行为数据，从而实现大众创造的 C2B，即由用户需求决定生产，从而满足消费者的个性化需求；2015 年伦敦地铁爆炸案发生后，最早一批近距离的现场照片就是来自手持照相手机的普通民众，而非来自大牌媒体的记者。在未来，传媒机构很可能还会通过私人信息传递的 APP 来获取那些目击性的相关的信息、视频或者图片，并将其迅速植入直播流中。

17.5.2 内容消费创新：从“单一化”到“多元化”

过去的内容消费模式以简单的音频、视频为主，内容消费较为单一。大数据时代，可通过多种形式（HTML5、交互设计、动画、3D 等）、多种应用（微信、微博、App 客户端等）、多种终端（电视、手机、平板、手表、汽车、VR 等）、多种网络（数字电视网络、互联网、IPTV 网络等）并采用 Data+Story+Design 方式实现消费内容从可读到可视、从静态到动态、从一维到多维的数据展现；未来还可整合各种资源和服务能力，打造适合用户需要的数据资讯、专属产品、整体解决方案和本地化服务，帮助政府、企业提升“互联网 +”能力。可以预见，VR 等富媒体技术将给内容呈现带来质变。基于媒体无人机等新技术还能打造新闻现场感，实时情景式直播将颠覆媒体在重大报道领域的表达与互动。例如，人民日报不仅开设了人民网，还创办了人民电视，开发了人民日报客户端 App，在优酷、土豆、搜狐手机客户端建立专区，初步形成多元化传播格局。用户可通过扫描报纸纸面上印刷的二维码，实现用手机观看相关视频内容。同时，人民电视自行研制开发了微站，节目实现了网页版、移动版、客户端、微博等同步推送。

17.5.3 制播体制创新：从“制播分离”到“制播同步”

过去的制播体制是电视播出机构在保证掌握宣传权的前提下，聚集全社会的力量，将部分非新闻节目的生产制作交由电视制作机构制作的管理体制，即通常所说的制播分离。随着公众文化信息需求的多元化，对广电制播和传输覆盖能力提出更高要求。大数据时代，收视测量完成了从“抽样”到“全采样”的过渡，可为媒体机构提供实时、动态、高效的数据分析，这使得制播体制创新具备了天然的基础。在节目实际播放时，媒体机构可根据“全采样”的数据分析报告对节目内容做出“微调”甚至“转向”的决定，以内容生产、调整与播出、反馈融为一体的“制播同步”模式将成为大数据时代电视内容生产的常态。例如，在节目现场直播中，就非常重视从社交媒体上得到的大量评论并对这些数据进行实时分析用以决定接下来的推进方向，对受众喜欢的节目就延长播出时间，节目的制作、生产和传播过程几乎完全融为一体，使得内容生产由“静态”变成了“动态”。

17.5.4 传播体系创新：从“一云多屏”到“多屏互动”

过去的传播体系实现了以资源云为中心，通过多个终端呈现信息，可谓一云多屏。大数据时代，媒体和设备都不再孤立存在，人们已经身处“内容”无限和“渠道”无限的时代，有内容依附的介质未来或者都是媒体并可组成新的生态系统，如手表、洗浴玻璃、桌面、登机牌等；又或者未来根本没有媒体，只有平台、入口、路径和用户的接触点。当前，内容传播已从 PC 时代、移动时代进入多屏时代，用户拥有手机端、PC 端、平板端和 TV 端等多种呈现终端，且不同场景各终端呈现互补，可以媒体资产库为中心通过智能匹配将点播、直播、搜索、推荐、订阅云端化（云点播、云收藏、云缓存等），用户可以随时获取想要的内容，实现多屏互动。通过大数据，还可以策划各种基于地理位置的多屏互动。例如，由央视与光线传媒合作打造的综艺节目《中国正在听》，节目以实时互动为核心，观众在家通过智能终端 App 就可以参与实时互动，并且互动者的头像有机会呈现在现场的屏幕上，实时呈现支持结果，让大数据指导节目的专家、歌曲及选手的选择，足以引导新媒体用户回流，同时还能用手机和平板直接控制电视，就像电视遥控器一样。

17.5.5 观看体验创新：由立体视频到全景视频

过去的观看体验是立体视频，用户只能固定观看某个视角，无法根据自己喜好选择观看角度，观看体验不够完美。大数据时代，采用 4K 全景视频技术可将采集的视频进行视频流预览、编辑、预处理以及全视域视频的加工合成，颠覆了传统视频只能固定观看一个视角的模式，使碎片化时间变得饱满，用户可以随心所欲地观看现场画面的前、后、左、右、上、下 6 个方向，自由切换观看角度，并在交互观看中享受沉浸式观看体验。如果用户对某一个视角感兴趣，还可将其切换为主画面。此外，还有一些视频机构为全球用户打造了云导播平台，支持卫星、4G、5G 等全网络信号接入，可实现全球多地多机位直播，即在一个屏幕内可以同时体验来自不同国家的直播内容。如北京电视台为全面报道申冬奥盛况，就采用了全球多地多机位直播技术，同时接入来自其安置在吉隆坡国际会展中心现场的各个角落、吉隆坡繁华的街头以及北京首都体育馆、张家口大境门、八达岭长城、朝阳公园等地域的 48 台 360° 智能摄像机的多路直播画面，并让用户可以根据自己的关注点选择视频内容，力求深入社会百姓当中立体化展现冬奥会给人们带来的激动之情。

17.5.6 用户体验创新：从“共性化”到“个性化”

过去的用户体验是大众传播，任何用户访问同一个页面的体验是一模一样的。大数据时代，数据成为媒体的核心资源，相关机构可以通过 PC、手机、智能电视网络等收集用户访问行为（频率、时间、场景、内容、时长等）、画像（年龄、性别、职业、喜好、行为、背景、关系、位置等）与数据，并将不同类型的内容数据抽取、分析、聚类，依据不同介质传播特点，为用户打上标签，最终精准匹配用户的信息需求，同时精准推送和效果监测还将对视频的内容的长尾消费和广告体系产生质的提升。媒介环境学者保罗·莱文森认为，未来的媒介将朝着人性化与个性化的趋势发展，智能媒体或将拥有与人类器官相近的媒介体验。在个性化应用对用户兴趣进行建模时，还可以根据时间属性将用户兴趣分为短期兴趣和长期兴趣。例如，《今日头条》自 2012 年上线以来，通过对用户使用情况进行多重维度因素数据挖掘以描绘用户画像，把信息传播与互联网服务融合起来，为用户提供精准的个性化观看服务和多元的推荐化媒体服务，实现从资讯客户端变为数据挖掘的推荐引擎。与此同时，其以今日头条作为底盘，还内部孵化出西瓜视频、火山小视频、抖音、悟空问答、图虫、懂车帝，以及社交软件“多闪”等多个爆款 App。

未来方向，内容 + 个性化推荐，如图 17-8 所示。

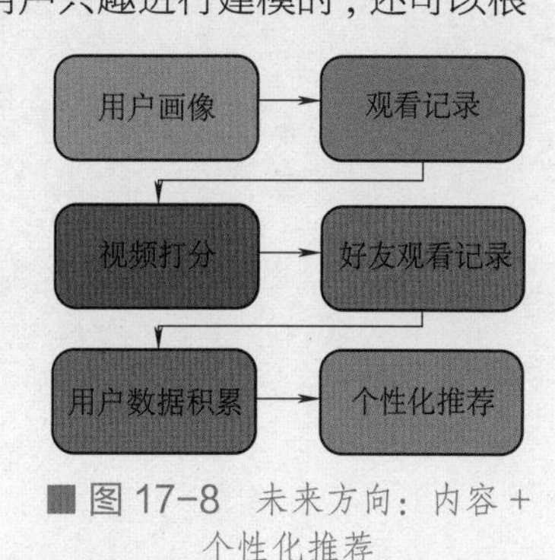

■ 图 17-8 未来方向：内容 + 个性化推荐

【延伸阅读 17-1：跳动在飞轮上的字节[①]】

飞轮效应是字节跳动公司无边界扩张的底层模型。今日头条作为飞轮的底盘，西瓜视频作为第二层飞轮，

① 西南证券 . 全球科技行业专题：跳动在飞轮上的字节 [Z].2019-1-16.

抖音作为第三层飞轮，多层飞轮算法共享、用户相互引流、实现 App 的深度打通。底层飞轮今日头条实现算法优化和用户积淀，与延伸出的其他飞轮共享用户标签和核心算法，延伸飞轮在各自的细分领域吸引新用户，通过算法带来的黏性实现留存，继而变现，多层飞轮构筑起头条系产品强大的护城河。

第一层飞轮，以基于算法的图文分发为核心业务。头条是字节跳动的第一款产品，充分享受了移动互联网初期的红利，最初定位为基于人工智能算法的内容推荐产品，核心就是通过算法精准匹配用户需求。今日头条依托强大的算法为每一位用户提供个性化定制，以不同于传统新闻资讯类 App 的“千人千面”姿态迅速占领市场，这是头条系扩张的底盘。

第二层飞轮，以基于算法的视频分发为延伸应用：西瓜视频作为第二层飞轮占领不同细分市场，内部资源共享，相互导流构筑竞争壁垒，与底层飞轮共同实现高速转动。西瓜视频脱胎于头条视频，PGC、UGC 双管齐下布局横屏短视频领域，凭借高度的拉新能力和用户黏性在短视频领域占领市场，与底层飞轮形成紧密的协同效应。

第三层飞轮，以基于算法的双边网络效应为基础，抖音以冷启动方式蓄力，对细分市场用户画像精准捕捉，以爆发式的增长接过今日头条的接力棒，进化为字节跳动的第三层飞轮。抖音在成长过程中使用的多种产品及运营手段，几乎都已经在头条实践过，头条实现了抖音的培育，而抖音将算法应用得更加极致。抖音依靠现象级的营销内容和头条引流，在亿级规模的用户积累之后具备强大的流量变现能力，成为字节跳动的中坚力量。

第四层飞轮加速演绎，为字节跳动开辟全新疆域。头条系 App 成长路径像流水线一样贯穿始末，由核心向外围不断扩展的飞轮模型是工厂的核心，资源共享的算法和用户流量是基础。目前在 App 工厂孵化中的还有悟空问答、图虫、懂车帝以及社交软件“多闪”，每一款都有成为下一层飞轮的能力，依托强大的共享资源实现快速成长，与其他飞轮共同转动。与此同时，字节跳动也在不断推出现有产品的海外版，收购关联标的以布局海外市场，以维持飞轮的强大生命力。

字节跳动的飞轮如图 17-9 所示。

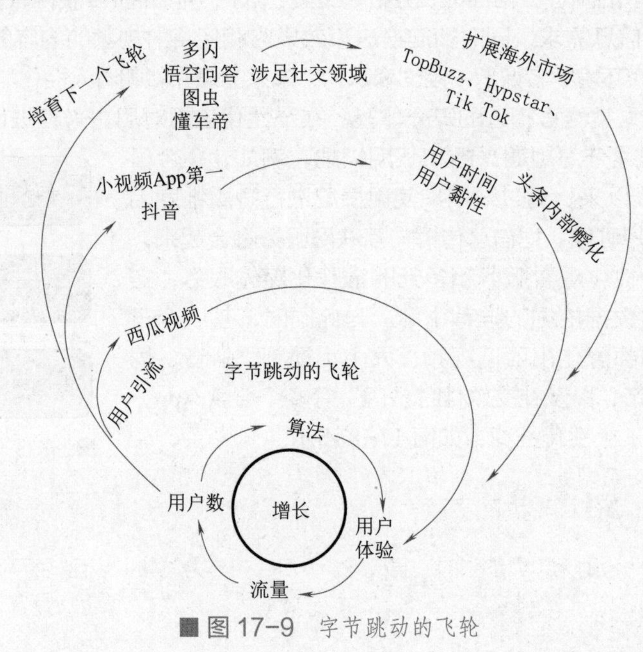

■图 17-9　字节跳动的飞轮

17.5.7　屏幕内容创新：从“贴片广告”到“内容视频”

过去的屏幕内容异常生硬，贴片广告和内容之间没有匹配度。如果用户喜欢某一明星同款，通常会在淘宝搜索明星的名字加服装类型，或者在贴吧里发问，大部分情况下都无疾而终。大数据时代，内容视频（屏幕即店铺，内容即渠道）更容易被用户接受，可预先建立图像数据库、分辨视频中商品的类型及特征、通过比对找出同款。用户无须再淘明星同款或求助贴吧，而是打开内容浮层开关，明星同款则会以透明浮层的形式出现在视频当中，用户不用跳出观看环境，便可单击按钮实现直接购买，让看视频和购物两种行为结合起来，真正实现“边看边买”。例如，爱奇艺平台上播出的《非诚勿扰》《爱上超模》真人秀节目为用户带来一站式观看、购物体验；热播电视剧《何以笙箫默》通过扫描可进入天猫店铺，同步购买剧中出现的明星同款（不再仅限于剧中人物服饰，而是扩展到电视剧中出现的各类商品，如男女主角家中的灯具等）。

17.5.8　媒介功能创新：从“看电视”到“用电视”

未来学家尼葛洛庞帝曾经说过，理解未来电视的关键，是不再把电视当电视看，电视将变成一种可以随机获取的媒体。大数据时代，电视产业面临着前所未有的重大改变，电视正在逐步与互联网属性融合，潜移默化地改变着观众的收视体验和收看习惯。随着机顶盒、互联网盒子等设备的普及，电视除了观看之外，还可以实现电视看报、电视炒股、电视上网、互动游戏、家庭医疗等多项功能的运用，正在推进和形成围绕家庭媒体、娱乐、传播、消费等需求为一体的综合化信息服务平台，加速布局客厅生态。“互联网”和“电视”的双重属性使其具备丰富优质的内容和良好的用户互动体验，吸引更多家庭成员重聚到电视机前来，并产生更多的互动行为，提供更直接的感官体验。例如，云电视产品创先搭载了云平台和智能 Android 操作系统，支持用户随时同各类移动设备互联互通，让用户可以随时随地分享各种视频、照片、资料；三星在 2016 年推出的智能电视系列中加入 IOT 功能，电视成为整个智慧家庭接口的控制中心，允许用户连接、管理和控制智能设备（电灯、门禁到温度计和摄像头等）和物联网服务。

17.6　“点 · 线 · 面 · 体”：传统媒体的创新和突破

随着新一代信息技术的迅猛发展，信息传播体系已从早期的线状传播迭代为多维多点、网状的泛传播，具备“分散化”“全景化”“扩展化”“一体化”等特征。但目前的泛传播只是造就了一种信息与传播无处不在的假象，用户不仅须对内容的真假、价值与关联性进行自甄别与判断，而且面临着“信息偏食”与“信息茧房”的困境。实际上，伴随着信息技术从“计算”到“连接”再到“智慧”的进化，传播正在经历从“简单的传播树”到“密集的传播森林”的进化。数字化、网络化和融合化只是媒介融合的初级阶段，新技术驱动下的跨界融合与智能传播才是其高级阶段。人工智能、区块链和物联网等相互交叉、重叠与加持，使得包括传媒业在内的诸多传统产业产生了“归零效应”，可把散落在城市里各个角落的全量多源数据集合起来，通过云反射弧实现对世界的认知、判断、决策、反馈和改造，让城市学会“思考”，极有可能对未来的智能媒体生态体系产生重大的变革。

未来的智能媒体生态体系，应是一个相互依存、共同演化“点·线·面·体”体系——“点”即是用户，“线”即是平台上的媒体，“面”即是平台，“体”则是由“面”扩张融合而生。该体系不仅要为明确实体（人、法人/组织、物）创造数字身份，还要赋予数字身份更加宽广的内涵和外延，须从技术维、空间维、时间维、逻辑维等多个方面进行整体思考，通过“降维攻击”融合所有数字资源领域并形成一种基础治理能力，为机构/用户提供智能化的内容交易与服务，并赋予用户内容创意、内容生产、内容流通、内容消费以及内容业态等更多的选择[①]。该体系在以用户为中心、自下而上的演进与重构中，每位用户都可以自由决策，找到合适的生态位，从而由弱变强。用户可在偏好登记的前提下，通过传递基于数字内容的创意、生产、流通和消费等信息与价值，提升平台的使用价值。与此同时，平台又激励、赋能内容创造者和使用者（分配的功能化），形成各个参与主体/节点平等的、去中心化的自发生产与消费（生成的功能化），反哺用户数量与质量、优质内容、数字生态，从而达到优胜劣汰的正向循环，成就从“大数据”到“智数据”、从“金融脱媒”到“信息脱媒”的过渡[②]，最终构建一个低成本、安全可信、高度创新、具备极大开发价值的智能媒体生态体系，真正成为“人的延伸”。点·线·面·体：传统媒体的创新与突破如图 17-10 所示。

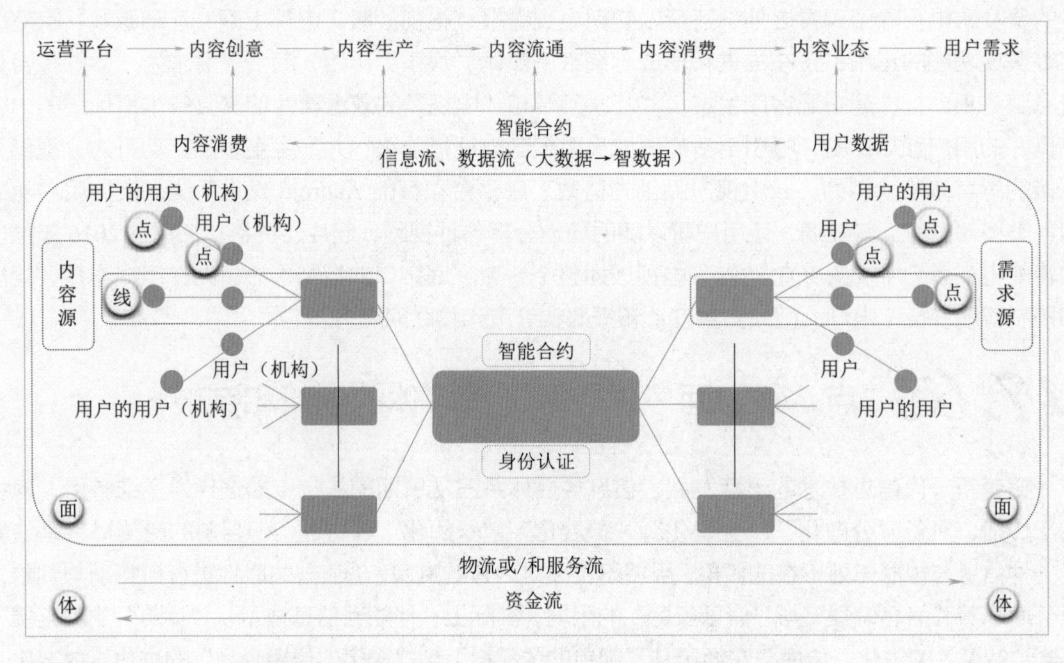

■图 17-10　点·线·面·体：传统媒体的创新与突破

① 胡正荣. 解析人工智能、区块链与媒体大脑如何颠覆传媒业 [EB/OL].https://www.sohu.com/a/238767007_247520[2018-7-5].

② 李泰安. 区块链重构网络舆论环境 [J]. 传媒，2017（21）：87-90.

思考题

17-1　Web 1.0（内容媒体）、Web 2.0(关系媒体）、Web 3.0（服务媒体）的典型特征分别是什么?

17-2　如何理解智媒时代的信息传播走向?

17-3　智能媒体的有哪些典型特征?

17-4　传统媒体与智能媒体的优缺点分别有哪些?

17-5　简述大数据背景下的智能媒体生态系统。

17-6　简述信息传播技术视域下的扩散 S 曲线理论。

17-7　如何理解智能媒体的分层体系?

17-8　简述智能媒体的创新发展的 8 个维度。

17-9　如何理解“点·线·面·体”智能媒体生态体系?

知识点速查

◆智媒时代的信息传播走向：今日的传统媒体，历史上曾经是新兴媒体；今日的新兴媒体，辩证来看也会是传统媒体。传统媒体时代，以报纸、图书为载体的连接路径被不断解构，信息传递中以“日”为单位的路径正重新构建，信息传播方式是覆盖性的点对面的大众传播；新媒体时代，以用户思维思考产品生产，开放性的社交媒体成为主流，媒体发布与传播过程变为内容深度交互和深度发酵再创造的过程，信息传递中的“内容为王”不断被解构的同时，“终端为王”正被重新构建与创新，信息传播方式由过去的大众传播分化成分众传播。

◆ Web 1.0（内容媒体）、Web 2.0（关系媒体）、Web 3.0（服务媒体）的典型特征：Web 1.0 以静态、单向浏览为特征，其主要特征是大量使用静态的 HTML 网页来发布信息并开始使用浏览器来获取信息，强调用户对信息聚合、联合、搜索的需求，可谓“内容媒体”；Web 2.0 以交互、分享的实时网络为特征，其由原来自上而下的一系列网站演化成一个成熟的自下而上的由广大用户集体智慧和力量主导的互联网体系，强调用户的参与、在线的网络协作、社会关系网络、RSS 应用以及文件的共享，可谓“关系媒体”；Web 3.0 以网络化和个性化为特征，提供更多的智能化服务，其进一步深度挖掘信息并使其直接从底层数据库进行互通，让信息服务更加精准化、个性化与智能化，实现了信息的分割与裂变，强调用户深度参与与众创、生命体验以及体现网民参与的价值，可谓“服务媒体”。

◆智能媒体的典型特征：以人工智能（数据大量增加、算法进步显著、计算机硬件性能得到巨大提升等）为主要技术支撑的智能媒体，不仅仅作为传递信息的介质出现，还将集“单向广播 + 双向交互 + 智能引擎”三种特点于一体，在媒体融合中注入智能思维，从不同维度将内容、渠道、资源、媒体和受众连在一起，解构需求的社会关系链的“用户洞察”。智媒时代，从人与人之间的通信演变为人与物、物与物、人与系统、人与现实环境之间的连接与交互，从点与点的连接到社会服务网络的编织，多维时空隔阂将被打通，形成价值匹配、功能整合与万物互联的“泛在网络”，一个前所未有的“人人即媒介，媒介即信息，信息即媒体”的智能媒体大时代正在加速到来，人类将全面进入数字化生存的时代。

◆大数据背景下的智能媒体生态系统：伴随着海量信息可以无成本地全球流淌，成千上万的个体可通过网络传播产生交感。大数据背景下，媒体融合发展正在经历从 1.0 电视媒体（2012 年之前，广播电视播出 + 新媒体发布）、2.0 融合媒体（2012—2017 年，媒体融合生产与运营）到 3.0 智能媒体（2017 年之后，数据挖掘 + 用户感知 + 精准推送）的转变。所孕育的媒体生态系统正在或已经催生新的技术模式和方法，激发众多传媒新产品和新型服务的诞生。大数据的分析和应用将成为构建智能媒体的基础，通过数据挖掘和分析技术，便可打造基于大数据的信息智能匹配平台，在不断分析与优化用户信息需求的基础上，实现信息和用户需求的相互关联与智能匹配，下一个时代的创新需要生态。

◆信息传播技术视域下的扩散 S 曲线理论：传播学“扩散 S 曲线理论”告诉我们，随着时间的推移，一种新产品（服务）一般会呈现出“起步—渗透率迅速提升—逐渐饱和”的曲线现象。

◆智能媒体的分层体系：未来媒体，或是建立在 iABCD 等技术之上，集感知、认知、决策于一体的高度智能化的媒体，并可根据主要功用划分为智能感知、自然语言理解、动态知识图谱、智能交互以及智能决策等多层体系。

◆智能媒体的创新发展模式：智能媒体的发展创新需要一个跨领域多维度的创新过程，从媒体内容生产、内容消费，到制播体制、传播体系，再到直播体验、屏幕内容、用户体验、媒介功能，力求打造“平台 + 内容 + 终端 + 应用”的完整生态系统，为用户创造更多文化交融、愉悦感官、价值共享、新知及便利，让视频的内容突破娱乐化的单面维度，向生活化、社会化服务发展。未来智能媒体需要生态创新，将更智能、更迅速、更多维、更跨界、更全息，将覆盖视频产业链拍传转存发播全流程、全终端、一站式端到端的个性化视频云服务。

◆“点 · 线 · 面 · 体”智能媒体生态体系：未来的智能媒体生态体系，应是一个相互依存、共同演化“点 · 线 · 面 · 体”体系——“点”即是用户，“线”即是平台上的媒体，“面”即是平台，“体”则是由“面”扩张融合而生。该体系不仅要为明确实体（人、法人 / 组织、物）创造数字身份，还要赋予数字身份更加宽广的内涵和外延，须从技术维、空间维、时间维、逻辑维等多个方面进行整体思考，通过“降维攻击”融合所有数字资源领域并形成一种基础治理能力，为机构 / 用户提供智能化的内容交易与服务，并赋予用户内容创意、内容生产、内容流通、内容消费以及内容业态等更多的选择。

第18章 媒体智能化变革

本章导读

本章共分4节，内容包括数据驱动：三重空间数据全面融合处理、机进人退：新智能时代的新内容革命、基于数据驱动的媒体智能化变革，以及人工智能范式驱动下的数字生态共同体。

本章首先探讨了三重空间（信息空间、物理空间与人类社会空间）环境下的数据全面融合处理，其次揭示了人工智能重新定义了内容生产、分发与消费三者的关系，从次从智能唤醒、智能生产、智能传播、智能安全与智能重构5个维度深层次揭示了媒体智能化变革的趋势，最后深层次探讨人工智能将在连接、内容、用户和科技等7个维度上实现传媒业智能化变革，指出未来将是智能化的数字生态。

学习目标

◆理解数字时代的数据分类；

◆掌握如何才能实现数据的应用变现；

◆熟练掌握智能融媒体的属性分类及对其的理解；

◆掌握三重空间数据的全面融合处理；

◆理解新华社媒体大脑的主要功能；

◆理解内容生产智能化的典型应用；

◆理解内容分发智能化的典型应用；

◆理解内容消费智能化的典型应用；

◆掌握基于数据驱动的媒体智能化变革（智能唤醒、智能生产、智能传播、智能安全、智能重构）；

◆掌握网络安全“态势感知”涉及的主要范畴；

◆掌握人工智能范式驱动下的数字生态共同体；

◆理解智慧连接背景下人与物的局限性。

知识要点和难点

1. 要点

数字时代的数据分类，新华社媒体大脑的主要功能，内容生产智能化的典型应用，内容分发智能化的典型应用，内容消费智能化的典型应用，智慧连接背景下人与物的局限性。

2. 难点

如何才能实现数据的应用变现，智能融媒体的属性分类及对其的理解，三重空间数据的全面融合处理，基于数据驱动的媒体智能化变革（智能唤醒、智能生产、智能传播、智能安全、智能重构），人工智能范式驱动下的数字生态共同体。

18.1 数据驱动：三重空间数据全面融合处理

数字时代，数据主要划分为舆情大数据（如智能搜索、智能推荐、数据抓取、数据处理、数据分析等）和营销大数据（如需求数据、实时竞价数据、供应数据、商品优选等）两大类，可为内容生产辅助、传播效果分析、内容运营分析以及精准推荐营销等诸多环节提供全方位支持。为实现“数据—信息—知识—决策”贯穿于流程始终的应用变现链条[①]，应利用聚类分析、因子分析、主成分分析等模型构建大数据处理能力平台并对全样本数据进行采集或追迹，实现包括用户个人直播行为统计排序、用户回看或点播行为关联分析及其关联推荐、个性化广告贴片服务等媒体内容标签化，从而使数据从提供支持的低级阶段进入拥有自身独立产业链的高级阶段。

数字时代，传统产业纷纷面向数字化、网络化、融合化与智能化转型升级，竞争和博弈亦从物理空间延展到了信息空间。以互联网为基础的智能融媒体平台，将现代传媒中包括连接、激活、分享及表达在内的诸多属性表现得淋漓尽致，激发着用户从“沉默的螺旋”到积极主动参与，其价值不断彰显。从连接属性看，互联网让“人—机—物”三者彼此间能够被检索、被发现、被整合；从激活属性看，每位用户又可与互联网上具有相同兴趣与价值观的用户连接，聚合成社群；从分享属性看，点对点、即时性的分享可在瞬时内把信息、态度、心情、资源等无限放大；而从表达属性看，极具便捷性的释放平台和渠道，让每位用户都拥有了自由表达的权利。

站在哲学的高度理解，新一代跨媒体、泛内容、智能化技术，将让越来越多的人和物在网络空间中留下更加清晰的数字痕迹，使人和机器、在线和离线的活动、物理和虚拟世界、自然和人工的界限变得模糊。由此可见，大数据既可描述信息空间（表达、流动、隐私、安全等），又可描述客观物理空间（物联、车联、人联、业联等），还可刻画人类社会空间（家庭、社区、城市、政治、经济、军事、国家等），将成为集资源管理、协同传感、数据预处理、数据分析以及应用于一体并全面融合“信息空间（Cyber Space）—物理空间（Physical Space）—人类社会空间（Human Society）”三元世界的纽带[②]，正在以这种或那种方式影响着每位用户的生活，构建并决定着媒介融合创新的力度和走向。三重空间数据全面融合处理如图 18−1 所示。

---

① 丁一，郭伏，胡名彩，等. 用户体验国内外研究综述 [J]. 工业工程与管理，2014，19（4）：92-97.

② 用好大数据的六个诀窍，你知道多少?. [EB/OL].http://www.sohu.com/a/190131468_99922237[2017-9-6].

三重空间	资源管理	协同传感	数据预处理	数据分析	应用
信息空间	传感能力描述模型	优化的规划	质量维护	跨空间属性相互影响	节目推荐
物理空间	传感资源发现	移动人群感应	去除冗余	地理-社会属性关联	智慧家庭
人类社会空间	数据获取方法	综合传感	解决冲突	异构数据融合	智慧城市
		补充数据收集	语义表示	人机智能	
数据隐私和安全					

■ 图 18-1　三重空间数据全面融合处理

18.2 机进人退：新智能时代的新内容革命

如果说 AI 2.0 时代解决了感知智能的问题，那么 AI 3.0 时代最大的特征在于从感知到决策。2016 年开始的 AI 3.0 阶段，从感知到理解与决策，并逐步具备自主“认知”能力；从软件到硬件：AI 深入更多硬件平台及应用场景；从信息到服务：简单指令到有效沟通，通过背后的自主连接解决复杂问题；从虚拟到现实：聚焦视觉感知将全面跨越虚拟空间与现实社会之间的数字鸿沟。当下互联网的已经成为传媒业的基础设施，AI 和数据的交融为读者参与、变现、新闻推送定制化提供了新机会，下一步传播的竞争焦点是 AI。

全知、全能、全息，AI 正拓宽媒体疆域。2017 年 12 月，国家通讯新华社发布了中国第一个媒体人工智能平台——“媒体大脑”（mp.shuwen.com），提供基于云计算、物联网、大数据、AI 等技术包括 2410（智能媒体生产平台）、新闻分发、采蜜（语音转文字）、版权监测、人脸核查、用户画像、智能会话、语音合成的八大功能，并提供覆盖报道线索、策划、采访、生产、分发、反馈等全新闻链路的服务内容，旨在向海内外媒体提供服务，共同探索大数据时代媒介形态和传播方式的未来。与此同时，新华社还发布了首条运用 AI 生产的 MGC（机器生产内容）视频新闻——一条由“2410（智能媒体生产平台）”系统通过 10.3 s 时间制作的长度为 2 分钟 8 秒的视频。

以群体智能为理念先导、以知识体系构建为核心的智能化技术进入内容行业，带来了各环节的全面升级：智能化驱动的内容生产 2.0、以算法为核心的内容分发 2.0、个性化与社交化交织的内容消费 2.0。智能时代重新定义了人与信息、人与商品、人与服务以及人与人的连接方式以及内容生产、分发与消费三者的关系，集成内容生产、分发与消费的平台似乎正在颠覆并重构媒体生态系统，这是一场正在发生的新内容革命。对于媒体来说，基于 AI 的数字化再造是终极目标，也是进行时。智能时代重新定义三者的关系如图 18-2 所示。

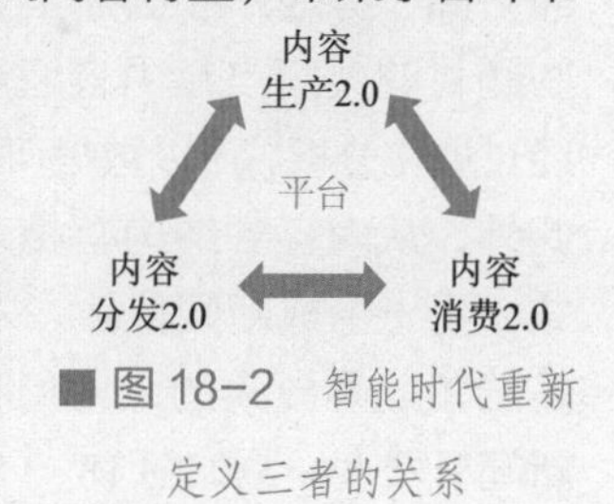

■ 图 18-2　智能时代重新定义三者的关系

18.2.1　内容生产智能化：新闻业的机器之心和魔幻之手

1. 数据新闻

在生态系统中，生物食物链连接有机生物之间的关系，维持生态平衡。而在大数据时代，新闻的生产方式基于数据食物链——数据闭环。随着 AI 的广泛应用，更多本来与“数字”无关或者关系不大的新闻也逐渐采用了数据新闻的报道形式，通过图表、地图或互动效果图等形式进行数据可视化转化，进而揭示新闻人物的复杂关系，呈现新闻背后的故事，为用户提供“轻量化的阅读体验”，从而在探求新闻事件本质的基础上达到预测其未来发展趋势的目的，这也是发展数据新闻的真正意义。这不禁让人们开始对逻辑思维，以及分析、解读大数据背后含义的能力如饥似渴。如何用易被用户吸收的方式呈现信息，变成了高悬内容生产者头顶的达摩克利斯之剑。

欧美数据新闻已经发展得较为成熟业界实践早于学术研究。《卫报》（2009年）、《纽约时报》（2012年）、《华盛顿邮报》（2015年）、CNN（2010年）、BBC（2006年）等多家国际知名媒体以及部分独立项目都在力图打造“新闻＋服务”战略。中国中央电视台、北京电视台、山东电视台等国内电视媒体也开启了数据新闻可视化进程，四大门户网站也分别推出了自己的数据新闻平台，包括新浪《图解天下》、网易《数读》、搜狐《数字之道》和腾讯《数据控》，致力于用数据说话。

2. 机器新闻

与人类记者相比，机器写作具有速度快、产量高、能力强并可不断“进化”的优点。伴随着自然语言理解（Natural Language Understanding，NLU）、自动翻译、群智形式的修正反馈等技术日益成熟，可通过机器人提取概念、梳理人物关系、分析情绪等多种方式来量化文本，新闻的选编、写作甚至思考不再是人类的特权。其带来的根本变革是，新闻业的模式已从PGC（专家或媒体生产内容）到了UGC（用户原创内容）并正在向AGC（算法生成内容）转变。实质上，从“内容创作”到“内容生产”，这种措辞上的改变，已经传递出某种让“写作”走下神坛的意味。未来，机器新闻将发生智能演化，算法在极大程序上帮媒体人完成数据化工作，将带来未来“人机共生、人机协同”的融合局面。

事实上，从《华盛顿邮报》Truthteller（2012年）写作的新闻开始，到美联社Wordsmith（2014年）、《洛杉矶时报》Quakebot（2014年）、腾讯Dreamwriter（2015年），再到新华社快笔小新（2015年）、今日头条“张小明”（2016年）等，机器人写作似乎正从概念变为现实，其适用范围主要集中在财经新闻、体育新闻、灾害报道、犯罪新闻、房地产和医疗卫生资讯等方面。这些题材的共同点是内容通常涉及大量数据，经过量化分析，可以数据可视化的方式呈现。此外，从内容到结构有相对固定的标准和模式，易于生成新闻稿件。未来，AI将越来越多的领域解放人的体力和脑力。国内外主要新闻机器人一览如图18-3所示。

国外主要新闻机器人一览

	名称	所属机构	时间	领域	功能
国内	Dreamwriter	腾讯	2015.09	财经	写稿
	快笔小新	新华社	2015.11	财经、体育	写稿
	DT稿王	第一财经	2016.05	财经	写稿
	张小明	今日头条	2016.08	体育	写稿
国外	Truthtrller	华盛顿邮报	2012.06	体育	写稿
	Quakebot	洛杉机时报	2014.03	地震预报	写稿
	Wordsmith	美联社	2014.07	财经、体育	写稿
	Blossombot	纽约时报	2015.05	新媒体	写稿

■ 图18-3　国内外主要新闻机器人一览

3. 传感器新闻

传感器摆脱了与人的物理关联，成为更自由的“人的延伸”。传感器新闻主要集中在即时新闻、环境新闻、调查新闻、“公民参与”式新闻和无人机新闻等领域。传感器新闻可拓展人的感知能力、探测未来动向并传导个性需求，在互动性、解释性、调查性、突发性报道中作用凸显：利用精准的传感数据，可提升新闻报道的权威性；让受众参与到新闻发现与制作中，可提升新闻的互动性；

可在突发性报道中及时反馈信息；利用智能手机，收集个人定位、健康及生理数据等，可实现对广告、视频效果及用户体验的前期监测等。

传感器新闻的基础就是用传感器收集数据，可以说拥有采集环境、交通、健康、位置等数据的传感器，就将拥有未来的一种核心媒体资源①。未来，随着传感器的种类和应用领域的拓宽，把各种对象产生的数据输送给媒体，可帮助媒体从新的维度来揭示和描绘新闻事实。比如，BBC 探索频道为证明猫头鹰飞行时是近乎“无声飞行”，利用声音传感器将录音转化为频率；美国犹他州安装了一种带传感器的交通信号灯，能够识别交通流量，并通过自动改变信号灯来控制交通堵塞等。

18.2.2　内容分发智能化：编辑权利的让渡

1. 分布式新闻

分布式新闻分享与交流平台使用去中心化、去信任方式的区块链技术解决优质内容难以识别、传播和变现的问题，通过全新的内容价值评价体系保证优质内容的生产者直接获得收益。通过区块链“打赏模式”给优质新闻发布者、分享者，让参与者享受优质内容的同时也能够获得相应的“打赏”，构建一个有价值且符合大众需求的新闻聚合和内容分享平台，并通过分布式价值传输，打破传统信息互联网的局限性，通过区块链价值代币将产生的价值分配给所有的参与者。分布式内容的转移代表了新闻媒体从公共话语权领袖向互联网巨头内容提供商的演变。

大多数关于内容的创新是从某个平台的分布式内容形式出发，例如社交媒体平台、消息类应用平台、VR。分布式发布成为越来越多媒体的内容分发形式，越来越依赖于搜索引擎、社交媒体、聊天应用等平台，以使内容最大限度地到达用户。例如，BuzzFeed 用 7 种语言在 11 个国家的 30 个不同平台进行内容分发。据统计，约有 80% 的用户通过这些平台而非网站来获取 BuzzFeed 的资讯，这种内容分发策略使 BuzzFeed 取得了每月访问量高达 50 亿的傲人成绩。在未来，新闻传播的内容生产不仅仅是人与人、人与机器的碰撞，更包括人与人、人与物以及人与服务之间的智慧连接。

2. 个性化新闻

媒体对受众的信息服务经历了从大众到分众、从分众化到大规模定制、从大众分发到个性化分发、从个性化分发到个人定制 4 个阶段。个性化新闻整个模式的任务是通过关键词来标识新闻信息，并结合人的行为属性来完成对新闻和人的分类，同时对于新出的新闻信息，通过归类分析，将其准确恰当地推送给需要的用户；而对于新用户，由于没有其使用信息，没法对其进行分类，就需要将最近的热点事件推送给他供其选择并记录其信息使用情况，以便后期对其进行归类分析。在软件 + 服务为硬件增值的时代，个性化新闻不仅提供一种个性化新闻阅读体验，更从根本上推进了新闻资讯从聚合类到定制类的转变，精准个性化或将是新闻服务的趋势。信息处理流程如图 18-4 所示。

当前，腾讯、搜狐、新浪等新闻客户端为增强用户黏性并更好地“沉淀”用户，相继增加了

---

① 彭兰 . 移动化、智能化技术趋势下新闻生产的再定义 [J]. 新闻记者，2016（1）：26-33.

智能推荐的页卡，进行个性化新闻推荐，唯一不同的是实现个性化的路径。今日头条侧重根据阅读记录进行推荐；天天快报除阅读记录外，同时侧重用户自选标签和腾讯关系链推荐内容，凭借腾讯强大的社交关系链，它会推荐你的QQ好友、微信好友喜欢看的内容；一点资讯主推兴趣引擎，主打满足用户的兴趣资讯需求；UC头条提出根据阿里大数据进行的精准推荐和用户人群泛阅读推荐。

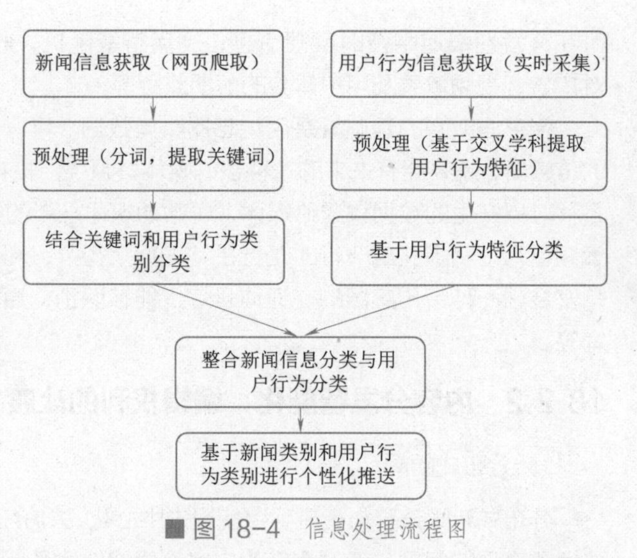

■ 图18-4 信息处理流程图

3. 场景化新闻

移动传播的本质是基于场景的服务，即对场景（情境）的感知及信息（服务）适配。[①]场景具有移动（基于移动互联网用户思维的设计理念）、互动（通过社会化媒体互动分享）、高效（通过小而美的场景让新闻与用户信息高效连接）与智能（智能云后台操作可视化）等诸多特点。具有产品即场景、分享即获取、跨界即连接、流行即流量四大表征的场景应用，将带来一场从兴趣精准到需求精准的关乎未来的思维变革。美国记者罗伯特·斯考伯曾大胆断言："未来的25年，互联网将进入新的时代——场景时代"[②]。

在当代数字社会中，得注意力者得天下。内容提供商可根据用户的使用时间（早晨、午后、下午、晚上等）、情景（公交地铁、开车走路、咖啡厅、眼睛疲劳、其他特殊环境等）、渠道（手机、iPad、计算机等）、活跃度等维度对用户分群，从数据去提炼用户需求和使用场景，同时不断优化、提升新闻的到达率和受众认可度。未来，人与人、人与物、物与物的连接不再局限于时间、地点或状态，基于碎片化的新闻服务或将以场景的方式连接并成为核心逻辑。

18.2.3 内容消费智能化：沉浸体验与深度交互

1. 对话式新闻

互联网时代，缺少的不是新闻和信息，而是精准获取所求信息的方法。对话式新闻是通过有吸引力的聊天对话场景，辅之有承载力的媒介形态（如表情包、视频、图片等），将新闻展示给用户的理念和方法的新闻实践。其依托强大的自然语言处理技术、深度学习等AI技术，使得机器具备"亿级"收录、"百万级"新闻理解计算、"毫秒级"推荐的能力，可对新闻内容、观点与逻辑实现深度理解以及关联度计算，在理清相互关系的基础上对其核心内容进行提炼，改变传统资讯流泛滥的痛点，真正实现以交互完成新闻内容的交流，并使用户在一屏之内"聊透"所有兴趣话题。

对话式新闻具有上手成本低、互动性强以及轻松非正式等优点。在这里，用户可沉浸于内

① 彭兰．场景：移动时代媒体的新要素[J]．新闻记者，2015（3）：20-27.
② 斯考伯，伊斯雷尔．即将到来的场景时代[M]．赵乾坤，周宝曜，译．北京：北京联合出版社，2014.

容本身，凸显“人性化”的特征。到目前为止，AI 在新闻交互上的应用较多，包括 Quartz、NewsPro 2.0 等；国内的应用相对较少，主要为百度“聊新闻”、中央人民广播电台“下文”以及封面新闻“新闻小封”等。未来，通过对话的方式获取新闻将不仅变革信息获取、传递和利用模式，而且将彻底变革人类对新闻形态的认知。

2. 全景视频

360° 全景视频是如今平面视频的延伸，具备全景、3D 以及交互三个特点，其 3D 摄像设备支持 360° 全方位拍摄设备捕捉超清晰、多角度的画面，每一帧画面都是一个 360° 的全景，用户可以使用鼠标点击、手指触碰或者手势变化，来从任何角度观看视频。全景视频促使用户从围观者变成参与者，拉近了现场与观众的距离，跳出了传统平面视频的视角框定，给用户呈现前所未有的堪比现场的视觉盛宴。全景视频中，视频还可以通过模拟来自不同方向和距离的音效的“空间音频”技术实现增强，垂直领域纵深的优质内容将成为全景视频产品流量的堡垒和护城河。

如果说在线视频让人们的“观看方式”焕然一新，那么 360° 全景视频技术带来的沉浸式观看，无疑让人们的“收视体验”天翻地覆，将是继普通视频后的下一个风口。2016 年 3 月，央视新闻精心搭建“一 V 一云一平台”，通过独家微视频和在两会主会场架设的 29 个云直播摄像头，带领网友全方位领略两会会场内外；2016 年 4 月，Youtube 宣布推出 360° 视频的流媒体直播服务，并在科契拉音乐节上利用该技术进行直播；2016 年 12 月，Twitter 在其直播平台 Periscope 上推出全景直播服务，用户能 360° 无死角直播；2017 年 3 月，Facebook 面向所有用户开放了可让用户“穿越”时间与空间的 Live 360 全景直播服务。由此可以预见，未来传媒业界或将打造基于全景智能的从内容制作、节目分发、传输覆盖到终端呈现的完整生态系统。

3. 虚拟与增强现实新闻

虚拟与增强现实这两项技术将在内容（从浅层叙事到深度内容）、业态（从“各自为战”到“跨界融合”）、样式（从“原画复现”到“沉浸 + 参与”）三个方面影响传统新闻业的转向[①]。虚拟增强现实下的新闻创新，能几近“穷尽地”记录和传输（再现）新闻时间[②]，让信息从“二维”向“三维”跨越，让受众从与文字、图片、影像互动转换到与虚拟世界互动，从而“延伸”受众对世界的“感知阈”，大大提升新闻报道的广度、深度和维度，重构新闻与读者的关系。

2015 年 9 月，美国“前线”率先发布其第一部 VR 纪录片《埃博拉病毒爆发：虚拟之旅》，用 VR 技术带领观众“走进”了埃博拉危机中心；随后《纽约时报》推出《流离失所》（*The Displaced*）；美联社推出基于虚拟现实新闻报道的 Web 门户；BBC 专门成立了虚拟现实制作工作室 BBC VR Hub 且已制作了包括《家园——一次 VR 太空漫步》等在内的一系列 VR 项目等 。在国内，VR+ 新闻大致起步于 2015 年，人民日报中央厨房首次引进全景 VR 视频设备全方位展示阅兵式的精彩瞬间；随后新华社制作了《带你“亲临”深圳滑坡救援现场》；《中国日报》通过整合 AI 技术采访真人而制作虚拟视像面世等。2017 年 10 月十九大期间，多家媒体记者使用 VR 图片、VR 直播、VR 视频等虚拟现实技术扩展了新闻产品的呈现视角，做出有益尝试；2018 年，

① 史安斌．作为传播媒介的虚拟现实技术：理论溯源与现实反思 [J]. 人民论坛·学术前沿，2016（24）：27-37.
② 邓建国．时空征服和感知重组：虚拟现实新闻的技术源起及伦理风险 [J]. 新闻记者，2016（5）：45-52.

美国电视网 NBC 计划对韩国平昌冬奥会进行逾 50 个小时的包含开闭幕式在内的虚拟现实直播。未来，虚拟增强现实技术将笼罩现实，其与电影嫁接，可为用户带来环幕电影、球幕电影以及 4D/5D/6D/7D 电影等；与电视嫁接，可为用户带来虚拟演播室技术、虚拟广告技术系统、虚拟转播技术等；与互联网嫁接，可为用户带来电子商务产品演示、远程教育、虚拟游戏、网络游戏等；与纸媒嫁接，可为用户带来同步切换、场景切换、浸入式新闻等。

18.3 基于数据驱动的媒体智能化变革

技术变迁、场景升级、产品迭代、社交迁徙……当前，新的技术集群正在将媒介产业引向一条智能化变革的快车道。在即将来临的全知、全能、全息的智能媒介传播时代，集成内容感知与分析、理解与思考、决策与交互的智能内容服务平台已导致传统大众传播业态分崩离析，似乎正在颠覆并重构媒体生态，必将催生智能媒体时代的大量新产品、新模式和新业态。此时此刻，必须从用户期望（娱乐有趣、个性化、真实性等）出发，挖掘数字技术（AI、AR/VR/MR、区块链、机器学习、网络空间安全等）潜力，通过顶层设计构建新的生态环境，逐步打造以“广播 +、电视 +、用户 +、信息 +”为主干、具有自主知识产权、不断迭代升级的融媒体内容“智”造支撑体系，重塑场域中的权力关系。

18.3.1 智能唤醒：数据获取与表现

智能唤醒是利用 AI 与“智能逻辑”的方式，将每一个比特数据集成到融合媒体采编播存管用的全产业链之中，获取并使之变得更加有用、有价值且更“聪明”，从而实现对全媒体业务的支撑。传统的二维互联网产业连接着个人消费者和企业。随着时间的推移，数据必将成为城市可持续性发展中不可或缺的基础性战略性资源。大数据加持下的三维互联网，将唤醒散落在城市各个角落尚未转化为数字格式的暗数据资源，并通过云计算、AI 等技术实现个人消费者、企业和政府的全覆盖，继而打造一个智能平台。

未来，智能唤醒环境下的媒体平台，将促使人类生产、生活及治理的数据基础和信息环境得到大幅加强和显著改善。在内容供给端，通过搭建“中央厨房”实现内容资源的数据化、网络化与智能化，同时助推各类媒体基于不同的用户定位、不同数据的内容表现形式打造不同的平台，如央媒打造全能型旗舰媒体、省媒打造省级公共服务平台、地（县）媒打造地方综合信息服务平台等[①]，从而生产丰富多样的内容产品，为用户带来多样产品体验；通过持续提升数据获取与表现的量级和频率，在空间序列上交叉验证与交叉复现的多角度、多层次信息，在时间序列上持续呈现与持续创新和用户的实践与交往有机联系的连续性数据的分析逻辑；通过多层次、多维度的数据集，实现对于某一个人、某一件事或某一个社会状态的现实态势的聚焦[②]；通过与运营商合作，建立集舆情分析、线索发现、大屏展现等功能于一体的面向媒体和泛媒体的视频服务和通信网络；通过机器人写稿、VR 制作、4K 制作等技术充分利用数据并使之表现出人类生活的温度，从而挖

① 广电独家 . 学者总胡正荣纵论媒介融合，如何做才能成为赢家？ [EB/OL]. http://www.sohu.com/a/250397980_613537 [2018-08-28].

② 喻国明：大数据方法与新闻传播创新：从理论定义到操作路线 [J]. 江淮论坛，2014（4）：5-7.

掘数据信息的衍生价值。

18.3.2　智能生产：内容生产与制造

智能生产是目前 AI 在新闻传播领域的一个现象级应用。未来，内容生产将发生智能演化——获取各种形式（APIs、XML、CSVs、Spreadsheets 等）的相关数据后，通过分析不同类型数据内在联系、多层次知识挖掘与环境匹配，提炼观点和建议，并按照一定的分类标准、逻辑结构和次序生成叙述性的长短文章、报表、可视化图形等，最后借助云服务，通过 API、JSON、XML、Twitter、E-mail 等渠道实时推送内容。

未来，智能生产环境下的媒体平台，对内容生产流程的改变将是全方位、全环节的。竞争将越来越多呈现的是数据平台与数据采集、处理能力的竞争，算法将在极大程序上帮业界完成数据化工作，从而带来“人机共生、人机协同”的融合局面。未来，智能采集、智能编目、智能拆条、智能审核、智能剪辑、智能写稿、智能视频增强、舆情监测、对话式问答以及机器人写稿与编辑等机器人程序负责数据挖掘、分析等枯燥无聊的程序化工作以及可以设置固定模板的突发短讯，而创作者可以从中解放出来从而有更多时间从事垂直、细分领域需要大量情感、情绪和情商等更高维的创造性生产和创意发掘的“心力劳动”，同时能为用户提供可以尝试的多种类型的内容，从而使其能够在涌现在原来无法用于创造与创意的领域和利基市场空间。此外，还可通过对文本结果（新闻分词、标签权重等）、新闻要素（时间、地点等）、内容维度（主题、摘要、栏目分类、语种、稿件类型、新闻来源等）、相关属性（微博、评论等）等数据进行聚类、抽取与语义分析等，形成各式各样的智能专题。

18.3.3　智能传播：内容分发与传播

智能传播是在采集动态、多维、互联互通的媒体业务数据（特别是观众和用户行为的数据化）的基础上，借助自然语言理解、大数据分析等能力解构广播网与互联网可持续发展的瓶颈问题，从而高效、低成本地实现媒体内容的 5A（Anyone/Anytime/Anywhere/Anyway/Anyservice）服务，并将盈利模式向下游的纵深扩展。智能传播主要涉及智能引擎、广播网以及双向网。其中，智能引擎负责整合全网运行、动态调度资源；广播网和双向网则分别负责传输共性内容和个性内容，并能支持多样灵活业务。

未来，智能传播环境下的媒体平台，包括智能媒体云、智能标签、智能复用、智能路由、智能边缘、智能终端、智能接收以及智能推荐等模块，将是电视媒体的“聚变”与社交媒体的“裂变”共同作用的结果。在具体设计时，首先应对已掌握的关键主题内容、覆盖的用户群以及重点关注用户进行分析，完成用户识别；其次抽取用户主体及其交互反馈构建具备用户标签与分析模型的标签体系，完成属性定义；最后根据事件脉络、主体发现、用户画像、关系发现、复杂网络、传播路径以及干预转化等将泛化内容反复细化精滤并构建传播评估体系，助推视频衍生扩散过程中的颗粒化加工、多维度调用及多渠道传播等，从而完成智能传播的实体应用。此外，还可结合采编生产数据，实现对采编人员的传播影响力分析；结合对所属机构外的同业媒体的稿件传播分析，形成同业传播影响力比较；对指定新闻稿件的内容进行跟踪传播监测，对热点事件的发展脉络进行跟踪展示等。智能传播设计流程如图 18-5 所示。

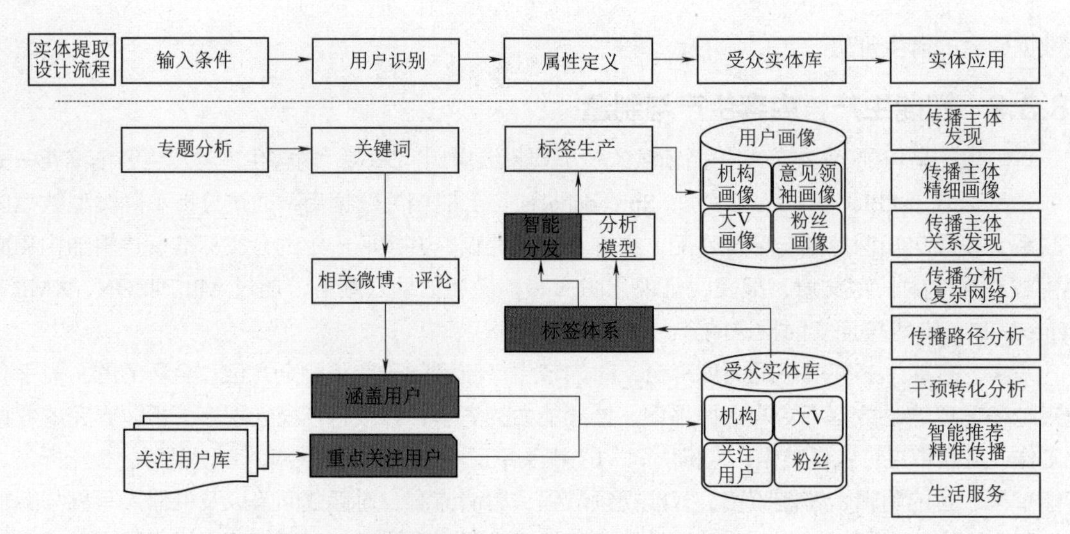

■图 18-5 智能传播设计流程

18.3.4 智能安全：内容审核与监测

智能安全是通过 iABCD（物联网、人工智能、区块链、云计算、大数据）等新一代信息技术，对包括网络融合、业态融合、融合新闻、融合生产、工业控制等在内的复杂问题，进行前瞻性和实时性的自主识别、判断与推理，从而构筑全方位、立体化、主动式防御系统，保障主体的安全运营。在媒介领域，OA 业务和 BOSS 系统的构建，催生了网络安全的应用；共平台生产、多渠道分发的媒介融合模式的构建，催生了制播领域的保护体系建设；以互联网为基础的智能融媒体平台（网络直播、移动 App 直播、“两微一端”等）的构建，催生了服务媒介融合、面向互联网安全的轻量级的采编播存管用系统；高清互动电视平台的构建，要求面向千家万户的可信网络；融媒体的发展和大数据、云计算的普遍应用，要求云非编、云桌面等融媒体云安全（轻量级安全防护需求、抵御常见的网络攻击、有效地防止病毒传播等）；数据共享驱动安全，要求将安全防护方案由原有单独的系统纵向防护调整为向 IaaS/PaaS/SaaS 横向分层防护转变。

未来，智能安全环境下的媒体平台，还须构建具备基于 IPv4/IPv6 网络全流量数据分析、安全态势感知以及主动防御的闭环系统，尽快推进新闻及广播电视媒体网站的 IPv6 升级改造，以数据为支撑，通过信息安全等级保护和信息安全监测两个维度，实现过去发生的可查、当前发生的可防、未来发生的可知，从而提升传媒领域信息安全的智能化保障能力。具体而言，网络安全“态势感知”的范畴可以理解如下：态，即关联、统计、分析、告警及处置等，主要指采集各类安全状态信息，分析汇聚安全事件、行为轨迹等；势，即融合、挖掘、学习及预测等，主要指分析预判安全风险、挖掘信息安全趋势等；感，即获取、采集、探测、监测、发现及捕获等，主要指实时感应与主动聚焦风险威胁等；知，即理解、感知、熟悉、掌握、预测及洞悉等，主要指智能关联因果关系，预知安全症结与隐患等。

18.3.5 智能重构：平台商业与价值

智能重构是在智能生产、智能唤醒、智能传播及智能安全等智能化变革有效整合的基础上，从客户集成、智力集成、纵向集成、横向集成以及价值链集成等 5 个维度将智能化的价值凝聚在一起，从而产生更大的价值。事实上，以互联网为基础的智能融媒体平台尚存在诸多痛点。例如，对于用户的服务上，AI 并未发挥真正的价值——创造视频、归集散碎视频及个性化视频等。未来，在 AI 的支撑下，可生成个性化内容，快速实现产品千人千面（如个性化频道）；可帮助用户精准定位，让整个互联网成为个人视频库；可强化用户对产品的依赖性与留存时间，实现多平台内容、一平台呈现与视频归集化；可便捷植入社交元素，扩大产品影响力，并打造关键意见领袖（Key Opinion Leader，KOL）；可实现精准营销，提供更加个性化的投放服务。智能重构：平台商业与价值如图 18-6 所示。

类别	现在	未来
内容建设	PGC	UGC+PUGC+PGC+AGC
平台建设	资讯提供者	服务提供商（APP+SNS+O2O+LBS等）
渠道建设	内容+渠道	形式+情感+场景+内容+渠道
社群建设	主观需求	客观需求+消费习惯+精准推送
运营建设	效率成本	效率成本+以人为本+跨界整合+协同创新

■图 18-6 智能重构：平台商业与价值

未来，智能重构环境下的媒体平台，须实现内容、平台、渠道、社群以及运营等在内的诸多领域的突破性解放和创新融合，全方位提升媒体平台的商业与价值。在内容建设上，须从“PGC”（专家或媒体生产内容）向“UGC+PUGC+PGC+AGC”（用户原创内容 + 专业用户生产内容或专家生产内容 + 专家或媒体生产内容 + 算法生成内容）共融的生态方向重构；在平台建设上，须从传统的“资讯提供者”向“服务提供商（APP+SNS+O2O+LBS 等）”共融的平台方向重构；在渠道建设上，须从传统的“内容 + 渠道”向“形式 + 情感 + 场景 + 内容 + 渠道”共融的模式方向重构；在社群建设上，须从“主观需求”向“客观需求 + 消费习惯 + 精准推送”共融的思维方向重构；在运营建设上，需要从“效率成本”向“效率成本 + 以人为本 + 跨界整合 + 协同创新”共融的盈利模式重构。

18.4 人工智能范式驱动下的数字生态共同体

科技是人类世界发展的原动力，由单点技术突破、网络普及效应共同激发，释放出全人类的体力、脑力投入全球产业升级中。随着 AI 不断取得突破并被引入媒体领域，留给传媒从业者的应该是调整自身的定位坦然接受并提高对技术的理解与驾驭能力。

AI 时代，媒体应以内容、用户数据和服务为核心资源，以“传统媒体 +APP+SNS+O2O+LBS 等”为主要业态[①]，以多元智能终端为载体，在此基础上提供的连接、平台与应用的智能化，构建内容、技术、渠道、平台、服务等在内的互联网新媒体生态系统，以实现生产力的突破性解放和消费力的全新升级，推动新闻生产流程的智能化变革。为此，笔者尝试结合马化腾在 2017 腾讯全球合作伙伴大会开幕之前发表的公开信（数字生态共同体）的七大关键词对传媒业的数字生态进行探讨。智能化的数字生态共同体如图 18-7 所示。

18.4.1 深度融合

PC 时代是键盘鼠标，移动互联网是终端变化，智能互联是云端变化，强调感知能力和认知服务（图像、语音、语言、知识、搜索、实验等）。在人们的生活甚至工作全面数字化背景下，互联网与各产业深度融合。过去几年，“互联网 +”项目纷纷落地，越来越多的媒体机构积极利用

① 胡正荣 . 智能化：未来媒体的发展方向 [J]. 现代传播，2017（6）：1-4.

互联网构建连接生产与管理各个环节的网络基设施、数据链及信息系统，满足其在内容生产、分发、消费、体验和产业链协同等方面的需求，此举将促使媒体机构和各行各业由表及里地深度融合并打造生态级传媒集团。互联网下半场要解决各种个性化、分众化的消费升级，必须依赖于大数据的知识说明分析的价值和功用。未来，在内容相关的前提下，AI 实现文本、音频和视频三种不同的内容形式进一步聚合和相互转化；电视媒体将不只是内容制作者和发布平台，更可以利用其天然的优势在垂直领域搭建起集传播、研发、营销、投资、孵化于一体的全新产业生态，通过数据处理输出智能价值，将内容生产力转化为产业生产力。

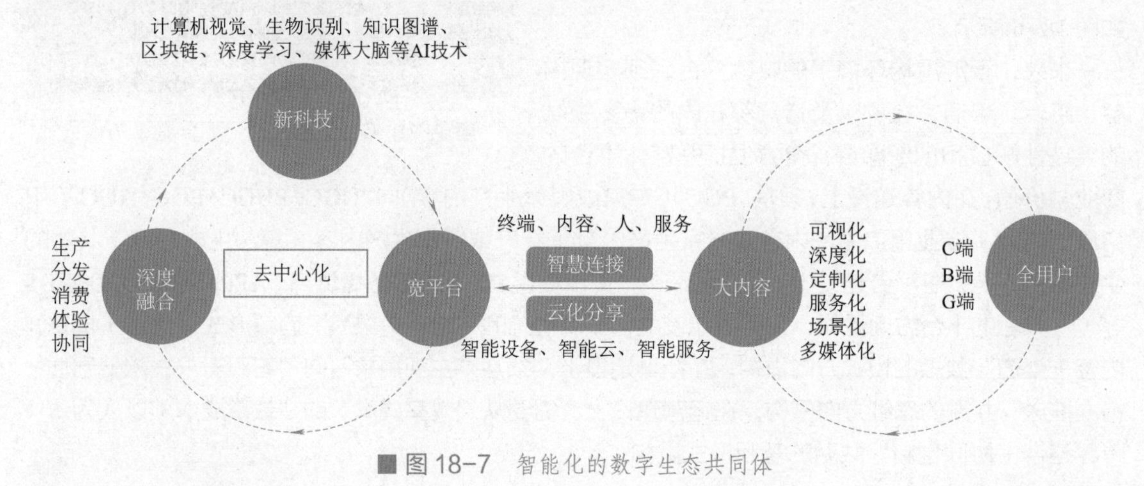

■ 图 18-7　智能化的数字生态共同体

18.4.2　云化分享

如果说智能终端是人的感官，那么云就是大脑，可把智能终端和“云脑”完美结合起来。未来，以海量数据和 AI 超算力为驱动，以智能设备、智能云、智能服务为依托，所有自然语言理解和对话将快速构建知识体系，彻底打通服务供需双方的数据，实现用户需求与服务的精准匹配，把技术变成产品、服务、洞察、智能，知识驱动的交互式“智能服务”将大大降低交易的成本和时间，让用户可像使用气、水、电一样在网络上进行带宽、存储与计算等资源，促使云化分享成为标配。有人推测过去 20 年互联网“从无到有”，未来 30 年互联网将会“从有到无”（无所不在），所有的人直接形成一个全能信息处理装置，形成一个云，作为算法的机器与机器的算法融为一体。未来最好的 AI 服务也将有可能化为无形，即与云服务结合，通过“云化”创新，数字时代将能够更好地实现“人尽其才，物尽其用”，努力实现传媒机构在云端用 AI 处理大数据的图景。

18.4.3　智慧连接

连接，是实现深度融合、云化分享以及未来一切变化的基础，也是提供智慧解决方案的基础。数据网络的普及以及人类分解信息能力的提高、数据处理速度的飞速提升，让人们进入具有即时性、原生性、个性化、解释性、可靠性、可触性等特征的数字化信息流（Information Flow）时代，未来将形成一张由终端、内容、人、服务这 4 个要素连接、交织成的智能互联网，将数十亿潜在客户和重要 AI 技术连接起来，每个用户都会成为媒体传播的“动态节点”，可提取位置、喜好、行为、背景、关系、社群等多维信息，具有多重价值属性。从连接数量来看，人的数量是有限的，而物的数量是无限的，所以人与物、物与物之间的连接数量将是人与人的连接数量的成千上万倍；从连接强度看，人的精力是有限的，人类必须满足要衣食住行的基本需求，而物的精力是无限的，其可以在任何时间和任何地点处于工作状态。人们拥有的智能设备将变得更多并且赋能于设备，新增位置追踪、感知世界、虚拟世界、对象发现等主要服务方式，数字技术顺利将媒体内容演变成信息流，媒体将从一种独立实体进化成为一种伴生物，万物互联、人机共生。[①]

18.4.4 全用户

新生代用户是“全新物种”，他们在内容消费商的兴趣导向、社交伴随、全移动化日常、弱目的性阅读，结合消费升级，将浮现更多内容需求和场景。这种消费趋势越来越趋向于效率和沉浸两种追求，推进低幼和老年用户开始进入媒体生态。以互联网为基础的数字平台，正在由多用户平台转变为全用户平台。作为全用户平台，全球 AI 加速技术赋能，并将促进 C 端（消费级）、B 端（面向传媒、教育、娱乐等各类行业的企业级）和 G 端（公共服务机构）等平台用户之间的良性竞合。

18.4.5 大内容

海量数字内容的生成、社交传播与个性化分发技术迭代正在促成大内容战略。[②]以泛内容为核心的“大内容”平台开放战略将连接起用户每一个生活场景，数字内容将获得更多的生成土壤、交融机会、传播媒介、立体升维和持续性社会协同报道，从而打造一条从内容生产、多渠道构建、智能分发、商业化变现的完整内容生态链。与此同时，资讯泛滥带来劣币驱逐良币，已在用户侧产生了痛点，未来媒体产业将再次开启生产力扩容后的能力洗牌，优质内容的回归将是内容产业的一大优势。此外，内容生产正在朝着数字可视化、深度化、多媒体化、场景化等方向发展，定制化 + 服务化将是满足高价值特定需求人群内容需求的一条路径。

18.4.6 新科技

人类社会正处在一个科技爆发的时代，科技不仅创造出新的文化创作形式，而且使得历史文化资产得以更好地传播和分享，以 AI 为代表的新科技将在媒体产业深度落地。媒体从技术探索走向技术工程化和产品化，将大技术分界落地为适用媒体场景的模式创新，并逐步磨合进化，形成理性感性交融的人机协调。内容攻击将实现实时化，可通过建立动态三表匹配（兴趣主表，强信息辅表和融合用户场景、位置、24 小时内变化行为等数据的高权重动态表），覆盖用户每天的差异性和通用性需求。传媒企业应积极与合作伙伴一起探索新科技，发展计算机视觉、生物识别、知识图谱、区块链、深度学习、媒体大脑、大数据内容生命周期三维立体分析平台等 AI 技术，共同成长为技术的驱动者和贡献者。

① 企鹅智库，清华大学新闻与传播学院新媒体研究中心 .2015 年新媒体发展趋势报告：中国网络媒体的未来 [R]. 2015，11.

② 马化腾 . 数字生态共同体中，我们该做什么？ [N]. 新华日报，2017-11-10.

18.4.7 宽平台

商业创新将源源不断地为媒体技术创新和内容升级提供物质支撑，同时，内容创新和技术创新将在精准场景化分发、会员精耕和消费需求理解上反哺商业进化之路，传统媒体应致力于从零和博弈的窄平台向共赢共生的宽平台转变。在数字生态共同体中，竞争的目的不是要取代，而是要让整个生态的发展更有持续性。平台型生态企业，作为基础设施提供者，应以“去中心化”以及全方位服务的平台能力，为各类用户提供一个更为包容创新和具有可持续性的智慧服务解决方案，在数字生态共同体中承担着更大责任。

思考题

18-1 数字时代的数据分类有哪些？

18-2 如何才能实现数据的应用变现？

18-3 简述智能融媒体的属性分类，以及对其的理解。

18-4 三重空间数据为何及如何进行全面融合处理？

18-5 新华社媒体大脑的主要功能有哪些？

18-6 内容生产智能化的典型应用有哪些？

18-7 内容分发智能化的典型应用有哪些？

18-8 内容消费智能化的典型应用有哪些？

18-9 简述数字信息流的典型特征。

18-10 基于数据驱动的媒体智能化变革（智能唤醒、智能生产、智能传播、智能安全、智能重构）具体指什么？

18-11 简述网络安全“态势感知”涉及的主要范畴。

18-12 人工智能范式驱动下的数字生态共同体主要涉及哪些层面？

18-13 简述智慧连接背景下人与物的局限性。

18-14 AI时代，媒体如何才能推动新闻生产流程的智能化变革？

知识点速查

◆数字时代的数据分类：数字时代，数据主要划分为舆情大数据（如智能搜索、智能推荐、数据抓取、数据处理、数据分析等）和营销大数据（如需求数据、实时竞价数据、供应数据、商品优选等）两大类，可为内容生产辅助、传播效果分析、内容运营分析以及精准推荐营销等诸多环节提供全方位支持。

◆如何实现数据的应用变现：为实现“数据—信息—知识—决策”贯穿于流程始终的应用变现链条，应利用聚类分析、因子分析、主成分分析等模型构建大数据处理能力平台并对全样本数据进行采集或追迹，实现包括用户个人直播行为统计排序、用户回看或点播行为关联分析及其关联推荐、个性化广告贴片服务等媒体内容标签化，从而使数据从提供支持的低级阶段进入拥有自身独立产业链的高级阶段。

◆智能融媒体的属性分类：以互联网为基础的智能融媒体平台，将现代传媒中包括连接、激活、分享及表达在内的诸多属性表现得淋漓尽致，激发着用户从“沉默的螺旋”到积极主动参与，其价值不断彰显。从连接属性看，互联网让“人—机—物”三者彼此间能够被检索、被发现、被整合；从激活属性看，每位用户又可与互联网上具有相同兴趣与价值观的用户连接，聚合成社群；从分享属性看，点对点、即时性的分享可在瞬时内把信息、态度、心情、资源等无限放大。

◆三重空间数据：大数据既可描述信息空间（表达、流动、隐私、安全等），又可描述客观物理空间（物联、车联、人联、业联等），还可刻画人类社会空间（家庭、社区、城市、政治、经济、军事、国家等），将成为集资源管理、协同传感、数据预处理、数据分析以及应用于一体并全面融合“信息空间（Cyber Space）—物理空间（Physical Space）—人类社会空间（Human Society）”三元世界的纽带，正在以各种方式影响着每位用户的生活，构建并决定着媒介融合创新的力度和走向。

◆三重空间数据全面融合处理：2016 年开始的 AI 3.0 阶段，从感知到理解与决策，并逐步具备自主“认知”能力；从软件到硬件：AI 深入更多硬件平台及应用场景；从信息到服务：简单指令到有效沟通，通过背后的自主连接解决复杂问题；从虚拟到现实：聚焦视觉感知将全面跨越虚拟空间与现实社会之间的数字鸿沟。

◆新华社媒体大脑的主要功能：2017 年 12 月，国家通讯新华社发布了中国第一个媒体人工智能平台——“媒体大脑”（mp.shuwen.com），提供基于云计算、物联网、大数据、AI 等技术包括 2410（智能媒体生产平台）、新闻分发、采蜜（语音转文字）、版权监测、人脸核查、用户画像、智能会话、语音合成的八大功能，并提供覆盖报道线索、策划、采访、生产、分发、反馈等全新闻链路的服务内容，旨在向海内外媒体提供服务，共同探索大数据时代媒介形态和传播方式的未来。以群体智能为理念先导、以知识体系构建为核心的智能化技术进入内容行业，带来了各环节的全面升级：智能化驱动的内容生产 2.0、以算法为核心的内容分发 2.0、个性化与社交化交织的内容消费 2.0。

◆智能唤醒：利用 AI 与“智能逻辑”的方式，将每一个比特数据集成到融合媒体采编播存管用的全产业链之中，获取并使之变得更加有用、有价值且更“聪明”，从而实现对全媒体业务的支撑。

◆内容生产智能化的典型应用：智能生产是目前 AI 在新闻传播领域的一个现象级应用。未来，内容生产将发生智能演化——获取各种形式（APIs、XML、CSVs、Spreadsheets 等）的相关数据后，通过分析不同类型数据内在联系、多层次知识挖掘与环境匹配，提炼观点和建议，并按照一定的分类标准、逻辑结构和次序生成叙述性的长短文章、报表、可视化图形等，最后借助云服务、通过 API、JSON、XML、E-mail 等渠道实时推送内容。

◆智能传播：在采集动态、多维、互联互通的媒体业务数据（特别是观众和用户行为的数据化）的基础上，借助自然语言理解、大数据分析等能力解构广播网与互联网可持续发展的瓶颈问题，从而高效、低成本地实现媒体内容的“5A”（Anyone/Anytime/Anywhere/Anyway/Anyservice）服务，并将盈利模式向下游的纵深扩展。智能传播主要涉及智能引擎、广播网以及双向网。

◆智能安全：通过 iABCD（物联网、人工智能、区块链、云计算、大数据）等新一代信息技术，对包括网络融合、业态融合、融合新闻、融合生产、工业控制等在内的复杂问题，进行前瞻性和实时性的自主识别、判断与推理，从而构筑全方位、立体化、主动式防御系统，保障主体的安全运营。

◆网络安全“态势感知”涉及的主要范畴：态，即关联、统计、分析、告警及处置等，主要指采集各类安全状态信息，分析汇聚安全事件、行为轨迹等；势，即融合、挖掘、学习及预测等，主要指分析预判安全风险、挖掘信息安全趋势等；感，即获取、采集、探测、监测、发现及捕获等，主要指实时感应与主动聚焦风险威胁等；知，即理解、感知、熟悉、掌握、预测及洞悉等，主要指智能关联因果关系，预知安全症结与隐患等。

◆智能重构：在智能生产、智能唤醒、智能传播及智能安全等智能化变革有效整合的基础上，从客户集成、智力集成、纵向集成、横向集成以及价值链集成等 5 个维度将智能化的价值凝聚在一起，从而产生更大的价值。

◆人工智能范式驱动下的数字生态共同体：AI 时代，媒体应以内容、用户数据和服务为核心资源，以“传统媒体 +APP+SNS+O2O+LBS 等”为主要业态，以多元智能终端为载体，在此基础上提供的连接、平台与应用的智能化，构建内容、技术、渠道、平台、服务等在内的互联网新媒体生态系统以实现生产力的突破性解放和消费力的全新升级，推动新闻生产流程的智能化变革。马云表示过去 20 年互联网“从无到有”，未来 30 年互联网将会“从有到无”（无所不在），所有的人直接形成一个全能信息处理装置，形成一个云，作为算法的机器与机器的算法融为一体。数据网络的普及以及人类分解信息能力的提高、数据处理速度的飞速提升，进入具有即时性、原生性、个性化、解释性、可靠性、可触性等特征的数字化信息流（Information Flow）时代，未来将形成一张由终端、内容、人、服务这 4 个要素连接、交织成的智能互联网，将数十亿潜在客户和重要 AI 技术连接起来，每个用户都会成为媒体传播的“动态节点”，可提取位置、喜好、行为、背景、关系、社群等多维信息，具有多重价值属性。

◆智慧连接背景下人与物的局限：从连接数量来看，人的数量是有限的，而物的数量是无限的，所以人与物、物与物之间的连接数量将是人与人的连接数量的成千上万倍；从连接强度看，人的精力是有限的，人类必须满足要衣食住行的基本需求，而物的精力是无限的，它可以任何时间和任何地点处于工作状态。

◆ AI 时代，媒体如何才能推动新闻生产流程的智能化变革：以泛内容为核心的“大内容”平台开放战略将连接起用户每一个生活场景，数字内容将获得更多的生成土壤、交融机会、传播媒介、立体升维和持续性社会协同报道，从而打造一条从内容生产、多渠道构建、智能分发、商业化变现的完整内容生态链。